国家科学技术学术著作出版基金资助出版

# 水下机器人现代设计技术

**Modern Design Technology of Underwater Vehicles**

刘贵杰　谭　华　著

科 学 出 版 社

北　京

## 内 容 简 介

本书系统地论述了水下机器人设计与分析的基本原理、方法和技术，介绍了 FLUENT、MATLAB/Simulink、ANSYS、ADAMS 等现代设计分析软件在水下机器人设计中的应用，并以作者及研究团队的科研成果为主线，系统地阐述了水下机器人设计与分析方法。全书共十章，包括水下机器人结构及流线型设计、能源与动力、系统辨识方法、运动分析、底层控制系统、虚拟样机技术、路径规划与轨迹跟踪、仿生侧线感知及局域导航定位方法等方面的内容。

本书即可作为高等院校、科研院所从事水下机器人研究工作科研人员的参考书，也可作为海洋工程、机械工程等相关专业本科生、研究生的参考教材，亦可为从事水下机器人设计及分析的工程技术人员提供借鉴。


**图书在版编目(CIP)数据**

水下机器人现代设计技术/刘贵杰等著. —北京：科学出版社，2020.6
ISBN 978-7-03-065023-8

Ⅰ. ①水…　Ⅱ. ①刘…　Ⅲ. ①水下作业机器人-设计　Ⅳ. ①TP242.2

中国版本图书馆 CIP 数据核字 (2020) 第 074846 号

责任编辑：赵敬伟　孔晓慧 / 责任校对：彭珍珍
责任印制：吴兆东 / 封面设计：无极书装

科学出版社 出版
北京东黄城根北街 16 号
邮政编码：100717
http://www.sciencep.com

北京九州迅驰传媒文化有限公司印刷
科学出版社发行　各地新华书店经销
*
2020 年 6 月第　一　版　开本：720 × 1000　1/16
2025 年 1 月第四次印刷　印张：20　插页：8
字数：400 000

**定价：168.00 元**

# 序　　言

海洋占地球表面积的 71%，拥有近 14 亿立方千米的体积。海洋及其底部蕴藏着极其丰富的生物资源、油气资源、矿产资源及空间资源，是人类社会持续发展的资源宝库。进入 21 世纪以来，世界经济不断快速发展，人口数量不断攀升，陆地资源日趋紧缺，海洋作为全球生命支持系统的地位日益突出，认识海洋、开发海洋、保护海洋，已成为人类社会发展的重要方向。当前，沿海国家大都把开发利用海洋作为基本国策，并加快了海洋高新技术研发。我国作为世界海洋大国，十分重视海洋开发与利用，党的十八大提出了建设海洋强国的发展战略。近年来，我国海洋经济发展迅速，全国海洋经济增长速度持续高于同期国民经济的增长速度。

联合国缔约国文件指出："21 世纪是海洋世纪。"人们普遍认为海洋是人类生存发展的第二空间，是经济发展的重要支点，是人类可持续发展的战略要地。海洋探测和太空探测类似，同样具有极强的吸引力、挑战性。

水下机器人是一种水下的航行体，是认识海洋、开发海洋、保护海洋和海洋权益维护不可缺少的海洋装备，它不仅能够完成水下勘探、水下作业、水下侦测等任务，而且还能完成军事上的进攻和防守。在海洋开发战略地位日益提高的今天，水下机器人的研究和应用越来越受到各海洋国家的重视，无论是在民用还是在军用上，都扮演着极其重要的角色。

刘贵杰教授十多年来一直从事水下机器人相关技术的研究，该书是他本人及其指导的十多位研究生研究成果的综合体现。该书在作者及其研究团队研究成果的基础上，从水下机器人设计思路、设计方法和设计技术等方面，结合其团队开发研制的三款水下机器人的设计过程，系统介绍了水下机器人的发展现状和趋势、机械主体和控制系统设计思路及运动控制的仿真分析方法，同时对仿生侧线在水下机器人局域环境参数检测、姿态感知、目标跟踪、导航定位等方面的应用进行了探索。

相信该书对从事水下机器人技术研究与开发工作的技术人员及大专院校相关专业的师生有参考价值。

李华军

2019 年 5 月于青岛

# 前　言

21 世纪是海洋的世纪。海洋中蕴藏着丰富的矿产资源、生物资源、能源及空间资源，是人类社会可持续发展的重要宝库。水下机器人作为重要的海洋工程装备，其发展和应用为人类进入海洋、认识海洋、开发海洋、保护海洋及海上国防安全提供了重要保障，在人类海洋开发和利用进程中扮演着越来越重要的角色，展现出广阔的市场应用前景。

作者十多年来一直致力于水下机器人关键技术研究，主持和承担完成了与水下机器人相关的国家自然科学基金项目 1 项 (61540010)、国家 863 计划课题 2 项 (2009AA12Z330、2006AA09Z231)、省部级课题 2 项 (2014GGE29073、14-2-3-63-nsh) 及上海交通大学海洋工程国家重点实验室开放基金项目 2 项 (0701、1004)，培养毕业研究生 26 人，在水下机器人设计理论及实践方面积累了一定的经验。本书是作者结合多年从事水下机器人关键技术研究与设计工作经验基础上，经过对其指导的历届研究生毕业论文研究成果进行分析、归纳和梳理，撰写而成，目的在于让读者了解水下机器人设计所涉及的基本知识、基本原理和系统设计方法。在此，对资助本书内容研究的国家自然科学基金委员会、科技部、山东省科技厅、青岛市科技局及上海交通大学海洋工程国家重点实验室等单位及参加课题研究的研究生，表示衷心感谢！感谢国家科学技术学术著作出版基金对本书出版给予的资助。同时感谢中国海洋大学副校长、中国工程院院士李华军教授在百忙之中为本书作序。

全书共十章。第一章介绍了水下机器人目前的研究背景和现状；第二章介绍了水下机器人的结构设计技术，比较全面地介绍了水下机器人的总体布局、稳定性设计和现代设计方法；第三章介绍了水下机器人的流线型设计技术，包括耐压壳体建模、基于 CFD 的导流罩流线型设计和基于功率流的流线型壳体优化；第四章介绍了水下机器人能源与动力，主要包括能源选择及计算、常用驱动方式和推进器动力分析计算、推力性能测试实例等；第五章介绍了水下机器人系统辨识方法；第六章介绍了水下机器人运动分析基本理论；第七章介绍了水下机器人底层控制系统及设计方法；第八章介绍了水下机器人虚拟样机技术及仿真分析；第九章介绍了水下机器人轨迹跟踪与路径规划技术；第十章介绍了基于人工侧线系统的水下机器人局域环境感知、姿态监测、目标跟踪与定位原理和方法。

本书第一章和第二章由谭华负责整理撰写，第三章、第四章和第五章由田晓洁负责整理撰写，第六章、第七章和第八章由冷鼎鑫负责整理撰写，第九章由谢迎春负责整理撰写，第十章由刘贵杰负责整理撰写。另外，郑琳工程师及王蒙蒙、房鑫、邵帅研究生参与本书的图表编辑及文字校正工作。全书由刘贵杰和谭华统稿、修订。

本书可作为相关专业科研工作者、工程技术人员的参考用书，也可作为大专院校相关专业的教学用书。

由于作者水平所限，书中疏漏之处在所难免，恳请读者批评指正。

作　者

2019 年 4 月

# 目　　录


序

前言

第 1 章　绪论 …… 1

1.1　水下机器人的应用 …… 1

1.1.1　海洋资源概述 …… 1

1.1.2　海洋开发的重要意义 …… 4

1.1.3　水下机器人应用领域 …… 5

1.2　水下机器人的概念及分类 …… 7

1.3　水下机器人发展现状 …… 8

1.4　水下机器人关键技术 …… 14

1.5　水下机器人未来发展展望 …… 17

1.6　本书内容 …… 18

参考文献 …… 18

第 2 章　水下机器人结构设计 …… 20

2.1　水下机器人常用设计方法 …… 20

2.2　水下机器人的系统结构 …… 22

2.3　水下机器人的总体布局 …… 31

2.3.1　水下机器人形体的选择 …… 32

2.3.2　推进器的数量和布置 …… 32

2.3.3　机械手、电视和照明装置的布置 …… 35

2.4　水下机器人的稳定性设计 …… 36

2.4.1　浮体材料选择 …… 36

2.4.2　浮力调节系统 …… 39

2.4.3　水下机器人各部分相对比重量的分析与确定 …… 39

2.4.4　水下机器人重心与浮心计算 …… 41

2.5　水下机器人结构现代设计方法 …… 44

2.5.1　ANSYS 有限元分析技术 …… 44

2.5.2　CFD 软件分析技术 …… 44

2.5.3　MATLAB/Simulink 仿真技术 …… 45

2.5.4　虚拟样机联合仿真技术 …… 45

2.6 水下机器人结构设计案例 ······ 46
2.6.1 AUV 整体结构方案设计 ······ 46
2.6.2 基于有限元软件的耐压舱壁厚设计 ······ 53
2.6.3 AUV 水动力性能分析 ······ 59
参考文献 ······ 73
**第 3 章 水下机器人流线型设计** ······ 75
3.1 水下机器人壳体建模及其设计 ······ 75
3.1.1 水下航行器壳体线型设计理论 ······ 75
3.1.2 小型 AUV 壳体线型设计原理 ······ 77
3.1.3 水下机器人力学特征及壳体主要设计原则 ······ 83
3.1.4 壳体外形建模方案 ······ 84
3.2 基于 CFD 的导流罩流线型设计 ······ 89
3.2.1 导流罩优化设计 ······ 90
3.2.2 AUV 流动情况分析 ······ 103
3.3 基于功率流的流线型壳体优化设计技术 ······ 105
3.3.1 结构优化分析概述 ······ 105
3.3.2 基于结构声强中单元薄膜力输出参数的壳体优化分析 ······ 106
3.3.3 AUV 流线型壳体优化分析 ······ 111
参考文献 ······ 115
**第 4 章 水下机器人能源与动力** ······ 116
4.1 能源选择及计算 ······ 116
4.1.1 能源选择 ······ 116
4.1.2 蓄电池容量的计算 ······ 121
4.2 常用驱动方式 ······ 122
4.3 推进器动力分析与计算 ······ 126
4.3.1 推进器推力分析 ······ 126
4.3.2 推进器推力计算 ······ 127
4.3.3 推进功率计算 ······ 128
4.3.4 实现六自由度控制的多推进器布置角度分析 ······ 129
4.4 水下机器人推力性能测试实例 ······ 132
参考文献 ······ 134
**第 5 章 水下机器人系统辨识方法研究** ······ 135
5.1 推进器参数辨识 ······ 135
5.2 AUV 水动力参数辨识 ······ 138
5.2.1 AUV 水平面水动力参数辨识 ······ 138

5.2.2 AUV 垂直面水动力参数辨识 ········· 144
5.3 基于遗传算法的 AUV 水动力参数辨识 ········· 150
5.3.1 遗传算法基本原理 ········· 150
5.3.2 Rastrigin 函数 GA 优化实例 ········· 155
5.3.3 遗传算法辨识 AUV 水动力参数 ········· 157
参考文献 ········· 167
**第 6 章 水下机器人运动分析** ········· 169
6.1 坐标系和参数定义 ········· 169
6.2 不同坐标系之间参数的转换 ········· 170
6.2.1 位移矢量在不同坐标系之间的转换 ········· 170
6.2.2 速度、加速度在不同坐标系之间的转换 ········· 171
6.3 水下机器人水平面和垂直面运动 ········· 172
6.3.1 水平面运动 ········· 172
6.3.2 垂直面运动 ········· 173
6.4 水下机器人在合力作用下的空间运动表达式 ········· 174
6.5 水下机器人动力学分析 ········· 176
6.5.1 与速度相关的水动力导数 ········· 177
6.5.2 与加速度相关的水动力导数 ········· 177
6.5.3 AUV 的黏性类水动力系数 ········· 178
6.6 水下机器人的空间运动方程 ········· 181
6.6.1 水下机器人在水中受到的合外力 ········· 181
6.6.2 水下机器人空间运动方程建立 ········· 181
6.6.3 考虑海流作用时的水下机器人空间运动方程 ········· 184
参考文献 ········· 184
**第 7 章 底层控制系统设计** ········· 185
7.1 小型 AUV 及推进器模型仿真与分析 ········· 185
7.1.1 AUV 仿真模型建立 ········· 185
7.1.2 推进器的电机控制策略 ········· 191
7.1.3 推进器仿真模型 ········· 192
7.2 推进器的人工免疫控制 ········· 196
7.2.1 人工免疫控制 ········· 196
7.2.2 推进器免疫模型构建与仿真分析 ········· 199
7.3 水下机器人空间姿态控制系统设计 ········· 205
7.3.1 滑模变结构控制的基本概念 ········· 205
7.3.2 水下机器人空间姿态控制模型 ········· 206

7.3.3 姿态控制系统双环滑模控制律的设计 ······ 208
7.3.4 姿态控制系统建立与仿真 ······ 210
参考文献 ······ 214
**第 8 章 水下机器人虚拟样机控制系统仿真设计** ······ 215
8.1 虚拟样机几何物理模型的建立 ······ 216
8.1.1 几何模型的建立与 ADAMS 的导入 ······ 216
8.1.2 输入输出变量的定义 ······ 217
8.1.3 虚拟样机水动力设置 ······ 218
8.2 虚拟样机控制模型 ······ 219
8.2.1 控制系统总述 ······ 219
8.2.2 虚拟样机控制模型建立 ······ 221
8.3 虚拟样机系统联合仿真及结果分析 ······ 223
8.3.1 AUV 的控制系统模型 ······ 224
8.3.2 虚拟样机系统联合仿真 ······ 226
参考文献 ······ 228
**第 9 章 水下机器人轨迹跟踪控制器与路径规划** ······ 230
9.1 水下机器人空间运动方程的简化与分解 ······ 230
9.1.1 非奇异终端滑模控制 ······ 231
9.1.2 PF 问题描述 ······ 233
9.2 控制器设计 ······ 234
9.2.1 巡航速度控制器的设计 ······ 235
9.2.2 位置控制器的设计 ······ 235
9.2.3 艏向角控制器的设计 ······ 236
9.3 轨迹跟踪仿真分析 ······ 237
9.4 虚拟样机系统全景综合仿真 ······ 240
9.5 水下机器人路径规划 ······ 243
9.5.1 拐点速度和总能耗的计算方法 ······ 243
9.5.2 基于耗能最优的改进蚁群算法 ······ 247
9.5.3 仿真实验及分析 ······ 249
参考文献 ······ 252
**第 10 章 基于人工侧线系统的水下机器人感知研究** ······ 254
10.1 人工侧线系统基本理论及现状分析 ······ 254
10.2 基于人工侧线系统的水下航行器流场感知研究 ······ 256
10.2.1 静载体对流场参数的感知 ······ 256
10.2.2 动载体对流场参数的感知 ······ 259

10.2.3 静载体对障碍物参数的识别 ······ 261
10.2.4 基于机器学习算法的流场参数感知 ······ 264
10.3 基于人工侧线系统的水下航行器姿态感知研究 ······ 266
10.3.1 人工侧线系统载体的仿真建模 ······ 266
10.3.2 仿生盒子鱼载体的设计制作及水槽实验 ······ 273
10.3.3 基于神经网络算法的数据处理 ······ 278
10.4 基于人工侧线系统的水下航行器水下振源感知研究 ······ 281
10.4.1 偶极子振动源定位的数学模型 ······ 281
10.4.2 偶极子振动源运动参数的感知 ······ 283
10.4.3 移动振动源形态参数的感知 ······ 293
10.5 本章小结 ······ 295
参考文献 ······ 296
**附录 A 贝塞尔曲线算法** ······ 298
**附录 B B 样条曲线生成算法** ······ 299
**附录 C 求解 $X$ 方向运动时所用的 MATLAB 函数程序** ······ 301
**附录 D 外环滑模控制器 MATLAB 函数程序** ······ 302
**附录 E 内环滑模控制器 MATLAB 函数程序** ······ 304
**附录 F 非奇异终端滑模控制算法** ······ 305
**彩图**

# 第1章　绪　　论

## 1.1　水下机器人的应用

### 1.1.1　海洋资源概述

人类社会的发展，离不开对各种资源的开发和利用。在陆地资源逐渐枯竭的今天，人们把目光投向了深海大洋。海洋总面积为 $3.6\times10^8\mathrm{km}^2$，占地球总面积的 71%，海水总体积约为 $1.4\times10^9\mathrm{km}^3$，平均水深 3800m，最深的马里亚纳海沟为 11034m。在这广阔无垠的海洋中，蕴藏着丰富的生物资源、矿物资源、化学资源、空间资源和海洋能源，海洋是人类未来持续发展的资源宝库。

*1. 海洋生物资源*

人类很早就从事海洋鱼类捕捞。在海洋中，存在 16 万多种海洋生物，鱼类有两万多种，其中约 1500 种可供人类食用。我国海域的海洋生物有 20278 种，其中鱼类 2500 多种，每年可捕量 $5\times10^6\mathrm{t}$ 以上。据海洋生物学家推算，海洋提供的食物将超过农耕面积生产食物的 1000 倍，可供食用的海洋鱼类每年的自然生产能力多达 $10^{19}\mathrm{t}$，仅大陆架和浅海渔场，每年生产量约为 $1.1\times10^8\mathrm{t}$。全世界每年海洋捕鱼产量约为 $6.3\times10^7\mathrm{t}$。

此外，浅海区生长的海藻类等水生植物，每年的增长量为 $1.3\times10^{11}\sim1.5\times10^{11}\mathrm{t}$，已被人们视为未来蛋白质的重要生产原料，除直接为人类食用、摄取蛋白质外，还可间接利用作为动物饲料和农田肥料等。

*2. 海洋矿物资源*

海洋矿物资源主要是指海底石油、天然气和矿产等资源，按矿床成因和赋存状况可分为砂矿、海底自生矿产、海底固结岩中的矿产三类。其中，砂矿主要来源于陆地岩矿碎屑，经河流、海水 (包括海流与潮汐)、冰川和风的搬运与分选，最后在海滨或陆架区的最宜地段沉积富集而成，如砂金、砂铂、金刚石、砂锡与砂铁矿、钛铁石与锆石、金红石与独居石等共生复合型砂矿；海底自生矿产是由化学、生物和热液作用等在海洋内生成的自然矿物，可直接形成或经过富集后形成，如磷灰石、海绿石、重晶石、海底锰结核及海底多金属热液矿 (以锌、铜为主)；海底固结岩中的矿产大多属于陆上矿床向海下的延伸，如海底油气资源、硫矿及煤等。在海洋矿产资源中，以海底油气资源、海底锰结核及海滨复合型砂矿经济意义最为重大。

目前探明的海底石油储量占全球总量的 45%，天然气占 50%，海上石油总产量约占全球石油总产量的 1/3。已有充分的资料证实，我国辽阔的近海海域内，蕴藏着丰富的石油和天然气资源。在渤海盆地中已经发现了十多个含油气构造；在黄海“北黄海盆地”和“南黄海盆地”有 40 多个储油气构造；东海有两个大的含油气沉积盆地，从已经发现和圈定的 8 个构造带上看，规模巨大。在南海四周广阔的大陆架上，分布着珠海口盆地、莺歌海盆地、北部湾盆地，经专家计算，我国传统海疆线以内的南海油气资源的经济价值约为 15000 亿美元，开采前景超过了英国的北海油田。

深海锰结核以锰和铁的氧化物及氢氧化物为主要组分，富含锰、铜、镍、钴等多种元素。据估计，世界大洋海底锰结核的总储量达 30000 亿吨，其中含锰 4000 亿吨，是陆地的 67 倍；含镍 164 亿吨，是陆地的 273 倍；含铜 88 亿吨，是陆地的 21 倍；含钴 58 亿吨，是陆地的 967 倍。深海锰结核主要分布于太平洋，总储量达 17000 亿吨，其次是大西洋和印度洋水深超过 3000m 的深海底部；以太平洋中部北纬 $6°30' \sim 20°$、西经 $110° \sim 180°$ 海区最为富集。估计该地区约有 600 万平方千米的海底富集高品位锰结核，某些区域的覆盖率高达 90% 以上。

截至 2016 年 4 月，国际海底管理局 (ISA) 已核准包括中国、法国、日本、俄罗斯、英国、德国、韩国、印度等国家的国际海底矿区勘探申请总计 27 份。中国大洋矿产资源研究开发协会，分别于 2001 年、2011 年和 2014 年，与 ISA 签订了太平洋 C-C 区 (克拉里昂–克利帕顿) 多金属结核 (75000 平方千米)、西南印度洋热液硫化物 ($10000km^2$)、西太平洋富钴结壳 ($3000km^2$) 等 3 份矿区勘探合同。中国是目前世界范围内唯一拥有 3 种海底固体矿产资源勘探合同的国家。2017 年，中国五矿集团有限公司与 ISA 签署了多金属结核勘探合同，标志着我国在深海多金属结核的开采进入新的历史时期。

除海底矿产外，海水中还含有丰富的矿产资源，溶有 60 多种元素，其中铀含量就高达 5.0 亿吨，是陆地上总储量的 4000 倍，海洋是一个巨大的资源宝库。从海水中还可以提取食盐、金属化合物、金、银等其他物质。

3. 海洋能源

海洋能是一种可再生的巨大能源，它既不同于海底所储存的煤、石油、天然气等海底能源资源，也不同于溶于水中的铀、镁、锂、重水等化学能源资源，它有自己独特的方式与形态，利用潮汐、波浪、海流、温度差及盐度差等方式转换为动能、势能、热能、物理化学能等能源；直接地说，可分为潮汐能、波浪能、海水温差能、海流能及盐度差能等。

潮汐能就是潮汐运动时产生的能量，是人类利用最早的海洋动力资源。中国在唐朝时在沿海地区就出现了利用潮汐来推磨的小作坊。随后法、英等国也出现了潮汐磨坊。到了 20 世纪，人们开始懂得利用海水上涨下落的潮差能来发电。据估计，全世界的海洋潮汐能约有 20 多亿千瓦，每年可发电 12400 万亿千瓦时。最先成功利用潮汐发电的是法国的聂鲁比克水利研究所，他们在朗斯河的河口建成了年发电量 5.44 亿千瓦时的潮汐发电站，这一成功引起了其他国家的兴趣。苏联于 1968 年在白令海峡建了一座潮汐试验电站，安装了一台 400 千瓦的双向贯流式水轮机组。加拿大在安纳波利斯罗亚尔已有的挡潮闸上建成了一座装机容量为 20000 千瓦的试验电站。1980 年，我国采用自行设计研制的双向贯流机组，建成了江厦潮汐试验电站，总装机容量达 3200 千瓦，此外，还有白沙口潮汐发电站、甘竹滩洪潮发电站等 7 座潮汐电站先后投入运行，总装机容量为 9330 千瓦。

波浪能是海洋能的一种具体形态，它的产生是外力 (如风、大气压力的变化、天体的引潮力等)、重力与海水表面张力共同作用的结果。波浪形成时，水质点做振荡和位移运动，水质点的位置变化产生势能。波浪能的大小与波高及周期有关，波浪的波高、周期与该波浪形成地点的地理位置、常年风向、风力、潮汐时间、海水深度、海床形状、海床坡度等因素有关。据世界能源委员会调查和估算，全球海洋的波浪能达 700 亿千瓦，占全部海洋能量的 94%，可供开发利用的为 20 亿 ~ 30 亿千瓦。波浪能是清洁的可再生资源，它的开发利用，将极大缓解矿物能源逐渐枯竭的危机，有助于改善燃烧矿物能源对环境造成的破坏。我国海岸线长达 18000 多千米、大小岛屿 6960 多个。根据海洋观测资料统计，沿海海域年平均波高在 2m 左右，波浪周期平均 6s 左右。台湾、福建、浙江、广东等沿海沿岸波浪能密度可达 5~8 千瓦/m，波浪能资源十分丰富，总量约 5 亿千瓦，可开发利用的能量约 1 亿千瓦。

波浪发电始于 20 世纪 70 年代，以日本、美国、英国、挪威等国家为代表，研究了各式集波装置，进行规模不同的波浪发电，其中有点头鸭式、波面筏式、环礁式、整流器式、海蚌式、软袋式、振荡水柱式、收缩水道式等。目前，除了实验室研究外，挪威、日本、英国、美国、法国、西班牙和中国等国家已建成多个数十瓦至数百千瓦的试验波浪发电装置。

潮流能是潮水在水平运动时所含有的动能，又称海流能。在海洋中，潮流能和潮汐能是一对孪生兄弟，都是海水受月球和太阳的引力作用而产生的动能，是另一种形式的可再生能源。海流 (又称洋流) 是海洋中海水因热辐射、蒸发、降水、冷缩等而形成的密度不同的水团，再加上风应力、地转偏向力、引潮力等作用而具有相对稳定速度的流动。据估算，全球潮流能储藏量约 50 亿千瓦，可开发利用的潮流能总量达 3 亿千瓦，主要集中于北半球的大西洋和太平洋的西侧，如北大西洋的墨西哥湾暖流、北大西洋海流、太平洋的黑潮暖流。目前利用潮流能发电的方案有多种，如卡普兰水轮机式、漂流伞式、电磁式海流发电装置等。1985 年美国在墨西哥湾试验了小型潮流发电系统，发电量为 2 千瓦。20 世纪 90 年代，日本、美国提出了超导体潮流发电方式。我国沿海潮流能比较丰富，潮流能高密度区包括渤海海峡老铁山水道、杭州湾北侧、舟山群岛的金塘水道和西堠门水道等区域。2005 年 12 月，我国在浙江省舟山市岱山县建成了一座 40 千瓦的潮流能发电试验电站。

### 1.1.2　海洋开发的重要意义

世界各国普遍认识到，海洋将成为人类生存与发展的新空间，成为沿海各国经济和社会可持续发展的重要保障，成为影响国家战略安全的重要因素。“21 世纪是海洋世纪”的论断已经成为全球政治家、战略家、军事家、经济学家和科学家的广泛共识。各国对海洋勘探、海洋开发、海洋利用的兴趣越来越高，海洋开发装备与技术已成为各国竞相研究的热点，也是各海洋大国科技竞争的制高点，海洋战略地位空前提高。20 世纪 50 年代是原子能开发时代，50 年代后期到 60 年代是宇宙开发时代，70 年代进入海洋开发时代。目前，原子能开发达到了稳定期，宇宙开发进入了成熟期，海洋开发正处于成长期。

20 世纪 90 年代以来，世界主要沿海大国纷纷把维护国家海洋权益、发展海洋经济、保护海洋环境列为本国的重大发展战略。如美国于 1999 年提出了“回归海洋，美国的未来”的报告，强调海洋是保持美国实力和战略安全的不可分割的整体。加拿大于 1997 年出台了《海洋法》，并制订了 21 世纪海洋战略开发规划。澳大利亚制订了以综合利用和可持续开发本国海洋资源为中心的 21 世纪海洋战略规划。日本的中心目标是在 21 世纪成为海洋强国。

现代化高新技术在海洋开发过程中的应用，使得大范围、大规模的海洋资源开发和利用成为可能。海洋经济已经成为一个独立的经济体系，并以明显高于传统陆地经济的比例快速增长，相当一部分国家的海洋产业成为国家支柱产业。目前，海洋经济已经成为世界经济发展新的增长点，世界海洋产业总产值由 1980 年的不足 2500 亿美元迅速上升到 2004 年的 1.8 万亿美元，占全球总 GDP 的 4%。

顺应世界潮流，我国也提出了“逐步建设成为海洋经济强国”的宏伟目标，实现由海洋大国向海洋强国的历史跨越，是时代的召唤，也是中华民族走向繁荣昌盛的必由之路。习近平总书记多次强调：21 世纪，人类进入了大规模开发利用海洋的时期。海洋在国家经济发展格局和对外开放中的作用更加重要，在维护国家主权、安全、发展利益中的地位更加突出，在国家生态文明建设中的角色更加显著，在国际政治、经济、军事、科技竞争中的战略地位也明显上升。我国是一个陆海兼备的发展中大国，建设海洋强国是全面建设社会主义现代化强国的重要组成部分。据官方数据，中国海洋生产总值从 2006 年约 2 万亿元增加到 2016 年约 7 万亿元，占我国 GDP 的 9%~10%。

### 1.1.3 水下机器人应用领域

海洋与陆地不同，其自然条件十分苛刻，除海面上变化莫测的惊涛骇浪之外，随着深度的增加，海水压强会越来越大，水深每增加 10m，水压增加 1atm(1atm= $1.01325\times10^5$Pa)。当水深达到 1000m 时，海水就可以把木材的体积压缩到原来的一半；当水深达到 7000m 时，空气就会被压缩得如海水一样密实；当水深超过 100m 时，海洋环境将暗无亮光。由于这些苛刻的条件和人的生理条件所限，人类的潜水深度一般不超 20m，即便是穿上潜水服或戴上潜水装具，所潜深度也只能达到 60~70m。如果不依赖装备，人类很难去征服和利用海洋。因此，可代替人类到深海海底执行观测、探测、水下装备检测维修和施工作业等任务的水下机器人，成为深海资源勘探、开发和利用不可缺少的重要装备，成为各海洋国家竞相研究的热点方向。

水下机器人主要分为有缆无人水下机器人 (remotely operated vehicle，ROV) 与无人自治水下机器人 (autonomus underwater vehicle，AUV)，为一种可在水下移动、具有视觉和感知系统、使用机械手等其他工具代替或者辅助人类完成水下作业任务的机电装置。从 20 世纪下半叶起，水下机器人经历了从诞生、发展到逐步走向应用的历程，水下机器人技术作为人类探索海洋的重要手段，在海底这块未来最现实的可发展空间中起着至关重要的作用，受到普遍关注。毫不夸张地说，21 世纪将是人类进军海洋的世纪。伴随着人类认识海洋、开发并利用海洋资源和保护海洋的进程，水下机器人这一高新技术将进一步发展并更加完善，21 世纪将是水下机器人广泛应用的世纪。

随着海洋开发事业的迅速发展，水下施工和建设项目越来越多。由于水下机器人能够在水下进行观察、摄像、测量、打捞和施工作业，因此在海洋开发中得到广泛的应用。水下机器人的应用领域可大致归结为水下工程、海洋科学考察、打捞救生、海洋水产养殖、海洋军事等。

1. 水下工程

随着科学技术的发展，人类现在进入了开发和利用海洋时代，在各种各样的海洋技术中，能完成多种作业的水下机器人使海洋开发进入了新时代，其中 AUV 在海洋开发的许多领域都得到了广泛的应用，目前主要集中在以下几个方面。

(1) 水下结构物检查：用于水下结构物的物理位置和质量的测定，验证检查敷设状况、破损和腐蚀情况，检查钻井平台、井口及水坝的裂缝以及拦污栅和闸门的安全状况等。

(2) 水下作业监视：用于监视水下土木工程的灌浆打桩、挖沟、伐木、推土等作业情况和导引施工，如伐木水下机器人。

(3) 海底地形地貌勘察：用于水下自然或人造目标的测绘、海底地形地貌及海底剖面的测绘等。

(4) 水下设施清理：用于水下设施表面污垢的清洗和重新涂装，石油钻井平台清理，船体、管道及水下构件除锈和涂漆等。

(5) 水下目标搜索及识别：用于水下指定物体的寻找及打捞，搜寻水中沉船及遗弃器材、设备等。

(6) 水下设施的安装与维护：用于水下管道电缆的安装和维修，开启阀门，焊接切割和引爆，牺牲阳极更换等。

(7) 辅助潜水员作业：用于辅助潜水员作业，保证潜水员安全，为潜水员传送施工器材。

2. 海洋科学考察

从人类决定着手对最深、最神秘的海洋深处进行探索开始，水下机器人就成为海洋科学考察必不可少的重要手段，其在海洋科学考察中的主要应用场合如下。

(1) 海洋地质考察：记录海底微地貌，绘制海底地图，采集海底图样和岩石样品。

(2) 海洋生物考察：测定海底生物形态，采集生物样本。

(3) 海洋物理考察：观测海水水层、环流速度、盐度、温度、深度分布、海水密度等。

(4) 地球物理考察：测定地球磁场，考察石油、天然气矿藏等。

(5) 海洋声学考察：观测海底水声特性、海底混响、声学模型。

(6) 地球化学考察：观测海底水温、沉积层土温、沉积物的 pH。

(7) 海洋光学考察：观测海水透明度、自然光场分布、对光的吸收强度等。

3. 海洋水产养殖

水下机器人在海洋水产养殖中的主要应用为：① 播种与收获。目前我国的水产养殖还面临着许多严峻的问题，像鲍鱼、海参、扇贝、海螺、海胆等的底播增殖型海洋牧场，从播种到采捕都需要人力，采用的也都是原始工具。这样的捕捞方式，不仅劳动强度大，而且效率低，对捕捞者来说有很大的危险性，从业人员越来越少，阻碍了海洋水产养殖的进一步发展，水下机器人可用于渔礁的现场观察，也可用于海洋养殖物的播种和采收作业。② 清理与观察。随着海洋水产养殖向深海迈进，网箱数量越来越多，水下机器人可用于养殖用网箱附着物 (贝类和海草等) 的清除与破损检测、饲料供给和水质管理等。

4. 海洋军事

考虑到海军在现代军事条件下的重要性和对陆地作战的决定性作用，水下军事对抗在所难免。水下军用机器人将会成为未来海战的主角，促使未来的海洋战争呈现新局面。水下军用机器人在海上军事对峙中可以执行很多种任务，如海岸侦察、排雷、反潜、通信、导航等，它们的出现使得在海战中以最少的人员伤亡快速夺取军事优势成为可能。水下机器人在海洋军事方面的主要应用场合包括以下几种。

(1) 排雷。由于其自身的战术技术特点，移动水下机器人是反水雷和排雷行动的最佳设备。就反水雷行动而言，它们不同于其他的扫雷设备，例如，扫雷舰艇不能撞上水雷以免造成人员伤亡，移动水下机器人最大的优势在于能够更接近水雷。它们还能够在浅滩、海岸线附近、港口等常规扫雷设备由于本身的物理性质无法工作的地方，展开有效的搜索和清除水雷行动。在公海中有可能遇到水雷的危险区域，移动水下机器人还可以用来自动防雷保护。水面舰艇和潜艇以及其他的水面、水下运输工具，如果搭载水下移动机器人，可以在航行途中发现并清除航道上的水雷。在和平时期，水下自动推进无人机器人可以执行保护船舰免遭水雷侵害的复杂作业任务，包括自主探测航道上的水雷、排查航道和港口以及常规检查等。与其他的反水雷防护设备相比，移动水下机器人在计划和执行排雷行动中有很多优势，其主要优势为：成本低，用扫雷舰艇去探测寻找水雷贵得多；隐蔽性好，由于在水下工作而且体积小，因此很难被敌人发现；普适性，除了进行探测水雷活动，移动水下机器人还可以执行其他军事任务，也可以承担科学和商业任务。

(2) 反潜。潜艇由于其特殊的战术性能，例如，良好的隐蔽性，在世界上不同海洋执行任务的能力，拥有先进的高精度打击武器、水下发射弹道导弹和巡航导弹，成了海军打击力量的主要组成部分。移动水下机器人完全可以用于反潜任务，它可以在战争前线、沿岸海域、狭窄水道和海峡等地搜索并跟踪潜艇；它搜索潜艇的能力要强于水面船舶和潜艇；还可以使用移动水下机器人在反潜战中为敌人潜艇设陷阱 (声呐对抗，误导方向)；在潜艇基地、避风港和航道上破坏敌方陷阱；安装进攻或防御性的反潜水雷等。

## 1.2 水下机器人的概念及分类

从本源出发，水下机器人可认为是集机器人技术、机械制造技术、控制工程技术、电子技术、计算机技术、导航通信技术、海洋技术于一体的前沿科学技术，可以应用于海洋资源开发勘探、海底热液研究观察、水下结构物检测检修、海底输油管道铺设和维护，以及海上国防安全等诸多方面的典型的机电一体化系统。

水下机器人按其特点可以分为有缆无人水下机器人 (ROV) 和无人自治水下机器人 (AUV) 两类。ROV 分为移动式、拖拽式和游浮式，AUV 分为传统型机器人和仿生水下机器人。ROV 依靠电缆提供的动力来进行水下作业，AUV 则依靠自身携带的能源来实现水下三维空间运动。此外，水下机器人还可以按照其构造、用途、动作原理的不同，进行如下分类 [1]：

(1) 按照操控方式不同，可分为载人水下机器人 (human operated vehicle，HOV)、有缆无人水下机器人 (ROV)、无人自治水下机器人 (AUV) 和水下滑翔机 (underwater glider，UG)。

(2) 按照用途不同，可分为作业型、观测型、测量型三种。作业型水下机器人多带有机械手，用于执行海中救援、打捞、电缆敷设，以及海洋石油平台和其他生产系统的操作、检测与维修任务。观测型与作业型水下机器人基本相同，但它主要用于测定所要调查对象的参数。测量型水下机器人则是利用照相机、摄像机、声呐等观测海底地形地貌或水下搜寻。

(3) 按照运动方式不同，可分为浮游式、履带式和步行式三种类型。浮游式水下机器人一般设计为零浮力或稍许正浮力，依靠推进器实现水下三维空间运动。履带式水下机器人多用于海底施工或在水下结构物上攀爬作业，依赖履带驱动或履带和推进器复合驱动。步行式水下机器人多参照海洋生物的行走原理进行机构设计，基于螃蟹行走的仿生水下机器人概念设计已面世，目前处于样机研制阶段。

目前，国内外水下机器人研究多集中于 ROV 和 AUV 两类。其中，ROV 与水面母船之间由脐带缆连接，脐带缆既负责为 ROV 提供动力，又实时双向传输控制信号 (由母船至 ROV) 和数据/图像 (由 ROV 至母船)。而 AUV 与母船之间则没有物理连接，它依靠自身携带的动力、感知和导航定位系统，进行自主航行。ROV 由于动力来源于母船，水下作业时间可不受限制，可完成高耗能的水下作业任务 (如水下采样、水下焊接、水下切割、水下搬运等)，但是因受到脐带缆长度的限制，其作业范围有限，不适合在复杂的结构中进行作业。与 ROV 相比，AUV 具有活动范围大、潜水深度大、无脐带纠缠风险、可进入复杂结构中进行观测和作业、不需要庞大的水面支持系统、占用甲板小、运行和维修费用低等优点，但是由于自身携带的动力源能量有限，不适合长时间水下运行，很难承担水下高耗能的作业任务，主要用于水下观测和探测。本书主要以 AUV 为例对水下机器人进行研究。

## 1.3　水下机器人发展现状

20 世纪 80 年代末，随着人工智能技术、微电子技术、控制硬件和计算机技术等方面的进步，智能水下机器人技术得到了迅猛发展，许多沿海国家尤其是发达国家都致力于 AUV 技术研发。美国麻省理工学院 (Massachusetts Institute of Technology，MIT) 很早就开始从事 AUV 研究，并且他们意识到 AUV 有非常高的商业价值后，对他们自主研制的 AUV 进行了整合，并于 1997 年成立了 Bluefin Robotics 公司，该公司制造的 Bluefin AUV 系列，在刚刚兴起的 AUV 市场上获得了一席之地。2014 年 4 月，美国利用 Bluefin-21 型 AUV 在南印度洋海域开展了马航 MH370 航班的搜寻，并完成了核心搜索区域 95%的任务。美国康斯伯格公司的 REMUS(remote environment monitoring units) 系列 AUV 也是最成功的智能水下机器人之一，如图 1-1 所示，科研工作者利用 REMUS 水下机器人完成了大量的海洋环境观察和数据采集实验，并于 2009 年执行在大西洋海域寻找法航 447 号航班飞行事故记录器 (黑匣子) 的任务，显示了 AUV 的巨大优势和作用。挪威康斯堡 · 西姆莱德公司研制的 HUGIN 系列 AUV 可提供海底地形调查及多项水下探测作业服务，并形成了 HUGIN100、HUGIN1000 和 HUGIN3000 等系列产品，现已推广到世界多个国家开展海洋探测作业，如图 1-2 所示。

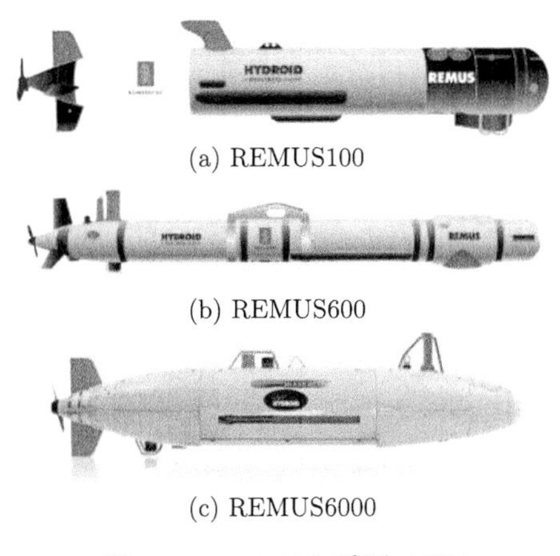


(a) REMUS100

(b) REMUS600

(c) REMUS6000

图 1-1 REMUS 系列 AUV

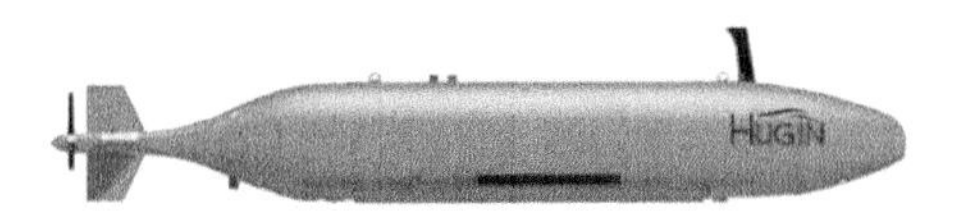


图 1-2 HUGIN100 实物图

美国海军研究生院 (Naval Postgraduate School，NSP) 研制开发了 Phoenix 和 Aries 两款 AUV，其中 Phoenix 续航能力达 3h，最大航速约为 2kn (1kn=1.852km/h)，Aries 续航能力可达 4h，最大航速约为 3.5kn。由美国麻省理工学院开发的 Odyssey 系列水下机器人，主要用来进行海底地形绘制、环境监测和水下资源调查。其中 Odyssey3 系列最大下潜深度为 4500m，最大航速为 5kn，续航能力可达 6h，并且采用了先进的模块化技术，可以根据任务不同进行更换配置。由美国伍兹霍尔海洋研究所 (Woods Hole Oceanographic Institution，WHOI) 研制的 REMUS 系列水下机器人，其中 REMUS6000 直径为 0.71m，长度为 3.84m，最大下潜深度为 6000m，续航能力可达 22h，最大航速为 4kn。美国夏威夷大学自主式系统实验室 (Autonomous System Lab) 研制了 ODIN 水下机器人，该水下机器人为一个六自由度运动的球形机器人，ODIN 主要作为水下机器人实验的平台，来完成对自适应路径规划和智能导航等控制算法的验证。

由美国 Bluefin Robotics 公司研制的 HAUV 如图 1-3 所示，长 1.07m，宽 1m，高 0.4m，质量 80kg，续航时间 3.5h，最高航速 1.5kn，在 5 台螺旋桨推进器作用下可完成六自由度运动，该型号水下机器人可用于水下结构物日常维护以及海底科研等工作。

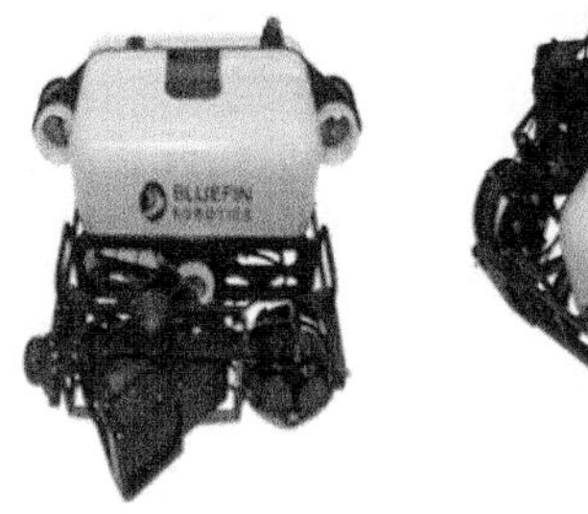

图 1-3　HAUV 实物图

日本东京大学的水下机器人及应用实验室 (Underwater Robotics&Application Lab) 研制了 R1、r2D$_4$、Tri-dog1 和 TWIN-BUEGER1&2 等系列水下机器人，其中 TWIN-BUEGER1&2 主要用于水下机器人智能控制的平台，对软硬件仿真系统进行调试和开发，r2D$_4$ 主要用于海底热水带的调查，如图 1-4 所示，该水下机器人的尺寸为 4.6m×1.1m×0.81m，最大下潜深度为 4000m，最大航速为 3kn。

图 1-4　r2D$_4$ 实物图

由俄罗斯研制的 MT-88 水下机器人，是一种可以预先编程的水下机器人，程序在下水之前输入，而且通过有声通信校正。水下机器人的轨迹一般是按照水动力物理测量或者是按照海底附近的拍照和远距离观察的要求设定，其最大的下潜深度为 6000m，最大航速为 1.2m/s，最大续航能力可达 6h。丹麦研制的 “Martin” 号 AUV 如图 1-5 所示，该水下机器人开发有水声导航系统，主要用于海洋环境的研究和海底安装的监视。

图 1-5 “Martin”号 AUV

在该 AUV 的基础上，开发了基于声呐信号的探测和识别，可以避开水下未知物体。此外，加拿大 ISE 公司的 EXPLORER 系列 AUV 和法国 ECA 公司的 ALISTER 系列 AUV 都是较早开展研究的 AUV 系列，也得到了广泛的应用 [1,2]，分别如图 1-6、图 1-7 所示。

图 1-6 EXPLORER 系列 AUV

图 1-7 ALISTER 系列 AUV

Bluefin Robotics 公司是美国一家知名的自主无人水下航行器的设计和制造商，该公司推出的无人水下航行器包括小型的 Bluefin-9、中型的 Bluefin-12、大型的 Bluefin-21。Bluefin-21 是一种高度模块化的自主无人水下航行器，可以携带多种传感器和有效载荷。其电源容量大，即使在最大水深也可长期工作，并可由各种应急船舶操作使用。自由更换模块——无人水下航行器的设计包括可在使命现场更换的有效载荷段和电池模块，各种子系统均可接触，以便加快周转时间，并允许在现场维修，从而加快作业速度。Bluefin-21 外形如图 1-8 所示。

图 1-8　Bluefin-21 布放入水

挪威的 HUGIN 系列自主水下航行器在 21 世纪问世以来，从原型 AUV，逐步发展了 HUGIN1000、HUGIN3000、HUGIN4500 以及 HUGIN MR 等型的 AUV，HUGIN4500 型 AUV 外形如图 1-9 所示。

图 1-9　HUGIN4500 AUV 布放入水

HUGIN4500 AUV 是 HUGIN 系列中最大的，航行器的结构形式与该系列中的其他航行器相同，只不过体积、质量更大，主要不同之处在于采用了功率更大的半燃料电池，容量比 HUGIN3000 AUV 多 30%。航行器的尺寸和电池容量允许航行器携带工作能力更强的传感器，例如高分辨率浅层海底剖面仪和侧扫声呐。目前，HUGIN4500AUV 只作为美国 C&C 技术公司的"勘测者III"使用，最大工作水深 4500m。HUGIN4500AUV 主要参数有：航行器直径 1000mm，长度 6400mm，空气中质量 1500kg，最大工作深度 4500m；传感器侧扫声呐的工作频率为 230kHz 或 410kHz，作用距离 225m，分辨率 7m；浅层海底剖面仪的工作频率为 1~6kHz。航行器上还可安装摄像机系统、多波束测深系统、温盐深剖面仪 (CTD)、深度传感器、多普勒计程仪、超短基线水声定位系统、水声数据调制解调器。

此外，WHOI 研制的 REMUS100，以及由冰岛 Hafmynd 公司研发，现为美国 Teledyne 公司产品的小型模块化鱼雷式 AUV，两者外形均与鱼雷相似，应用范围广，受广大用户青睐。

国内在 AUV 方面的研究机构主要有中国科学院沈阳自动化研究所、哈尔滨工程大学水下机器人技术国防科技重点实验室、中国船舶重工集团有限公司 (下文简称“中船重工”)710 所和中国海洋大学等。从 1992 年 6 月起，中国科学院沈阳自动化研究所联合国内若干单位与俄罗斯展开合作，在俄罗斯 MT-88 AUV 的基础上，针对国际海底资源调查的需要，研制出工作水深 6000m 的 CR01 型 AUV。在此基础上，在“十二五”期间，又开展了新的“潜龙一号”和“潜龙二号”的研制和应用工作。中船重工 710 所研制了多型中等潜深 (几百米范围) 的 AUV，近年来，又研制了多功能远程自主运载 AUV。哈尔滨工程大学水下机器人技术国防科技重点实验室从 20 世纪 90 年代起，开始进行智能水下机器人技术的研究，最新研制的海洋探测智能 AUV，已完成南海 2000m 深潜试验和指定区域内的深海探测试验 [2,3]。十多年来，中国海洋大学在 AUV 研究方面也开展了大量的工作，先后获得 863 计划、国家重点研发和省市等多项课题的资助，研制出 C-Ranger Ⅰ、C-Ranger Ⅱ (后更名为“神龙”号) 和半潜溢油检测 AUV。

我国 AUV 研究的起步比较晚，20 世纪 90 年代，AUV 的研制取得突破性的进展，主要代表是：1994 年中国科学院沈阳自动化研究所研制的“探索者”号自治水下机器人，在西沙群岛近海成功下潜到 1000m，成为我国到达深海的先驱。1995 年与俄罗斯合作，设计了下潜深度 6000m 的自治水下机器人 CR01，如图 1-10 所示。其水下最大航速为 2kn，续航能力达 10h，并在夏威夷海域成功下潜到 5300m 拍摄到了清晰的锰结核照片，为科研工作者收集了大量珍贵资料，本次成功潜海也标志着我国进入水下 6000m 级别的水下机器人研制的国家行列。

图 1-10 CR01 型 AUV

1997 年，CR01 经过改装换代为 CR02，如图 1-11 所示，开创性地研制了对转槽道推力器用于 CR02，并在太平洋海域完成了深海调查任务，获得了大量的资料和数据。这两次深海试验的成功，标志着我国研制的第一代 6000m 水下机器人已经进入应用阶段。另外，以哈尔滨工程大学为代表的一批高校和科研机构，也对 AUV 的研制开发注入了很大的动力。比较典型的是“智水”系列军用自治水下机器人，标志着我国研制的自治水下机器人在智能控制等技术方面已经接近世界先进水平。

图 1-11　CR02 外形图

海神 6000 型深海 AUV 如图 1-12 所示，为应用于深远海搜救型 AUV，是我国首个用于深远海搜救的 AUV，主要参数有：最大工作深度 6000m，直径 880mm，长度 7.5m，最大航速 5kn，最大续航力 24h。根据任务需要搭载了超短基线定位系统 (USBL)、飞机黑匣子搜索声呐阵、深海测深侧扫声呐、水下相机、CTD、深海声通机、前视声呐等多个探测设备。

图 1-12　海神 6000 型深海 AUV

## 1.4　水下机器人关键技术

1. 基于不同感知原理的组合导航技术

作为深海资源勘探开发设备的重要执行载体，具备自主导航能力是提高 AUV 智能程度、实现真正自主的关键。然而受海洋环境的复杂性、特殊性、隐蔽性等因素影响，尤其是在深海矿藏富集区等复杂海域，地形地貌变化剧烈，实现 AUV 的自主导航是一项艰难的任务，这也是目前限制 AUV 在更深层次、更广范围应用的技术难点。虽然在机器人研究领域已经广泛开展了利用扫描成像声呐或视觉等传感器进行 AUV 自主导航的研究和应用，但是不同的传感器系统由于有各自的优势和缺陷，适合不同的水下环境。如在广阔的海域，由于声呐工作在峰值状态，多途干扰和各种反射很少，利用扫描成像声呐作为主传感器，可以很好地完成自主导航的任务。而在深海矿物富集区及地形地貌复杂的海域，多途干扰和各种反射十分严重，声呐系统很难实现可靠的导航定位。因此，开展基于不同感知原理的组合式环境感知和导航定位技术研究，对未来 MIAUV(multi-function intelligent autonomous underwater vehicle) 在水下自主执行多功能作业任务来说，是必须解决的关键技术。

2. 水下目标的探测与辨识技术

目前，水下机器人用于水下目标探测与识别的设备仅限于合成孔径声呐、前视声呐和三维成像声呐等水声设备。合成孔径声呐是用时间换空间的方法、以小孔径获取大孔径的声基阵的合成孔径声呐，非常适合尺度不大的水下机器人，可用于侦察、探测、高分辨率成像，大面积地形地貌测量等；前视声呐组成的自主探测系统，是指前视声呐的图像采集和处理系统，在水下计算机网络管理下，自主采集和识别目标图像信息，实现对目标的跟踪和对水下机器人的引导，通过不断的试错，找出用于水下目标图像特征提取和匹配的方法，建立数个目标数据库，在目标图像像素点较少的情况下，可以较好地进行数个目标的分类和识别，系统对目标的探测结果能提供目标与机器人的距离和方位，为水下机器人避碰与作业提供依据；三维成像声呐，用于水下目标的识别，是一个全数字化、可编程、具有灵活性和易修改的模块化系统，可以获得水下目标的形状信息，为水下目标识别提供了有利的工具。

虽然合成孔径声呐、前视声呐和三维成像声呐等水声设备可以在水下进行目标辨识、导航定位，但是由于其适合在广阔的海域应用，在复杂的海洋环境中，多途干扰和各种反射十分严重，声呐系统很难实现可靠的导航定位和目标辨识。

由于大部分波段的光在水下传播时都会受到强烈的吸收衰减，只有波长在 (480±30)nm 波段的蓝绿光在水中的吸收衰减系数最小，穿透能力最强，故常称该波段为“水下窗口”。虽然如此，视觉在复杂对象识别中具有不可替代的优势，尤其是在近距离复杂环境下的精确导航定位、作业对象姿态感知和结构损伤辨识等方面不可缺少。水下目标的探测与辨识技术在海洋牧场养殖网箱网衣破损检测、海洋牧场海底环境架构、海洋结构物损伤检测、深海采矿作业、水下生产系统阀门操作与零部件更换等方面都会有广泛的应用，同样也是实现水下机器人智能决策和自主导航的关键核心技术。

3. 能源补给技术

水下机器人，特别是续航力大的自主航行水下机器人，对能源系统的要求是体积小、重量轻、能量密度高、多次反复使用、安全和成本低。目前水下机器人采用的能源主要由热系统和电化能源系统提供。热系统是将能源转换成水下机器人的热能和机械能，包括封闭式循环、化学和核系统。

目前比较接近推广应用的热系统电池是放射性同位素电池，也被称作放射性同位素温差发电器或原子能电池。这种温差发电器是由一些性能优异的半导体材料，如碲化铋、碲化铅、锗硅合金和硒族化合物等，把许多材料串联起来组成的。另外还得有一个合适的热源和换能器，在热源和换能器之间形成温差才可发电。

电化能源系统是利用质子交换膜燃料电池来满足水下机器人的动力装置所需的性能，该电池的特点是能量密度大、高效产生电能，工作时热量少，能快速启动和关闭，但是该技术目前仍缺少合适的安静泵、气体管路布置、固态电解液以及燃料和氧化剂的有效存储方法。随着燃料电池的不断发展，它有望成为水下机器人的主导性能源系统。

#### 4. 仿真技术

由于水下机器人的工作区域为不可接近的海洋环境，环境的复杂性使得研究人员对水下机器人硬件与软件体系的研究和现场测试比较困难。因此在水下机器人的方案设计阶段，进行仿真研究十分必要。设计阶段水下机器人仿真工作可分为运动仿真和控制系统软硬件仿真。

运动仿真。按给定的技术指标和水下机器人的工作方式，设计水下机器人外形，并进行流体动力实验，获得仿真用的水动力参数。一旦建立了运动数学模型、确定了边界条件后，就能用水动力参数和工况进行运动仿真，解算各种工况下水下机器人的动态响应。如果仿真结果与预期结果存在差异，则重新进行尺寸、重心和浮心等参数调整，然后再次仿真，直至满足要求。

控制系统软硬件仿真。控制系统软硬件装入水下机器人主体结构之前，应先在实验室内对单机性能进行检测，并对组装后的集成系统进行仿真模拟，以评估其控制效果和性能，降低在水中对控制系统软硬件进行调试和检测可能存在的各种风险。仿真的主要内容包括密封、抗干扰、机电匹配、软件调试等。水下机器人仿真系统主要由模拟平台、等效载荷、模拟通信接口、仿真工作站等组成。

#### 5. 智能控制技术

智能控制技术用于水下机器人控制，主要目的是进一步提高水下机器人的自主环境识别与行为判断决策能力，其体系结构是智能传感技术、人工智能技术及各种控制技术的系统集成，相当于人的大脑和神经系统。软件体系关系到水下机器人的总体集成和系统调度，直接影响智能水平，它涉及基础模块的选取、模块之间关系的协调、数据 (信息) 与控制流、通信接口协议、全局性信息资源获取及行为智能决策等。

#### 6. 通信技术

水声通信系统包括模拟水声通信和数字水声通信两种。模拟水声通信不能有效降低海洋信道衰落产生的畸变，而且模拟水声通信系统功率利用率低，因此不能有效地提高系统性能。但是，数字水声通信系统抗干扰性强，能在一定程度上均衡时间和频率扩展，能够采用纠错编码技术保证传输数据的保密性和可靠性。随着数字通信技术的发展，已经开发了各种水声调制解调器，这些基于数字编码方式的调制技术有多种，如幅移键控、频移键控、相移键控以及由此派生的各种调制方式。

水声通信是水下机器人实现中远距离通信唯一的也是比较理想的通信方式。实现水声通信最主要的障碍是随机多途干扰，要满足较大范围和高数据率传输要求，需解决多项技术难题。

## 1.5 水下机器人未来发展展望

随着计算机技术的进步与水下机器人智能水平的提高，自治水下机器人的优势将进一步突显出来。21 世纪是开发海洋的世纪，随着开发海洋的需要及技术的进步，适应各种需要的水下机器人将会得到更大发展。国外在此方面的投入越来越大，已经取得了许多令人鼓舞的结果，并且不断有新领域的扩展。国内的智能水下机器人研究起步较晚，目前仍处于科研阶段。未来水下机器人的发展有以下四个方向 [3-8]。

1. *向远程发展*

1997 年，美国国家海洋与大气局 (NOAA) 的国家海洋补助金办公室 (National Sea Grant Office) 和海军水面武器中心 (Naval Serface Weapon Center) 就委托卡内基梅隆大学、佛罗里达大西洋大学、沛瑞公司、威斯汀豪斯公司共同进行可行性研究。上述单位提供的研究报告认为，基于当时的通信、导航、控制、感知、人工智能、体系结构、环境建模等技术基础，研制航程在 500n mile(1n mile=1.852km) 以上的远程 AUV 是完全可行的。法国国家海洋资源开发研究院 (IFRMER) 的海洋机器人研究所、法国国家信息与自动化研究所 (INRIA) 也有类似的远程 AUV 计划。

2. *向深海发展*

6000m 以内水深的海洋面积占海洋总面积的 97%，因此许多国家把发展 6000m 水深技术作为一个目标。法国、美国、俄罗斯等国都先后研制了 6000m 级的 AUV，向更大的深度 11000m 进军，也提上了日程。

3. *向高可靠性发展*

经过多年的研究，自治水下机器人各项技术正在逐步走向成熟，自治水下机器人已经从实验室研究阶段逐步走向商业应用阶段。因此，研究如何提高水下机器人的可靠性问题被提上日程，并得到广大研究人员的关注。

4. 向多水下机器人协作完成任务发展

多 AUV 技术在军事上和海洋科学研究方面潜在的用途很大，也是当前的一个发展方向。加拿大 ISE 公司曾利用 DOLPHI 潜水器研究过 3 个 AUV 和 8 个 AUV 的协同控制技术，并在湖中进行侦察演示。美国麻省理工学院 Sea Grant's AUV 实验室、日本东京大学、美国佛罗里达大西洋大学的高级海洋系统实验室 (Advanced Marine Systems Laboratory)、美国 WHOI 等研究院所联合提出了多水下机器人协作海洋数据采集网络的概念，并进行了大量的研究工作。

水下机器人是高技术的集成体。虽然水下机器人本体所需的各种材料及相关技术问题已得到了较好的解决，但随着海洋开发不断向深远海推进，对水下机器人提出了新要求。深海水下生产系统的安装、操作、检修和维护以及海底矿产资源开发利用等应用场合，需要水下机器人在不依赖母船的情况下，能够在水下长时间从事多种作业任务。现有 ROV 和 AUV 的设计方案难以满足大范围、大深度、长时间、多功能作业的要求，因此必须对水下机器人的功能进行重新定位，对水下机器人的主体结构进行重新架构，将 ROV 和 AUV 的设计思路进行整合，设计一款具备既不依赖母船支持，又可以长时间进行水下自主导航定位、环境辨识、作业智能决策、动力补给、高速双向通信的智能型多功能水下机器人，这是满足未来需求的根本途径，这种水下机器人我们可以称之为 MIAUV。

## 1.6　本书内容

本书内容包括水下机器人结构、水下机器人推进系统、耐压舱体设计、能源及能源管理、动静密封技术、底层控制、运动学和动力学特性、导航定位及路径跟踪、仿真分析方法等技术理论和工作实践等。本书系统地论述了水下机器人设计与分析的基本原理、方法和技术，其中主要以 AUV 为例，提供了大量设计资料和设计案例，充分反映了国内外有关水下机器人研制的最新研究成果。

### 参考文献

[1] 彭学伦. 水下机器人的研究现状与发展趋势 [J]. 机器人技术与应用, 2004，15(3): 43-47.

[2] 徐玉如, 李彭超. 水下机器人发展趋势 [J]. 自然杂志, 2011, 33(3): 125-132.

[3] 孙碧娇，何静. 美海军无人潜航器关键技术综述 [J]. 鱼雷技术，2006, 14(4): 7-10, 31.

[4] 孙现有，马琪. 美海军 UUV 使命任务必要性与技术可行性分析 [J]. 鱼雷技术，2010, 18(3): 231-235.

[5] 蔡年生. UUV 动力电池现状及发展趋势 [J]. 鱼雷技术，2010, 18(2): 81-87.

[6] 郭勇，陈强. UUV 电池的发展现状及趋势 [J]. 中外船舶科技, 2011, (4): 29-32.

[7] 钟宏伟. 国外无人水下航行器装备与技术现状及展望 [J]. 水下无人系统学报，2017, 25(3): 215-225.

[8] 吴乃龙，刘贵杰，李思乐，等. 基于人工免疫反馈的自治水下机器人推力器控制 [J]. 机械工程学报, 2011, 47(21): 22-27, 36.

# 第2章　水下机器人结构设计

## 2.1　水下机器人常用设计方法

现有的水下机器人由于要适应不同的使用要求，其设计功能的多样性是很明显的。而且，大多数水下机器人都还没有进行批量生产，因此，目前还没有一个完善的设计准则，也很难找到一个不变的或大体可以遵循的设计方法和步骤。设计方法往往取决于设计师的实践经验、技巧和学识。在拟订方案时，特别是在初期阶段，设计师们的经验、洞察力和发明创造才智会起很大的作用。非常熟悉现有水下机器人各种类型并能发挥立体感的设计师，在设计初期能较准确地确定水下机器人最合理的结构形式、主尺度和性能，最终在满足设计任务书要求的前提下，设计一台排水量与主尺度最小、技术性能最优的水下机器人。

设计水下机器人的一般程序是提出设计任务书后，在明确水下机器人工作目的和要求的条件下，首先绘制草图和拟定总布置图与内部结构图，进一步计算出水下机器人重量、排水量、浮性与稳性、壳体强度及运动阻力，求出所需的推进功率、航行速度等。再根据这些草图和计算结果，使所有性能与结构逐步地详细化，最终完成施工图纸和有关设计文件，投入建造。

在设计水下机器人时常采用如下几种方法[1]：母型设计法、逐渐近似法、方案法、系统法。

### 1. 母型设计法

该法广泛采用能够满足大部分技术任务书要求的现有水下机器人作为母型，如型线结构、部件、重量指数、各种经验系数等方面的对比资料，采用各种公式和换算系数，可以使许多问题的解法得到极大简化。

“母型” 这个名词，不仅可理解为实际存在的水下机器人，而且可理解为设计文件、总布置图、主要性能、计算载荷和说明书。如果所设计的水下机器人只是某些性能不同于它的母型，例如，所要设计的水下机器人只是航速和下潜深度与母型不同，在这种情况下，可保留母型的设备形式与组成，只需重新计算动力装置的功率、推进器和耐压壳体的强度，以及相应补充和改进局部构件或设备，这就显著地简化了水下机器人的设计。

2. 逐渐近似法

这是水下机器人设计的最常用的方法。通常是在缺少母型和对设计缺少必要的原始资料的情况下采用该方法。一方面，缺乏具体资料常使设计人员在设计初始阶段不可能准确地计算出水下机器人的重量、浮体体积和其他一些未知性能。另一方面，虽然水下机器人与其使用环境之间，以及水下机器人性能参数之间存在可用具体数学公式表达的函数关系，但是某些性能指标 (如使用方便、经济效益、机动性、施放回收动作等) 很难用数学关系式表达，因此，这种不确定性的存在凸显出对一些问题采用逐渐近似法求解的必要性。在设计初期可在已知数与未知数并存的方程与计算中引用一些暂定的参数。

此外，当使一个性能改善的参数变化时，其他性能的参数也会随之改变。在确定技术任务书中个别要求不相容的参数时，往往要采取折中的方法。例如，为了提高速度，又不想增加推进器功率，就要想办法减小阻力，有时要减小耐压壳直径，还要考虑减少耐压壳体内装载的仪器设备和控制装置。在保持一定重量的情况下增大下潜深度，就要采用高强度轻质材料制造耐压壳体，但会使造价增高。

总之，随着设计工作的深入，就会逐步掌握有关重量、体积、设备与系统的详细资料，水下机器人的设计就逐渐接近完善，达到满足设计任务书的要求。对于可能的误差补偿，一般采用贮备排水量和推进系统功率的方法。

3. 方案法

当设计水下机器人时，在满足技术任务书提出的水下机器人形式、用途和主要性能的前提条件下，其结构形式、耐压壳与非耐压壳的材料、推进器系统、造价等会有不同的方案。方案法就是在满足技术任务书的主要性能的要求下，依据某个最佳标准 (如最低重量与造价、速度、下潜深度、有效载荷等)，通过分析和计算，选定最佳方案。这种方法常常需做大量的绘图、计算工作。因此，人们正在采用计算机辅助设计 (CAD) 方法，以求提高设计质量，缩短设计周期，使设计工作建立在更为科学的基础上。

4. 系统法

在设计水下机器人时，设计人员常常同时使用上述三种方法。为使水下机器人 (尤其是复杂的水下机器人) 的设计工作顺利进行，应当按照一定的系统设计程序开展工作，这些设计程序是：拟定技术任务书、方案设计、初步设计、技术设计、施工设计。

拟定技术任务书、方案设计与初步设计通常称为设计初期阶段，在这个阶段中，确定具有技术任务书中提出性能的实体水下机器人建造的可能性和合理性。

(1) 技术任务书要说明设计的主要要求：水下机器人的用途、使用条件 (环境条件和后勤保障条件)、结构形式、主要技术性能等。有些要求，如下潜深度、航速、近似重量、外形尺寸等应比较具体地给出。

(2) 方案设计：又称可行性设计，在技术任务书审查通过且分析设计任务书的各项要求的基础上提出实施步骤，对所提出的方案设计要素进行估算和分析比较，评价任务书中各项要求的可行性和经济性。

方案设计应提出主要指标，并初步绘制总布置草图，选定线型、结构形式、动力和能源及主要设备，确定各分系统的原理图。还需要提交方案说明书及论证报告、费用估算等报告，供方案设计评审和为初步设计作准备。

(3) 初步设计：是整个设计过程中最重要的一环。它根据方案设计的研究、设备性能与模型实验的具体资料，详细确定水下机器人的重量、体积、主尺度、结构形式，还要进行结构部件的设计、耐压壳体强度的详细计算、动力及推进系统的设计等。在初步设计阶段制造实际尺寸的水下机器人模型是必要的，因为模型有助于更准确地完成技术设计和施工图纸，可以使水下机器人的设备安装、管路与电缆布置容易得到解决。

在初步设计的文件中应包括设计结果，给出关于总结构、个别部件与设备的作用原理，确定水下机器人主要性能和使用条件的主要系统、结构部件参数的总概况。此外，还应提出设备材料清单、需研制的设备材料或分系统项目清单、新开发的实验研究课题任务书及经费预估。批准后，就作为拟定技术设计和施工设计文件的基础。

(4) 技术设计：在初步设计的基础上，在设备研制和课题研究取得初步结果的情况下，进行技术设计，以最后确定水下机器人的全部性能、结构，提供可供制造厂建造用的图纸和基本技术文件 (包括说明书、计算说明书及主要的实验研究报告)。技术设计是施工图绘制及材料设备、仪器订货的依据，经审查批准后，即是水下机器人施工文件编制与建造的依据。

(5) 施工设计：依据技术设计提供的图纸和文件，拟定水下机器人样机制造的施工文件、实验大纲和验收等文件。通过实验结果修改实验样机的施工图，最终提供建造首批水下机器人设计文件。

## 2.2　水下机器人的系统结构

水下机器人通常由推进系统、动力系统、控制系统、导航系统、探测系统、搭载系统等组成 [2]。

水下机器人的控制系统是处理和分析内部和外部各种信息的综合系统，根据这些信息形成对载体的控制功能。控制系统的组成及所要控制的量是非常多样的，通常由水下机器人的功能来确定，最简单的是由视频控制系统和用来反馈水下机器人运动或决定水下机械手等装置动作指令的系统组成。

观通系统是利用摄像机、照相机、照明灯、声呐及多种传感器收集有关外界和系统工作全面信息的装置。它借助电缆 (有缆水下机器人) 或水声通信 (无缆水下机器人) 同母船控制室进行信息传输。信息传输的质量取决于照明系统所用的光学器械及摄像机的参数，最影响信息传输质量的是电缆的参数和它的长度。电缆越长，信号的衰减越大。水声通信往往受海水温度、盐度、压强等分布不均的影响，水温对声速影响最大。虽然水深不同对声速影响不大，可是由于声波的折射，水声信号的传播方式会发生很大变化。由于声波在水中被吸收，所以随着距离的增加，声波在水中衰减的强度也会增加。此外，在水声信号传播时，会有很多特性影响信息的传输速度，比如信号振幅、相位和频率的失真、信号瞬时失真等。因此，水声通信对于水下机器人有一定的局限性。

1. 水下机器人动力系统

现代水下机器人，无论是有缆的还是无缆的，除了少数不用电力，通过压载和抛载完成下潜和上浮外，都是靠电力来推进和游动，实现通信、照明、操纵和导航等。有缆水下机器人可用电缆由水面电源供电，无缆水下机器人多用蓄电池类化学式动力源或热能和核能类的物理式动力源。电力已成为水下机器人水下工作的主要能源 [3]。由于水下机器人工作在高压、低温以及工作介质本身 (海水) 是良导体等特殊环境下，所以水下机器人本身电力的产生和分配要比水面船舶复杂得多。选用水下机器人的电源应考虑以下几点。

(1) 电力总需要量。水下机器人对电力的总需要量取决于它的主要使命及水下航行或工作时间。水下机器人主要的用电设备是推进装置，其次是外部照明、科研设备及工作设备，有时这部分的耗电量会超过推进装置，其中通信、声呐、监控仪表等的用电要作为连续性耗电来考虑。通常还需留有约 25% 的备用电量。为了确定水下机器人的用电总需要量，应在确定了主要任务后，将总的任务分成若干类，分析在执行各类任务时可能有哪些电气设备投入使用，然后估算出各种电气设备的工作时间，用工作时间乘以电气设备所需的功率，将每项功率相加并给予一定余量，从而得到水下机器人完成使命所需的总功率，以此作为能源选型的参考。对于有缆水下机器人，也是脐带电缆选型的参考。电缆直径太大，会影响水下机器人的前进速度和机动性，而直径过小，则动力电缆截面不够，会引起电缆过热、损耗大，甚至造成电缆烧断。

(2) 重量和体积。由于水下机器人大多是小型的，所以对动力系统的重量和尺寸都有严格的限制，尤其是无缆水下机器人，为了减小水下机器人的重量和体积，增加其水下作业时间，通常要选用能量密度 (单位体积的能量) 和比能量 (单位质量的能量) 高的电力能源。有缆水下机器人的电能由母船通过脐带电缆传输给水下机器人，其关键问题是采用多高的电压和交流频率。低压、低频传输电能，虽然能降低电力传输系统的造价，但会使水下机器人中的低压变压器和整流滤波器的重量与尺寸增大：高压、高频传输电能，虽然可以极大减小变压器的重量和滤波器中扼流圈及电容的重量，但电缆线路中的损耗会增加，而且会增大对脐带电缆中信号传输的电缆干扰，为此，需要加强电缆的屏蔽和绝缘保护，使电缆尺寸加大，从而相应加大电缆的重量和水下机器人的航行阻力。

(3) 使用管理。除有缆水下机器人外，无缆水下机器人无论用哪种动力源都有一定的寿命和连续工作时间，因此都有更换能源和补充能源的问题。以电池和燃料电池为电源的供电系统，它们的充电和周转时间是一个重要因素。有些电池的充电时间往往等于或超过工作时间，为了减少水下机器人的电源周转时间，可考虑在每次作业后，用已充好的电池组替换已用完的电池组。因此，在设计水下机器人时，不论电池组是放在耐压壳内或放在耐压壳外，都要考虑能进行电池组更换的结构。同时母船应设有电池充电器或另外备有柴油发电机组进行充电。

(4) 维护和修理。有缆水下机器人靠脐带电缆供电，因此，要定期用兆欧表检测其相对其他外部设备的接地电阻值，以便尽早发现漏电或电缆进水情况，及时进行检修或更换。

水下机器人常用的电源有以下几种。

1) 电池

无缆水下机器人目前大多使用电池作为动力源。电池属于化学式电源，是通过在电介质中的正负电极间电子的流动产生电能的。常用的电池种类有铅酸电池、银锌电池和燃料电池。

2) 机械换能式热动力装置

借助机械换能器将热能变成电能的综合热动力装置，作为水下机器人的动力源是很有发展前途的，这种动力装置能以相当高的效率将热能变为电能。

热动力装置的重量，包括燃料和氧化剂的重量、贮存和输送系统的重量以及机械换能器本身的重量。通过分析证明，当水下机器人的自给能力在 3h 以上时，热动力装置中燃料及其输送系统的比重会超过换能系统的比重。如果水下机器人的自给能力可以大大增加，则机械换能器的比重，较之燃料、氧化剂以及贮存和输送系统的比重，可略而不计。在这种情况下，热动力装置的重量，实际上完全决定于燃料和氧化剂的单位耗量。热动力装置的重量既与本身的效率有关，也与燃料的性能有关。例如，采用液态二氧化碳作工质时，按闭式循环工作的机械换能器的效率可达 50%。

当热动力装置按开式循环工作时，燃烧产物被排出舱外。因此，水下机器人自身能力将决定于工质的贮量。由于二氧化碳和水的密度低于燃料的密度，二氧化碳和水的体积大于在该时间内所消耗的燃料的体积，因而有部分气态或燃烧产物必然被排出舱外。必须考虑到，每千克被排出的燃烧产物所消耗的能量是排出气态产物所消耗能量的 1/200~1/150。燃烧产物中的水蒸气在专门的冷凝器中冷凝。冷凝器采用舱外水作冷却介质。

在实践中，美国阿里斯 · 阿格曼奴发克楚立克公司生产的热动力装置，已装在下潜深度 6000m 的载人水下机器人中。这种热动力装置是按勃拉伊顿循环工作的，并且燃料和氧化剂可以呈低温和气态存储于贮罐中。它采用氦和氙的混合物作工质。当采用的燃料和氧化剂呈低温状态时，这种热动力装置的质量为 7400kg；呈气态时为 8800kg。

该公司还试制了一种燃料室位于耐压壳体外面的热动力装置。燃料是在周围介质的静水压力下在燃料室燃烧的。该热动力装置采用煤油作燃料，采用过氧化氢作氧化剂。燃料和氧化剂贮存在动力装置壳体外面的单独的弹性容器中。这种结构使热动力装置的总质量从 7400kg 降到 5480kg，但它的效率较低。

实践证明，热动力装置，由于其重量、尺寸特性较差，所以对大多数水下机器人来说还是不适宜的。显而易见，今后的目标是设计出具有适宜重量、尺寸特性的热动力装置。

日本三井 (Mitsui) 造船公司和东京大学生产技术研究所海洋机器人研究小组在 1996 年联合研制成功的 R-l 水下机器人样机上成功地采用了三井造船公司和东京大学生产技术研究所的 T. Ura 教授共同研制的一种封闭式柴油发动机 (CCDE)，成功地进行了在水下 4150m 深、4h、约 $3\times10^4$m 的航行。实验表明，R-l 水下机器人能够连续潜航 $1.2\times10^5$m。

R-l 水下机器人的封闭式柴油发动机由一台通用的 9.56 千瓦柴油机、一台发电机、一台 $CO_2$ 吸收器、一个液态氧容器、一个燃料罐、一个浓度测量装置和一个控制器组成。这些都装在一个耐压壳体内，系统的启动与控制都由外部信号控制。从柴油机排出的气体在氢氧化钾水溶液中进行处理，分离出不必要的物质，如 $CO_2$ 由吸收器吸收，同时补充氧气，使局部氧压保持在 0.27atm 左右，以便进行再循环。与普通的电池系统相比，该系统成本低，而且易于维护，只要更换燃料和 $CO_2$ 吸收剂，就能进行再循环。这一新的研制成果，为无缆水下机器人提供了可实际应用的动力源。

3) 核动力装置

利用核反应装置中放射物质在放射性衰变时析出的核质点在固体中受阻滞时形成的热量，使用上述热动力装置一类的机械换能器可以把热能转换成电能。由于放射物质的半衰期达数年或数十年，因此可不考虑燃料补给的问题。水下机器人的潜航时间可不受限制，最适于用作长期潜航的无缆水下机器人的动力源。但是必须解决小型化及高昂造价的问题，因此，目前在水下机器人中很难实际应用。

2. 水下机器人推进系统

水下机器人的水下运动通常是靠推进器来实现的[4]，螺旋桨是一种简单而普遍的推进器。图 2-1 为蔽式螺旋桨，螺旋桨的多个桨叶与桨轴成一定角度支撑在桨毂上，桨毂由推进轴驱动，螺旋桨旋转一周时，在轴向所前进的距离 $h_p = v/n$ 称为进程，螺距 $H$ 和进程 $h_p$ 之差 $(H - h_p)$ 称为滑脱，滑脱与螺距之比称为滑脱比 $S_A$，详细计算见第 4 章 4.2 节。

图 2-1　蔽式螺旋桨

滑脱的存在才能使螺旋桨产生推力。螺旋桨产生推力可以认为是流体从螺旋桨前方一点到螺旋桨后方一点的动量变化的结果。螺旋桨靠水流产生推力，螺旋桨叶片形状和旋转方向决定推力方向。为了产生这一推力，必须对螺旋桨加一个转矩，使螺旋桨转动，并由桨叶将水推出。推力系数和转矩系数都是螺旋桨几何参数的函数。

依靠螺旋桨推进的水下机器人，由于螺旋桨多达 4~5 个，所以直接造成了外形结构复杂、水动力性能差、自身太重、回转性能差等缺点，这对水下机器人的设计、制造、使用都造成很大的困难和局限性，因此，人们期望有更好的推进器。美国工程师晗赛尔顿 (F. R. Haselton) 于 1961 年首先提出了全方位推进器的概念，经过 20 多年的努力，1985 年美国阿米泰克 (Ametek) 公司设计并制造出一台采用全方位推进器的水下机器人。

全方位推进系统需要两个沿水下机器人纵向布置 (通常分别安装在艏部和艉部) 的转动方向相反的螺旋桨 (图 2-2)，可以在六自由度上灵活地控制水下机器人。

这种推进器实际上是将电机的定子置于水下机器人内，而将转子支承在水下机器人外壳上，转子上直接安装螺旋桨。它与常规水下机器人螺旋桨的不同之处在于，常规螺旋桨的桨叶螺距通常是不变的，而全方位螺旋桨的桨叶在每一瞬间都是变化的，而且各个桨叶的螺距变化不是按统一规律进行的。当全方位螺旋桨工作时，对桨叶的螺距角进行几种不同的同步变化、循环变化、组合变化控制，从而使水下机器人产生不同方向的运动力矢量，使水下机器人按需要进行运动。全方位推进器构造简单，制造加工和维护保养较方便，效率高，因此可节省电能，减小有缆水下机器人的电缆直径和电缆阻力，对无缆水下机器人可减小电源的重量和体积。所以说，它代表了水下机器人推进系统的发展方向，将成为水下机器人推进的主要推进系统。

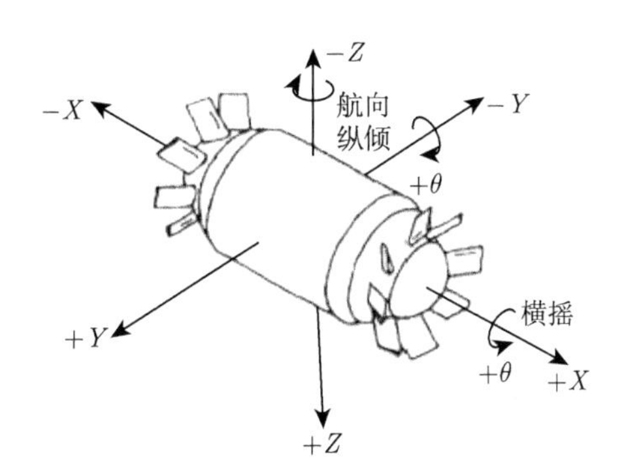


图 2-2 全方位推进系统

水下机器人的航速通常是 2~3kn，快速为 5kn 左右。为加大航速，就要加大能量消耗。由于推进器效率比较低，必然增大推进系统的重量和体积。而海洋生物，尤其是鱼类，依靠其鳍的往复运动，以及体下、尾部的弯曲，却可以产生很大的游速。鱼的推进速度与其全长之比 (比速度) 最高可达 $9.9s^{-1}$，而与此相对应的使用螺旋桨推进器的水中潜器 (如鱼雷)，其比速度最高才 $6\sim7s^{-1}$。可以看出，鱼以这样高的比速度一生不停地在游动，其推进效率是相当高的。原因在于鱼在高速游动时，所受的阻力一般为自重的 1/4，这是由于鱼在游动时的弯曲运动所受的阻力，比同样形状的刚体所受的阻力小得多，即鱼的体表面的水流不产生紊流，从而可得到高的推进效率。

人们注意到了鱼类的游动特点，对其机理进行仿生研究，美国和日本先后研制成鱼形无人水下机器人样机。这种以仿生鱼的体干和尾鳍方式推进的水下机器人正受到研究人员的重视，不远的将来会成为一种新的推进方式的水下机器人。

螺旋桨推进器是获得推进力的有效装置，在理想工况条件下，最高效率可以达到 75%~85%，因此被水下机器人广为采用。

在敞式螺旋桨外面罩上经专门设计的套筒或导管可以提高效率。导管的剖面呈机翼形，外侧平直，内部呈弧形 (图 2-3)。当螺旋桨正向转动时，导管在螺旋桨旋转平面的前部产生一个负压区，在后部产生一个正压区，这样便能得到一个向前的推力。一个设计合理的导管螺旋桨，其导管产生的推力要占到导管螺旋桨所获得总推力的一半左右。另一个优点是导管的静推力在零进速时为最大，即水下机器人从静止位置开始运动时，效率最高。在低速状态下，导管螺旋桨可提高效率 20%，因此特别适用于水下机器人。

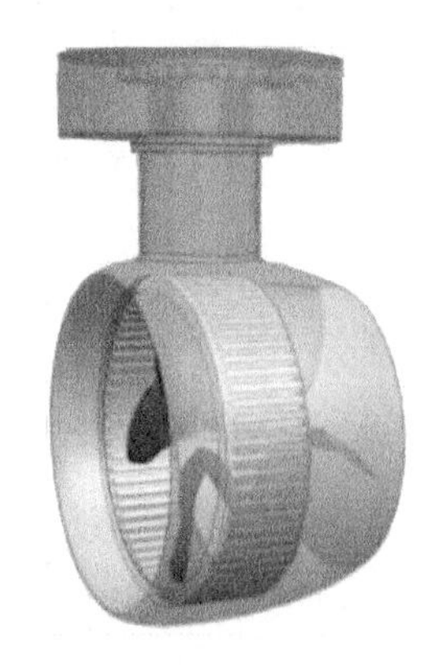

图 2-3　一种典型的导管螺旋桨

3. 水下机器人控制系统

水下机器人控制系统主要采用分布式结构，如图 2-4 所示，主要包括以下部分：水面支持部分、控制主体、数据采集设备、通信设备、电源管理模块和推进系统模块。

水面支持部分与水下载体之间通过铱星、无线电、无线网桥和脐带电缆 4 种传输方式进行通信。铱星覆盖范围广，传输距离远，但有数据延迟并且传输数据量小，仅用来在航行使命结束后或应急情况下定时传输导航定位数据；无线电传输距离短，但数据延迟小，用来传送实时的遥控指令；无线网桥传输距离更短，但数据传输量大且可靠，用来进行使命文件下载及测量数据的上传；脐带电缆适合岸上调试使用，无数据延迟且数据传输量大，信号稳定 [5]。

水下机器人载体内部按照功能可划分为两部分：一部分负责航行器自身平台控制，由主控计算机完成；另一部分负责采集观测数据，由测量计算机完成，两者之间通过网络通信。这种结构有利于功能模块的独立，减少相互之间的影响，易于实现观测设备的扩展。同时，采用以太网通信，使得外部终端很容易连接到内部计算机，极大地方便了工程人员对载体内部的调试。主控计算机采用基于 PC104 总线的嵌入式系统，使整个控制系统在硬件上显得紧凑，其与电源管理模块和推进系统模块之间通过 CAN(控制器局域网) 总线通信，这样既保证了通信的可靠性，又与串口通信相比减少了通信线缆数量；由于导航传感器与主控计算机之间距离近且数据量小，所以采用串口通信。为了减小水下机器人的功耗，控制系统内部对每个用电设备的电源都进行单独控制，根据载体所处状态的不同自动执行设备电源的通断。测量计算机采用低功耗处理器，并且自带大容量存储设备，可在水下机器人航行过程中将各测量传感器观测到的数据进行实时记录，等待作业完成后，通过网络将观测数据高速上传到水面支持系统中，进行分析处理 [6]。

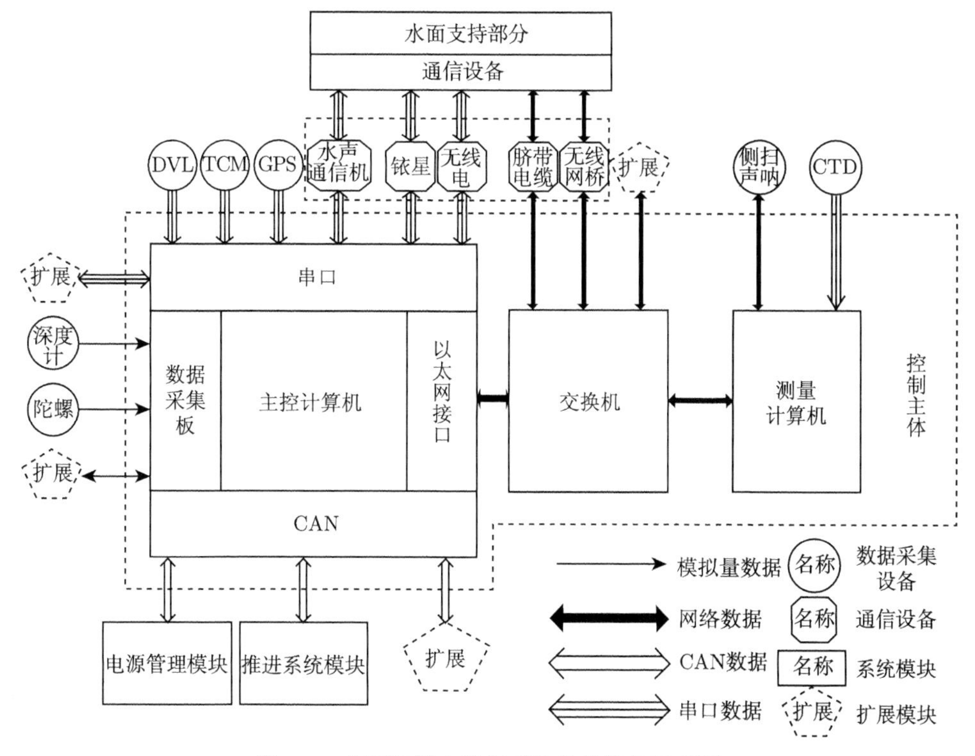


图 2-4 水下机器人控制系统总体结构示意图

DVL: Doppler velocity log; TCM: terminal-to-computer multiplexer; GPS: global positioning system

水下机器人运动控制：

A. X 形舵受力分析

水下机器人运动控制主要是由载体艉部的主推进器和 4 个呈 X 形分布的舵完成，如图 2-5 所示，所以，为了研究其运动控制，首先需分析 X 形舵与十字形舵之间的对应关系。

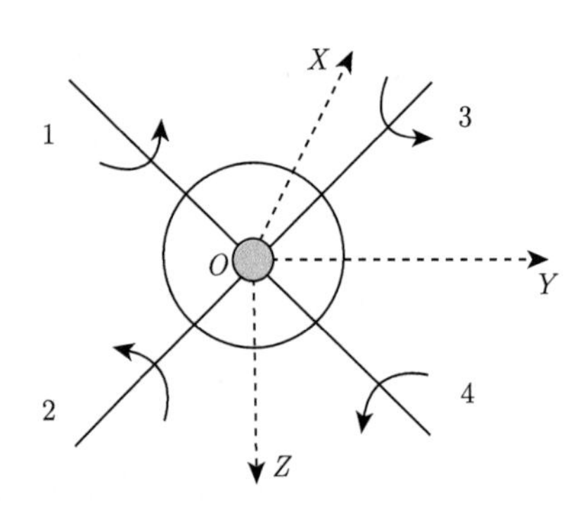


图 2-5　水下机器人艉部舵叶分布示意图

X 形舵控制方式有两种：一种是每个舵单独控制；另一种是将 4 个舵分为两组控制，即 1 和 4 为一组联动，2 和 3 为一组联动。

B. 水平面航迹控制

水下机器人通常采用 “视线法” 制导进行预定航迹控制，即目标航向角始终指向下一个航路点。但该航迹控制方法在有海流情况下，水下机器人会在海流的作用下偏离规划路径，无法完成精确的航迹控制，这会导致水下机器人在狭窄航道航行或进行海底地形精确测绘时，需设置较多的航路点才可完成任务。为了解决这一问题，在水下机器人水平面航迹控制中，将水下机器人的航行路径偏移量引入航迹控制回路中，以此来减小航迹控制误差，如图 2-6 所示，水下机器人根据航行路径偏移量的大小来调整其航向角。当水平面存在一定的流速时，可通过增加一个固定的方向舵角来减小其对水下机器人航行路径的影响。

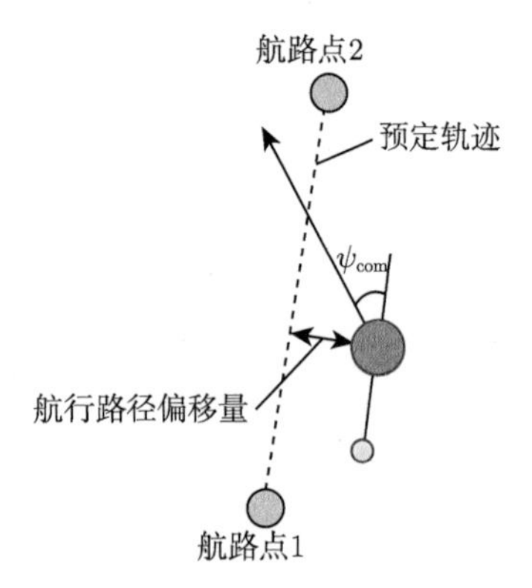


图 2-6　水下机器人航迹控制引导算法示意图

水下机器人在水平面的整个控制回路如图 2-7 所示，内环为航向控制回路，外环为航迹控制回路，系统输入为目标点坐标，角速率陀螺采集到的航向角速度用于比例–积分–微分 (PID) 计算 [7]，实现了硬件微分，有效提高了控制精度。控制回路中的 PID 参数整定首先通过仿真系统确定初始参数，然后在实际航行中，根据航行状态数据及各参数对控制性能的影响，反复调节，以期获得最佳的控制性能。

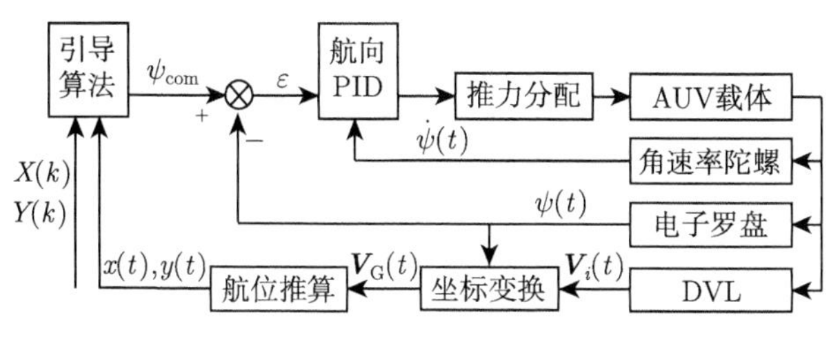


图 2-7 水下机器人水平面控制回路

C. 垂直面深度/高度控制

水下机器人在垂直面上可实现自动定深和自动定高控制，即水下机器人在给定的深度或高度航行。由于水下机器人采用主推加舵翼的推进方式，所以其定深/定高采用串级控制方式，外环为深度/高度控制回路，内环为俯仰控制回路，整个系统垂直面控制回路如图 2-8 所示。

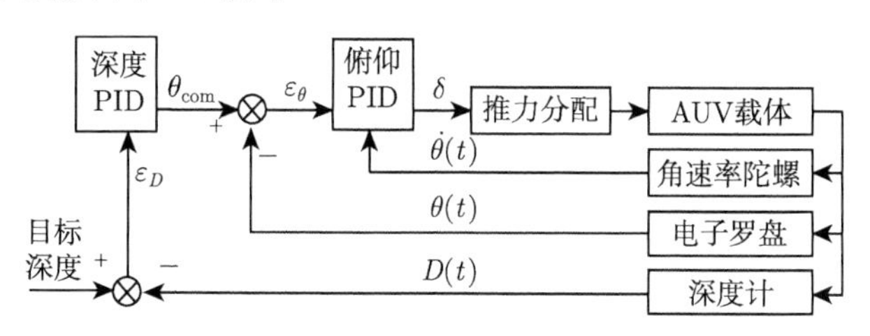


图 2-8 水下机器人垂直面控制回路

水下机器人在水下航行时，通过增加固定的升降舵角来克服其在水中的正浮力，改变这一固定舵角的大小即可消除稳态误差，因此深度 PID 闭环中未使用积分环节 [8]。此外，便携式 AUV 未安装用于测量深度变化率的传感器，微分环节需用深度差来计算，当控制频率较低时，会引入滞后，且水下机器人深度的变化主要由俯仰角的变化引起，因此只需抑制俯仰角变化速率，在俯仰控制中加入微分环节即可增强控制系统的稳定性，所以深度 PID 闭环中未加入微分环节。同时，内环俯仰控制的主要目的是快速克服内环中的各种扰动，为加大内环的调节能力，一般不需加入积分作用。

## 2.3 水下机器人的总体布局

总体布局是决定水下机器人使用性能非常重要的因素之一，其质量的优劣直接影响到水下机器人的总体性能和使用。总体布局不仅是一门科学，也是一门艺术。通常在水下机器人方案设计阶段，根据技术任务书的要求以及初步估算的排水量、重量及初步选定的各种装置、结构类型和参数，并参照类似的已有水下机器人的资料，绘制一个总体布局图。进而通过方案评审、分析论证、技术设计、施工设计，最终完成设计。总体布局通常要考虑以下一些因素：

(1) 最大限度地发挥各种装置和仪器的技术性能，以保证水下机器人的设计满足规定的各项指标，并便于使用、存放和维修；

(2) 安全可靠；

(3) 布置紧凑，充分利用水下机器人各部分空间，以保证各种设备装置便于操作，又避免相互干扰和影响；

(4) 要留有一部分备用空间，以便今后改装和临时加挂设备仪器。

### 2.3.1　水下机器人形体的选择

水下机器人根据使用目的和技术要求的不同，其外形尺寸、结构形式都有很大差异。

形体的选择要考虑以下原则和要求：

(1) 阻力小、航行性能好；

(2) 足够的强度；

(3) 便于总体布局；

(4) 良好的工艺性。

小型水下机器人为了减小行进阻力，减少动力消耗，通常要用玻璃纤维或金属板将外表做成流线型体，如鱼雷形、盘形或球形。无缆水下机器人由于所携带的能源有限，所以为增加水下运行时间，更应注意减小动力消耗，即尽量减小游动阻力，更多地做成球形或鱼雷形载体。

### 2.3.2　推进器的数量和布置

目前，水下机器人的推进方式以螺旋桨推进器为主，80%以上使用电机推进器，其余使用油马达推进器。

水下机器人要求实现水下空间六自由度运动，即三个平移运动——推进、升沉、横移，三个回转运动——转艏、纵倾、横倾。

为使水下机器人在所有六自由度运动中均是可控的，即它不仅可以在给定方向上运动，精确地保持选定的轨迹，而且可以在补偿外部扰动的状态下工作，例如补偿机械手工作时产生的扰动及海流的扰动 (这些扰动作用带有随机性，它们在幅度上和方向上是各不相同的)，必须具备性能良好的推进系统。推进系统的任务就是要实现水下机器人运动的可控并能保持位置稳定 (能够进行动力定位)。

一台水下机器人应该安装多少推进器，首先取决于对水下机器人提出的运动要求。如果要求水下机器人实现沿动坐标系的两个坐标轴做直线运动，则只要沿着三个坐标轴布置三个推进器就够了。如果还要求水下机器人实现沿动坐标系的三个坐标轴做旋转运动，考虑到每对推进器可以取相同或相反的推力方向，那么安装三对推进器就可以实现六个自由度的运动，参见图 2-9。$T_1$、$T_2$ 位于 $X'O'Y'$ 平面内，$T_3$、$T_4$ 位于 $O'Y'Z'$ 平面内，$T_5$、$T_6$ 则位于 $O'X'Z'$ 平面内。一般来说，实现 $n$ 个自由度的运动最少需要 $n$ 个推进器。一台水下机器人应该使用多少台推进器，这需要综合各方面的要求来决定。

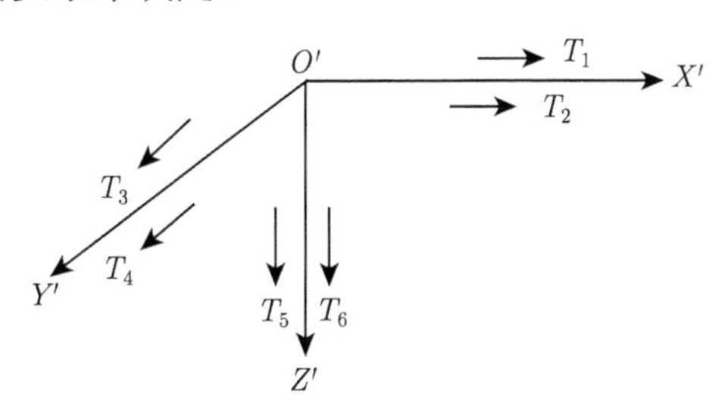


图 2-9 自由度运动推进器布置图

推进器数量确定以后，应该进一步考虑推进器的布置。推进器的布置一般应该遵循以下几个基本原则。

(1) 应尽可能地使三轴的合力交汇于一点，这一点应尽可能地接近载体的重心，这样可以防止产生有害的附加运动，给系统的控制带来麻烦。这一原则不是在任何水下机器人上都能行得通的，特别是小型水下机器人，其空间有限，要做到这一点困难比较大。

(2) 由于电机定子和转子之间的相对作用，螺旋桨的转动会对载体形成反作用力矩，从而引起载体的滚动。例如，采用一个推进器作为垂直运动控制，当水下机器人进行潜浮运动时，垂向推进器会在水平面内对本体产生一个反作用力矩，这个力矩将导致水下机器人在水平面内转动，显然这是不期望的运动。同样，采用一个推进器实现侧移运动，其结果会产生附加的纵倾运动。这种有害的附加运动对于大型水下机器人影响不严重，但对于中小型水下机器人就显得严重一些。这是在进行水下机器人设计时需要考虑的问题。

(3) 推进器的重量在水下机器人中占有较大的比重，在小型水下机器人中其重量可能达到总重量的 70%，因此尽可能减少推进器的数量也是很重要的问题。

(4) 一般推进器布置应当使其轴线平行于动坐标系，这样可以取得最大的效率。由于水下机器人空间有限，设备布置比较密集，所以有时推进器的入流会受到遮挡的影响，使推进器的效率降低。为了改善这种情况，令推进器轴线与坐标轴成一个小角度是有好处的，这个角度可取 $5^\circ \sim 10^\circ$，而 $\cos 5^\circ \sim \cos 10^\circ$ 仍接近于 1，故轴向推力损失不大，但由于改善了入流情况，反而会提高推进器的效率 (图 2-10)。

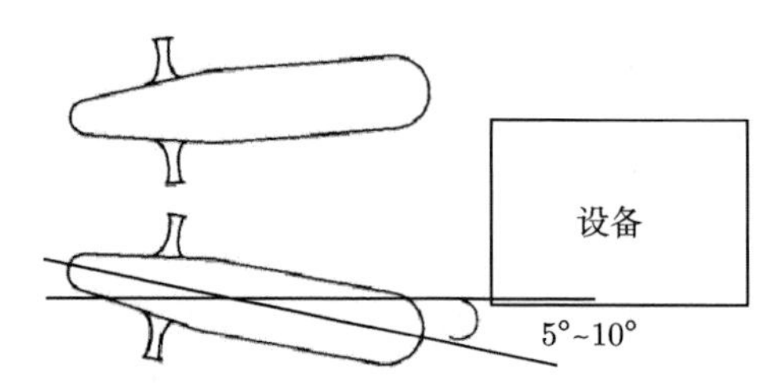


图 2-10　推进器轴线与 ROV 主轴线成一小角度可改善入流情况

由推进器的空间分布图可得，推进器产生的力和力矩可表达为

$$F_T = LT \tag{2-1}$$

式中，

$$F_T = \begin{bmatrix} X_T \\ Y_T \\ Z_T \\ K_T \\ M_T \\ N_T \end{bmatrix}, \quad L = \begin{bmatrix} 1 & 1 & 0 & 0 & 0 \\ 0 & 0 & 0 & 0 & 0 \\ 0 & 0 & -1 & -1 & -1 \\ 0 & 0 & l_1 & -l_1 & 0 \\ -l_5 & -l_5 & l_3 & l_3 & -l_4 \\ l_2 & -l_2 & 0 & 0 & 0 \end{bmatrix}, \quad T = \begin{bmatrix} T_1 \\ T_2 \\ T_3 \\ T_4 \\ T_5 \end{bmatrix}$$

由式 (2-1) 倒推可得

$$T = \left(L^{\mathrm{T}}L\right)^{-1}L^{\mathrm{T}}F_T \tag{2-2}$$

式 (2-2) 的作用：当期望水下机器人执行某任务或保持某种状态时，需要产生特定值的力和力矩来维持，这时可以得到对应各推进器维持期望姿态时所需要的期望推力输出，此时便可得到期望转速输入，便于调节和控制。

推进器的数量和布置通常有下述三种。

(1) 推进器的数量等于 (或多于) 广义坐标数，在这种情况下，每对推进器按两个广义坐标 (直动和回转) 移动机器人。这种方法不是解决问题的最佳方法。

(2) 利用回转式推进器，例如采用装在回转式导流管里的螺旋推进系统。推进器的数量可少于机器人的受控坐标数。结构上比较简单。

(3) 采用使推进器推力向量旋转的方法，只使用三四个推进器就能够控制水下机器人做六自由度运动。其结构也比较简单，但控制系统要稍微复杂些。

显然，每种方法的选择 (推进器的数量和布置) 决定于水下机器人的具体条件和结构特性。有时，由于水下机器人的使用目的不同，不一定要做六自由度运动。据初步归纳，水下机器人具有的动力运动的百分数如表 2-1 所示。

表 2-1 水下机器人动力运动百分数

| 推进 | 升沉 | 横移 | 转艏 | 纵倾 | 横倾 |
|---|---|---|---|---|---|
| 100% | 96% | 31% | 100% | 7% | 33% |

### 2.3.3 机械手、电视和照明装置的布置

作业型水下机器人都装有机械手，用以完成多种水下作业，从而提高机器人的作业效率和扩大应用领域。一般水下机器人都装有一两只机械手，有的在作业中用机械手定位水下机器人，多者装有 4 只机械手 [9]。

分析现有水下机器人，机械手的布置几乎是相同的，都是采用拟人的方法把机械手装在水下机器人的前部，靠近观测设备，以便于操作员通过照明和摄像机观察机械手的动作。但这样配置没有突出的优点，原因是对偶然的撞击缺乏保护，机械手的动作也会对水下机器人产生较大的扰动。显然，机械手的安装位置靠近水下机器人的中央，可以减小机械手对水下机器人的扰动，因为在任何情况下，其扰动都比机械手安装在前部产生的扰动小得多。此外，机械手位于水下机器人中央位置可以得到较好的保护，避免意外的撞击。

水下机器人的作业效率除了与机械手的性能有关外，还与机械手、电视摄像机、照明装置之间的相互位置有重要的关系。如果机械手的轴线能通过电视摄像机摄像管的光电阴极平面，则会有利于机械手运动的程序设计，提高对抓取目标的观测精度，所以最好将摄像机与照明灯装在机械手的手腕上，与机械手一起运动，或是照明装置和摄像机跟踪机械手的运动而转动。

水下机器人采用的水下电视摄像系统应根据观测对象和作业目的而定，同陆上电视系统相比，水下电视系统的费用随水深而增加，安全性、可靠性、操作性能等也与陆上用电视系统不同，在生产和使用上要考虑以下几方面的问题。

(1) 水中光的吸收和散射。光通量在水介质中的传播完全不同于它在空气中的传播。在天然水域中，最清澈的水的透明度也比空气低，只有空气透明度的千分之一左右。水的透明度对于确定能见度距离有决定意义，能见度距离决定了摄像机的安装位置。有时即使水的透明度很高，但随着水深的增加，光通量衰减很快，虽然可以施加一定照明，但也会由于水中含有悬浮粒子、浮游生物、细菌和气泡而使光通量很快衰减。

虽然摄像机的平面防护窗减小了视场，而且使图像产生畸变和模糊，但目前水下机器人摄像机用平板光学防护窗还是拍成了许多令人满意的图像。当然，在要求无畸变的图像及宽视场时，需加装光学校正系统，如把一个校正的壳窗与摄像机配合使用，或用一个专门校正的镜头与平面壳窗配合使用，另外一种可能的结构是把一个辅助的校正透镜放在平面壳窗和摄像机之间。

(2) 水下摄像机。为了使电视系统在监视器屏幕上有高质量的图像，除了上述一些影响图像的因素外，关键是摄像机的质量，最重要的是摄像机的灵敏度，因为摄像机不能像照相机那样自由改变曝光速度，即电视选用水下摄像机时，除了保证相应水深的强度和密封性外，还要根据工作水深选用有一定灵敏度的摄像器件的摄像机。现有水下机器人多用黑白微光摄像机。彩色摄像机由于彩色复现质量较差，所以还没有得到普遍应用，但对于水下地质和生物考察是以色彩为根据的，故多用彩色摄像机。

(3) 水下照明。为了使电视系统正常工作，必须保证被观测目标有足够的照度，而在深海中自然光几乎被吸收了。例如，在很清的水中，太阳光的强度在水深 100m 处要减小到其水面初始值的 1%，到水深 200m 处就只剩下 0.01% 了，水深 300m 处，太阳光实际上是达不到的，看到的只是漆黑一片。因此，为了使电视系统正常工作，在水深 100m 处就需要人工照明。水的透明度高的场合，应该尽可能使被照物均匀照明，尤其是悬浊物多、透明度低的场合，有必要考虑照明光源和被照物体、水下电视的相对位置。譬如，把光源放在摄像机的正前面照射被照物体时，就会把摄像机正前面的水中漂浮的悬浊物照得很亮，从而难以得到被照物体的像差，图像很难清晰。

作为水下照明装置，应当满足以下条件：

(1) 具有最大发光效率系数，即最大光通量；

(2) 光能的光谱分布应接近于摄像管的光谱灵敏度和水介质的光谱特性；

(3) 在确保水下照明装置正常温度下，具有最小的散热率；

(4) 光通量不随时间变化，无频闪效应；

(5) 对电磁干扰不敏感，而且线路布置和控制方便。

在设计水下机器人时，应从水下机器人接近观测对象的能力，保持静止或准确移动的能力，以及所选用摄像机的视距、视角、机械手尺寸、照明装置的照度、水质情况等因素加以全面考虑，以求得最佳配置。例如，选择照明装置和摄像机相对观测区的最有利的位置，对镜头视场角和照明装置光通量出射角进行协调，对增强水下视距极为有利。此外，由于水下观测目标的反差小，在配置摄像机制照明装置时，最好能借助阴影来加强反差。同时，为了使摄像管阴极具有最佳照度，除镜头光圈的距离控制和摄像管状态的自动调节外，最好采用照明装置光通量自动调节电路。

## 2.4　水下机器人的稳定性设计

### 2.4.1　浮体材料选择

现代水下机器人广泛使用浮力材料和耐压壳体来产生所需的浮力。采用新型、轻质、高强度材料制作耐压壳体，可以减轻耐压壳体本身的重量，相应地增加其浮力，但只用耐压壳体产生水下机器人所需的浮力，必然要增大耐压壳体的体积，同时带来耐压壳体重量的增加，也会增大流体阻力。因此，通常在所需体积的耐压壳体产生一定浮力后，其余所需浮力由浮力材料来提供。

中等潜深的水下机器人多采用固体浮力材料，它包括两种形式，即用轻合金(例如铝合金) 制成的窄心球或两端带球形封头的空心圆筒，或用合成的固体浮力材料，由中空微球加上黏结剂组成。

目前，固体浮力材料是由无机轻质填充材料，填充到有机高分子材料中，经物理化学反应得到的固态化合物。从宏观上看，该材料是一种低密度、高强度、少吸水的聚合物基固体材料，具有密度低 (0.2～0.7g/cm$^3$)、吸水率低 (不大于 3%)、机械强度高 (压缩强度 1～100MPa)、耐腐蚀、可进行二次机械加工等特点，满足水下不同的应用要求。

水下机器人随着下潜深度增加，浮力材料所受外压加大，其体积会有所减小，因而浮力有所降低，浮力材料的吸水量也与外压有关，当使用压强大约为浮力材料破坏强度的 60%时，吸水率急剧增加，如图 2-11 所示。另外，吸水率的增加也大致与表面积、加压时间成正比。以上因素会使浮力材料提供的浮力有所改变，在水下机器人设计时，需要增加浮力调节系统，以补偿浮力材料浮力的变化。

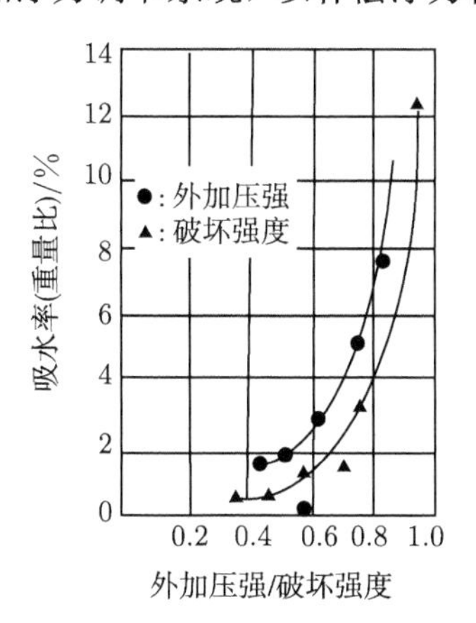


图 2-11 浮力材料参数图

现代水下机器人广泛使用浮力材料和耐压壳体来产生所需的浮力。采用新型、轻质、高强度材料制作耐压壳体，可以减轻耐压壳体本身的重量，相应地增加其浮力，但只用耐压壳体产生水下机器人所需的浮力，必然要增大耐压壳体的体积，同时带来耐压壳体重量的增加，也会增大流体阻力。因此，通常在所需容积的耐压壳体产生一定浮力后，其余所需浮力由浮力材料来提供。

固体浮力材料一般是由无机轻质填充料——玻璃微球，按照一定的比例填充到有机高分子材料——环氧树脂中，经过化学反应得到的复合材料。现阶段深海固体浮力材料由高强度的黏结剂、固化剂为基材填充轻质空心微球为骨架组成，根据不同的使用水深，调配基材和空心微球的比例参数，在一定温度、压力下固化成型。性能指标参数见表 2-2。

**表 2-2　固体浮力材料的性能指标参数**

| 材料牌号 | 密度/(kg/m$^3$) | 耐静水压强/MPa | 吸水率/% | 透波率/%(频率范围 2.1～2.7GHz) |
|---|---|---|---|---|
| GFC-400 | 400±20 | ⩾ 10 | ⩽ 2 | ⩾ 95 |
| GFC-450 | 450±20 | ⩾ 20 | | |
| GFC-500 | 500±20 | ⩾ 50 | | |
| GFC-550 | 550±20 | ⩾ 70 | | |
| GFC-600 | 600±20 | ⩾ 90 | | |

合成固体浮力材料是目前应用较多的浮力材料，它主要由填充材料和黏结剂组成。填充材料有中空玻璃微球、树脂微球、碳微球等，黏结剂多采用环氧树脂。这种合成材料应具有以下特点：

(1) 密度低，一般密度不大于 0.7g/cm$^3$，因为大于此值会使浮力材料体积大大增加；

(2) 不与水反应，更不溶于水，吸水率低；

(3) 能承受高的静水压强；

(4) 体积弹性模量与海水相近或略高于海水；

(5) 不应是可燃的和有毒的。

以玻璃微球和环氧树脂构成的浮力材料是比较好的浮力材料，这种浮力材料的最大特点是较容易成形，可以浇注或机械加工成任何不规则形状，装在水下机器人框架内部或外部。尤其对无缆水下机器人，可用浮力材料构成流线型本体。同时，可根据水下机器人装载设备产生的重量变化，加装一定体积的浮力材料，以调整浮力及纵倾和横倾。

其中，深潜浮力材料的基体材料一般具备强度高、密度小、与无机空心微球有良好的浸润性，且固化前黏度小的特性，其中良好的浸润性和固化前黏度小的特性有利于空心球的均匀分散和高比例填充。环氧树脂的压缩强度一般为 100～120MPa，密度为 1.15～1.5g/cm$^3$。目前，应用较好的材料为环氧树脂类高分子材料。

随着水下机器人潜深的增加，浮力材料所受外压的加大，浮力材料的体积会有所减小，因而浮力有所降低。此外，浮力材料的吸水率也与外压有关。当使用压强大约为浮力材料破坏强度的 60%时，吸水率急剧增加。另外，吸水率的增加也大致与表面积、加压时间成正比。这些因素会使浮力材料所产生的浮力有所改变。在水下机器人总体设计和控制时，应考虑到这种影响。可以设置浮力调节系统和压载系统，以补偿浮力材料浮力的变化。

### 2.4.2 浮力调节系统

自治水下机器人原则上应保证中性浮力 (零浮力) 状态，但由于深度 (海水密度) 等环境条件的变化而产生重量和浮力差，即引起剩余浮力 (正的或负的) 的变化，就必须采用浮力调节系统在一定的范围内调节水下机器人的浮力。

浮力调节系统有两种：一种是水下机器人在水下的重量不变，而排水体积发生变化；另一种是排水体积不变，机器人重量发生变化。

第一种系统布置在舷外，主要由下列部件组成：能承受最大深度压强的油箱、橡皮囊、油泵、阀件和管系。系统可在舱内进行遥控操作。

第二种系统是耐压壳内放置耐压水箱，其容积等于最大浮力调节量，需要调节浮力时用泵排出水，或者从外界注入水，使水下机器人的重量产生变化，以此来调节浮力。

### 2.4.3 水下机器人各部分相对比重量的分析与确定

确定水下机器人的重量和排水体积是设计的主要任务之一，海洋中的水下机器人同空间的飞行器一样具有重量的敏感性 [10]。初步设计时，可选用性能和结构相似的母型，对所用类似部件进行重量和体积换算。如果新设计的水下机器人选不到相似的母型，可采用一些局部相似的母型。从这些母型中换算出相同部件的重量和体积。例如，从第一个母型上取用耐压壳的结构，从第二个母型上取用动力装置的形式，从第三个母型上取用推进系统，依据这些母型的资料，对相似部件进行重量和体积的近似计算。

如果所设计的水下机器人采用现代新技术的设备或系统，没有与其相似的，也没有现货供应，就需要研制单位绘制产品原理图，拟定草图并计算理论的重量和体积 [11]。

为了比较准确地确定水下机器人的重量和体积，要编制重量载荷表和浮体体积表，这时要利用总体布局图，标明每个部件重心和浮心的坐标位置。构成水下机器人重量的主要因素是有效载荷、耐压壳体、非耐压壳体、观通导航设备、动力设备和推进器、浮力材料、机械装置等。除装在耐压壳体内的设备仪器的有效载荷外，其余部分都具有浮体体积。

设计水下机器人时，总是力求在实现主要性能的前提下使重量最小。假定水下机器人各主要组成部分的重量和浮体体积如表 2-3 所示。

**表 2-3 水下机器人主要组成部分的重量和浮体体积**

| | 有效载荷 | 耐压壳体 | 非耐压壳体 | 观通导航设备 | 动力设备和推进器 | 浮力材料 | 机械装置 |
|---|---|---|---|---|---|---|---|
| 重量 | $W_u$ | $W_c$ | $W_{Lc}$ | $W_l$ | $W_e$ | $W_b$ | $W_m$ |
| 浮体体积 | $V_u$ | $V_c$ | $V_{Lc}$ | $V_l$ | $V_e$ | $V_b$ | $V_m$ |

则总重量

$$W = W_{\mathrm{u}} + W_{\mathrm{c}} + W_{\mathrm{Lc}} + W_{\mathrm{l}} + W_{\mathrm{e}} + W_{\mathrm{b}} + W_{\mathrm{m}} \tag{2-3}$$

总浮体体积

$$V = V_{\mathrm{u}} + V_{\mathrm{c}} + V_{\mathrm{Lc}} + V_{\mathrm{l}} + V_{\mathrm{e}} + V_{\mathrm{b}} + V_{\mathrm{m}} \tag{2-4}$$

如果有效载荷全部装在耐压壳体内，则 $V_{\mathrm{u}} = 0$，若是有部分装在耐压壳体内，则是指装在耐压壳体外的有效载荷 $V_{\mathrm{u}}$ 的浮体体积。

如果用 $\gamma_i$ 分别表示各主要组成部分的相对比重量，则

$$\gamma_i = \frac{W_i}{V_i} \tag{2-5}$$

为了保证水下机器人在水中的平衡，则应满足 $W = \gamma V$，式中，$\gamma$ 为海水相对比重量，而

$$V = \frac{W}{\gamma} = \sum V_i = \frac{W_{\mathrm{u}}}{\gamma_{\mathrm{u}}} + \frac{W_{\mathrm{c}}}{\gamma_{\mathrm{c}}} + \frac{W_{\mathrm{Lc}}}{\gamma_{\mathrm{Lc}}} + \frac{W_{\mathrm{l}}}{\gamma_{\mathrm{l}}} + \frac{W_{\mathrm{e}}}{\gamma_{\mathrm{e}}} + \frac{W_{\mathrm{b}}}{\gamma_{\mathrm{b}}} + \frac{W_{\mathrm{m}}}{\gamma_{\mathrm{m}}} \tag{2-6}$$

由式 (2-3) 和式 (2-6) 可得到

$$\begin{aligned} W\left(1 - \frac{\gamma_{\mathrm{u}}}{\gamma}\right) =& W_{\mathrm{u}}\left(1 - \frac{\gamma_{\mathrm{b}}}{\gamma_{\mathrm{u}}}\right) + W_{\mathrm{c}}\left(1 - \frac{\gamma_{\mathrm{b}}}{\gamma_{\mathrm{c}}}\right) + W_{\mathrm{Lc}}\left(1 - \frac{\gamma_{\mathrm{b}}}{\gamma_{\mathrm{Lc}}}\right) \\ &+ W_{\mathrm{l}}\left(1 - \frac{\gamma_{\mathrm{b}}}{\gamma_{\mathrm{l}}}\right) + W_{\mathrm{e}}\left(1 - \frac{\gamma_{\mathrm{b}}}{\gamma_{\mathrm{e}}}\right) + W_{\mathrm{m}}\left(1 - \frac{\gamma_{\mathrm{b}}}{\gamma_{\mathrm{m}}}\right) \end{aligned} \tag{2-7}$$

由式 (2-7) 可以看出，对于用浮力材料的水下机器人，当某组相对比重量 $\gamma_i$ 比浮力材料的相对比重量 $\gamma_{\mathrm{b}}$ 小时，$(1 - \gamma_{\mathrm{b}}/\gamma_i)$ 就会变为负值，此时增加 $W_i$ 不仅不会增大水下机器人的排水量，反而会使排水量减小。为了详细分析各主要组成部分重量变化对水下总重量的影响，将式 (2-7) 对某一组成重量 $W_i$ 求导数，即

$$\frac{\partial W}{\partial W_i} = \frac{1 - \dfrac{\gamma_{\mathrm{b}}}{\gamma_i}}{1 - \dfrac{\gamma_{\mathrm{b}}}{\gamma}} \tag{2-8}$$

根据式 (2-8)，用不同的相对比重量 $\gamma_i$ 可画出 $\dfrac{\partial W}{\partial W_i}$ 与 $\gamma_{\mathrm{b}}$ 相关曲线 (图 2-12)。

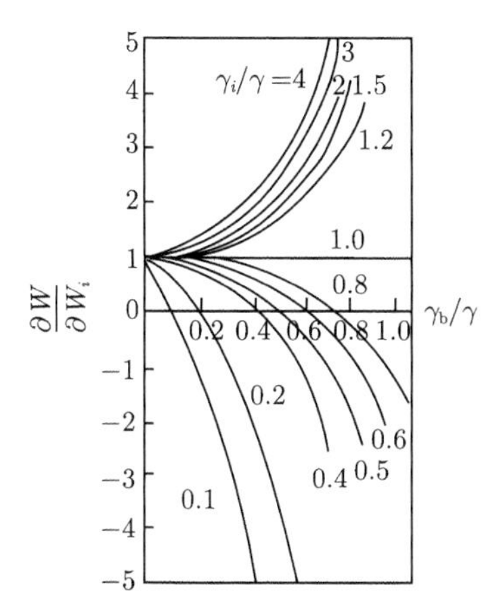

图 2-12 组成重量变化对排水量影响曲线

由图 2-12 可见:

(1) 当 $\gamma_b \to 0$ 时，不同 $\gamma_i$ 的 $\dfrac{\partial W}{\partial W_i}$ 均趋近于 1。随着 $\gamma_b$ 增大，$\dfrac{\partial W}{\partial W_i}$ 将急增 (或正或负)。当 $\gamma_b \to \gamma$ 时，$\dfrac{\partial W}{\partial W_i}$ 均趋近于无穷大 (或正或负)。

(2) 当 $\gamma_i=\gamma$ 时，$\dfrac{\partial W}{\partial W_i}$ 与 $\gamma_b$ 变化无关，均等于 1。表明增加 $\gamma_b=\gamma$ 的重量 $\Delta W_i$，不用增加浮力材料。当 $\gamma_i<\gamma$ 时，不管 $\gamma_b$ 等于多少，$\dfrac{\partial W}{\partial W_i}$ 均小于 1。表明增加 $\gamma_i<\gamma$ 的重量 $\Delta W_i$，可以减少浮力材料的使用。当 $\gamma_i<\gamma_b$ 时，$\dfrac{\partial W}{\partial W_i}$ 变为负值，这时增加 $\Delta W_i$ 反而会使总重量减小。

(3) 同样的 $\gamma_b$，如果 $\gamma_i$ 越大，则表示 $W$ 随 $W_i$ 的增大将急剧地增加。

从上面分析可知，在设计水下机器人时，为使水下机器人重量最小，一是尽量减小 $\gamma_i>\gamma$ 的重量，二是增大 $\gamma_i<\gamma$ 的重量，以减少所使用的浮力材料。

对于潜深小的水下机器人，耐压壳体壁厚可以小一些，一般 $\gamma_c<\gamma_b$，故增大耐压壳体反而减小水下机器人的重量，所以往往设计成大耐压壳体，把仪器设备尽量放在耐压壳体内。

潜深大的水下机器人，由于承受较大外压，耐压壳体壁体较厚，一般 $\gamma_c>\gamma_b$，所以为了减小水下机器人的重量，应把耐压壳体设计得尽可能小，把设备仪器尽量置于耐压壳体外。当然，在实际设计时，耐压壳体直径的确定取决于许多因素，如工艺性、使用性与布置要求等。

### 2.4.4 水下机器人重心与浮心计算

为了保证水下机器人稳定运行，应保有一定的稳心高度，一般水下机器人稳心高度应大于 7cm，大型水下机器人应相应增大。为此，应根据总体布局分别求出水下机器人的重心和浮心坐标位置，即分别列出各部分的重心和浮心在总体布局图上所选定坐标系上的逐个坐标值。

重心位置：

$$X_G = \frac{\sum M_x}{\sum W} \tag{2-9}$$

$$Y_G = \frac{\sum M_y}{\sum W} \tag{2-10}$$

$$Z_G = \frac{\sum M_z}{\sum W} \tag{2-11}$$

浮心位置：

$$X_C = \frac{\sum M'_x}{\sum V} \tag{2-12}$$

$$Y_C = \frac{\sum M'_y}{\sum V} \tag{2-13}$$

$$Z_C = \frac{\sum M'_Z}{\sum V} \tag{2-14}$$

稳心高 $h = Z_C - Z_G$。

为保持水下机器人的平衡，应有

$$X_C = X_G \tag{2-15}$$

$$Y_C = Y_G \tag{2-16}$$

如果 $X_C \neq X_G$，$Y_C \neq Y_G$，则应调整水下机器人的总体布局，虽然不能绝对相等，也应使

$$\tan\varphi_0 = \frac{X_C - X_G}{Z_C - Z_G} \tag{2-17}$$

式中，$\varphi_0 = 0° \sim 1.5°$。

1. 重力和浮力

作用在 ROV 上的重力 $P$ 可分为水下全排水量 $P_0$ 和载荷改变量 $\Delta P$，前者作用于 ROV 的重心 $G(X_G,Y_G,Z_G)$ 处，而后者作用于载荷改变后的重心 $G_i(X_{G_i},Y_{G_i},Z_{G_i})$ 处。同理，浮心 $B$ 分为作用在浮心 $C(X_C,Y_C,Z_C)$ 处的全排水容积浮力 $B_0$ 和作用在改变后的浮心 $C_j(X_{C_j},Y_{C_j},Z_{C_j})$ 处的浮力改变量 $\Delta B$。

综上，ROV 所受的总的重力和浮力分别为

$$\begin{aligned} P &= P_0 + \Delta P \\ B &= B_0 + \Delta B \end{aligned} \tag{2-18}$$

其中，$P_0 = B_0, X_G = X_C = 0, Y_G = Y_C = 0, Z_G - Z_C = h$。

由于重力和浮力总是作用于 ROV 的铅垂方向，所以在固定坐标系中的分量为 $\{0,0,P-B\}$。将其转至运动坐标系中，则表示成

$$\begin{bmatrix} X \\ Y \\ Z \end{bmatrix} = R^{-1} \begin{bmatrix} 0 \\ 0 \\ P-B \end{bmatrix} \tag{2-19}$$

或者

$$\begin{cases} X = -(P-B)\sin\theta \\ Y = (P-B)\cos\theta\sin\varphi \\ Z = (P-B)\cos\theta\cos\varphi \end{cases} \tag{2-20}$$

2. 重力矩和浮力矩

静力对于运动坐标系原点的力矩为

$$M = R_{G_i} \times \Delta P_i + R_{C_j} \times \Delta B_i \tag{2-21}$$

式中，$R_{G_i}$ 和 $R_{C_j}$ 分别为重力和浮力作用点对于运动坐标系原点 $G$ 的矢径。则重力和浮力对于 ROV 的力矩有

$$\begin{cases} K = (Y_G P - Y_C B)\cos\theta\cos\varphi - (hP_0 + Z_G P - Z_C B)\cos\theta\sin\varphi \\ M = -(hP_0 + Z_G P - Z_C B)\sin\theta - (X_G P - X_C B)\cos\theta\cos\varphi \\ N = (X_G P - X_C B)\cos\theta\cos\varphi + (Y_G P - Y_C B)\sin\theta \end{cases} \tag{2-22}$$

当运动坐标原点与 ROV 重心重合时，$R_{G_i} = 0$。又因为浮心和重心在一个铅垂方向上，所以有 $X_C = Y_C = 0, |Z_C| = h$。综上所述，将重力和浮力对 ROV 的力

和力矩放在一起可得

$$g(\eta_2) = P + B = \begin{bmatrix} -(P-B)\sin\theta \\ (P-B)\cos\theta\sin\varphi \\ (P-B)\cos\theta\cos\varphi \\ Z_C B\cos\theta\sin\varphi \\ Z_C B\sin\theta \\ 0 \end{bmatrix} \tag{2-23}$$

## 2.5　水下机器人结构现代设计方法

### 2.5.1　ANSYS 有限元分析技术

为保证计水下机器人在结构设计过程中的合理性，必须对其关键部件进行应力、强度、疲劳校核等。而传统的设计方法多依赖于标准化的公式进行设计计算。近年来，随着计算机技术的高速发展，有限元法 (FEM) 已经在结构工程强度分析方面得到了非常广泛的应用 [12]。在保证分析精度的基础上，基于有限元法对水下机器人进行结构优化及分析，例如：对水下机器人的耐压舱体进行耐压强度分析和屈曲分析，得出相应的应力分布情况和屈曲分析频率值；利用有限元软件 ANSYS 基于 Workbench 平台建立 O 形密封圈的模型 [13]。基于有限元的三大非线性理论，分析水下机器人在不同压缩率、介质压力和水深下对液压缸内 O 形密封圈的最大 von Mises 应力和最大接触压力的影响；通过 ANSYS 对波浪载荷作用下的主航行体和舱段连接处螺栓组强度进行分析和校核，结构优化分析不仅可以延长水下机器人的使用寿命，而且可以缩短研制周期，降低研制成本 [14]。

基于有限元和理论分析方法，还可以针对水下机器人的各个工况进行结构分析，建立水下机器人模型、通过网格划分及其约束条件的改变，模拟、仿真出水下机器人载体在水下的位移、应力变化情况，计算出载体的体积变化量、浮力的变化，便于更好地选择壳体的材质和空间设备布置，在保证其结构强度的基础上，尽可能地减轻耐压结构的重量，增加有效负载，增大航程 [15]。

### 2.5.2　CFD 软件分析技术

传统的水下机器人外形优化常采用建立数学模型进行参数计算优化的方法，然而这种方法理论性较强，计算获得的结果和实际情况也有相当大的差别，且直观性较差，不能准确反映出 AUV 细节结构变化带来的阻力变化。通过水动力实验方法获得的结果虽然准确，但是实验费用较高，尤其对于水下航行的物体，其实验安装、测量都比水面物体更困难，花费更高。而且对于变参数的研究，对应不同的模型参数，需要制造不同的实验模型，不仅工作烦琐，模型加工制造费用和实验费用也会很高。

近年来，随着计算机硬件能力的迅速发展，计算流体动力学 (computational fluid dynamics，CFD)，包括网格生成技术、算法、湍流模型等在内的技术得到了巨大的发展，使得复杂流动现象的仿真得以实现。由于其良好的计算精度，CFD 仿真已成为在设计及其优化阶段 AUV 流体动力学特性分析和预报的重要工具。FLUENT 软件是一种较为突出的流场分析软件，具有丰富的物理模型、先进的数值方法以及强大的前后处理功能。利用 FLUENT 软件，针对设计的 AUV 进行水动力特性的计算与分析，能够完成 AUV 导流罩的优化设计。

### 2.5.3 MATLAB/Simulink 仿真技术

MATLAB 于 1982 年由 MathWorks 公司推出，由于它可以将矩阵运算、数值分析、信号处理和图形显示集于一体，以及方便友好的用户界面，MATLAB 一经问世便成计算机仿真的最佳选择之一。Simulink 是 MATLAB 的一个软件包，它可以调用 MATLAB 中强大的函数库，并实现与 MATLAB 的无缝结合，能提供一个交互式动态系统建模、仿真和综合分析的图形环境 [1]。目前协同建模仿真方法是系统建模领域的一项新兴技术，它采用异构仿真的思路，将采用不同建模方法和工具构建的模型融合在一起，以充分利用每种方法对于特定问题和领域的独特适用性及卓越性能，从而能够以更精细的模型粒度和较高的置信度从多个视角研究与描述复杂系统，真正实现模型和仿真环境的重用。其中 MATLAB/Simulink 主要用于水下机器人动态系统建模与仿真分析、控制器设计与仿真等 [2]。

针对单一环境下仿真水下机器人动态行为和流体动力学问题存在的局限，可以采用 MATLAB/Simulink 与 FLUENT 协同仿真的方法，包括 MATLAB/Simulink 中嵌入 FLUENT 与 FLUENT 中嵌入 MATLAB/Simulink 两种方式，这是解决流体环境中运动物体的流体动力及运动紧密耦合问题的有效方法，也为研究流固耦合等与流体紧密耦合的物理现象提供了解决的思路 [3]。运用 MATLAB 下的 Simulink 还可以设计自治水下机器人的全自由度仿真工具箱，包括机器人本体运动、位姿求解和坐标系转移等多个部分，可以方便地进行控制方法的全自由度的仿真 [4]。

### 2.5.4 虚拟样机联合仿真技术

虚拟样机技术 (virtual prototype technology) 是一种基于计算机仿真模型的数字化设计方法，是伴随着计算机技术发展而发展起来的一项新型的计算机辅助工程 (CAE) 技术 [2]。它是多学科的一种融合，主要是以机械系统的运动学、动力学和控制理论为核心，结合成熟的三维计算机图形技术和基于图形的用户界面技术，模拟该机械系统在真实环境下的运动学和动力学特性，并通过仿真分析，输出结果，通过对机械系统的不断优化，寻求最优设计方案。它将分散的零部件设计 (CAD) 和分析 (有限元分析 (FEA)) 技术融合在一起，通过计算机制造出产品的整体模型，通过产品在未来使用中的各种工况条件进行计算机仿真，通过仿真来预测产品的整体性能，进而改进和优化产品的设计，提高产品的性能。它通过设计中的反馈信息不断地指导设计，保证产品寻优开发过程的顺利进行。在机械工程中它又被称为机械系统的动态仿真技术 [2]。

通过对 AUV 虚拟样机模型的建立，可以实现 AUV 的运动性能的测试。水下 AUV 的运动，主要是靠控制策略来引导。而 MATLAB 无疑是提供算法的最佳仿真平台，并且 MATLAB 中的 Simulink 模块更是为控制系统的搭建提供了极大的便捷。因此构造 ADAMS 和 MATLAB 的联合控制仿真系统，能够很好地对 AUV 的空间运动性能和控制算法的优劣进行评判，为 AUV 下水前提供可靠的参考依据。

## 2.6 水下机器人结构设计案例

### 2.6.1 AUV 整体结构方案设计

本节设计的 AUV 满足的技术指标见表 2-4，其可实现的 5 个自由度运动见表 2-5。

**表 2-4　AUV 设计技术指标**

| 设计技术指标 | 参数 |
|---|---|
| 设计水深/m | 1000 |
| 运动自由度 | 5 |
| 航速/(m/s) | 0～2 |
| 水下持续工作时间/h | ⩾ 8 |
| 摄像机间距调节系统工位/mm | 800，1600 |
| 扫描声呐工作范围/(°) | 360 |
| 紧急情况下自动上浮 | — |

**表 2-5　AUV 的五自由度运动**

| 进退 | 升沉 | 横摇 | 纵摇 | 摆艏 |
|---|---|---|---|---|
| $X$ 轴上的移动 | $Z$ 轴上的移动 | 绕 $X$ 轴的旋转 | 绕 $Y$ 轴的旋转 | 绕 $Z$ 轴的旋转 |

1. 耐压舱结构设计

耐压舱分为两个舱体，舱体内装载工作元件，水下机器人舱体的设计在已有部件的基础上进行，基础部件的尺寸参数来源于其他子课题组数据。

下舱体为电池舱，其中装载元件为电池组及 AUV 推进器的控制盒，电池组形状尺寸如图 2-13 所示，控制盒为 262mm×86mm×44mm 的矩形体。根据资料数据，并考虑到安装元件需要支架定位，将舱体内径设计为 325mm。为了最大程度地节省空间，以减小 AUV 体积，控制盒在舱体内按照如图 2-14 所示的排列方式布局。根据电池以及控制盒排列后的尺寸，将舱体设计为内径为 325mm，外径为 350mm，长 1732mm(包括两端端盖厚度) 的圆柱形舱体，电池舱工程图如图 2-15 所示，从图中可以看出舱体内元件的详细布局。

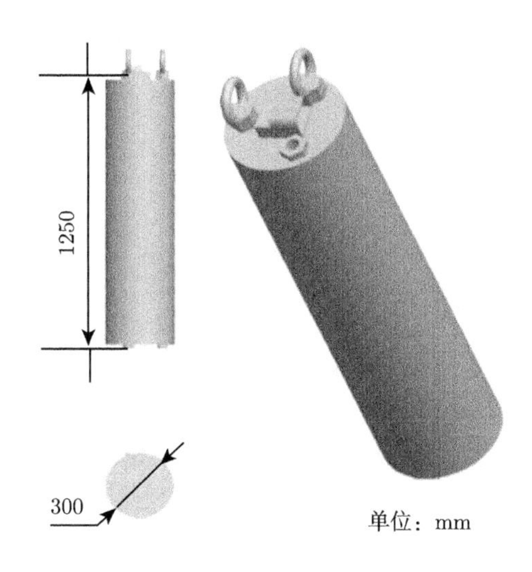


图 2-13 电池组形状尺寸示意图

图 2-14 控制盒排列方式

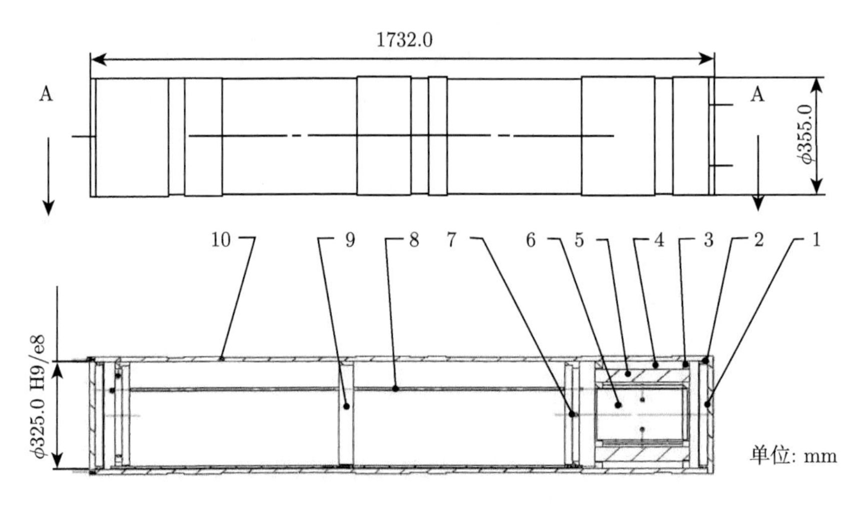


图 2-15　电池舱工程图

1-舱体端盖；2-垫圈；3-控制器支架；4-控制器散热板；5-控制器；6-控制器支架连接套；7-电池固定支架；8-电池固定支架拉杆；9-电池固定中间支撑；10-电池舱

上舱体为仪器舱，其设计同电池舱，仪器舱中装载的元件主要为激光器、工控机等数据信号采集元件，这些元件的尺寸均小于电池组尺寸，故而采用同电池舱的 325mm 内径即可满足安装元件的要求，并且两舱体采用同样直径的设计有诸多优点，例如，便于加工，便于 AUV 整体安装的设计，同时也利于 AUV 的整体平衡。由于激光器需要向外发射光信号，所以对于仪器舱设计了透光玻璃端盖结构，即在端盖中部做孔，嵌入玻璃透光板，然后在透光板外部加上一个较小的压紧端盖，该透光端盖的结构如图 2-16 所示。仪器舱工程图如图 2-17 所示，从图中也可以看出舱体内元件的布局及舱体的尺寸。

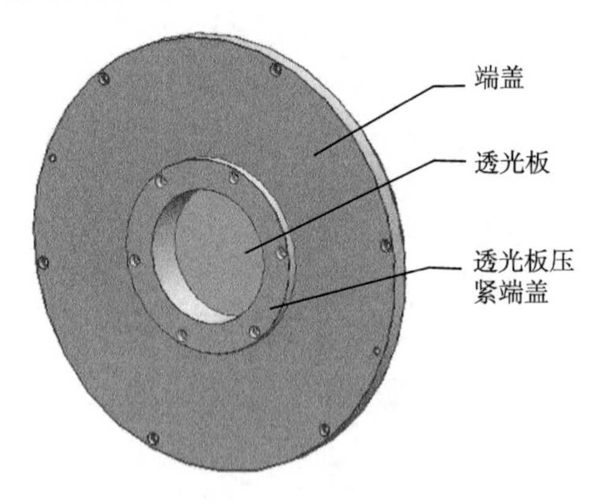


图 2-16　透光端盖结构图

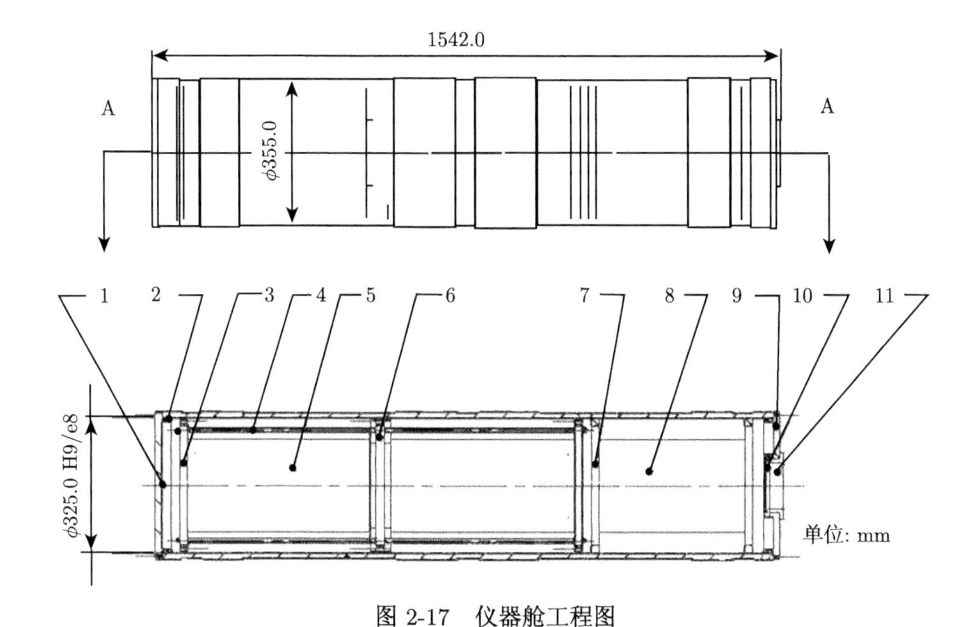


图 2-17 仪器舱工程图

1-舱体端盖；2-O 形圈；3-仪器固定支架；4-固定支架拉杆；5-仪器安装平台；6-仪器平台中间支撑；7-激光器平台支撑；8-激光器平台；9-前端端盖；10-透光板；11-透光板压紧端盖

2. 推进器排列设计

为了实现五自由度运动，所设计的 AUV 仍采用 5 个推进器控制，如图 2-18 所示，分别是中部的 2 个主推进器 (3 和 5)、艏部的 2 个垂向推进器 (1 和 2) 和艉部的 1 个垂向推进器 (4)，左右对称于纵中剖面。

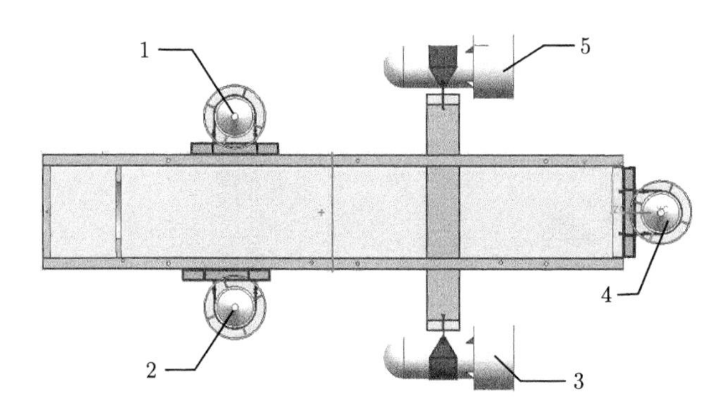


图 2-18 推进器排列布局

推进器均为正反双转向推进器，通过该 5 个推进器实现运动自由度要求的控制过程，见表 2-6。

**表 2-6　5 个推进器实现五自由度运动的工作方式**

| 实现运动 | 推进器 | | | | |
|---|---|---|---|---|---|
| | 1 | 2 | 3 | 4 | 5 |
| 进退 | — | — | 正转 (反转) | — | 正转 (反转) |
| 升沉 | 正转 (反转) | 正转 (反转) | — | 正转 (反转) | — |
| 横摇 | 正转 (反转) | 反转 (正转) | — | — | — |
| 纵摇 | 正转 (反转) | 正转 (反转) | — | 反转 (正转) | — |
| 摆艏 | — | — | 正转 (反转) | 反转 (正转) | — |

### 3. 摄像机间距调节系统设计

摄像机工作状态的位置要求如图 2-19 所示，为了满足该工位要求，设计采用齿轮齿条机构加步进电机，实现摄像机两个工位的要求。摄像机间距调节系统的设计图如图 2-20 所示。为了最大程度地节省资源，实现最优设计，该间距调节系统的停止位置即为摄像机的第一工位 800mm，当摄像机需要处于第二工位 1600mm 时，齿

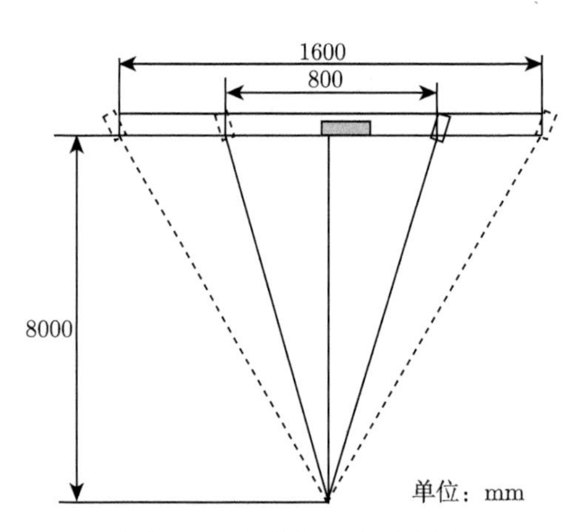


图 2-19　摄像机工位示意图

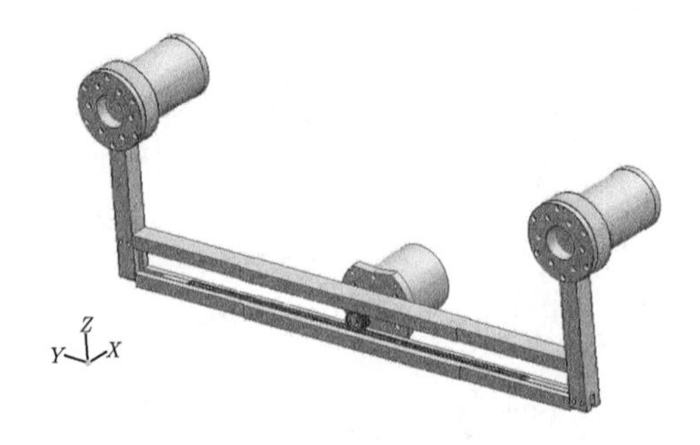


图 2-20　摄像机间距调节系统设计图

轮随着步进电机旋转，带动齿条向外延伸，通过控制齿轮的转数控制摄像机向外延伸的距离，以到达所需的工位。

4. 整体结构布局

根据已有的结构设计出部件后，需将部件统一装配成一个整体，考虑到节省空间以使 AUV 整体尺寸最优，两个密封舱体采用上下布局的排列方式，两舱及推进器用履带捆绑后以螺纹联接的方式固定于框架上，摄像机系统穿过框架，通过卡片固定并螺纹联接于框架上。框架采用矩形结构，可由不锈钢焊接而成，整体结构如图 2-21 所示。

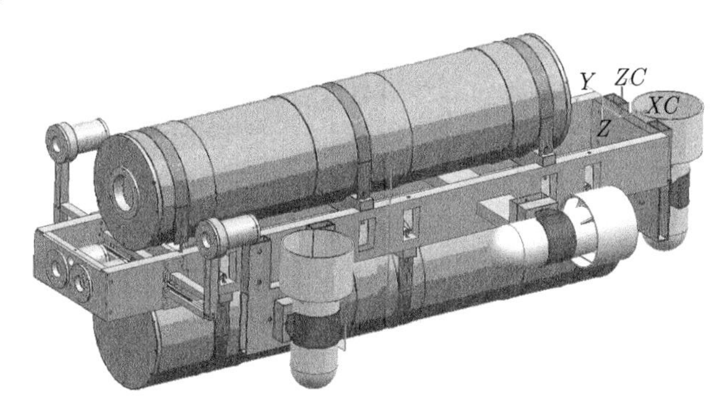


图 2-21 AUV 整体结构图

5. 材料选择

自治水下机器人耐压舱壳体用来放置电子元件及检测设备，以保证其不会因压力和腐蚀而损坏，因此耐压壳体要有足够的强度和可靠的密封。同时，耐压壳体也是浮力的主要提供者，其重量占水下机器人重量的很大比例。

确定航行器整体流线后可以进行主舱体 (耐压舱体) 的设计。首先要确定材料选择。耐压舱体的材料有钢、铝合金、钛合金、亚克力、玻璃钢等。由于水下环境复杂，航行器在水中不仅仅受压力，往往还要承受波浪流随机作用下的疲劳载荷，因此旨在选择强度大、疲劳极限高、密度小的材料。在选择过程中往往还要综合考虑材料的以下性能：

(1) 机械加工性能；

(2) 焊接性能；

(3) 连接性能；

(4) 抗压强度与疲劳强度；

(5) 抗腐蚀、氧化性能。

各种航行器耐压舱体常用材料主要性能见表 2-7。

表 2-7　耐压舱体常用材料主要性能

| 材料 | 密度$\rho/(\mathrm{g/cm^3})$ | 屈服极限$\sigma_T/\mathrm{Pa}$ | 比强度$\sigma_T/\sigma$ | 弹性模量$E/\mathrm{Pa}$ |
|---|---|---|---|---|
| 钢 | 7.85 | $2.94\times10^8\sim1.029\times10^9$ | $2.74\times10^7\sim1.311\times10^8$ | $2.058\times10^7$ |
| 铝 | 2.08 | $0.98\times10^8\sim4.41\times10^8$ | $3.5\times10^7\sim1.575\times10^8$ | $7.252\times10^7$ |
| 钛 | 4.50 | $3.43\times10^8\sim9.31\times10^8$ | $7.62\times10^7\sim2.069\times10^8$ | $1.078\times10^7$ |
| 玻璃钢 | 2.00 | $4.9\times10^8\sim1.303\times10^9$ | $2.45\times10^8\sim6.515\times10^8$ | $3.528\times10^6\sim4.116\times10^6$ |

水下机器人需要在水下长时间工作，无论采用哪种材料，抗腐蚀性也是材料选择过程中考虑的重点。海洋腐蚀与防护技术应从三个方面入手：① 材料本身，即合理选材，提高金属纯度，添加合金元素或进行热处理；② 界面方面，包括表面热处理及涂、镀层技术；③ 环境方面，添加缓蚀剂以及消除、减轻机械作用和生物作用等。另外，电化学保护技术和防腐蚀设计也是至关重要的，一般可采用下述几种方法：① 表面处理与涂层技术；② 电化学保护；③ 减轻腐蚀的结构设计。

金属材料在海水中极易氧化腐蚀，将加工完成后的触水结构进行氧化处理是提高抗海水腐蚀性的有效途径。玻璃钢能有效避免这种缺陷，但玻璃钢的机械加工性能较差，因此在耐压主舱体等不需要结构加工的零件上可以选用。

经过考察，本书选取 7075-T6 铝筒作为耐压舱材料。

7075 铝合金是一种冷处理锻压合金，强度高，远胜于软钢，是商用最强力合金之一。其细小晶粒使得深度钻孔性能更好，工具耐磨性增强，螺纹滚制更与众不同。

7075 铝合金的物理特性及机械性能如下：抗拉强度 524MPa，0.2%屈服强度 455MPa，伸长率 11%，弹性模量 71GPa，硬度 150HB，密度 2810kg/m$^3$。

7075 铝合金主要用于：航天航空工业、吹塑 (瓶) 模、超声波塑焊模具、高尔夫球头、鞋模、纸塑模、发泡成型模、脱蜡模、范本、夹具、机械设备、模具加工等。

7075 铝合金特点：

(1) 高强度，可热处理合金；

(2) 良好的机械性能；

(3) 可使用性好；

(4) 易于加工，耐磨性好；

(5) 抗腐蚀性、抗氧化性好。

综合上述特点，7075-T6 铝合金可以很好地满足 AUV 的工作需要，故选取该材料加工 AUV 原型样机的耐压舱。

对于框架及履带结构，考虑其水下作业环境，选取铬镍不锈钢材料，铬镍不锈钢不仅能耐大气、海水、蒸汽的腐蚀，而且能耐硝酸、硫酸、盐酸的腐蚀，有良好的耐热性、焊接性、冷加工性。最终选定 316 不锈钢 (18Cr-12Ni-2.5Mo) 作为履带材料。因添加 Mo，故其耐蚀性和高温强度特别好，可在苛酷的条件下使用；加工

硬化性优 (无磁性)。常适用于：海水里用的设备；化学、染料、造纸、草酸、肥料等生产设备；照相、食品工业、沿海地区设施、绳索、CD 杆、螺栓、螺母。

AUV 框架结构外部具有导流罩结构，该结构除了用于导流以减小 AUV 的运行阻力外，还要为 AUV 提供上浮力，保证 AUV 在水中作业的稳定性，考虑到这一点，导流罩采用浮体材料，经过考察比较，最终选定 SBM-045 浮体材料。该材料是一种轻质可加工固体浮力复合材料，具有密度小、浮力大、抗压强度高、吸水率低且稳定等特点，具有良好的耐候性、耐海水性，密度 $\rho$=0.45g/cm$^3$，工作水深可达 1000m，主要应用于水下机器人、海洋潜标、海底释放浮球等领域。综合考虑，SBM-045 是合适可靠的浮体材料，可用于导流罩的加工。

### 2.6.2 基于有限元软件的耐压舱壁厚设计

AUV 工作于水下，电池舱与控制舱均属于密封舱体，由于舱内外压差，耐压舱需要承受一定的压力。对于耐压舱的壁厚设计，也是 AUV 结构设计中重要的一部分。本小节通过数学计算对耐压舱的壁厚进行设计，并通过 COSMOSWorks 仿真模拟耐压舱受力变形情况，校验设计的可靠性。

1. 数学模型

现处于设计状态的耐压舱，筒体内直径 $d = 325$mm 为定值，外直径 $D$ 根据壁厚的改变而变化，筒长 $L = 1700$mm，筒体壁厚均匀，无尖角。整个舱体采用同一种材料 7075-T6 铝合金制造，其参数如下。

工作压强 $p = 10$MPa；弹性模量 $E = 70$GPa；泊松比 $\nu = 0.3$。

设计要求：通过对壁厚的设计，最终在满足给定的刚度和强度要求下使得整个反应器的重量达到最小。外径参考变化范围为 $D \in$[350mm，360mm]。

对外压圆筒，决定其壁厚 $t$ 的主要因素是：圆筒的直径 $D$，圆筒的长度 $L$，圆筒材料的弹性模量 $E$ 和圆筒所承受的外载荷 $p$，即

$$t = f(D, L, E, p)$$

按照破坏情况，受外压的圆柱形壳体可分为长圆筒、短圆筒，其判别公式为

$$L > 4.0D\sqrt{\frac{D}{2t}} \tag{2-24}$$

上式成立则为长圆筒，否则为短圆筒。

在外径变化范围内，$4.0D\sqrt{\frac{D}{2t}} \in$[4553mm，5238mm]，远大于舱体的筒长 $L$=1700mm，故可以得出该设计舱体为短圆筒。短圆筒必须考虑两端边界对稳定性的影响，其失稳时的波数为 $n > 2$ 的正整数。

计算短圆筒的临界压强的公式很多，但广泛应用的公式是米泽斯 (Mises) 公式：

$$p_{\mathrm{cr}} = \frac{Et}{R(n^2-1)\left[1+\left(\dfrac{nL}{\pi R}\right)^2\right]^2} + \frac{E}{12(1-\nu^2)}\left(\frac{t}{R}\right)^3 \times \left[(n^2-1) + \frac{2n^2-1-v}{1+\left(\dfrac{nL}{\pi R}\right)^2}\right] \tag{2-25}$$

式中，$p_{\mathrm{cr}}$ 为筒壁厚为 $t$ 的圆筒可以承受的临界压强；$R$ 为圆筒的半径，$R=\dfrac{D}{2}$；$n$ 为失稳时的波数。

工程上常用拉姆公式计算短圆筒的稳定性，它是由简化的米泽斯公式推导出的近似公式：

$$p_{\mathrm{cr}} = \frac{2.59Et^2}{LD\sqrt{\dfrac{D}{t}}} \tag{2-26}$$

安全系数 $S$ 计算公式为

$$S = \frac{p_{\mathrm{cr}}}{p} \tag{2-27}$$

由于从米泽斯公式反推出壁厚 $t$ 的计算公式较为复杂，本小节采取试算的方法，在外径的变化范围内，推算合理的壁厚。计算如下：

当 $D=351\mathrm{mm}$，$t=13\mathrm{mm}$ 时，代入公式计算得，此种情况下舱体可以承受的临界压强

$$p_{\mathrm{cr}} = \frac{2.59Et^2}{LD\sqrt{\dfrac{D}{t}}} = \frac{2.59\times 7\times 10^{10}\times 13^2}{1700\times 351\times\sqrt{\dfrac{351}{13}}} = 9.88\mathrm{MPa}$$

$$S = \frac{p_{\mathrm{cr}}}{p} = \frac{9.88}{10} = 0.988$$

当 $D$=353mm，$t$=14mm 时，代入公式计算得，此种情况下舱体可以承受的临界压强 $p_{\mathrm{cr}}$=11.8MPa，此时的安全系数 $S$=1.18。

当 $D$=355mm，$t$=15mm 时，代入公式计算得，此种情况下舱体可以承受的临界压强 $p_{\mathrm{cr}}$=13.9MPa，此时的安全系数 $S$=1.39。

当 $D$=357mm，$t$=16mm 时，代入公式计算得，此种情况下舱体可以承受的临界压强 $p_{\mathrm{cr}}$=16.2MPa，此时的安全系数 $S$=1.62。

查阅资料可以得出，对于水下机器人耐压壳结构，安全系数一般选取 1.25~1.5，从上述计算结果可以得出，选取 15mm 的壁厚既可有效地保证水下机器人的安全，

又能最大程度地节省材料及减轻 AUV 的重量，所以本小节选取 15mm 的耐压舱壁厚。

由此得出舱体壁厚尺寸为：内径 $d$=325mm，外径 $D$=355mm。

2. *仿真模拟*

在通过公式计算选定安全壁厚的基础上，为了保证壁厚设计的可靠性，运用 CAE 软件 COSMOSWorks，对耐压舱进行了静力分析，作为设计的进一步验证。

COSMOSWorks 是众多 CAE 软件中的一种，是与 SolidWorks 无缝集成的快速有限元分析软件，它提供了诸如静态分析、频率分析、扭曲分析、热力分析、掉落测试、疲劳分析、优化分析和非线性分析等模块，为机械设计工程师提供了比较完整的分析手段。凭借先进的快速有限元 (FFE) 技术，工程师能非常迅速地实现对大规模复杂设计的分析和验证，并且获得修正和优化设计所需的必要信息。分析的模型和结果与 SolidWorks 共享一个数据库，也就是说，设计与分析数据将不再需要烦琐的双向转换操作，因而分析也与计量单位无关。在几何模型上，它可以直接定义载荷和边界条件，如同生成几何特征，设计的数据库也会相应地自动更新。计算结果也可以直观地显示在 SolidWorks 精确的设计模型上。这样的环境既操作简单又节省时间，而且对硬盘空间资源要求很小。同时 COSMOSWorks 也提供了强大的实体有限元网格划分和求解技术，其优化分析的求解流程如图 2-22 所示。

分析过程如下。

首先对下舱体即电池舱进行仿真模拟。

在 SolidWorks 中建立舱体的实体模型，根据设计选择，建立内径为 325mm，外径为 355mm，长 1732mm 的圆柱形舱体，如图 2-23 所示。

建立好模型后进入 COSMOSWorks 模块，生成算例，开始仿真分析。

1) 材料的指定

首先要对零件的材料进行指定，COSMOSWorks 中自带多种材料及其属性，本小节从库文件中选择铝合金 7075-T6，其属性自动导入，如图 2-24 所示。

2) 生成网格

生成网格是设计分析过程中一个非常重要的步骤，网格划分的好坏直接影响计算的精度。该软件中的自动网格器会根据实体单元的大小、公差及局部网格控制规格来生成网格，在设计分析的初期，自动划分的结果足以满足仿真的精度需要，因此本小节采用软件默认的精度，最大网格尺寸是 30.497315mm，最小网格尺寸是 1.5248658mm，运用自动生成网格命令生成三角形外壳单元网格，如图 2-25 所示。

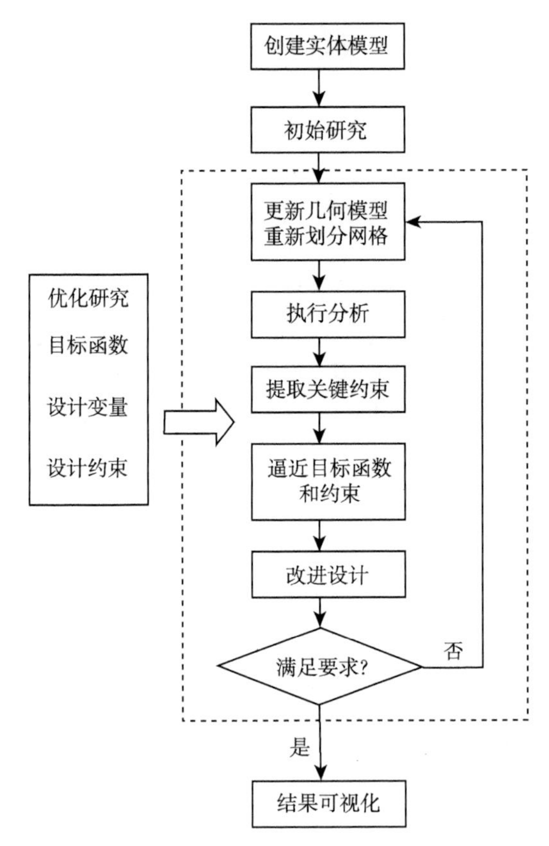


图 2-22　COSMOSWorks 优化分析的求解流程图

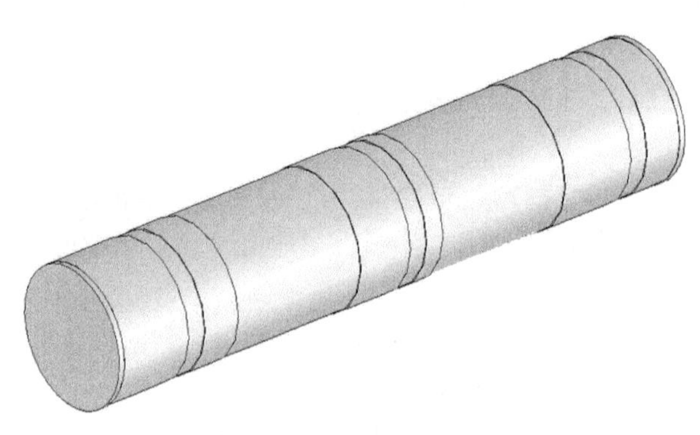

图 2-23　下舱体模型图

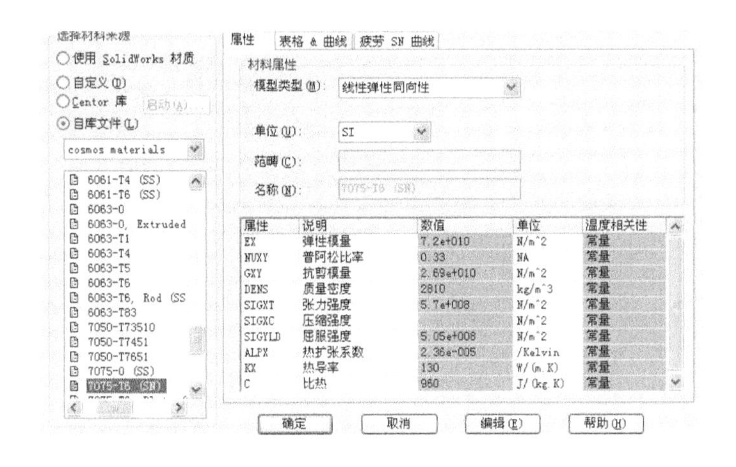


图 2-24　材料选择及其属性图

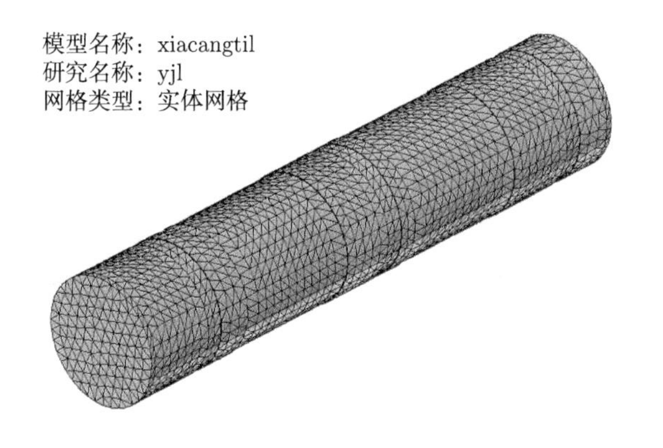


图 2-25　网格划分图

3) 约束与载荷

约束与载荷是定义模型的工作条件，它是和几何体相关联的，当几何体改变时可以自动调节。本小节的耐压舱被履带环形捆绑，固定于框架上，所以本小节采用线约束，定义端盖与筒体配合的两个圆圈为“固定”形式，完成对模型约束的定义。载荷分别垂直加载于筒体与端盖各个面上，载荷大小为工作压强 10MPa。定义约束与载荷如图 2-26 所示。

4) 执行分析与结果显示

设定好条件后，进行仿真分析，得出结果。COSMOSWorks 的静力分析可以得出应力云图、应变云图、位移图、变形图以及以安全系数显示的设计检查图，如图 2-27 所示。

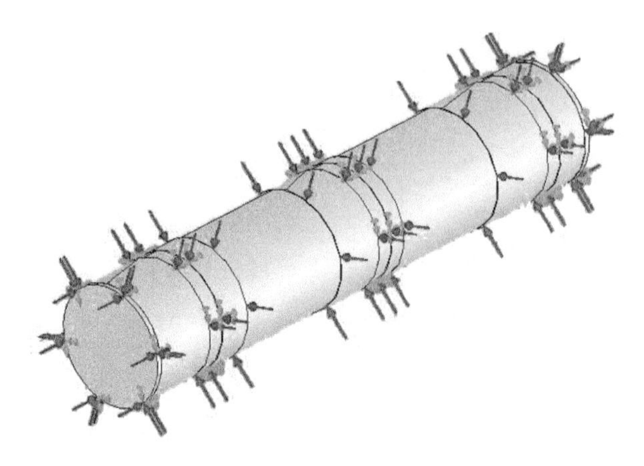

图 2-26　约束与载荷

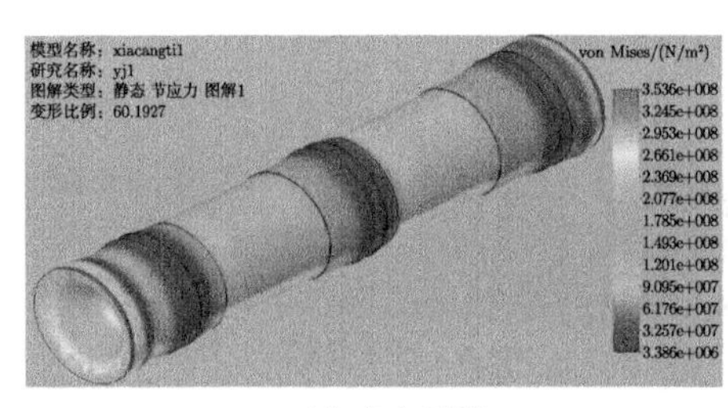


(a) 应力云图

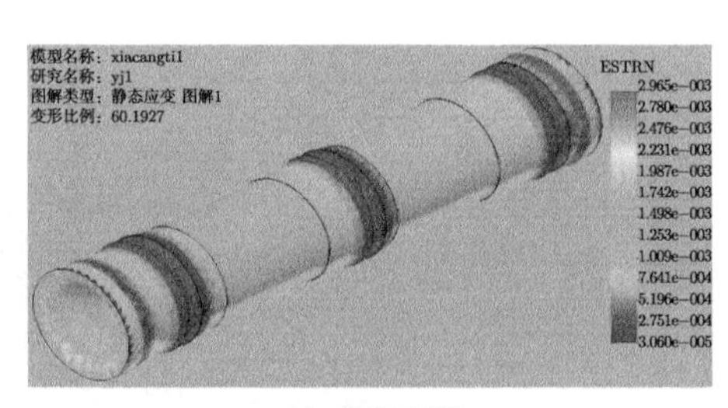


(b) 应变云图

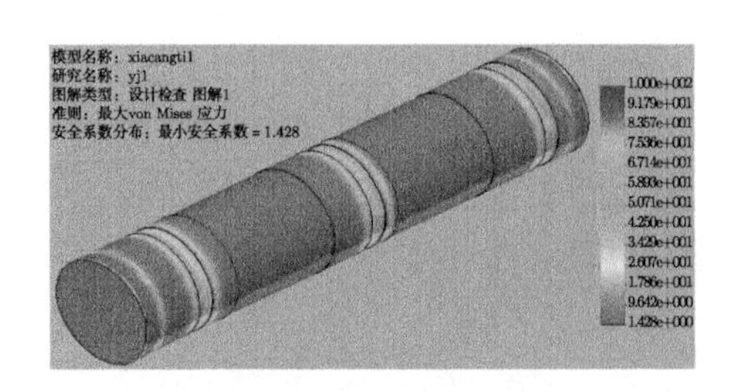


(c) 设计检查图

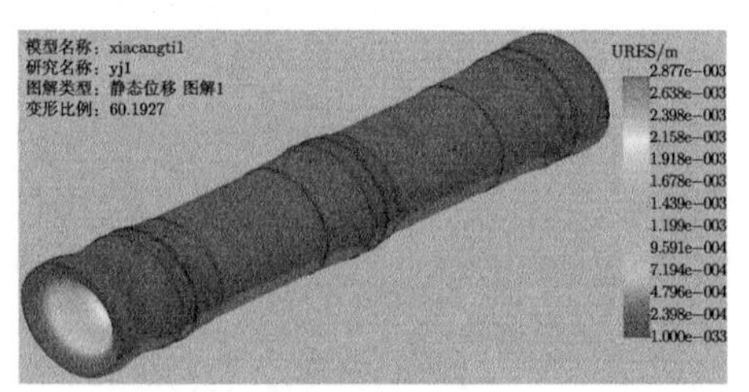


(d) 位移图

图 2-27　下舱体分析结果显示图 (后附彩图)

从设计检查图中可以看出，仿真分析结果显示，下舱体的最小安全系数为 1.428，比公式计算结果略大，这是因为筒体不是光滑的圆柱筒，而是在筒体上增加了环形肋结构，对筒体起到支撑作用，使得筒体承受压力的能力增强，所以安全系数有所增加。

同理，对上舱体即仪器舱也进行了仿真模拟的验证，对于材料、约束与载荷的设定和下舱体相同，网格划分亦采用默认精度，生成三角形外壳单元网格，最大网格尺寸为 29.304826mm，最小网格尺寸为 1.4653413mm，仿真结果如图 2-28 所示。

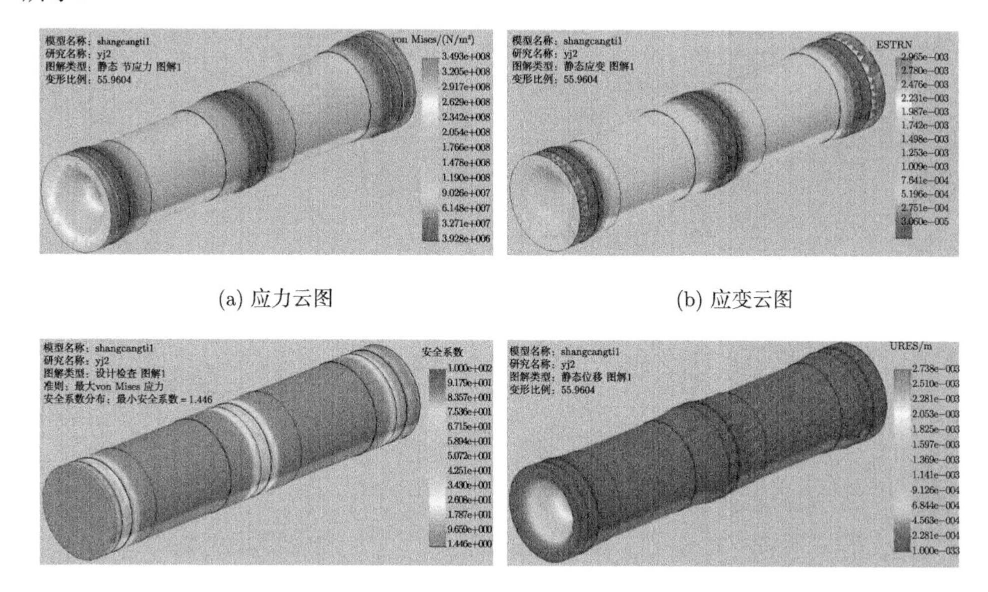


(a) 应力云图　(b) 应变云图

(c) 设计检查图　(d) 位移图

图 2-28　上舱体分析图 (后附彩图)

将上舱体的分析结果与下舱体比较，从设计检查图中可以看出，上舱体的最小安全系数为 1.446，大于下舱体，这是因为上舱体长度为 1542mm(包括两端端盖)，比下舱体小，圆筒更短，两端端盖的支撑力更有效，所以结构稳定性要比较长的下舱体强一些，这也是在公式设计阶段采用长筒，即下舱体的长度尺寸作为设计的原始数据的原因。

### 2.6.3 AUV 水动力性能分析

本小节采用三种不同的 $k$-$\varepsilon$ 湍流模型对 AUV 绕流现象进行全面的数值模拟，同时改变网格的尺寸大小，比较不同模型及网格大小对计算结果的影响，并与通过经验公式获得的数据进行比较，最终选出计算结果比较稳定且接近经验公式的模型。

#### 1. 不同网格尺寸及计算模型下 AUV 阻力仿真

该 AUV 为三维曲面造型，考虑到 Gambit 图形功能有限，本小节采用通过 UG6.0 建立 AUV 模型后导入的办法实现，AUV 的 UG 模型如图 2-29 所示。

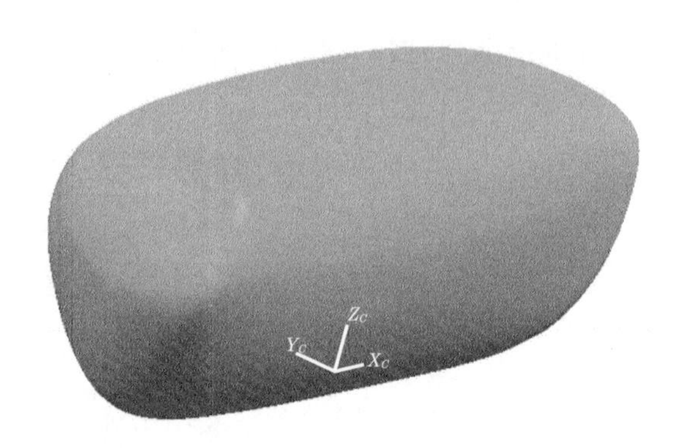


图 2-29　AUV 的 UG 模型图

考虑到 AUV 形状不规则，本小节对于流场的网格划分采用非结构化四面体网格，对于三维计算域采用 TGrid/(Tet/Hybrid) 网格类型。计算域为 $5L \times 5B \times 5H$ 的矩形体 (AUV 长度 $L = 2.4\text{m}$，宽度 $B = 0.7\text{m}$，高度 $H = 0.9\text{m}$)，AUV 在宽度和高度方向居中，长度方向对于入口处与出口的位置比为 1:4，仿真过程均采用非耦合隐式算法，求解三维定常流动。计算域内部四面体网格的划分如图 2-30 所示。图 2-31 给出了 AUV 表面及整个计算域的网格划分情况。

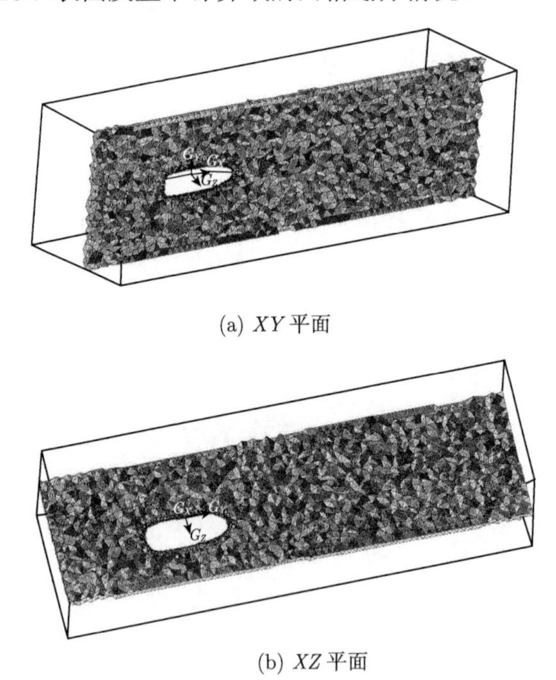

(a) $XY$ 平面

(b) $XZ$ 平面

图 2-30　计算域内部网格划分图

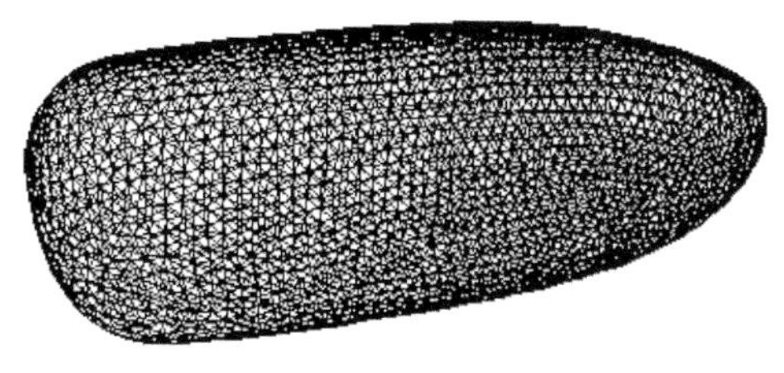

(a) AUV表面网格划分图

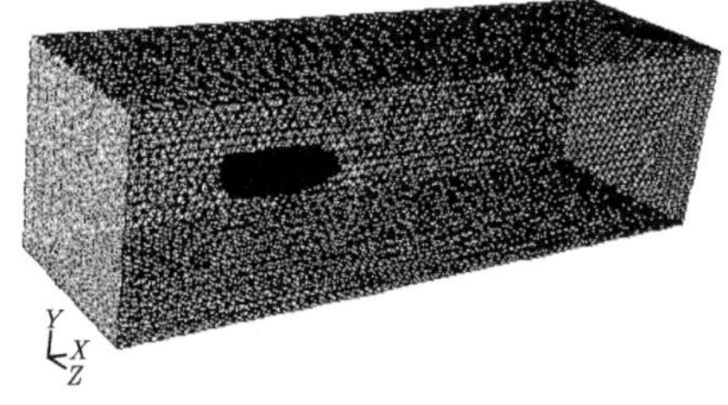


(b) 计算域网格划分图

图 2-31 AUV 表面及整个计算域网格划分图

为了比较壁面及 AUV 表面网格尺寸大小对计算结果的影响，本小节采用了五种不同的网格尺寸，见表 2-8。

**表 2-8 网格尺寸**

| 网格类型 | 壁面网格尺寸/mm | AUV 表面网格尺寸/mm |
|---|---|---|
| 网格 1 | 200 | 50 |
| 网格 2 | 150 | 50 |
| 网格 3 | 150 | 40 |
| 网格 4 | 120 | 40 |
| 网格 5 | 120 | 30 |

AUV 在深水运动时，兴波阻力很小，可以忽略，本小节只考虑黏性阻力 $R_{\mathrm{f}}$ 和压差阻力 $R_{\mathrm{pv}}$，总阻力可以表示为

$$R_{\mathrm{t}}=\int\tau\cos(\tau,x)\,\mathrm{d}s+\int p\cos(p,x)\,\mathrm{d}s \tag{2-28}$$

工程中一般定义黏性阻力系数 $C_{\mathrm{f}}$ 和压差阻力系数 $C_{\mathrm{pv}}$，它们的定义式如下：

$$C_{\mathrm{f}}=2R_{\mathrm{f}}/(\rho AU_{\infty}^{2}),\quad C_{\mathrm{pv}}=2R_{\mathrm{pv}}/(\rho AU_{\infty}^{2}) \tag{2-29}$$

则有

$$R_{\mathrm{t}}=\frac{1}{2}\rho AU_{\infty}^{2}(C_{\mathrm{f}}+C_{\mathrm{pv}})=\frac{1}{2}\rho AU_{\infty}^{2}C_{\mathrm{t}}$$

其中，$A$ 为 AUV 的湿表面积。

造船界常用的黏性阻力公式 [16]：

桑海公式：

$$C_{\mathrm{f1}}=\frac{0.4631}{(\lg Re)^{2.6}} \tag{2-30}$$

柏兰特–许立汀公式：

$$C_{\mathrm{f2}}=\frac{0.455}{(\lg Re)^{2.58}} \tag{2-31}$$

International Tropical Timber Council(ITTC)1957 公式：

$$C_{\mathrm{f3}}=\frac{0.075}{(\lg Re-2)^{2.0}} \tag{2-32}$$

为分析网格大小对计算结果的影响，计算过程分别记录了黏性阻力系数和压差阻力系数，分别在标准 $k$-$\varepsilon$ 模型、RNG $k$-$\varepsilon$ 模型、可实现的 $k$-$\varepsilon$ 模型三种湍流模型下进行了模拟计算，结果数据见表 2-9～ 表 2-11。

**表 2-9　标准 $k$-$\varepsilon$ 模型下 AUV 阻力及阻力系数计算表**

| 网格 | 模拟计算值 | | | | 经验公式值 | | |
|---|---|---|---|---|---|---|---|
| | $C_{\mathrm{f}}/(\times10^{-3})$ | $C_{\mathrm{pv}}/(\times10^{-3})$ | $C_{\mathrm{t}}/(\times10^{-3})$ | $R_{\mathrm{t}}/\mathrm{N}$ | $C_{\mathrm{f1}}/(\times10^{-3})$ | $C_{\mathrm{f2}}/(\times10^{-3})$ | $C_{\mathrm{f3}}/(\times10^{-3})$ |
| 网格 1 | 3.498 | 21.803 | 25.301 | 252.957 | | | |
| 网格 2 | 3.517 | 20.128 | 23.645 | 236.404 | | | |
| 网格 3 | 3.702 | 18.729 | 22.432 | 212.356 | 3.665 | 3.738 | 3.819 |
| 网格 4 | 3.721 | 17.519 | 21.240 | 212.356 | | | |
| 网格 5 | 4.034 | 16.758 | 20.792 | 207.881 | | | |

从表 2-9 中可以看出，在标准 $k$-$\varepsilon$ 模型下，采用网格 1 和网格 2 的划分方式计算出的黏性阻力系数与经验公式的计算值相比偏小，网格 3 和网格 4 的计算值适中，均落在计算值的范围内，而网格 5 的计算值显然相较于经验公式的值偏大。可见不同的网格划分情况对 AUV 阻力的计算是有影响的，但网格划分也并不是越细越好，由于计算机存在截断误差，任何一种网格划分，过粗或过细都会容易导致计算失败，所以对网格情况的研究是很有意义的。在标准 $k$-$\varepsilon$ 模型的计算中，通过比较可以得出，网格 3 和网格 4 是比较合适的网格类型。

**表 2-10　RNG $k$-$\varepsilon$ 模型下 AUV 阻力及阻力系数计算表**

| 网格 | 模拟计算值 | | | | 经验公式值 | | |
|---|---|---|---|---|---|---|---|
| | $C_{\mathrm{f}}/(\times10^{-3})$ | $C_{\mathrm{pv}}/(\times10^{-3})$ | $C_{\mathrm{t}}/(\times10^{-3})$ | $R_{\mathrm{t}}/\mathrm{N}$ | $C_{\mathrm{f1}}/(\times10^{-3})$ | $C_{\mathrm{f2}}/(\times10^{-3})$ | $C_{\mathrm{f3}}/(\times10^{-3})$ |
| 网格 1 | 3.339 | 21.725 | 25.046 | 250.589 | | | |
| 网格 2 | 3.430 | 20.042 | 23.472 | 234.675 | | | |
| 网格 3 | 3.564 | 18.739 | 22.303 | 222.985 | 3.665 | 3.738 | 3.819 |
| 网格 4 | 3.604 | 17.480 | 21.084 | 210.803 | | | |
| 网格 5 | 3.888 | 16.716 | 20.605 | 206.005 | | | |

从表 2-10 中可以看出，在 RNG $k$-$\varepsilon$ 模型下，网格 1、网格 2、网格 3、网格 4 中黏性系数的模拟计算值相较于经验公式的计算值都要偏小，而网格 5 的模拟值却又略偏大，溢出经验公式的计算范围，随着网格由粗到细的变化，对于 AUV 黏性阻力系数的计算呈逐渐变大变化趋势，而对于阻力的计算呈逐渐变小的趋势。比较可以得出，网格 4 与经验公式的计算值是最为接近的，所以对于 RNG $k$-$\varepsilon$ 模型的计算来讲，网格 4 是比较合适的网格类型。

表 2-11 可实现的 $k$-$\varepsilon$ 模型下 AUV 阻力及阻力系数计算表

| 网格 | 模拟计算值 | | | | 经验公式值 | | |
|---|---|---|---|---|---|---|---|
| | $C_f/(\times10^{-3})$ | $C_{pv}/(\times10^{-3})$ | $C_t/(\times10^{-3})$ | $R_t$/N | $C_{f1}/(\times10^{-3})$ | $C_{f2}/(\times10^{-3})$ | $C_{f3}/(\times10^{-3})$ |
| 网格 1 | 3.649 | 21.963 | 25.612 | 256.070 | | | |
| 网格 2 | 3.688 | 20.178 | 23.865 | 238.606 | | | |
| 网格 3 | 3.819 | 18.912 | 22.731 | 227.270 | 3.665 | 3.738 | 3.819 |
| 网格 4 | 3.883 | 17.662 | 21.545 | 215.409 | | | |
| 网格 5 | 4.234 | 18.151 | 22.385 | 223.804 | | | |

从表 2-11 中可以看出，在可实现的 $k$-$\varepsilon$ 模型下，采用网格 1 的划分方式计算出的 AUV 黏性阻力系数与经验公式的计算值相比偏小，网格 2 和网格 3 的计算值适中，落在公式计算值的范围内，网格 5 的计算值偏大。计算结果的变化趋势与前面分析一致，即随着网格的变细，黏性阻力系数变大，而阻力值变小。对于可实现的 $k$-$\varepsilon$ 模型，可以采用网格 2 到网格 3 范围内的网格尺寸，较为可靠。

将表 2-9～ 表 2-11 的数据进行比较可以看出，标准 $k$-$\varepsilon$ 模型的计算结果与经验公式的计算值最为接近，RNG $k$-$\varepsilon$ 模型的数据普遍小于标准 $k$-$\varepsilon$ 模型的计算结果，而可实现的 $k$-$\varepsilon$ 模型的数据普遍大于标准 $k$-$\varepsilon$ 模型。这是因为 RNG $k$-$\varepsilon$ 模型和可实现的 $k$-$\varepsilon$ 模型是标准 $k$-$\varepsilon$ 模型的改进，方程中含有考虑低雷诺数流动黏性这一项，因此对于中等雷诺数模型的模拟比较好，而本小节 AUV 运动的雷诺数为 $2.7\times10^6$，属于高雷诺数，所以这两种模型的模拟计算值有所偏差。而标准 $k$-$\varepsilon$ 模型是一种高雷诺数的模型，所以对于本小节 AUV 运动的模拟具有比较良好的表现。

图 2-32 给出了三种湍流模型在网格 3 下的速度分布等值线图，从图中可以看出，由于考虑了低雷诺数流动黏性，RNG $k$-$\varepsilon$ 模型和可实现的 $k$-$\varepsilon$ 模型与标准 $k$-$\varepsilon$ 模型得出的速度分布图，在 AUV 的艉部区域差别较大，这是因为 RNG $k$-$\varepsilon$ 模型和可实现的 $k$-$\varepsilon$ 模型在定义湍流黏度时考虑了平均旋度的影响，所以对于漩涡和旋转运动有更好的体现。

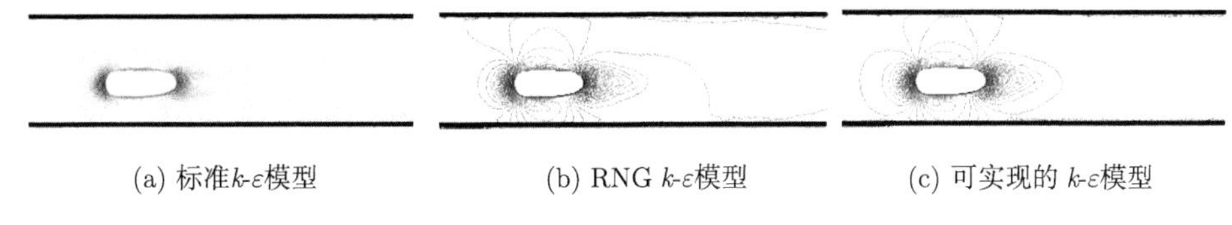

(a) 标准$k$-$\varepsilon$模型 (b) RNG $k$-$\varepsilon$模型 (c) 可实现的 $k$-$\varepsilon$模型

图 2-32 三种湍流模型的速度分布等值线图

图 2-33 给出了三种湍流模型在网格 3 下，于 AUV 运动方向上展开的速度分布曲线。从图中可以看出，在 3000mm 位置之前三种模型的曲线基本吻合，在 3000mm 之后 RNG $k$-$\varepsilon$ 模型和可实现的 $k$-$\varepsilon$ 模型的曲线比较类似，二者计算的速度皆逐渐稳定于来流速度，而标准 $k$-$\varepsilon$ 模型计算结果则有所波动，得出的曲线与其

他二者相差较大，这个结果与图 2-32 速度分布等值线图的分析是一致的。

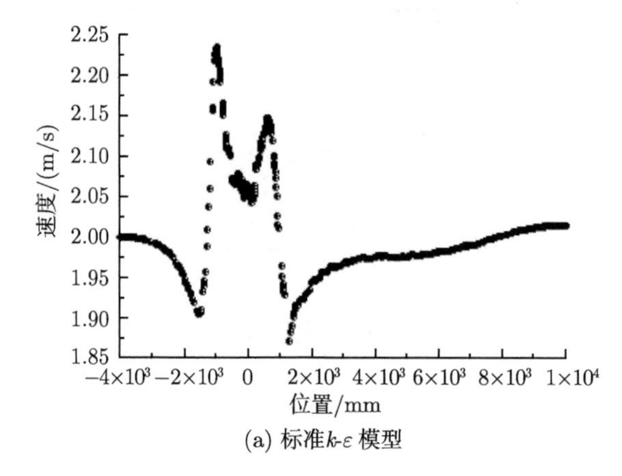


(a) 标准 $k$-$\varepsilon$ 模型

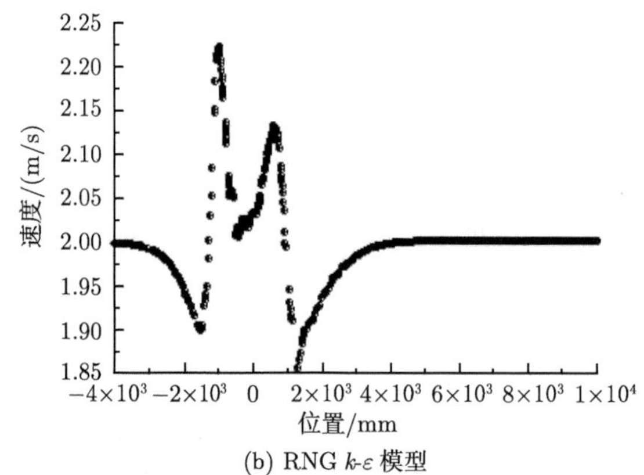


(b) RNG $k$-$\varepsilon$ 模型

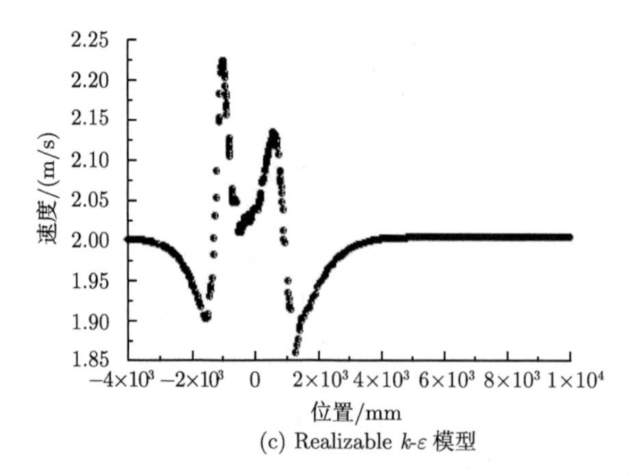


(c) Realizable $k$-$\varepsilon$ 模型

图 2-33　三种湍流模型于 AUV 运动方向上展开的速度分布曲线图

鉴于标准 $k$-$\varepsilon$ 模型的计算结果比较可靠，并且标准 $k$-$\varepsilon$ 模型中的常数由实验得出，与实际情况较吻合，所以本小节中后续的仿真模拟均采用标准 $k$-$\varepsilon$ 模型进行。

而对于网格尺寸的选取，从表 2-9～ 表 2-11 中总结比较，可以发现网格 3 和网格 4 均是表现较好的网格，考虑到网格划分过密会影响 FLUENT 的计算速度，并且对计算机的要求也比较高，而网格 3 与网格 4 的模拟结果相差也并不很大，所以综合考虑，本小节最终选取网格 3，即 AUV 表面网格划分间距为 40mm，壁面网格划分间距为 150mm 的网格尺寸进行后续的仿真。

2. 不同工作深度及不同运行速度下 AUV 水动力分析

1) 计算条件及数据

AUV 运行速度为 0～2m/s，设计水深为 1000m，所需经过的水深范围为 0～1000m。考虑到工作水深影响海水的温度，进而对流体密度及黏性系数产生较大影响，而此两项数据较大程度地影响着仿真计算结果，所以本小节分析了多种温度条件下 AUV 运动的水动力情况，并在每种温度情况下分 0.5m/s、1m/s、1.5m/s、2m/s 四种运行速度进行仿真模拟。

仿真过程采用非耦合隐式算法，求解三维定常流动。根据雷诺数的范围，均采用湍流模型，由于流体为海水，系不可压缩流场，故选用标准 $k$-$\varepsilon$ 模型。

边界条件的设置如下。

流体：根据 AUV 的工作环境，设置流体材料的物理属性，五种不同的温度下的流体属性见表 2-12。

**表 2-12 不同温度下海水物理属性**

| 海水温度/°C | 密度 $\rho/(\mathrm{kg/m^3})$ | 黏性系数 $\mu/(\times10^{-3}\mathrm{N\cdot s/m})$ |
|---|---|---|
| 0 | 1029 | 1.79 |
| 5 | 1028 | 1.55 |
| 10 | 1027 | 1.36 |
| 15 | 1026 | 1.21 |
| 20 | 1025 | 1.09 |

入口：采用速度入口边界条件，给定速度 $u=U_\infty$。对于入口条件湍流定义方法的设置，选取湍流强度 $I(I=0.16Re^{-0.125})$ 和湍流黏性比率 (取默认值 10)。

出口：采用自由出流 (outflow) 边界条件，给定零压力梯度 $p=\dfrac{\partial p}{\partial x}=\dfrac{\partial p}{\partial n}=0$。

壁面边界：采用无滑移边界条件，给定法向速度，$V_n=0$。

仿真计算得出数据结果见表 2-13～ 表 2-17。

表 2-13　0°C下 AUV 水动力情况

| 运行速度$u$/(m/s) | 参数计算 | | 仿真结果 | | |
|---|---|---|---|---|---|
| | 雷诺数$Re$/($\times10^6$) | 湍流黏性比率$I$/% | 压差阻力$R_{pv}$/N | 黏性阻力$R_f$/N | 总阻力$R_t$/N |
| 0.5 | 0.69 | 2.98 | 12.38 | 3.42 | 15.80 |
| 1 | 1.38 | 2.73 | 48.54 | 11.54 | 60.06 |
| 1.5 | 2.07 | 2.60 | 108.37 | 23.44 | 131.81 |
| 2 | 2.76 | 2.51 | 191.74 | 38.83 | 230.57 |

表 2-14　5°C下 AUV 水动力情况

| 运行速度 $u$/(m/s) | 参数计算 | | 仿真结果 | | |
|---|---|---|---|---|---|
| | 雷诺数 $Re$/($\times10^6$) | 湍流黏性比率 $I$/% | 压差阻力 $R_{pv}$/N | 黏性阻力 $R_f$/N | 总阻力 $R_t$/N |
| 0.5 | 0.80 | 2.93 | 12.29 | 3.33 | 15.62 |
| 1 | 1.59 | 2.68 | 48.36 | 11.11 | 59.47 |
| 1.5 | 2.39 | 2.55 | 107.97 | 22.60 | 130.57 |
| 2 | 3.18 | 2.46 | 191.12 | 37.48 | 228.59 |

表 2-15　10°C下 AUV 水动力情况

| 运行速度 $u$/(m/s) | 参数计算 | | 仿真结果 | | |
|---|---|---|---|---|---|
| | 雷诺数 $Re$/($\times10^6$) | 湍流黏性比率/% | 压差阻力 $R_{pv}$/N | 黏性阻力 $R_f$/N | 总阻力 $R_t$/N |
| 0.5 | 0.91 | 2.88 | 12.23 | 3.21 | 15.45 |
| 1 | 1.81 | 2.64 | 48.19 | 10.75 | 58.94 |
| 1.5 | 2.72 | 2.51 | 107.67 | 21.88 | 129.55 |
| 2 | 3.62 | 2.42 | 190.57 | 36.30 | 226.87 |

表 2-16　15°C下 AUV 水动力情况

| 运行速度 $u$/(m/s) | 参数计算 | | 仿真结果 | | |
|---|---|---|---|---|---|
| | 雷诺数 $Re$/($\times10^6$) | 湍流黏性比率/% | 压差阻力 $R_{pv}$/N | 黏性阻力 $R_f$/N | 总阻力 $R_t$/N |
| 0.5 | 1.02 | 2.84 | 12.19 | 3.11 | 15.30 |
| 1 | 2.04 | 2.60 | 48.04 | 10.43 | 58.47 |
| 1.5 | 3.05 | 2.47 | 107.35 | 21.25 | 128.61 |
| 2 | 4.07 | 2.39 | 190.06 | 35.28 | 225.35 |

表 2-17　20°C下 AUV 水动力情况

| 运行速度 $u$/(m/s) | 参数计算 | | 仿真结果 | | |
|---|---|---|---|---|---|
| | 雷诺数$Re$($\times10^{-6}$) | 湍流黏性比率/% | 压差阻力$R_{pv}$/N | 黏性阻力$R_f$/N | 总阻力$R_t$/N |
| 0.5 | 1.13 | 2.80 | 12.15 | 3.03 | 15.17 |
| 1 | 2.26 | 2.57 | 47.89 | 10.17 | 58.06 |
| 1.5 | 3.39 | 2.44 | 107.05 | 20.74 | 127.79 |
| 2 | 4.51 | 2.36 | 189.58 | 34.45 | 224.03 |

在求解计算的过程中，可以通过检查变量的残差、统计值、力的收敛趋势等，随时动态地监视计算的收敛性和当前计算结果。对以上的仿真计算，本小节设置了三项

监视量，分别为残差、阻力系数、升力系数，保留 FLUENT 求解器中的收敛残差的默认精度 $1\times10^{-3}$ 即可满足工程需求。初始化后开始迭代，迭代次数设置为 200，以 0℃下0.5m/s 的仿真情况为例，119次迭代后计算收敛，监视图如图 2-34 所示。

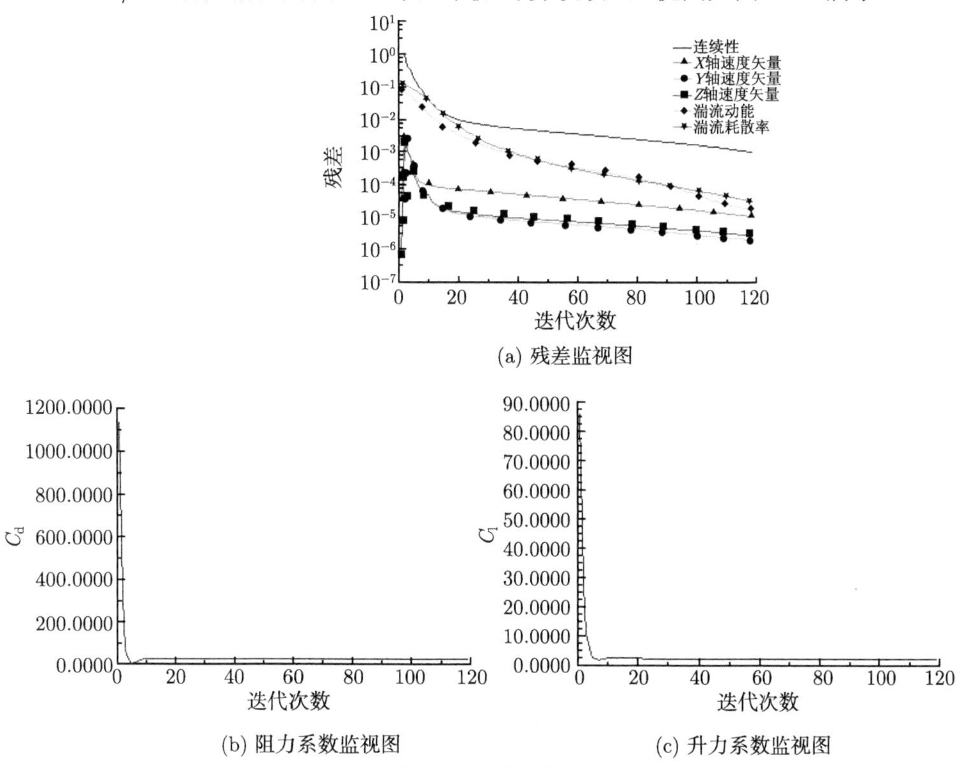


(a) 残差监视图

(b) 阻力系数监视图

(c) 升力系数监视图

图 2-34　监视图

2) 计算结果及分析

将表 2-13~ 表 2-17 的数据绘图进行比较，如图 2-35 所示。

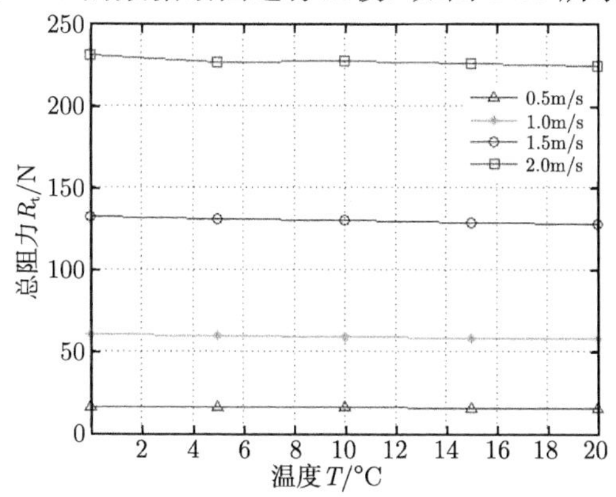


图 2-35　不同速度下阻力随温度变化图

从图 2-35 中可以看出，阻力随温度的变化是很小的，绘图结果几乎呈直线状态，而对于不同速度，阻力的情况则相差较大，结合表 2-13～ 表 2-17 分析，可以看出不同速度间阻力的变化主要是由雷诺数的变化引起的，所以在下文中着重分析阻力随雷诺数 $Re$ 的变化情况。

对于本小节分析的结果，选取了六种模型进行对比显示，分别为：

模型 1：0℃，0.5m/s，雷诺数为 $0.69\times10^6$；

模型 2：5℃，1.0m/s，雷诺数为 $1.59\times10^6$；

模型 3：10℃，1.5m/s，雷诺数为 $2.72\times10^6$；

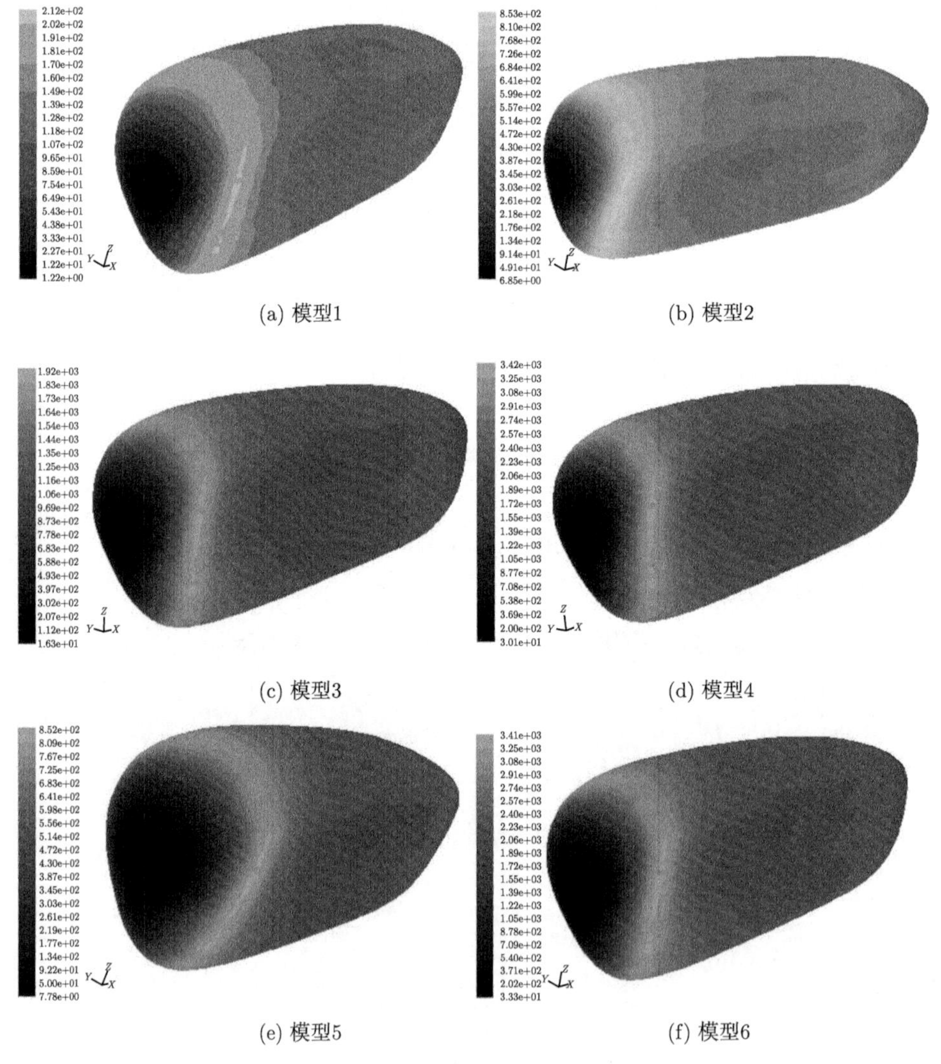


(a) 模型1　(b) 模型2

(c) 模型3　(d) 模型4

(e) 模型5　(f) 模型6

图 2-36　AUV 表面动压分布云图 (单位：Pa)

模型 4：10°C，2m/s，雷诺数为 $3.62\times10^6$；

模型 5：20°C，1.0m/s，雷诺数为 $2.26\times10^6$；

模型 6：20°C，2m/s，雷诺数为 $4.51\times10^6$。

六种模型的计算结果显示如图 2-36 所示。

为了显示流场内水动力情况，本小节建立了穿过 AUV 的 $XY$ 平面，来显示沿 AUV 运动方向的流体情况，如图 2-37 和图 2-38 所示。

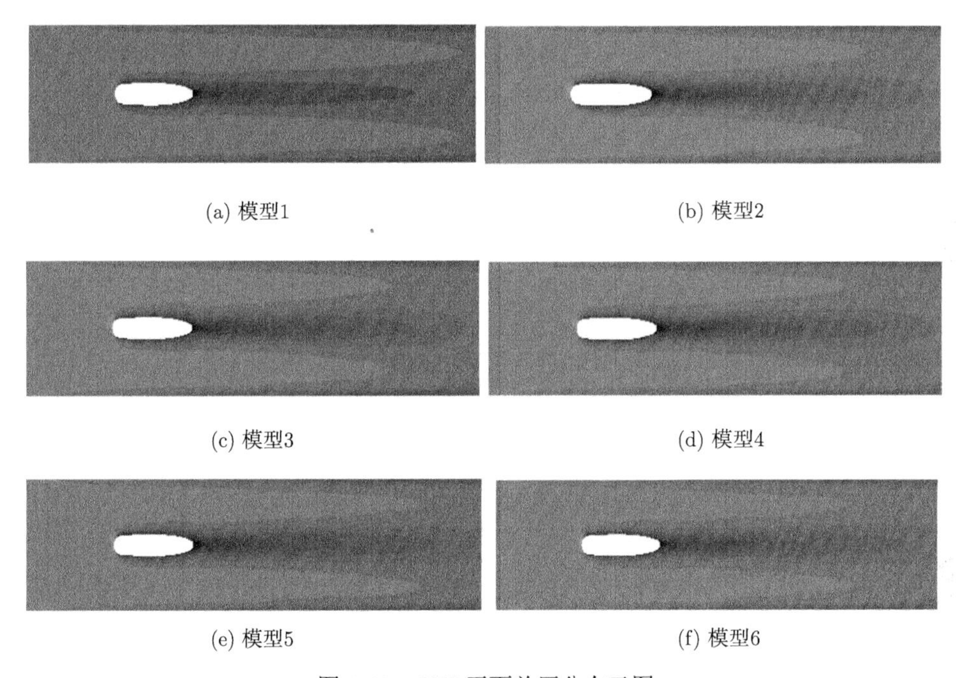

(a) 模型1　(b) 模型2

(c) 模型3　(d) 模型4

(e) 模型5　(f) 模型6

图 2-37　$XY$ 平面总压分布云图

FLUENT 后处理中得到的参数图不仅能全局显示 AUV 表面及周围流场内的流动情况，对于单个点的各项参数，也可在 FLUENT 中点击查看，这些数据均可为 AUV 的下一步分析及实验初始条件提供可靠的依据。

3. 不同雷诺数下 AUV 水动力分析

本小节具体分析不同雷诺数下的 AUV 水动力情况。考虑到温度的差异对阻力分析影响很小，故本小节中的研究基于恒定的温度环境，选取 10°C的海水环境，此时流体参数为：流体密度 $\rho$=1027kg/m$^3$，黏性系数 $\mu$=0.00136N·s/m。从表 2-15 中可以看出，在 10°C条件下，0~2m/s 的运动速度范围内，AUV 的雷诺数变化范围为 0~$3.62\times10^6$，故本小节选取 $0.5\times10^6$、$1\times10^6$、$1.5\times10^6$、$2\times10^6$、$2.5\times10^6$、$3\times10^6$、$3.5\times10^6$、$4\times10^6$ 八组雷诺数做了仿真分析。仿真结果主要监视各阻力及阻力系数。

仿真结果数据见表 2-18。

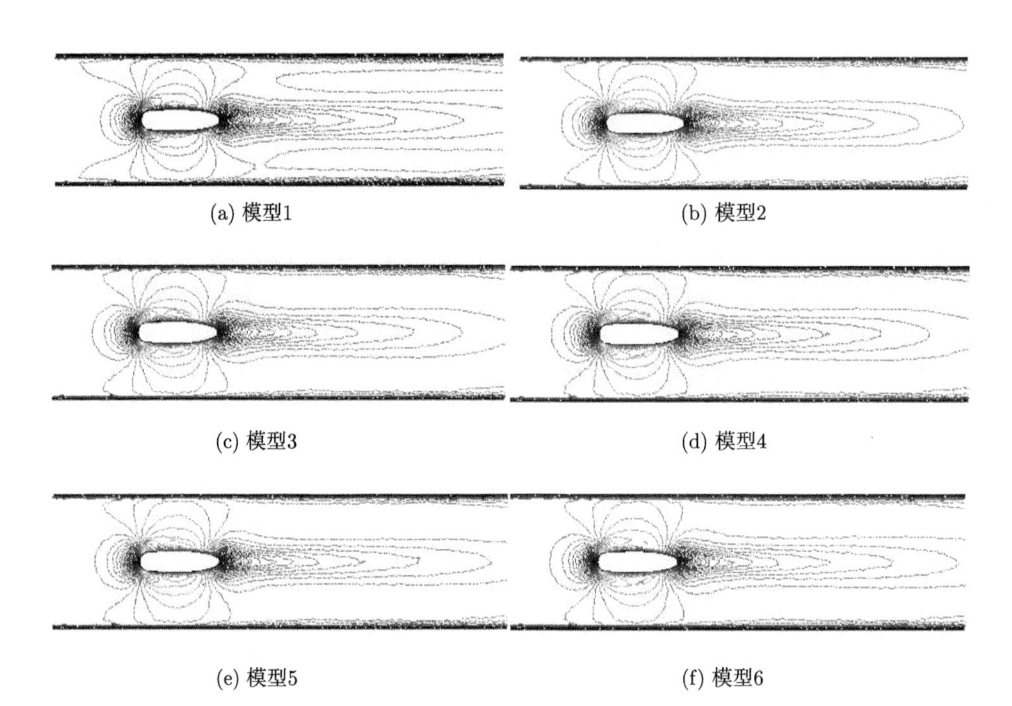

(a) 模型1　(b) 模型2

(c) 模型3　(d) 模型4

(e) 模型5　(f) 模型6

图 2-38　$XY$ 平面速度分布云图

**表 2-18　不同雷诺数下 AUV 阻力及阻力系数表**

| 雷诺数 $Re/(\times10^6)$ | 速度 $u/(\text{m/s})$ | 压差阻力 $R_{\text{pv}}/\text{N}$ | 黏性阻力 $F_{\text{f}}/\text{N}$ | 总阻力 $R_{\text{t}}/\text{N}$ | 压差阻力系数 $C_{\text{pv}}/(\times10^{-3})$ | 黏性阻力系数 $C_{\text{f}}/(\times10^{-3})$ | 总阻力系数 $C_{\text{t}}/(\times10^{-3})$ |
|---|---|---|---|---|---|---|---|
| 0.5 | 0.3 | 4.47 | 1.33 | 5.80 | 19.344 | 5.746 | 25.090 |
| 1 | 0.6 | 17.53 | 4.41 | 21.95 | 18.969 | 4.775 | 23.744 |
| 1.5 | 0.8 | 30.97 | 7.29 | 38.26 | 18.848 | 4.434 | 23.282 |
| 2 | 1.1 | 58.19 | 12.71 | 70.90 | 18.730 | 4.092 | 22.823 |
| 2.5 | 1.4 | 93.87 | 19.41 | 113.28 | 18.653 | 3.857 | 22.510 |
| 3 | 1.7 | 138.00 | 27.30 | 165.30 | 18.598 | 3.679 | 22.276 |
| 3.5 | 1.9 | 172.07 | 33.21 | 205.27 | 18.564 | 3.583 | 22.147 |
| 4 | 2.2 | 230.23 | 42.99 | 273.23 | 18.526 | 3.460 | 21.987 |

将表 2-18 中的数据综合分析，生成不同雷诺数下 AUV 阻力曲线图，如图 2-39 所示。从图中可以看出，压差阻力在总阻力中占有很大份额，对总阻力的变化起决定性影响作用，黏性阻力只占很小一部分，这也与本书之前章节的分析论述是一致的。

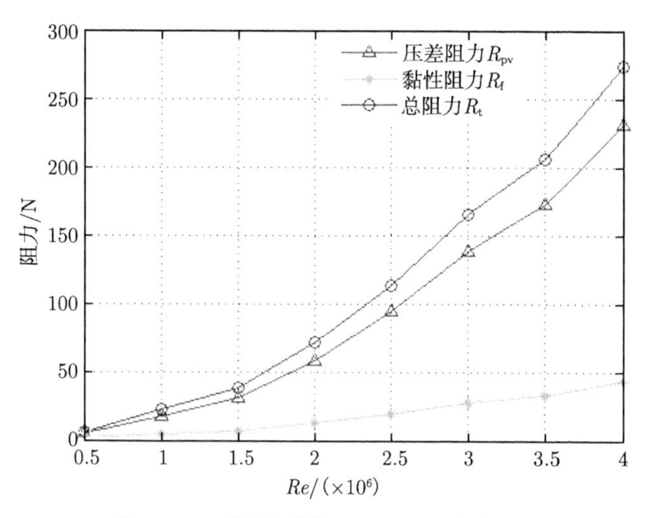


图 2-39 不同雷诺数下 AUV 阻力曲线图

图 2-40 和图 2-41 分别给出了不同雷诺数下 AUV 的总阻力系数、压差阻力系数和黏性阻力系数曲线图，从图中可以看出阻力系数的比例与阻力相同，亦是压差阻力系数项占总阻力系数的大部分，黏性阻力系数影响很小，另外，从图中也可看出阻力系数随雷诺数的变化趋势。

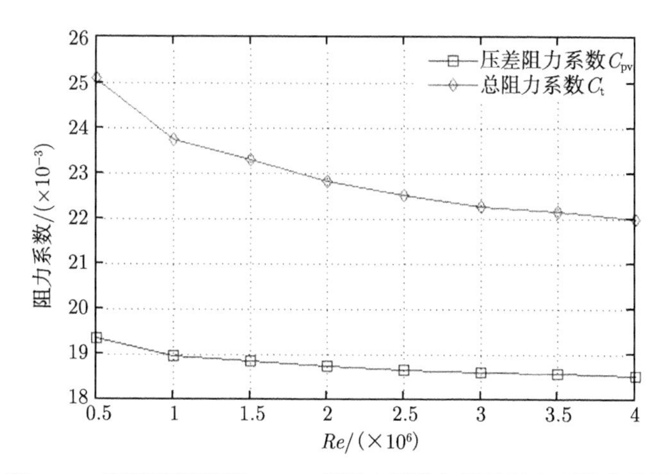


图 2-40 不同雷诺数下 AUV 总阻力系数与压差阻力系数曲线图

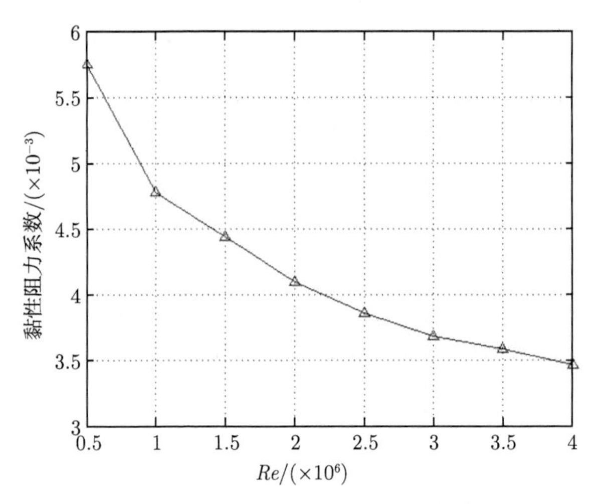


图 2-41　不同雷诺数下 AUV 黏性阻力系数曲线图

4. AUV 升沉运动水动力分析

本节设计的 AUV 可实现五自由度运动，其中包括两个平移运动，即进退与升沉，其中进退运动是 AUV 的主要运动形式，本书前面的仿真模拟，均是在计算单纯的进退运动，而对于 AUV 来说，升沉运动也是必不可少的一种运动方式，故本小节针对 AUV 的升沉运动，即 $Z$ 轴方向的运动，做了必要的仿真模拟，为 AUV 的进一步分析提供参考依据。

对于 $Z$ 轴方向运动的仿真模拟，初始条件及算法的设置均与 4.2 节中设置一致，在此不做赘述，经过 87 次迭代后，阻力系数趋于稳定，认定计算完成，设定 $X=0$ 的 $YZ$ 平面观察分析结果，仿真得出的云图及曲线如图 2-42 所示。图中显示出了 AUV 周围流场的运动情况，通过阻力报告得出，AUV 在上升运动时所

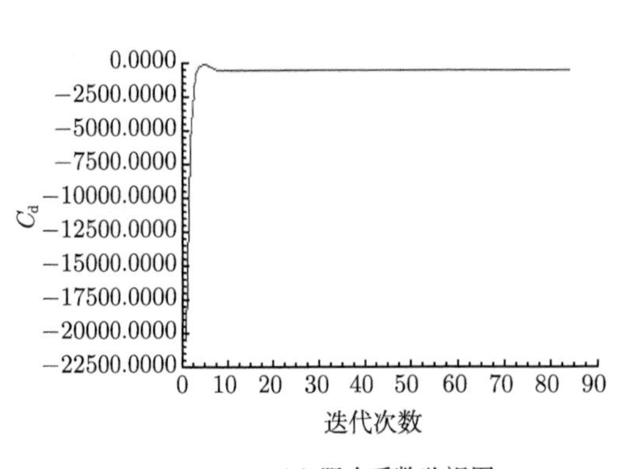


(a) 阻力系数监视图

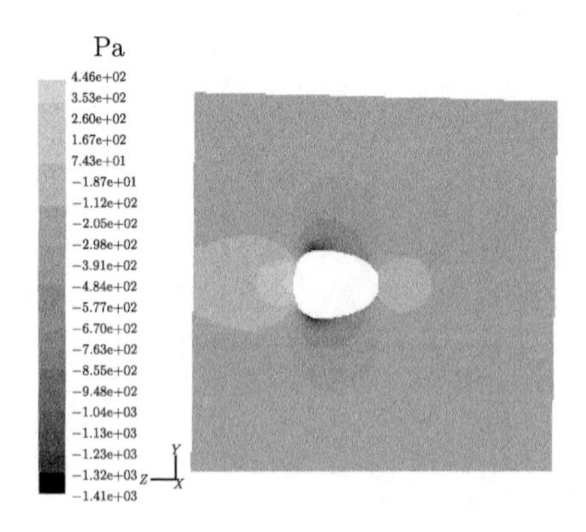


(b) $YZ$ 平面静压分布云图

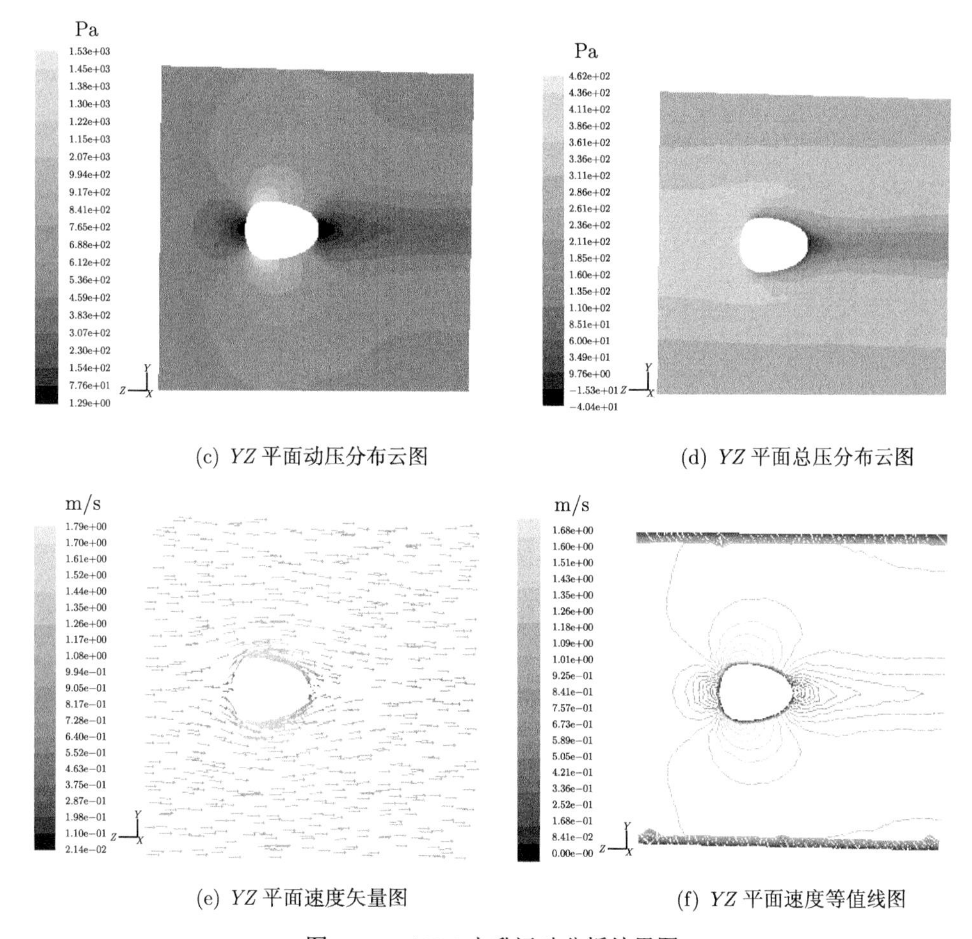


(c) $YZ$ 平面动压分布云图　　(d) $YZ$ 平面总压分布云图

(e) $YZ$ 平面速度矢量图　　(f) $YZ$ 平面速度等值线图

图 2-42　AUV 上升运动分析结果图

受阻力为：压差阻力 259.92N，黏性阻力 11.97N，总阻力 271.89N。由于本节 AUV 采用了三维流线型结构，所以多方位减小了 AUV 运行的阻力，达到了提高能源利用率的目的。

## 参 考 文 献


[1] 蒋新松, 封锡盛, 王棣棠. 水下机器人 [M]. 沈阳: 辽宁科学技术出版社, 2000.

[2] 张文瑶, 裘达夫, 胡晓棠. 水下机器人的发展、军事应用及启示 [J]. 中国修船，2006, 19(6): 37-39.

[3] 姚永凯. 推进器系统激励下水下航行器结构中功率流分布特性的研究 [D]. 青岛: 中国海洋大学, 2013.

[4] 吴乃龙. 小型 AUV 动力学建模及推力控制研究 [D]. 青岛: 中国海洋大学, 2012.

[5] 马伟锋, 胡震. AUV 的研究现状与发展趋势 [J]. 火力与指挥控制, 2008，33(6): 10-13.
[6] 王雪森. AUV 主控制系统设计 [D]. 天津：天津大学, 2013.
[7] Newman J C, Brot A, Matisa C. Crack-growth calculations in 7075-T7351 aluminum alloy under various load spectra using an improved crack-closure model [J]. Engineering Fracture Mechanics, 2004, 71: 347-363.
[8] 周文祥, 黄金泉, 张军锋. 免疫反馈算法及其在航空发动机控制中的应用 [J]. 推进技术，2008, 29(1): 84-88.
[9] 曾俊宝, 李硕, 李一平, 等. 便携式自主水下机器人控制系统研究与应用 [J]. 机器人, 2016, 38(1): 91-97.
[10] 袁伟杰. 自治水下机器人动力学建模及参数辨识研究 [D]. 青岛: 中国海洋大学, 2010.
[11] 陈勇. 超小型潜水器结构设计及整机控制研究 [D]. 上海: 上海大学, 2008.
[12] 邓玉聪, 褚伟. 水下机器人电子舱壳体的结构有限元分析 [J]. 舰船电子工程, 2019, 39(7): 221-226.
[13] 桑勇, 王旭东, 邵利来. 水下机器人液压缸 O 形密封圈的有限元分析 [J]. 液压气动与密封, 2018, 38(5): 18-22.
[14] 张禹, 田佳平, 田佳鑫, 等. 水下滑翔机器人载体结构的有限元分析 [J]. 制造业自动化, 2008, (1): 31-34.
[15] 郭珍珍. 基于有限元法的水下机器人的结构优化及分析 [D]. 沈阳: 东北大学, 2013.
[16] 邵世明, 赵连恩, 朱念昌. 船舶阻力 [M]. 北京: 国防工业出版社, 1994: 37-70.

# 第3章　水下机器人流线型设计

## 3.1　水下机器人壳体建模及其设计

### 3.1.1　水下航行器壳体线型设计理论

壳体线型型值点坐标表示方法一般以数表的形式将线型上离散的、有序的点坐标 $(x,y)$ 表达出来，解析表达式法则以数学表达式 $y=y(x)$(通常为分段函数) 的形式给出壳体的线型方程。前者直观易于工程应用，而后者连续性的特点使其更有利于数学分析和理论研究 [1]。

1. 小型 AUV 壳体线型几何参数

为了便于加工，获得较低成本，在一定容积大小的情况下获得最小表面积进而减少壳体用材，降低阻力，同时保证整体结构具有较高的强度、稳定性及耐压性能等，目前水下机器人壳体表面多采用回转表面，即由母线围绕旋转轴旋转而成。因此，可以用母线的几何形状表示回转体的几何特征。母线的几何形状称为线型，即壳体线型，这种表达方式可以将三维问题转化成二维问题，使得壳体线型的研究与设计大为简化 [2]。以四段式回转体为例，壳体线型通常分为四段：头部曲线段 A-B，中部曲线段 B-C，艉部曲线段 C-E 及尾椎曲线段 E-F。其中，壳体头部线型又分为平头线型和圆头线型，尾椎段线型包括螺旋桨桨毂。如图 3-1 所示，壳体外形的主要几何参数：前端面直径 $D_a=0$(圆头)，对于平头线型 $D_a>0$；头部曲线长度 $L_t$；平行段直径 $D$；平行段长度 $L_z$；艉部曲线后端面直径 $D_f$；艉部曲线段长度 $L_w$；尾椎段长度 $L_h$；艉端面直径 $D_t$；尾椎半角 $\alpha$；壳体总长 $L$。其他常

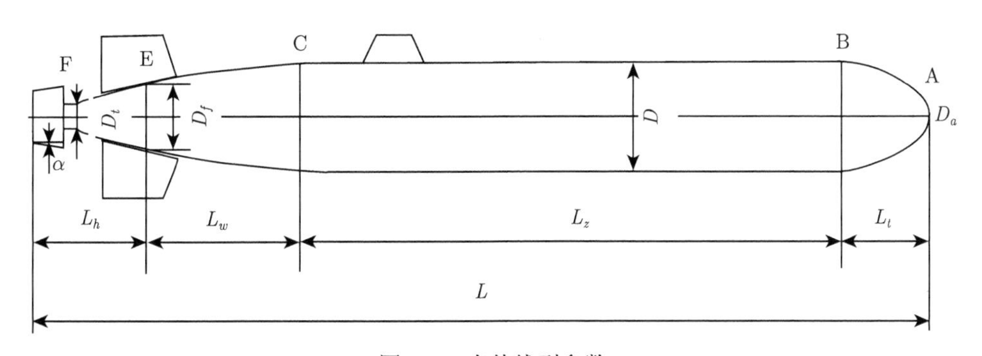


图 3-1　壳体线型参数

用几何参数：最大横截面积 $S=\pi D^2/4$；壳体沾湿表面积 $\Omega$；水下机器人体积 $V$；壳体丰满系数 $\psi=4V/(\pi D^2L)$；壳体长细比 $\lambda=L/D$；壳头体积 $V_t$；壳头前端面直径比 $d_t=D_t/D$；壳头长细比 $\lambda=L_t/D$；壳头丰满系数 $\psi_t=4V_t/(\pi D^2L_t)$。

2. 壳体形状描述的要求

水下机器人的形状描述不仅会遇到圆、直线、平面等几何形状，有时根据工程需要还会遇到较为复杂和特别的几何形状。

经典数学建立出直线、平面、圆等简单几何描述的设计原则及方法，但为了更加逼真且更容易处理加工的物体描述，必须研究一些复杂而特别的几何形状及其性质，所遇到的问题主要表现在以下两个方面 [3]：

(1) 给定一些点，采用什么样的方法来确定通过这些点或者逼近这些点的曲线或曲面，使得这些曲线跟曲面能满足连续性、光滑性等一系列要求。例如，某些复杂水下机器人壳体 (如 “蛟龙号”) 及舵翼的设计。“蛟龙号” 壳体表面存在大量不同的空间曲面及曲线，难以用经典几何形状来描述它们，为了描述这些曲线和曲面，通过测量出曲线或曲面上的某些特征点，再通过特定方法描述这些点，进而计算水下机器人壳体沾湿面积等参数。

(2) 设计一个曲线或曲面后，如何通过交互的方式修改这些曲线或曲面，以满足各种各样的实际要求，为设计者提供多种可选择的形状。

为此，曲线、曲面关键点的设计及选取应满足以下要求：

(1) 控制点。以交互方式控制曲线形状，通常给出一些点，这些点是曲线经过的点或者尽量逼近曲线的点，这些点即为所说的控制点。这些点可以通过实际测量得到，也可以通过实际问题的理论计算得到。连接这些控制点而形成的不封闭的多边形即为控制多边形。

(2) 局部或全局控制。一个控制点可只控制曲线的局部形状也可控制整条曲线的形状，即修改一个控制点，可影响整条曲线也可只影响局部曲线，通常我们期望实现局部控制。图 3-2 表示局部或全局控制。图 3-2(a) 表示移动控制点后，曲线仅改变了局部形状，图 3-2(b) 表示移动控制点后，整条曲线的形状都发生了改变。

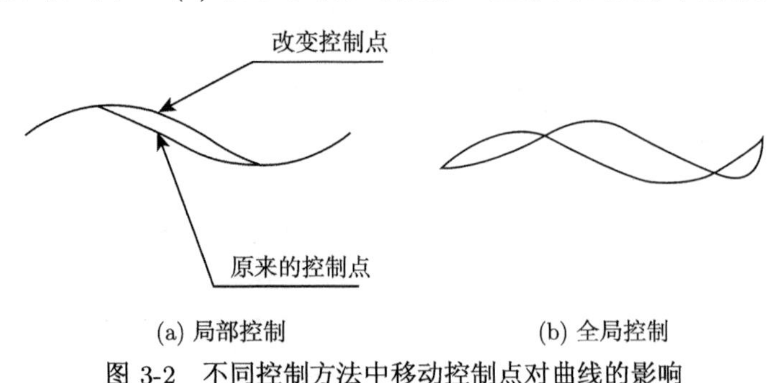


(a) 局部控制　　(b) 全局控制

图 3-2　不同控制方法中移动控制点对曲线的影响

(3) 平滑性。选取给出的一系列控制点使整条曲线具有较好的平滑性，如图 3-3 所示。图 3-3(a) 放大了曲线的不规则之处，使得曲线围绕这些控制点产生振荡，这不符合水下机器人线型设计要求，图 3-3(b) 则以平滑设计者设计的控制点为导向，不断缩小控制点的变化，这种性质即称为变差缩小 (variation diminishing, VD) 性质。

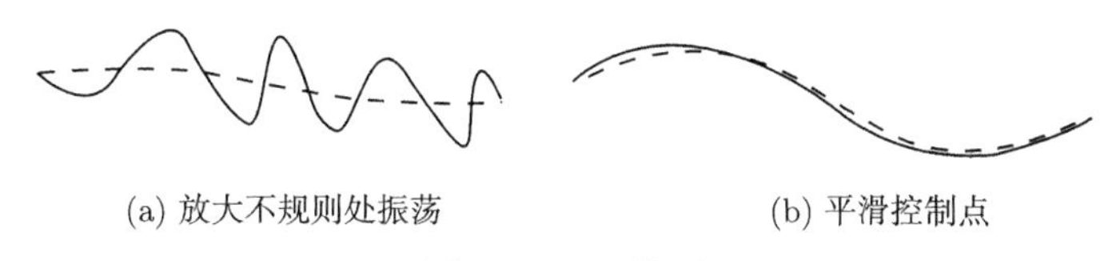
(a) 放大不规则处振荡 (b) 平滑控制点

图 3-3 VD 性质

(4) 连续性。如前所述，水下机器人壳体设计中的一些复杂曲线并不能由单一曲线来模拟，需要用首尾衔接的多条曲线拟合成组合曲线 (composite)，在设计过程中往往易形成拐角，如图 3-4(a) 所示，这给水下机器人的线型设计增加了加工难度和整体阻力，并直接影响美观程度，无法满足丰满度等众多要求。因此，在设计过程中需要控制接头处阶的连续性：零阶连续性 ($C^0$) 是指两条曲线简单相连，即在接头处两曲线函数的函数值相等；一阶连续性 ($C^1$) 要求两条曲线在接头点处的函数一阶导数相等；二阶连续性 ($C^2$) 要求交点处的函数二阶导数也相等)，如图 3-4 所示。此外，还有一种情况是两条曲线在它们的接点处的切矢方向是相同的，而其函数值可能是不等的，通常称这种情况为光滑连续。

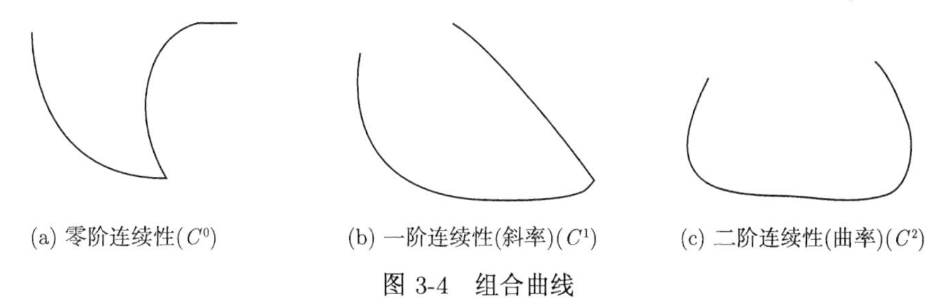
(a) 零阶连续性($C^0$) (b) 一阶连续性(斜率)($C^1$) (c) 二阶连续性(曲率)($C^2$)

图 3-4 组合曲线

### 3.1.2 小型 AUV 壳体线型设计原理

1. 几种主要的壳体线型、曲面理论及性质 [4]

1) 参数三次曲线

贝塞尔 (Bezier) 曲线的代数形式由式 (3-1) 所示的三个多项式给出：

$$\begin{cases} x(u) = a_x u^3 + b_x u^2 + c_x u + d_x \\ y(u) = a_y u^3 + b_y u^2 + c_y u + d_y \\ z(u) = a_z u^3 + b_z u^2 + c_z u + d_z \end{cases} \tag{3-1}$$

其中，$u \in [0,1]$ 为定义在规范参数域 $[0,1]$ 上的参数，曲线的两个端点位于 $u=0$ 和 $u=1$ 处，这些系数唯一确定该参数三次曲线的短、形状及其在空间中的位置。其几何形式表示见式 (3-2)，也称为弗格森曲线，$P_0$，$P_1$，$P_0^u$，$P_1^u$ 称为几何系数 (geometric coefficient)。参数 $u$ 的函数 $F_i(u)(i=0,1,2,3)$ 见式 (3-3)，被称为三次埃尔米特混合函数。混合函数的含义是指对每一个 $u=u_0$ 处，$F_0(u_0), F_1(u_0), F_2(u_0), F_3(u_0)$ 的值反映了 $P_0, P_1, P_0^u, P_1^u$ 是如何影响 $u=u_0$ 处曲线的形状的，即这些函数混合了端点及其切实在 $u=u_0$ 处曲线形状所起到的影响及作用。使用混合函数的优点在于这些函数对于所有的参数三次曲线均成立。

$$P = F_0P_0 + F_1P_1 + F_2P_0^u + F_3P_1^u = FB \tag{3-2}$$

$$\begin{cases} F_0(u) = 2u^3 - 3u^2 + 1 \\ F_1(u) = -2_1u^3 + 3u^2 \\ F_2(u) = u^3 - 2u^2 + u \\ F_3(u) = u^3 - u^2 \end{cases} \tag{3-3}$$

式中，$B$ 通过端点的坐标位置及切矢很好地反映出该曲线段的边界条件。通过修改 $B$ 即可完全确定三次曲线 $P(u)$，修改该曲线的形状及位置等。具体来说，就是通过改变曲线两端点或端点处切矢方向及大小修改曲线的形状。但是，在水下机器人壳体设计中，通常难于确定端点切矢的大小，一种常用的方法是用端点间的距离即弦长作为两端点的切矢长度，使获得的曲线具有合理的形状。此外，也可以通过指定一个经过点和三个切矢量或者指定四个曲线经过的点来确定形状等多种方法求出多个待定系数，进而确定曲线的具体形式。

2) 三次样条曲线

简单来说，样条函数就是分段解析函数，最早由舍恩伯格提出，整体具有一定阶次的连续性，目前在航空、造船、汽车等领域普遍使用。

对于经过 $n+1$ 个矢量点 $P_i(i=0,1,2,\cdots,n)$ 的三次样条曲线，我们用 $P_i(u)$ 表示第 $i$ 段曲线的方程，如式 (3-4)：

$$P_i(u) = A_3u^3 + A_2u^2 + A_1u + A_0, \quad u \in [0, L_i] \tag{3-4}$$

式中，$u$ 表示从 0 到 $L_i$，$L_i$ 是第 $i$ 段曲线弦长。$P_i(u)$ 的几何形式如式 (3-5) 所示：

$$P_i(u) = \begin{bmatrix} u^3 & u^2 & u & 1 \end{bmatrix} \begin{vmatrix} 2/L_i^3 & -2/L_i^3 & 1/L_i^2 & 1/L_i^2 \\ -3/L_i^2 & 3/L_i^2 & -2/L_i & -1/L_i \\ 0 & 0 & 1 & 0 \\ 1 & 0 & 0 & 0 \end{vmatrix} \begin{vmatrix} P_{i-1} \\ P_i \\ M_{i-1} \\ M_i \end{vmatrix} \tag{3-5}$$

即

$$P_i(u) = UMB, \quad u \in [0, L_i]; i = 1, 2, \cdots, n \tag{3-6}$$

式中，$M_{i-1}$，$M_i$ 为第 $i$ 段曲线两端切矢；$P_{i-1}$，$P_i$ 为两端点。

参数三次样条函数的 $M$-连续性方程，又称为三切矢连续性方程，如式 (3-7) 所示，总共有 $n-1$ 个方程，含有 $n+1$ 个未知数，这些未知数为曲线在 $n+1$ 个给定点上的切矢。

$$\lambda_i M_{i-1} + 2M_i + \mu_i M_{i+1} = C_i \tag{3-7}$$

其中，

$$\begin{aligned} \lambda_i &= L_{i+1}/(L_{i+1} + L_i) \\ \mu_i &= 1 - \lambda_i = L_i/(L_{i+1} + L_i) \\ C_i &= 3[\lambda_i(P_i - P_{i-1})/L_i + \mu_i(P_{i+1} - P_i)/L_{i+1}] \end{aligned} \tag{3-8}$$

3) 贝塞尔曲线

三次参数曲线跟三次样条曲线类似，均是通过给定的数据点采用插值的方法进行曲线拟合，这种方法在实际设计使用中存在一定的缺点：首先，给定的数据点通常较为粗糙，实际并不要求必须通过这些点，而应以美观为主要考虑方向；其次，在设计工作中，通常并没有十分明确的直观概念来改变和控制曲线的形状，例如，在三次样条曲线中移动某个数据点可能会引起意想不到的波动或者拐点。针对这些问题，提出了贝塞尔构造法。

贝塞尔曲线通常定义在 $n+1$ 个有序顶点上，曲线上各点的方程为

$$P(u) = \sum_{j=0}^{n} P_j B_{j,n}(u), \quad u \in [0, 1] \tag{3-9}$$

其中，$P_j$ 是各顶点的位置矢量，$B_{j,n}(u)$ 称为基底函数。

$$B_{j,n}(u) = C_n^j u^j (1-u)^{n-j}, \quad j = 0, 1, 2, \cdots, n \tag{3-10}$$

三次贝塞尔曲线如图 3-5 所示。

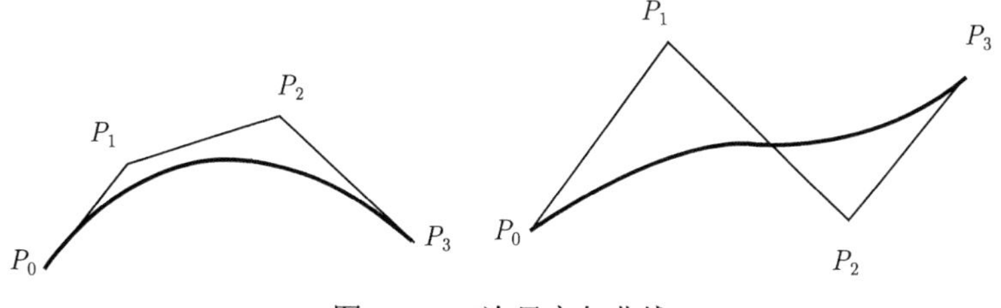


图 3-5 三次贝塞尔曲线

贝塞尔曲线的性质取决于基底函数的性质，其起始点和终止点与相应的特征多边形的起始点和终止点重合，即 $P(0) = P_0, P(1) = P_n$，由此可以控制贝塞尔曲线的起点和终点；贝塞尔曲线具有对称性，由控制点 $P_j^* = P_{n-j}(j = 0, 1, \cdots, n)$，构造出的新的贝塞尔曲线与原贝塞尔曲线形状是相同的，走向相反，其起点跟终点性质相同。此外，贝塞尔曲线具有递推性，递推公式为

$$P_{0,n}(u) = (1-u)P_{0,n-1}(u) + uP_{1,n}(u) \tag{3-11}$$

式 (3-11) 表明 $n$ 次贝塞尔曲线可通过两个 $n-1$ 次的贝塞尔曲线来计算。根据该递推规律，计算贝塞尔曲线的基本算法和标准算法详见附录 A。

4) B 样条曲线

贝塞尔曲线中基函数性质决定贝塞尔曲线的大部分优点，但是也有不少不足之处，如控制顶点的个数控制了曲线的次数而不可自由修改，使其在一定程度上缺少了灵活性；为了满足一定的条件，在两条曲线相连的时候必须考虑连接点处的切矢，这给设计者带来了不少麻烦；基函数除了首尾的顶点外均不为零。B 样条曲线方程：

$$P(u) = \sum_{i=0}^{n} d_i N_{i,k}(u) \tag{3-12}$$

其中，$d_i(i = 0, 1, 2, \cdots, n)$ 为控制顶点，由它们依次连接而成的多边形即为 B 样条控制多边形；$N_{i,k}(u)$ 是 B 样条基函数，它的 M. G. Cox 递推公式如下：

$$N_{i,0}(u) = \begin{cases} 1, & u_i \leqslant u < u_{i+1} \\ 0, & \text{其他} \end{cases} \tag{3-13}$$

$$N_{i,k}(u) = \frac{u-u_i}{u_{i+k}-u_i}N_{i,k-1}(u) + \frac{u_{i+k+1}-u_i}{u_{i-k+1}-u_{i+1}}N_{i+1,k-1}(u), \quad k>0; i = 0, 1, \cdots, n-1$$

规定 $0/0 = 0$。

与贝塞尔曲线不同的是，B 样条曲线采用一系列节点来表示参数 $u$ 的变化情况，这些节点称为纽结，纽结的个数反映了曲线的次数和段数，它是一个整体参数。$N_{i,k}(u)$ 在区间 $(u_i, u_{i+1})$ 中为正，在其他地方为零，因此修改 $k$ 阶的某个点时，只会被相邻的 $K$ 个顶点控制，不受其他点的影响。

我们通常使用的是均匀和准均匀 B 样条曲线。产生 B 样条曲线的程序见附录 B。

5) 非均匀有理 B 样条曲线

在水下机器人壳体设计中经常遇到二次曲线，例如椭圆弧、抛物线弧等圆锥曲线，采用 B 样条曲线没有办法精确地表示除了抛物线以外的其他二次曲线，因为它们与三次样条曲线是完全不同的两种曲线。这种近似表达给壳体模型的数学表达

带来很多的不便，甚至产生很大的误差。非均匀有理 B 样条 (nun-uniform rational B-spline, NURBS) 在近年来得到较快的发展，其既对自由格式的形状 (自由曲线和曲面)，也对标准的解析形式 (二次曲面、圆锥曲线等) 提供了统一的表示参数，为工程设计提供了统一的图形数据库，便于存取和应用；在透视变换和仿射变换下是不变的。其具体表达形式如下：

$$P(u)=\frac{\sum_{i=0}^{n}\omega_i d_i N_{i,k}(u)}{\sum_{i=0}^{n}\omega_i N_{i,k}(u)} \tag{3-14}$$

其中，$d_i(i=0,1,\cdots,n)$ 为特征多边形顶点位置矢量；$\omega_i(i=0,1,\cdots,n)$ 称为权或权因子，与 $d_i$ 一一对应；$N_{i,k}(u)$ 为基函数。

与曲线一样，曲面也分为三次曲面、贝塞尔曲面、B 样条曲面等。

2. 基于势流理论的线型生成方法

以回转体水下机器人壳体为研究对象，其线型生成途径主要包括三种：几何作图法、数学解析法和势流叠加法。这里，主要介绍势流叠加法的基本概念和方法。

对于在水下运动的水下机器人，其壳体线型除了需要满足流动的一些基本要求，例如光滑性及连续性，还需要满足水下机器人设计中特定的几何和力学要求。据此选用势流叠加法获得流线型回转体线型。

选用柱面坐标系，设点源强度为 $Q$，使其位于原点，直线均匀流速度大小为 $U_\infty$，沿 $x$ 轴正向。根据势流叠加理论，得到叠加流场的流函数 $\psi$ 表示为

$$\psi=\psi_\infty+\psi_Q=\frac{1}{2}U_\infty r^2-\frac{Q}{4\pi}\frac{x}{\sqrt{x^2+r^2}} \tag{3-15}$$

流场的两个速度分量分别为 $v_x$ 和 $v_r$，表示如下：

$$\begin{cases} v_x=\dfrac{1}{r}\dfrac{\partial\psi}{\partial r}=U_\infty+\dfrac{Q}{4\pi}\dfrac{x}{(x^2+r^2)^{3/2}} \\ v_r=-\dfrac{1}{r}\dfrac{\partial\psi}{\partial x}=\dfrac{Q}{4\pi}\dfrac{r}{(x^2+r^2)^{3/2}} \end{cases} \tag{3-16}$$

令 $v_x=0$，$v_r=0$ 可得到

$$\begin{cases} x_A=-\sqrt{\dfrac{Q}{4\pi U_\infty}} \\ r_A=0 \end{cases} \tag{3-17}$$

该点即为驻点，过驻点的流线方程如下：

$$\psi(x,r)=\psi(x_A,r_A) \tag{3-18}$$

将式 (3-15) 和式 (3-17) 代入式 (3-18) 得到过驻点的流线方程为

$$\frac{1}{2}U_{\infty}r^2-\frac{Q}{4\pi}\frac{x}{\sqrt{x^2+r^2}}=\frac{Q}{4\pi} \tag{3-19}$$

即

$$r^2=\frac{Q}{2\pi U_{\infty}}\left(1+\frac{x}{\sqrt{x^2+r^2}}\right) \tag{3-20}$$

此流线把整个流场分成互不影响的内、外两部分，本书仅研究外部流体域，该流线与实际的壳体表面没有区别，即式 (3-20) 为一个回转体线型方程，这就是我们所说的点源与直线均匀流叠加可以生成所需的流线型回转体线型。点源与直线均匀流叠加的流动如图 3-6 所示。

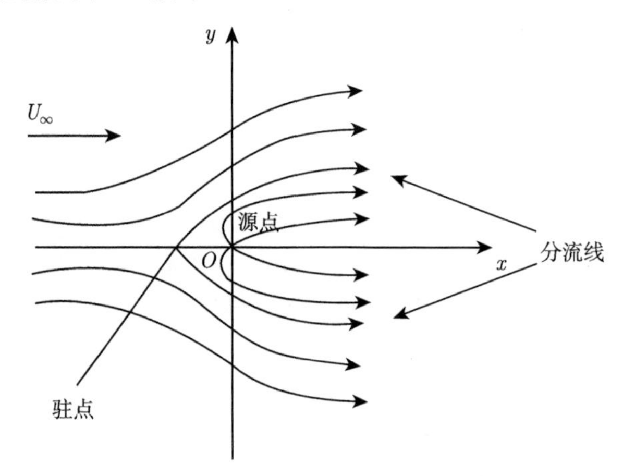


图 3-6 点源与直线均匀流叠加流动

由式 (3-20) 可知，它是一个有起点的半无穷长回转体，半径 $r$ 随着 $x$ 的增大而增大，当 $x$ 趋于无穷时，$r$ 达到最大值 $R$，即

$$R^2=\frac{Q}{\pi U_{\infty}} \tag{3-21}$$

式 (3-20) 亦可表示为

$$r^2=\frac{R^2}{2}\left(1+\frac{x}{\sqrt{x^2+r^2}}\right) \tag{3-22}$$

因此，为了使半无穷回转体线型的最大半径为 $R$，我们可以取 $Q=\pi U_{\infty}R^2$ 的点源与速度大小为 $U_{\infty}$ 的直线均匀流叠加。

在此基础上，我们设点源、点汇分别位于 $(-a,0)$ 和 $(0,a)$ 两点，依照前面的分析方法，得到物面方程为零流线：

$$r^2=\frac{Q}{2\pi U_{\infty}}\left[\frac{x+a}{\sqrt{(x+a)^2+r^2}}-\frac{x-a}{\sqrt{(x-a)^2+r^2}}\right] \tag{3-23}$$

两驻点坐标由式 (3-24) 确定:

$$(l^2-4a^2)^2=\frac{8alQ}{\pi U_\infty} \tag{3-24}$$

其中，最大半径为

$$R^2=\frac{aQ}{\pi U_\infty}\frac{1}{\sqrt{a^2+R^2}} \tag{3-25}$$

通过方程 (3-24) 和方程 (3-25) 可求出 $a$ 和 $\dfrac{Q}{U_\infty}$，根据点源、点汇强度及它们的距离与直线均匀流的叠加即可获得长为 $l$，最大半径为 $R$ 的兰金卵线型，如图 3-7 所示。但是，只有以某种形式连续分布的源、汇与直线均匀流相叠加才能生成适合水下机器人应用的回转体线型，外形变化范围较小，对目前的应用有很大的局限性。

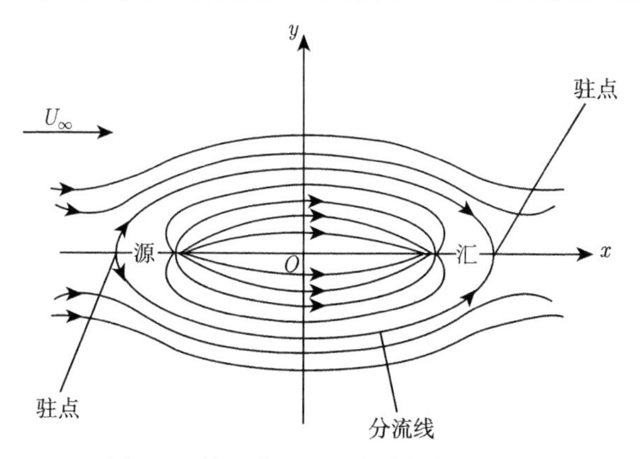


图 3-7 等强度源汇与直线均匀流叠加

### 3.1.3 水下机器人力学特征及壳体主要设计原则

1. 水动力学特性

水下机器人壳体力学特性主要表现为水下机器人所受流体阻力。本书研究的水下机器人速度较低，其所受阻力主要为摩擦阻力 $F_{\mathrm{f}}$ 和黏压阻力 $F_{\mathrm{p}}$，对应的阻力系数分别为 $C_{\mathrm{f}}$ 和 $C_{\mathrm{p}}$，兴波阻力可以忽略不计 [5]。

(1) 根据表面压力沿轴向分布规律，可以得到壳体表面压力分布系数:

$$C_{\mathrm{p}}=\frac{p-p_\infty}{\dfrac{1}{2}\rho v_\infty^2}=1-\frac{v^2}{v_\infty^2} \tag{3-26}$$

其中，$p$ 为壳体表面任意一点处的压强；$v$ 为对应点的速度；$p_\infty$ 为来流压强；$v_\infty$ 为来流速度。

(2) 边界层特性。对于流体边界层，常采用杨 (Young) 公式，即

$$C_V = \frac{X}{\frac{1}{2}\rho v_\infty^2 V^{2/3}} = \frac{4\pi}{V^{2/3}} Y\theta \left(\frac{U}{v_\infty}\right)^{(H+\delta)/2} \tag{3-27}$$

其中，$U$ 为边界层外缘势流速度；$H$ 称为形状因子，为位移厚度与动量厚度之比，即 $H=\delta^*/\theta$。

如前所述，具有一定丰满度是外形设计的一项重要要求，在保证此条件的情况下，继续判定其他性能优劣。

(3) 伴流系数 $\omega$。伴流系数为水下机器人艉部流体速度跟来流速度产生的差值与来流速度之比，这个系数对鳍舵和推进器效率有着直接影响。

(4) 攻角特性。有了攻角 $\alpha$ 以后，壳体周围流体流动会发生变化，压力分布等也随之发生变化，影响阻力大小，同时产生力和力矩。

2. 壳体主要设计原则

减阻降噪是水下机器人外形设计的重要课题；对此，前人给出总体设计方向：尽可能选用细长体，即选用低阻力壳体细长比 $L/D$；减小尾椎半角 $\alpha$。

### 3.1.4　壳体外形建模方案

1. 水下机器人总体设计任务要求

根据科研项目“小型 AUV 模块化结构设计方法研究”，设计一款 AUV 完成侦察、监测、取样等多种军事、商业以及科学的任务。图 3-8 为 AUV 载体总布置方案及舱段简化示意图。动力舱包括四个舵机机构和推进器电机，选取模块外壳由铝合金构成，两端为树脂材料制成的端盖，达到防泼溅功能。端盖与壳体之间采用双 O 形圈、防水垫圈进行密封，以完成整体舱的结构布置设计和密封设计。

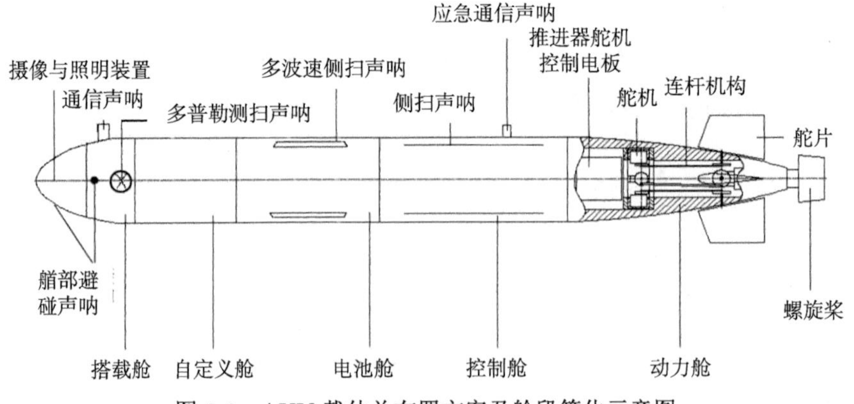


图 3-8　AUV 载体总布置方案及舱段简化示意图

在总布置基本完成的基础上，尽可能为内部设备提供足够空间，保证布置紧凑、整体结构合理、可靠性高等，对壳体进行结构设计，所用相关理论如下。

根据工作压力选取安全系数 $n$ 计算出压强：

$$p = np_0 \tag{3-28}$$

选取材料，确定壳板厚度：

$$t \geqslant \frac{1.05pR}{0.85\sigma_0} \tag{3-29}$$

根据式 (3-1) 获得肋骨间距：

$$l \leqslant \frac{1.029}{p_j}\left(\frac{100t}{R}\right)^{1/2} 100t + 0.62\sqrt{Rt} \tag{3-30}$$

然后，计算壳板的临界压强并进行强度校正，确定肋骨的截面形状和几何尺寸，检验整体稳定性，最终完成总壳体的结构设计 [6]。对此，本书对设计的舱体模型进行了 200m 和 500m 水压分析和耐冲击分析验证 [1]，结果如图 3-9 所示。由有限元计算云图可知：设计的壳体结构可满足使用要求。

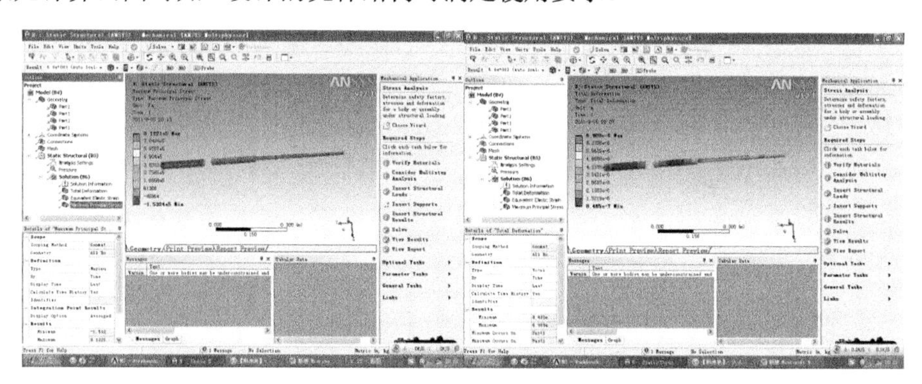

(a) 200m水深

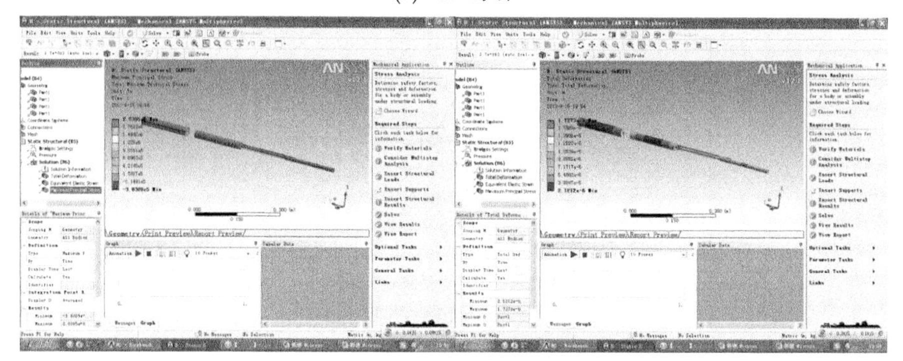

(b) 500m水深

图 3-9 水压分析 (后附彩图)

本节应用的基本思路为基于逆问题的设计方法，其流程为：确定水下机器人所受的载荷并选定材料，通过强度、稳定性等计算设计出结构壳体，给定流场求解出边界条件问题，最终对线型进行设计及优化，该设计过程是一个不断修改线型以满足表面压强分布要求的迭代过程。

2. 水下机器人外形参数化建模方案

基于前文所述，分别对壳体线型进行了参数化建模 (parametric modeling) 及非参数化建模，构建二维及三维模型，为后续内容提供基础。参数化建模是指参数 (即变量)，而非数学建立和分析模型，通过改变模型中的某些参数值即可建立新的分析模型。此外，参数化建模的参数也不局限于几何参数，还可是温度、材料等各项属性参数，在参数化的几何建模中，设计参数的作用范围是几何模型 [7]。

参数化建模一般采用两种方式：① 采用 Design Modeler 平台，在水下机器人中部、头部、艉部共选取 9 个设计点作为输入参数变量，进行概念 (concept) 建模。② 基于 ANSYS 的 APDL(ANSYS parametric design languages) 命令流建立精确二维及三维壳体模型。应用 APDL 语言 [8]，可利用参数而非数字输入模型尺寸、材料参数等，获得以精确函数表示的壳体线型，以函数变量为设计变量，具有更好的应用价值。基于 APDL 参数化建模的优化设计流程如图 3-10 所示。

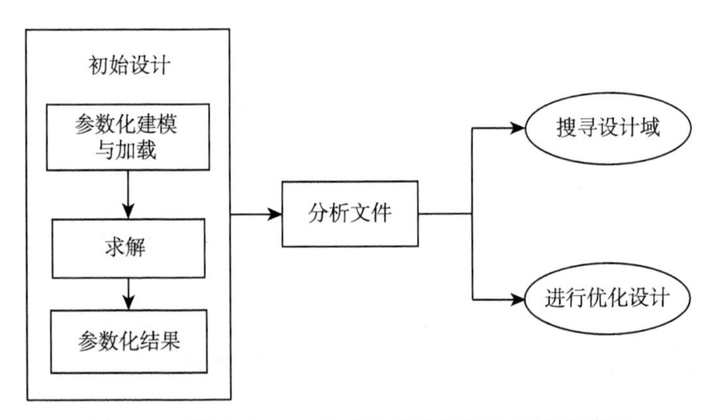


图 3-10　基于 APDL 参数化建模的优化设计流程图

采用纯几何的方法，分别用水滴线型和格兰威尔线型构建参数头部和艉部线型。水滴型具体表达方式将在后文中具体介绍。艉部格兰威尔曲线线型表达式为

$$y=\frac{D}{2}\left\{\frac{D_{\mathrm{t}}}{D}+\left(1-\frac{D_{\mathrm{t}}}{D}\right)\left\{k_i\frac{[L_{\mathrm{t}}/\left(L_{\mathrm{h}}+L_{\mathrm{t}}\right)]^2}{1-D_t/D}\cdot\left(-\frac{1}{2}\right)X^3(X-1)^2\right.\right.$$
$$\left.\left.+K_s[X-X^3(3X^2-8X+6)+X^3(6X^2-15X+10)]\right\}\right\} \tag{3-31}$$

$$X = \frac{L_{\mathrm{h}} + L_{\mathrm{p}} + L_{\mathrm{t}} - x}{L_{\mathrm{t}}} \tag{3-32}$$

其中，$D_{\mathrm{t}}$ 为艉部直径；$L_{\mathrm{t}}$ 为壳体艉部长度；$K_s$ 和 $k_i$ 为壳体型线参数；$L_{\mathrm{h}}$ 为头部长度；$D$ 为壳体最大半径。这些参数为水下机器人参数化建模的具体设计参数。

采用命令流编辑实现参数化建模，鉴于壳体头部及艉部的几何长度，分别将这两部分为 150 个、200 个型值点，间隔设置为 1，根据函数绘制点并连线，经旋转即得到相应部位的壳体模型，组合得到水下机器人的外形总体模型，导入 Workbench 显示如图 3-11 所示。

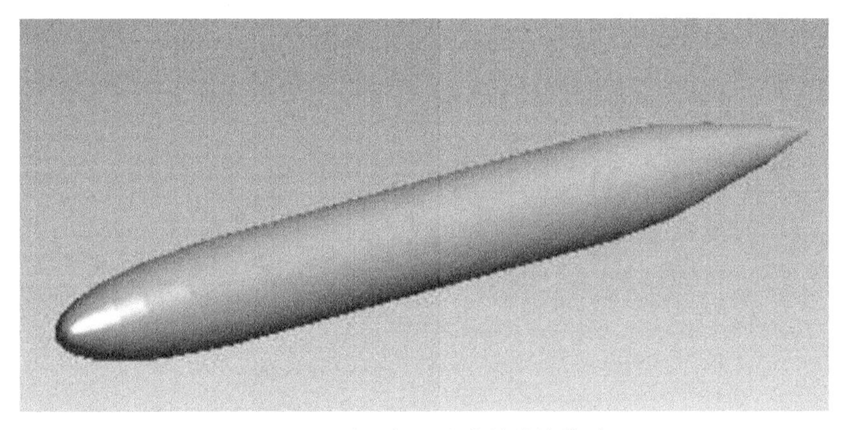

图 3-11　水下机器人壳体结构模型

采用该方法可以将建立的模型直接应用于流体、强度、振动等各项有限元分析中，只需要改变预设参数即可实现自动生成新的几何模型，还可设置所需外形输入变量参数，应用于优化设计迭代运算，如此极大节省工作时间，提高效率，具有较强的应用价值。

3. 非参数化建模方案

基于曲线理论，取壳体总长度为 $L$=1685mm，最大宽度 $B$=200~300mm(该取值范围为了满足特定模型的丰满度要求)，采用 AutoCAD 与 MATLAB 对接实现曲线的精确绘制技术，并导入 Catia 等三维软件开展进一步加工设计。利用 MATLAB 强大的人机交互数学环境、矩阵编程思想的优点及 AutoCAD 强大的平面建模功能，通过 Excel 数据编辑，实现二者的结合。这种方法得到的函数曲线，不仅可以很好地控制曲面精度，还可方便运用复制、镜像、旋转放样等各项操作，为优化设计提供了极大的便利性、精确性和严谨性。建立的不同类型水下机器人壳体模型如下 [9]。

1) 三段式回转体 Myring 系列外形

如图 3-12 所示，头部采用 B 样条曲线，长度为 1600mm，直径为 200mm，属 Myring 外形系列：15mm/55mm/0.436mm/0.05mm。

图 3-12　回转体外形

2) 仿海豚脊线水下机器人壳体模型 (图 3-13)

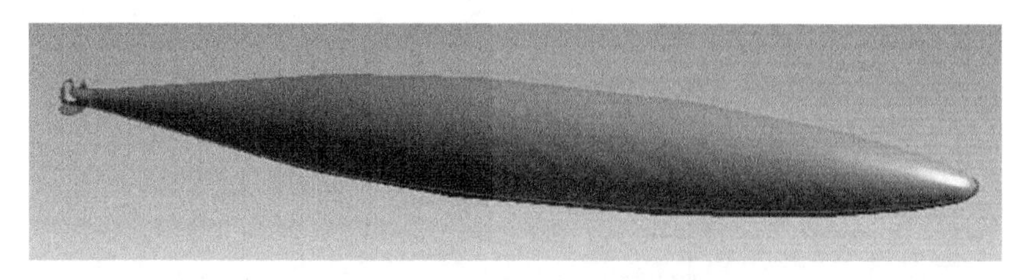

图 3-13　“海豚” 水下机器人壳体模型

因该壳体模型与研究人员扫描所得海豚线型极为相似，故被称为 “海豚” 外形。

3) 瑞典 NYSTROM 经典 “水滴” 模型 (图 3-14)

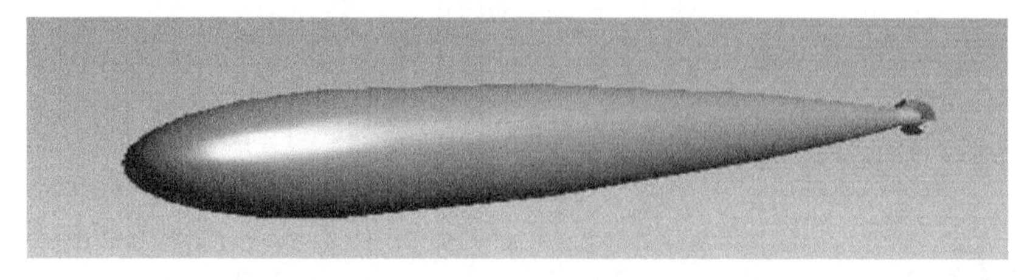

图 3-14　“水滴” 载体实体模型

此外，基于前面各种型线理论，以 Gavia 壳体脊线为基准，选用相同的控制点 (头部 5 个控制点，艉部 12 个控制点)，分别得到头部和艉部的贝塞尔曲线、B 样条曲线、NURBS 曲线 (权因子小于 1 和等于 1 两种情况) 壳体模型。

(1) 头部四种型线比较图 (图 3-15)。

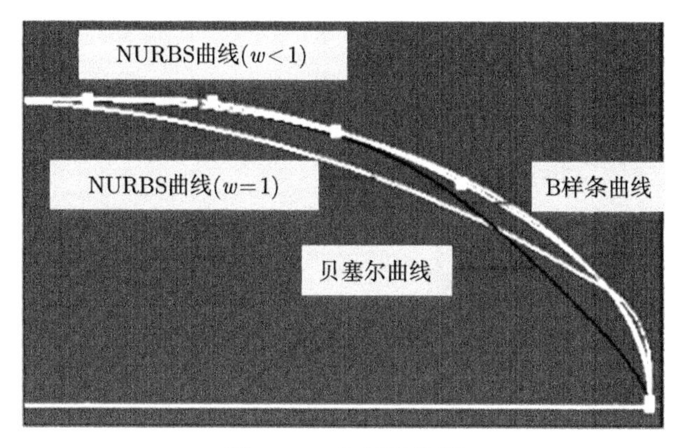


图 3-15 头部型线图

(2) 艉部四种型线比较图 (图 3-16)。

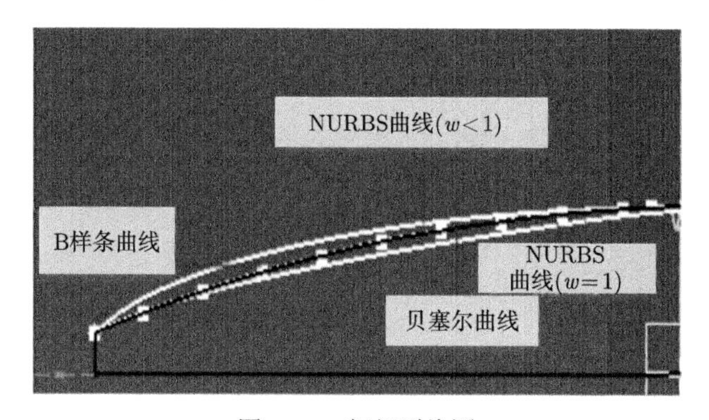


图 3-16 艉部型线图

这些非参数化建模设计出的水下机器人壳体模型将用于本书后续章节模态及响应分析中。

## 3.2 基于 CFD 的导流罩流线型设计

AUV 依靠自身携带的能源航行，所需能源的多少取决于航行器航速以及航行阻力。在航速一定的条件下，阻力大小成为影响能耗的决定因素。由于 AUV 的航行阻力很大程度受其外形影响，因此在满足设计要求的基础上，为 AUV 增加导流罩结构，可大大减小运行阻力，提高能源利用率。由于航行器的功能需要，不可能完全满足低阻力的流线型设计要求，所以对其阻力特性的研究显得尤为重要。

传统的外形优化常采用建立数学模型进行参数计算优化的方法，但该方法理论性较强，理论计算结果与实际情况具有明显的差别，并且直观性较差，不能准确反映 AUV 局部细节结构变化引起的阻力变化。

通过水动力实验方法获得的结果虽然准确，但是实验费用较高，尤其对于水下航行的物体，其实验安装、测量都比水面物体更困难，花费更高。而且对于变参数的研究，对应不同的模型参数，需要制造不同的实验模型，不仅工作烦琐，模型加工制造费用和实验费用也会很高。

近年来，随着计算机硬件能力的迅速发展，CFD，包括网格生成技术、算法、湍流模型等在内的技术得到了巨大的发展，使得对复杂流动现象的仿真得以实现。由于其良好的计算精度，在设计及优化阶段，CFD 仿真已成为 AUV 流体动力学特性分析和预报的重要工具。FLUENT 软件是一种较为突出的流场分析软件，具有丰富的物理模型、先进的数值方法以及强大的前后处理功能。本节利用 FLUENT 软件，针对自行设计的 AUV 进行水动力特性 (主要是阻力特性的分析) 的计算与分析，完成 AUV 导流罩的优化设计。

### 3.2.1　导流罩优化设计

1. 物理模型

对 AUV 导流罩的研究在已设计的框架式结构基础上进行，框架结构如图 3-17 所示，为了减小 AUV 在工作过程中的阻力，在此框架结构的外部设计导流罩结构，起导流作用，如图 3-18 所示。

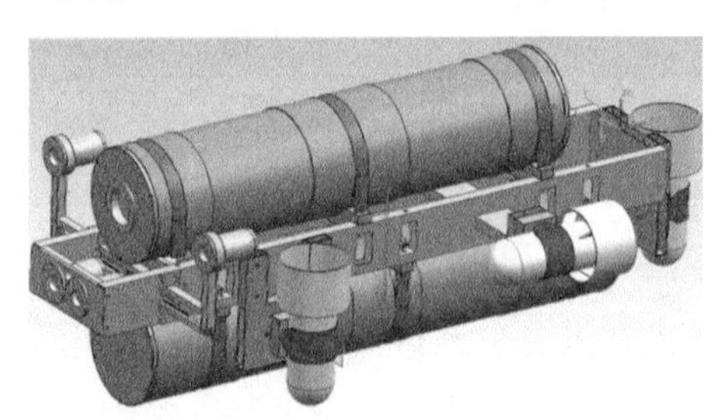

图 3-17　AUV 框架结构图

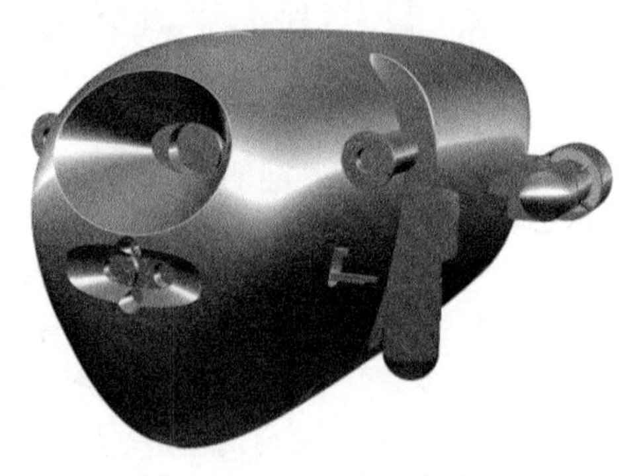

图 3-18　AUV 整体结构图

框架结构的设计尺寸如下：整体呈矩形，宽 400mm，长 2125mm。由于导流罩需将框架结构整体包裹，所以其设计必须满足框架结构的尺寸要求。根据上述尺寸，建立导流罩的数值仿真模型 [10]。

2. 仿真模型的建立

考虑到导流罩采用浮体材料具有一定的自身厚度，所以对导流罩的设计应在框架结构尺寸的基础上进一步增加。又考虑到 AUV 头部位置装有仪器舱、摄像机间距调节机构等宽度尺寸较大的工作元件，所以其头部位置应预留较大的宽度尺寸，设计为 700mm。AUV 的艉部位置仅预留其厚度余量即可，设计为 470mm。在这两个基础尺寸上，本节提出了四种 AUV 导流罩模型，运用 FLUENT 软件进行数值仿真，求出各种模型所受的阻力，通过比较，开展对 AUV 导流罩几何参数的优化。在 Gambit 中建立的四种模型如图 3-19 所示。

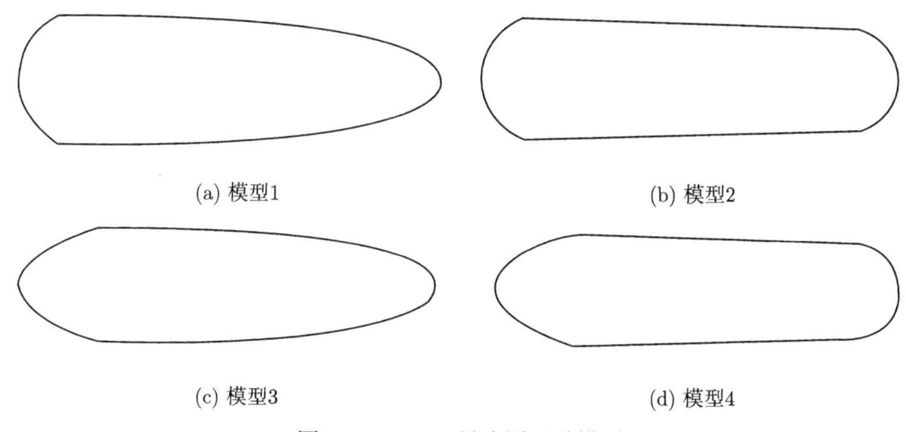

(a) 模型1　(b) 模型2　(c) 模型3　(d) 模型4

图 3-19　AUV 导流罩四种模型

FLUENT 软件提供了十余种类型的进、出口边界条件，根据 AUV 运动情况，本书中的边界条件类型分为以下几种。

1) 速度入口 (velocity-inlet)

给出入口边界上的速度及其他相关标量值。该边界条件适用于不可压缩流动问题。对于可压缩问题，该边界会使入口处的总温度或总压出现一定的波动，不具有适用性。

对于湍流情况，在边界条件的设置部分，除了要指定速度大小外，FLUENT 提供了四种湍流定义方法：K and Epsilon(湍流动能和湍流耗散率)，Intensity and Viscosity Ratio(湍流强度与湍流黏性比)，Intensity and Hydraulic Diameter(湍流强度与水力直径)，Intensity and Length Scale(湍流强度与特征长度)。

2) 自由出流 (outflow)

对于出流边界上的压力或速度均为未知的情形，可以选择自由出流边界条件。这类边界条件的特点是不需要给定出口条件 (除非是计算分离质量流、辐射换热或者包括颗粒稀疏相问题)。出口条件可通过 FLUENT 内部计算得到。应用出流边界条件时，所有变量在出口处扩散通量为零，即出口平面由前面结果计算得到，并且对上游没有影响。计算时，如果出口截面通道大小没有变化，采用完全发展流动假设。沿着径向方向，该边界条件允许梯度存在，只是假定在垂直出口面方向上扩散通量为零。

3) 固壁边界 (wall)

对于黏性流动问题，FLUENT 默认设置为壁面无滑移条件。对于壁面有平移运动或者旋转运动时，可以指定壁面切向速度分量，也可以给出壁面切应力从而模拟壁面滑移。根据流动情况，可以计算壁面切应力和与流体换热情况。

4) 内部界面 (interior)

该边界条件应用于两个模型分块区域的界面处，可将两个区域 “隔开”。在该边界上，不需要用户输入任何内容，只需要指定其位置即可。

5) 单元区域流体 (fluid)

应用一个单元组模拟计算流体区域。

3. 四种模型的仿真分析

模型设计的重点主要在于头部与艉部两部分，在保证基本尺寸的基础上，本节设计的模型分半圆形过渡模型与流线型模型两种，将两种模型分别应用于 AUV 头部与艉部，即形成四种模型，对其分别进行仿真分析，最终选出最优结构。

1) 模型 1

根据 AUV 的运动情况，对于 AUV 的模拟求解问题为外部绕流问题，需要建立计算域模型。采用矩形计算域，大小为 $5L\times5B$($L$ 为 AUV 模型的长，$B$ 为 AUV 模型的最大宽度)，以此保证流体的充分发展。因为在外部绕流问题中，模型艉部状况流动较为复杂，而头部相对简单，所以将 AUV 布置在流体入口附近，即距离入口 $L$，距离出口 $4L$ 的位置。在垂直方向上居中，距离上、下边界均为 $2.5B$，如图 3-20 所示。

对于模型的网格划分采用平铺非结构化网格类型，AUV 边界流动情况复杂，需要精细的计算，故节点划分间距设置为 40mm，计算域边界节点划分间距设置为 80mm，整个计算域网格划分情况如图 3-20 所示。

模型 1 的头部采用半圆形过渡形式，艉部呈流线型过渡形式，模型的基本参数如下：$L$=2370mm，$B$=700mm。

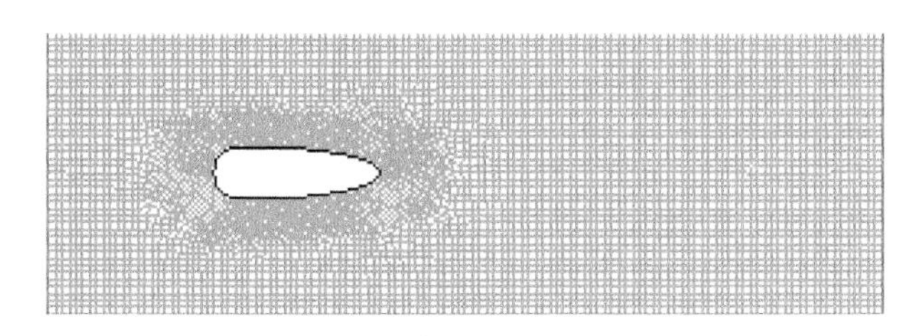

图 3-20 模型 1 网格划分图

对于边界条件的设置如下：

本节设计的 AUV 工作于 1000m 水深处，此处海水接近于 0°C，因此数值仿真中采用 0°C水的物理性质，流体材料的物理属性设置为：密度 $\rho = 999.8\text{kg/m}^3$，黏性系数 $\mu = 1.781 \times 10^{-3}\text{kg/(m·s)}$。根据模型的基本尺寸，计算雷诺数为 $Re = \dfrac{\rho u L}{\mu} = 2.67 \times 10^6$。

设置 AUV 的入口边界为计算域的左边界。采用速度入口边界条件，给定速度 $u = U_\infty$，$U_\infty$ 为均匀来流速度，本节中该值取 AUV 的运动速度 2m/s。对于入口条件湍流定义方法的设置，选取湍流强度 $I$ 和湍流黏性比率两个参数，其中湍流强度 $I = 0.16Re^{-0.125} = 2.52\%$，湍流黏性比率对于外部绕流情况取 1~10，采用系统的默认值 10。

在标准 $k$-$\varepsilon$ 模型中，FLUENT 求解器将会根据公式 $k = \dfrac{3}{2}(U_\infty I)^2$ 和 $\varepsilon = c_\mu^{3/4} \cdot \dfrac{k^{3/2}}{l}$ 计算出相应的初始湍动能和耗散率，其中 $l$ 为湍流尺度，计算公式为 $l = 0.07D_H$，式中 $D_H$ 为水力直径。

设置 AUV 的出口边界为计算域的右边界。采用自由出流边界条件，给定零压力梯度 $p = \dfrac{\partial p}{\partial x} = \dfrac{\partial p}{\partial n} = 0$。

采用无滑移边界条件，对 AUV 的上/下及壁面边界进行设置，给定法向速度 $V_n = 0$。

在设置边界及初始条件后，应用 FLUENT 软件对 AUV 进行仿真分析，采用非耦合隐式算法，求解二维定常流动问题。对于外部绕流，临界雷诺数为 $Re_{\text{cr}} = 5 \times 10^5 \sim 3 \times 10^6$，根据该模型的雷诺数，采用湍流模型。考虑到流体材料为海水，为不可压缩流场，因此选用标准 $k$-$\varepsilon$ 模型。

为了保证计算的精度，在残差设置中将收敛的精度定义为 $10^{-5}$，监视计算的残差、阻力系数及升力系数，经过 400 次迭代后，残差、阻力系数与升力系数均趋于稳定，如图 3-21 所示，其中实线、虚线、点虚线、单点长划线、双点长划线线条分别表示连续性、$x$ 方向速度、$y$ 方向速度、$k$、角速度。

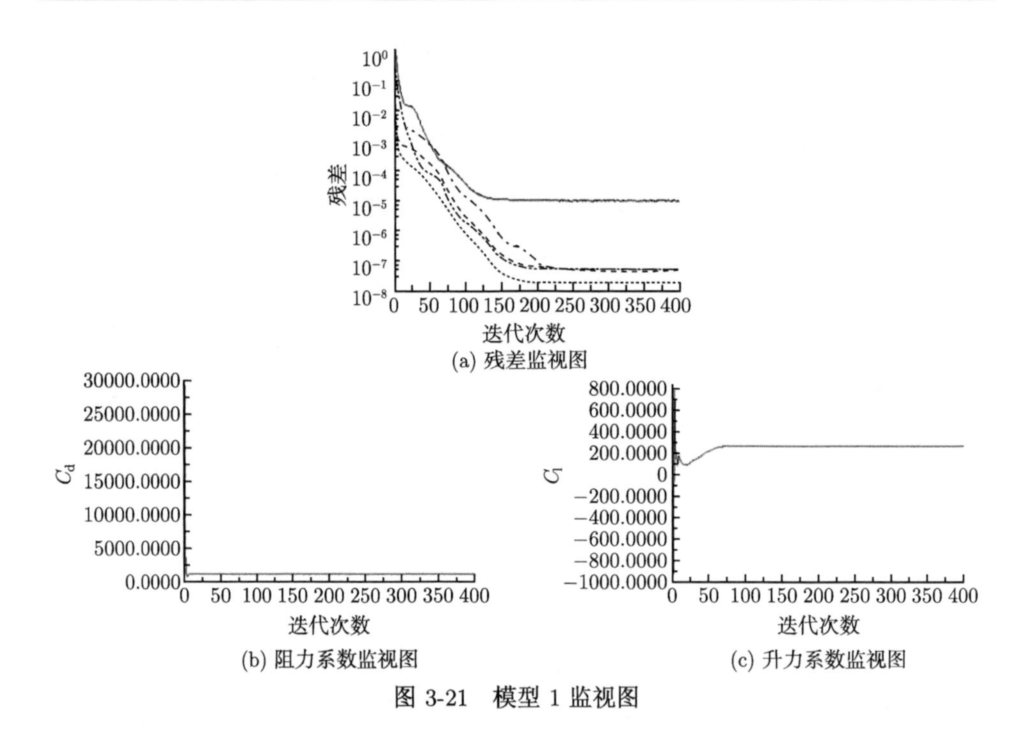

图 3-21　模型 1 监视图

从图 3-21 中可以看出，对于阻力系数与升力系数，在前 100 次迭代中已基本趋于稳定，为了更好地观察二者的变化过程，将前 100 次迭代的状况具体展示，如图 3-22 所示。

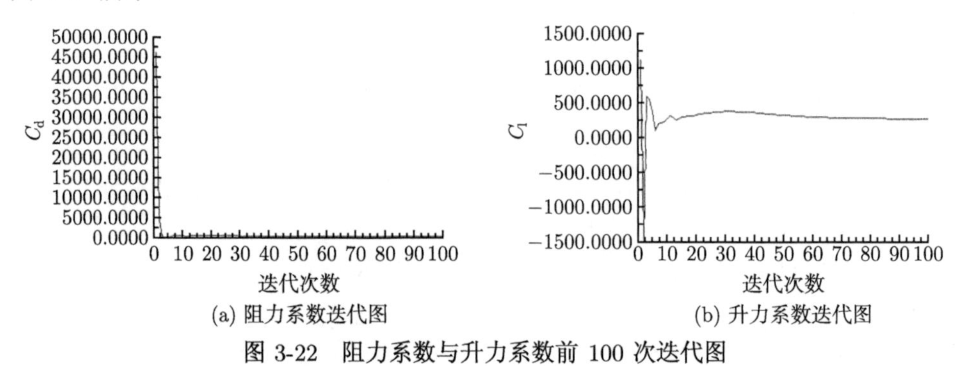

图 3-22　阻力系数与升力系数前 100 次迭代图

根据计算结果，得到 AUV 模型所受的压差阻力、黏性阻力和总阻力及其各阻力系数，如表 3-1 所示。FLUENT 软件所计算的总阻力为压差阻力和黏性阻力之和 (兴波阻力很小，忽略不计)。

从表 3-1 中可以看出：压差阻力在总阻力中占有很大份额，黏性阻力只占很小一部分，说明 AUV 在工作过程中所受阻力主要为压差阻力。在 FLUENT 求解中，

阻力系数是将阻力除以参考值计算的动压，即

$$C_{\mathrm{d}} = \mathrm{drangforce}/(0.5 \times \mathrm{density} \times U^2 \times \mathrm{area}) \tag{3-33}$$

由此可见，$C_{\mathrm{d}}$ 为无量纲化系数，可反映 AUV 所受的流体阻力。

**表 3-1 模型 1 受力报告**

| 区域名称 | 压差阻力/N | 黏性阻力/N | 总阻力/N | 压差阻力系数 | 黏性阻力系数 | 总阻力系数 |
|---|---|---|---|---|---|---|
| AUV | 750.61871 | 23.435745 | 774.05446 | 1225.4999 | 38.262441 | 1263.7624 |
| 网格 | 750.61871 | 23.435745 | 774.05446 | 1225.4999 | 38.262441 | 1263.7624 |

式 (3-33) 中的系数如果没有进行特定设置，系统默认数据为

$$0.5 \times \mathrm{density} \times U^2 \times \mathrm{area} = 0.5 \times 1.225 \times 1^2 \times 1 = 0.6125$$

因此，本仿真分析中 $C_{\mathrm{d}} = \mathrm{drangforce}/0.6125$。

由表 3-1 中可以得出，模型 1 所受压差阻力约为 750.6N，黏性阻力约为 23.4N，总阻力约为 774.1N。

图 3-23 为模型 1 的压强分布云图，从图中可以清楚地看出 AUV 的艉部漩涡低压区。对于绕流物体，流体在前面聚集，使前部压强增大，而艉部由于流体不能迅速返回，产生漩涡运动，液体密度减小，这样头部会承受较高压强而艉部则形成较低的压强，由于物体表面前后的压强不相等形成一定的压差，前部的高压与艉部的低压共同作用，产生与前进方向相反的阻力，对物体的前行起到了阻碍作用，由此便形成了压差阻力。

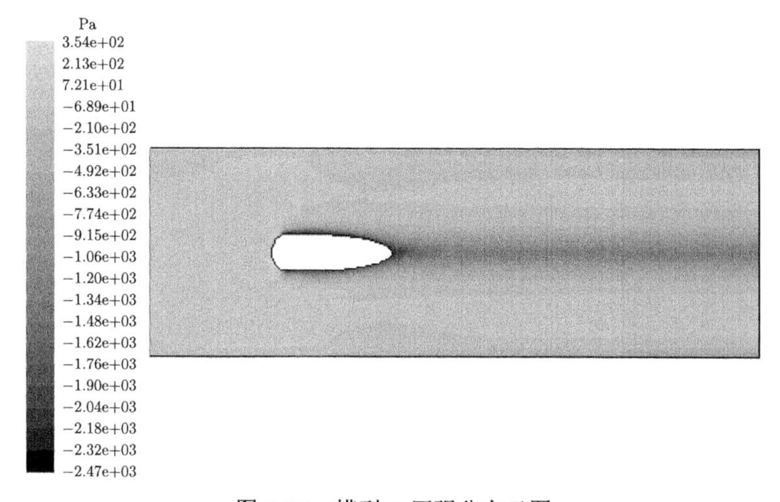


图 3-23 模型 1 压强分布云图

2) 模型 2

考虑到模型间的可比性，设置模型 2 的流体计算区域与模型 1 大致相同。计算域为 $5L\times 5B$ 的矩形区域，AUV 的水平位置为 1:4，垂直位置居中。模型的网格

划分采用平铺非结构化网格类型，AUV 边界节点划分间距为 40mm，计算域边界节点划分间距为 80mm。建立的 AUV 模型及网格划分如图 3-24 所示。

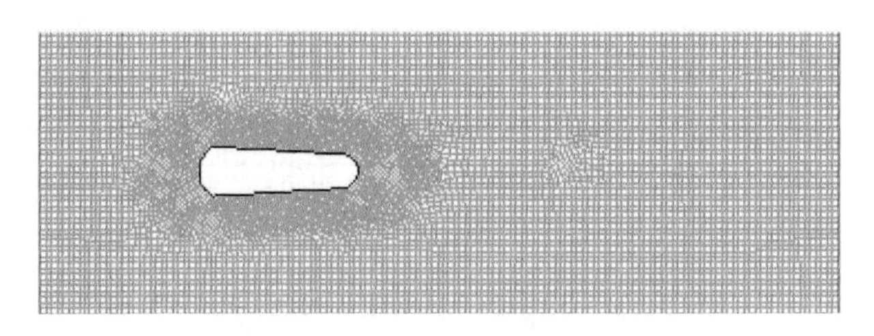

图 3-24　模型 2 网格划分图

模型 2 的头部与艉部均采用半圆形过渡的形式，模型的基本参数如下：$L=2300\text{mm}$，$B=700\text{mm}$。

对于边界条件的设置如下：

流体：0℃水的物理性质，密度 $\rho = 999.8\text{kg/m}^3$，黏性系数 $\mu = 1.781 \times 10^{-3}\text{kg/(m·s)}$。根据模型的基本尺寸计算雷诺数为 $Re = \dfrac{\rho u L}{\mu} = 2.58 \times 10^6$。

入口：速度入口边界条件，给定速度 $u = U_\infty = 2\text{m/s}$，对于入口条件湍流定义方法的设置，选取湍流强度 $I$ 和湍流黏性比率两个参数，湍流强度 $I = 0.16Re^{-0.125} = 2.53\%$，湍流黏性比率取默认值 10。

出口：自由出流边界条件，给定零压力梯度 $p = \dfrac{\partial p}{\partial x} = \dfrac{\partial p}{\partial n} = 0$。

上/下及壁面边界：无滑移边界条件，给定法向速度 $V_n = 0$。

根据雷诺数范围，采用湍流模型，并选用标准 $k$-$\varepsilon$ 模型。

残差收敛的精度定义为 $10^{-5}$，监视计算的残差、阻力系数及升力系数，同样经过 400 次迭代后，残差、阻力系数与升力系数均趋于稳定，如图 3-25 所示，其中各色曲线对应含义同图 3-21。

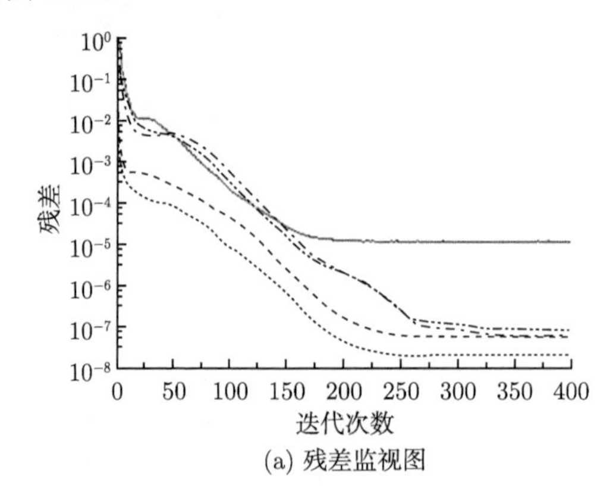


(a) 残差监视图

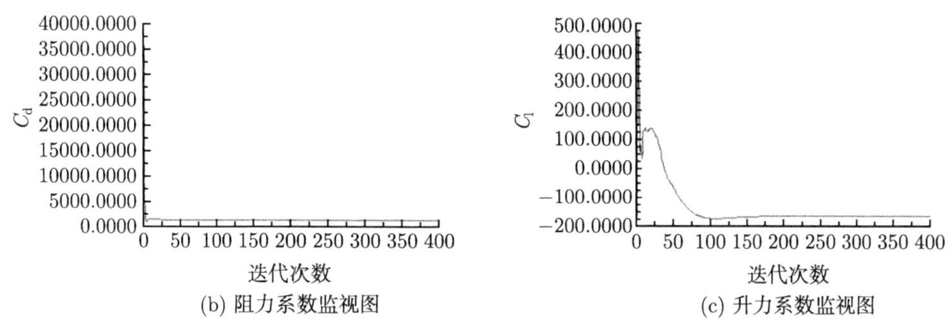

(b) 阻力系数监视图　　(c) 升力系数监视图

图 3-25 模型 2 监视图

同样将阻力系数与升力系数的前 100 次迭代状况具体展示，如图 3-26 所示。

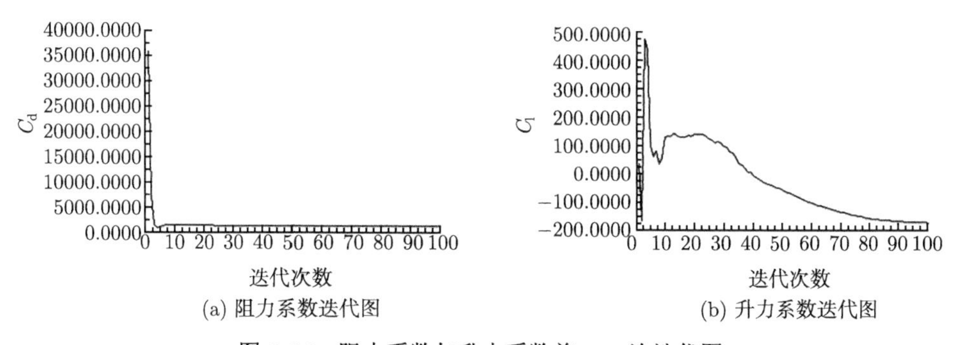

(a) 阻力系数迭代图　　(b) 升力系数迭代图

图 3-26 阻力系数与升力系数前 100 次迭代图

计算后得出模型的受力结果，如表 3-2 所示。

**表 3-2 模型 2 受力报告**

| 区域名称 | 压差阻力/N | 黏性阻力/N | 总阻力/N | 压差阻力系数 | 黏性阻力系数 | 总阻力系数 |
|---|---|---|---|---|---|---|
| AUV | 817.32983 | 17.661243 | 834.99108 | 1334.4161 | 28.834683 | 1363.2507 |
| NET | 817.32983 | 17.661243 | 834.99108 | 1334.4161 | 28.834683 | 1363.2507 |

从表 3-2 中可以看出，模型 2 所受压差阻力约为 817.3N，黏性阻力约为 17.7N，总阻力约为 835.0N。

与模型 1 相比，模型 2 压差阻力增大，这是因为改变形状后分离点远离模型的艉部，艉迹区域增大，如图 3-27 所示，从而导致了压差阻力的增大；而黏性阻力减小是由于模型与海水的接触表面积减小。由于所受阻力主要部分为压差阻力，黏性阻力相对很小，其改变量对总阻力的影响也很小，所以总阻力随着压差阻力的增大而增大。

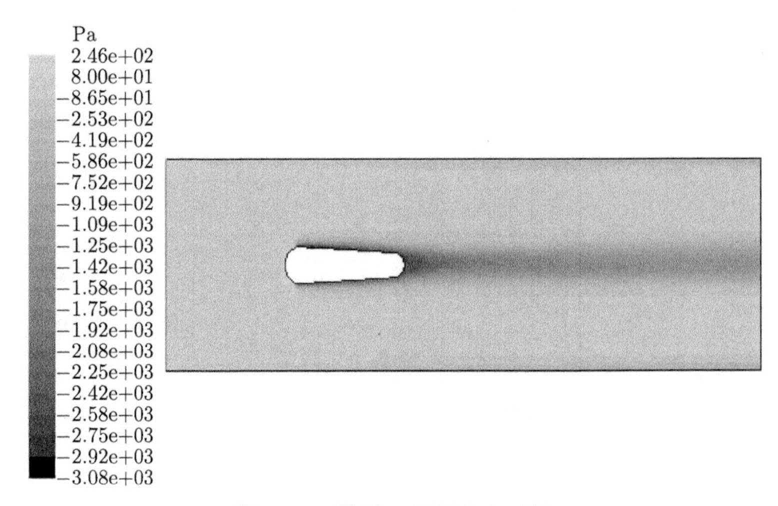


图 3-27 模型 2 压强分布云图

3) 模型 3

同样地，模型 3 的设计与模型 1、2 也基本相同：计算域为 $5L\times 5B$ 的矩形区域，AUV 的水平位置为 1:4，垂直位置居中。模型的网格划分采用平铺非结构化网格类型，AUV 边界节点划分间距为 30mm，计算域边界节点划分间距为 60mm。建立的 AUV 模型及网格划分如图 3-28 所示。

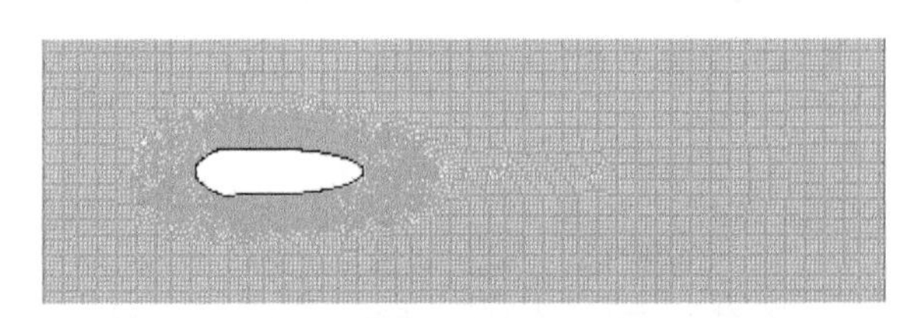

图 3-28 模型 3 网格划分图

模型 3 为头部与艉部均采用流线型过渡的形式，模型的基本参数如下：$L=$ 2600mm，$B=$700mm。

对于边界条件的设置如下：

流体：0°C水的物理性质，密度 $\rho = 999.8\text{kg/m}^3$，黏性系数 $\mu = 1.781 \times 10^{-3}\text{kg/(m·s)}$。根据模型的基本尺寸计算雷诺数为 $Re = \dfrac{\rho u L}{\mu} = 2.92 \times 10^6$。

入口：速度入口边界条件，给定速度 $u = U_\infty = 2\text{m/s}$，对于入口条件湍流定义方法的设置，选取湍流强度 $I$ 和湍流黏性比率两个参数，湍流强度 $I = 0.16Re^{-0.125} = 2.49\%$，湍流黏性比率取默认值 10。

出口：自由出流边界条件，给定零压力梯度 $p = \dfrac{\partial p}{\partial x} = \dfrac{\partial p}{\partial n} = 0$。

上/下及壁面边界：无滑移边界条件，给定法向速度 $V_n = 0$。

根据雷诺数范围，采用湍流模型，并选用标准 $k$-$\varepsilon$ 模型。

残差收敛的精度定义为 $10^{-5}$，监视计算的残差、阻力系数及升力系数，同样经过 400 次迭代后，残差、阻力系数与升力系数均趋于稳定，如图 3-29 所示，其中各色曲线对应含义同图 3-21。

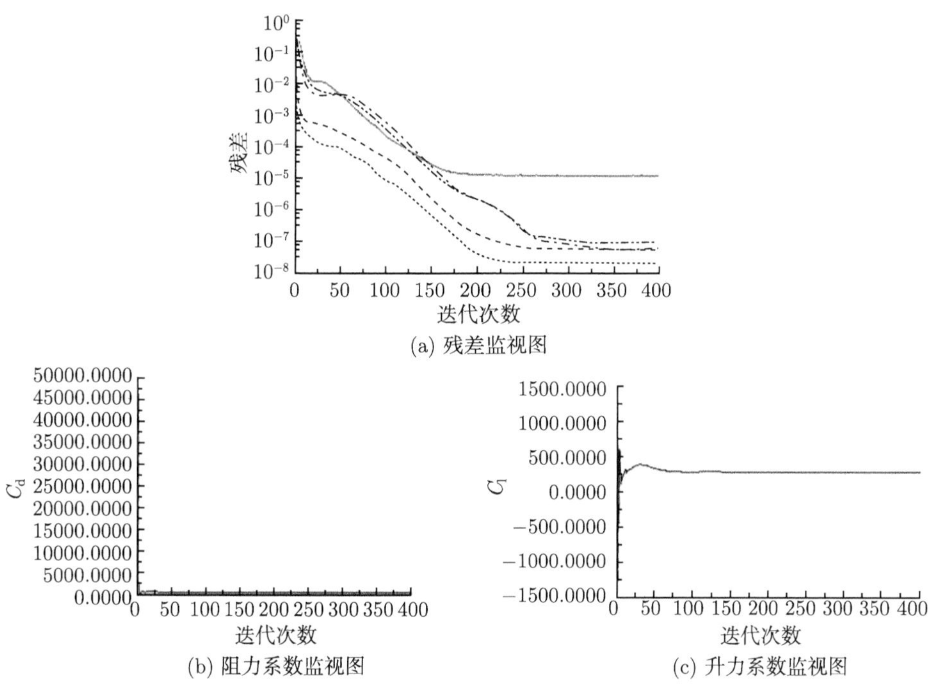


(a) 残差监视图

(b) 阻力系数监视图

(c) 升力系数监视图

图 3-29 模型 3 监视图

同样将阻力系数与升力系数的前 100 次迭代状况具体展示，如图 3-30 所示。

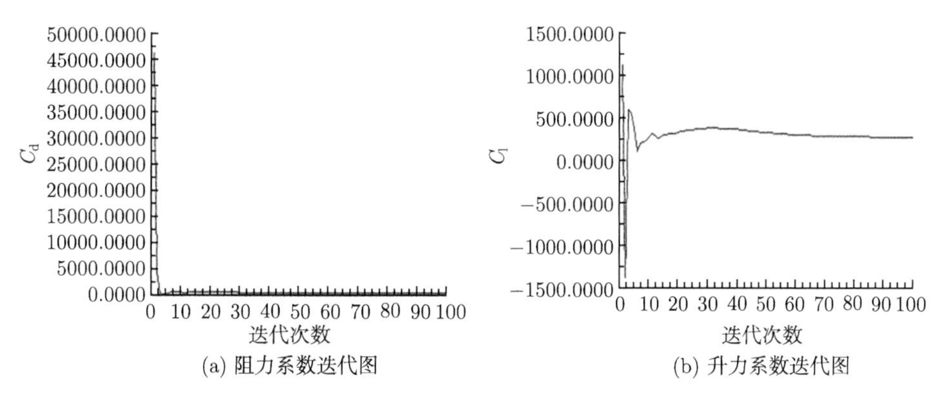


(a) 阻力系数迭代图

(b) 升力系数迭代图

图 3-30 阻力系数与升力系数前 100 次迭代图

计算后得出模型的受力报告，如表 3-3 所示。

表 3-3　模型 3 受力报告

| 区域名称 | 压差阻力/N | 黏性阻力/N | 总阻力/N | 压差阻力系数 | 黏性阻力系数 | 总阻力系数 |
|---|---|---|---|---|---|---|
| AUV | 277.81592 | 43.399055 | 321.21497 | 453.57701 | 70.855601 | 524.43261 |
| NET | 277.81592 | 43.399055 | 321.21497 | 453.57701 | 70.855601 | 524.43261 |

从表 3-3 中可以得出，模型 3 所受压差阻力约为 277.8N，黏性阻力约为 43.4N，总阻力约为 321.2N。

与前两个模型相比，模型 3 不仅艉部呈流线型设计，使得尾迹低压区域减小，而且头部也设计为流线型过渡，使得头部承受的压强大大减小，与艉部的低压差减小，从而降低了压差阻力，如图 3-31 所示；而黏性阻力的增大则是由模型与海水的接触表面积的增大而引起的。

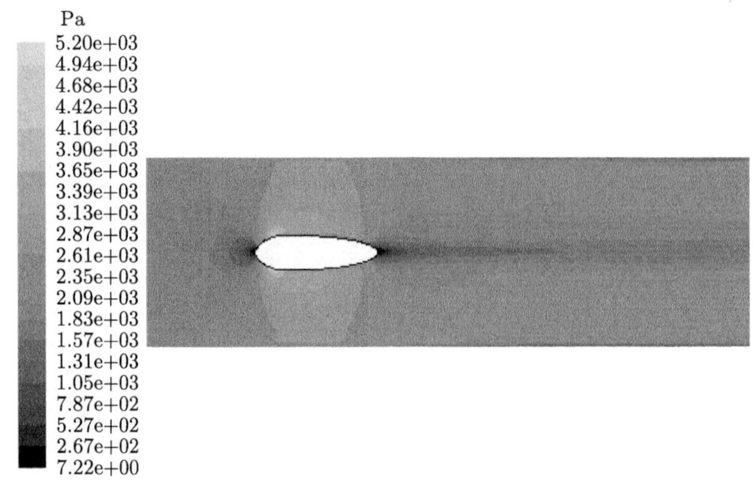


图 3-31　模型 3 压强分布云图

4) 模型 4

同样，模型 4 的设计与上述模型也基本相同：计算域为 $5L\times5B$ 的矩形区域，AUV 的水平位置为 1:4，垂直位置居中。模型的网格划分采用平铺非结构化网格类型，AUV 边界节点划分间距为 30mm，计算域边界节点划分间距为 60mm。建立的 AUV 模型及网格划分如图 3-32 所示。

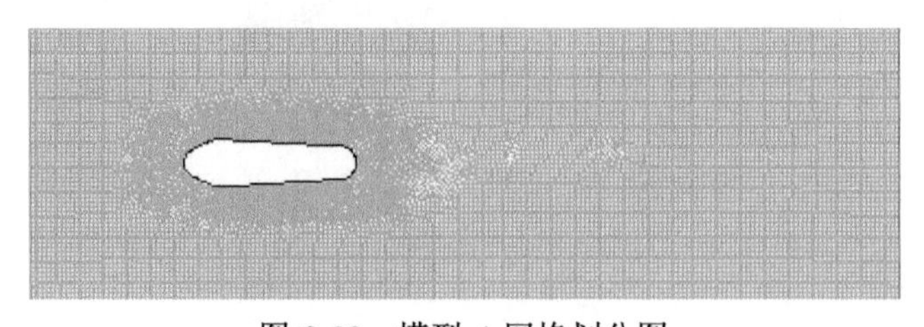

图 3-32　模型 4 网格划分图

模型 4 为头部采用流线型过渡形式，艉部均采用半圆形过渡形式，模型的基本参数如下：$L$=2600mm，$B$=700mm。

对于边界条件的设置如下：

流体：0℃水的物理性质，密度 $\rho = 999.8\text{kg/m}^3$，黏性系数 $\mu = 1.781 \times 10^{-3}\text{kg/(m·s)}$。根据模型的基本尺寸计算雷诺数为 $Re = \dfrac{\rho u L}{\mu} = 2.92 \times 10^6$。

入口：速度入口边界条件，给定速度 $u = U_\infty = 2\text{m/s}$，对于入口条件湍流定义方法的设置，选取湍流强度 $I$ 和湍流黏性比率两个参数，湍流强度 $I = 0.16Re^{-0.125} = 2.49\%$，湍流黏性比率取默认值 10。

出口：自由出流边界条件，给定零压力梯度 $p = \dfrac{\partial p}{\partial x} = \dfrac{\partial p}{\partial n} = 0$。

上/下及壁面边界：无滑移边界条件，给定法向速度 $V_n = 0$。

根据雷诺数范围，采用湍流模型，并选用标准 $k$-$\varepsilon$ 模型。

残差收敛的精度定义为 $10^{-5}$，监视计算的残差、阻力系数及升力系数，同样经过 400 次迭代后，残差、阻力系数与升力系数均趋于稳定，如图 3-33 所示，其中各色曲线对应含义同图 3-21。

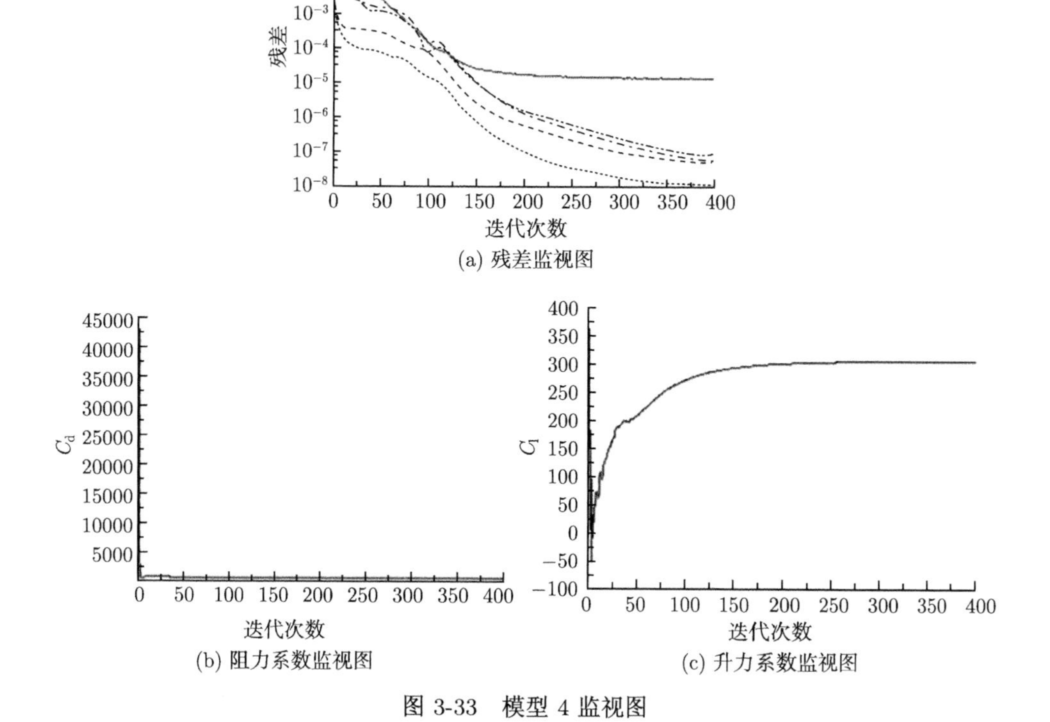


(a) 残差监视图

(b) 阻力系数监视图

(c) 升力系数监视图

图 3-33　模型 4 监视图

同样将阻力系数与升力系数的前 100 次迭代状况具体展示，如图 3-34 所示。

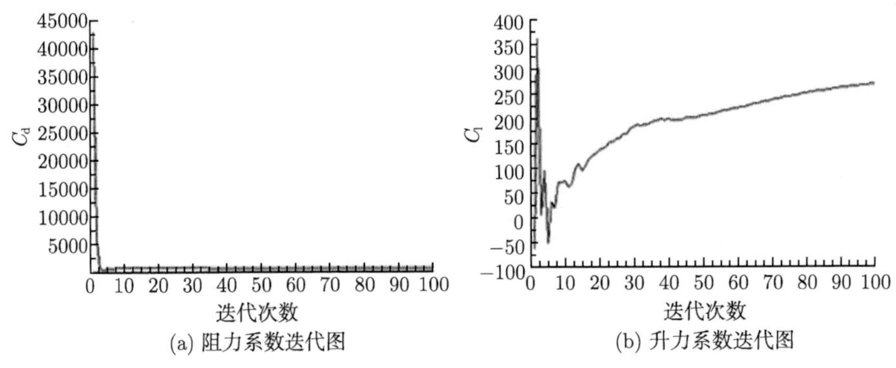


(a) 阻力系数迭代图　　(b) 升力系数迭代图

图 3-34　阻力系数与升力系数前 100 次迭代图

计算后得出模型受力报告，如表 3-4 所示。

**表 3-4　模型 4 受力报告**

| 区域名称 | 压差阻力/N | 黏性阻力/N | 总阻力/N | 压阻力系数 | 黏性阻力系数 | 总阻力系数 |
|---|---|---|---|---|---|---|
| AUV | 390.26044 | 40.157139 | 430.41758 | 637.1599 | 65.562676 | 702.72257 |
| NET | 390.26044 | 40.157139 | 430.41758 | 637.1599 | 65.562676 | 702.72257 |

由表 3-4 可以得出，模型 4 所受压差阻力约为 390.3N，黏性阻力约为 40.2N，总阻力约为 430.4N。

在模型 1 的仿真中介绍过压差阻力的形成是 AUV 头部流体聚集与艉部漩涡运动共同作用产生的，而模型 4 头部呈流线型，对头部流体的聚集起到了很好的分流作用，所以大大减轻了头部压强增大的情况，而艉部由于采用了半圆形过渡设计，使得漩涡运动并未显著改善，如图 3-35 所示，所以 AUV 承受的压差阻力有所

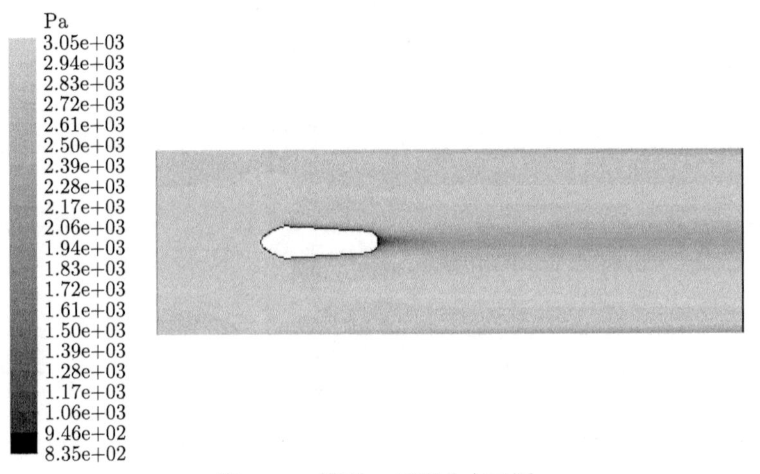


图 3-35　模型 4 压强分布云图

减小，但效果并未十分明显；而黏性阻力的增大同样是由模型与海水的接触表面积的增大而引起的。

4. 几何参数优化

为了更好地进行模型比较，以优选出最合适的导流罩形状，对比各模型的结算结果，如表 3-5 所示。

**表 3-5 模型参数对比表**

| 模型 | 特征长度 $L$/mm | 压差阻力/N | 总阻力/N |
|---|---|---|---|
| 模型 1 | 2370 | 750.6 | 774.1 |
| 模型 2 | 2300 | 817.3 | 835.0 |
| 模型 3 | 2600 | 277.8 | 321.2 |
| 模型 4 | 2600 | 390.3 | 430.4 |

从表 3-5 中可以看出，模型 3 即头部和艉部均采用流线型过渡形状的模型受力最小，但其特征长度最大，如果采用该模型，将会使得 AUV 的尺寸过大，影响 AUV 的性能；模型 2 即头部和艉部均采用半圆形过渡形状的模型，虽特征长度很小，但其所受压力和阻力都过大，能量利用率较低；对于模型 4，特征长度与模型 3 相同，尺寸过大，而阻力的减小却不是最大，显然该模型不合适；综合考虑，采用模型 1，即头部采用半圆形过渡，艉部采用流线型过渡形状的模型为最佳方案，该模型可以大大减少能量的损耗，提高其利用率，同时又不会引发由于尺寸过大而对 AUV 性能的影响，选为最优形状。

### 3.2.2 AUV 流动情况分析

根据模型 1，结合 AUV 框架结构，设计导流罩结构，如图 3-36 所示。中间空白区域装载 AUV 框架结构，两个半圆形凹槽装载头部的推进器，艉部的圆形区域装载艉部推进器。

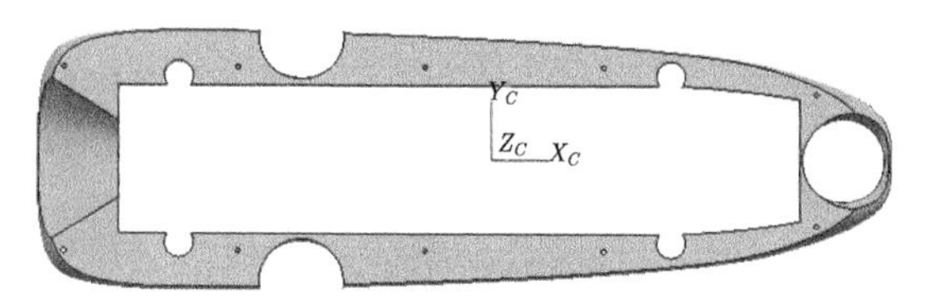


图 3-36 导流罩结构图

为了更清楚地了解 AUV 的运动情况，对于选定模型，再次进行仿真模拟。计算仿真过程中采用的网格模型、时间步长、边界条件和初始条件均与 3.2.1 节相同，在此不做赘述。在求解计算的过程中，可以通过检查变量的残差、统计值、力的收敛趋势等，随时动态地监视计算的收敛性和当前计算结果。AUV 导流罩上的压强分布曲线如图 3-37 所示。

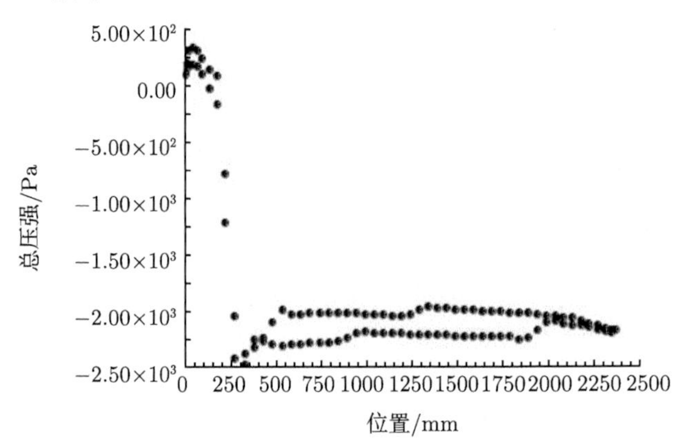


图 3-37　AUV 导流罩压强分布曲线

图 3-37 中横轴沿导流罩的 $X$ 轴方向位置展开，从图中可以看出，头部 (即图中靠近 $X$ 轴零值的位置) 承受较大的压强，而艉部 (即图中 $X$ 轴正值的位置) 承受压强较低，由此产生了压差，形成了压差阻力。

AUV 周围速度矢量图及局部放大图如图 3-38 所示，从图中可以看出流体流动的轨迹线，在头部中间位置，可以明显看到驻点处流体的上、下分支现象，从而在 AUV 周围形成绕流。

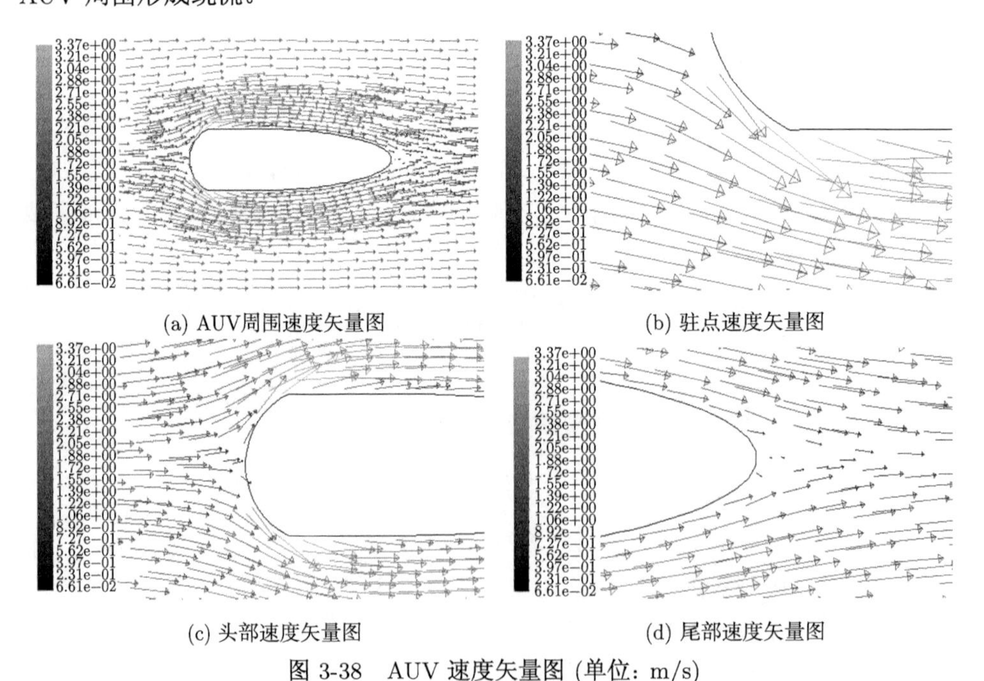


(a) AUV周围速度矢量图　(b) 驻点速度矢量图

(c) 头部速度矢量图　(d) 尾部速度矢量图

图 3-38　AUV 速度矢量图 (单位：m/s)

对 AUV 周围的压强分布进行分析，得到图谱结果如图 3-39 所示，以此作为后续分析的参考依据。

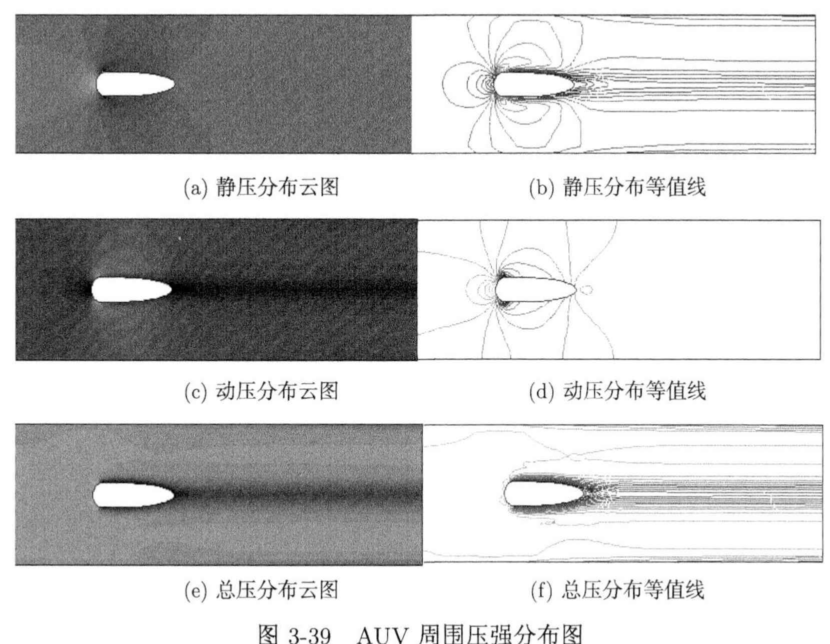

(a) 静压分布云图　(b) 静压分布等值线

(c) 动压分布云图　(d) 动压分布等值线

(e) 总压分布云图　(f) 总压分布等值线

图 3-39　AUV 周围压强分布图

## 3.3　基于功率流的流线型壳体优化设计技术

### 3.3.1　结构优化分析概述

结构优化经历了漫长久远的发展历程，按照由浅入深的形式，可以将其分为尺寸优化、形状优化、拓扑优化，解决问题的形式从减轻结构重量到降低应力水平逐渐发展，从而改进了结构性能，提高了安全寿命。其原理主要根据系统结构与内力关系对数学规划方法进行必要的修改，目前结构设计优化已经是既综合又实用的一门技术，适用领域从最为严格精准的航空航天业发展到汽车、水利、机械、船舶等更加广泛的工程领域。

对于具体的工程优化问题，可以用以下的数学语言进行通用式的描述：

设定设计变量：$\text{Find}\,\{X\}=(X_1,X_2,X_3,\cdots,X_n)$；

定义目标函数：$\text{Minimize}F\,\{X\}$。

满足条件主要可以分为以下几部分：

不等式约束条件可以表达为 $G_j(X)\leqslant 0,\quad j=1,2,\cdots,L$;

等式约束条件可以表达为 $H_k(X)\leqslant 0,\quad k=1,2,\cdots,K$;

边界约束条件可以表达为 $X_i^L \leqslant X_i \leqslant X_i^U, \quad i=1,2,\cdots,N$。

本节主要以流线型壳体头艉部关键点为输入变量，结构声强计算公式中的单元薄膜力作为输出变量，通过设定等式及不等式约束条件作为变量的依附关系，实现 AUV 壳体外形优化，具体优化流程如图 3-40 所示。

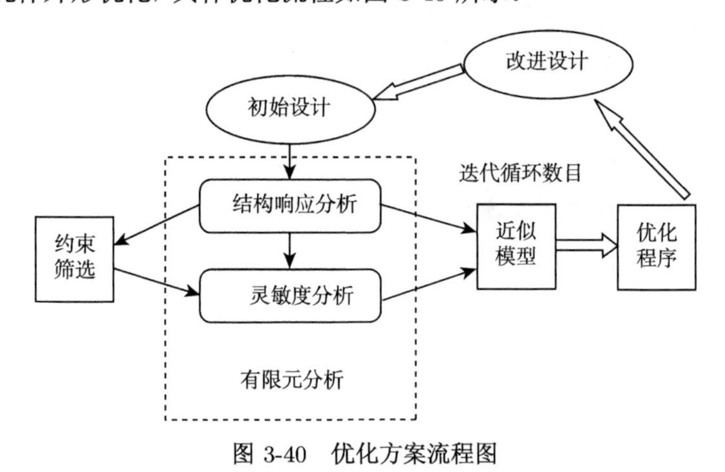


图 3-40　优化方案流程图

本节优化分析主要利用 ANSYS Design Exploration 软件平台，进行参数化优化设计 [11]，选用该平台的主要原因在于：

(1) 该优化平台对于不同尺寸模型均具有较好的包容度；

(2) 运算结果易收敛；

(3) 提供用户自定义方程的界面具有良好的可视化程度；

(4) 模块功能长期处于升级阶段中；

(5) 已被工程用户群广泛证明该分析的可靠性；

(6) 与其他 FEM 软件均具有交互分析的接口。

由此，本节进行基于振动功率流方法的小型鱼雷式 AUV 流线型壳体动力响应优化设计分析。

### 3.3.2　基于结构声强中单元薄膜力输出参数的壳体优化分析

利用 FEM 技术，探究结构中振动功率流密度结构声强在全频域范围内的变化曲线，结合 QUAD4 单元的结构声强表达式，如下式所示：

$$\begin{aligned} I_x &= -(\omega/2)\mathrm{Im}(N_x u^* + N_{xy} v^* + Q_x w^* + M_x \theta_y^* - M_{xy}\theta_x^*) \\ I_y &= -(\omega/2)\mathrm{Im}(N_y v^* + N_{yx} u^* + Q_y w^* - M_y \theta_x^* + M_{yx}\theta_y^*) \end{aligned} \tag{3-34}$$

由式 (3-34) 所示，单元面内薄膜力是影响结构声强的重要输入变量，降低结构声强就此而言，为减小结构中传播振动功率流的振动幅值，实现小型鱼雷式 AUV

流线型壳体具有良好的抗震降噪功能，有必要针对壳体外形的关键几何参数与单元薄膜力之间数值关系做优化分析，进而达到壳体外形优化的效果。

输入参数设置为小型鱼雷式 AUV 头艉部流线型脊线上特征点到中转轴的距离，输出参数设置为频率响应分析单元薄膜力 ($X$，$Y$，$Z$ 三方向轴向力与 $X$，$Y$，$Z$ 三方向剪切力) 和结构平均内应力，首先利用响应曲面 (response surface) 法则建立输入输出参数之间的关系，根据相关参数性 (parameter correlation) 得到所有输入参数的敏感程度，即输入参数对响应曲面的重要性，从而确定目标驱动优化 (goal-driven optimization) 时各输入变量的优先级，最后利用实验数据 (design of experiments, DOE) 法实现设计点拟合最优 AUV 流线型脊线。基于 ANSYS Design Exploration 平台的优化模块线图如图 3-41 所示。

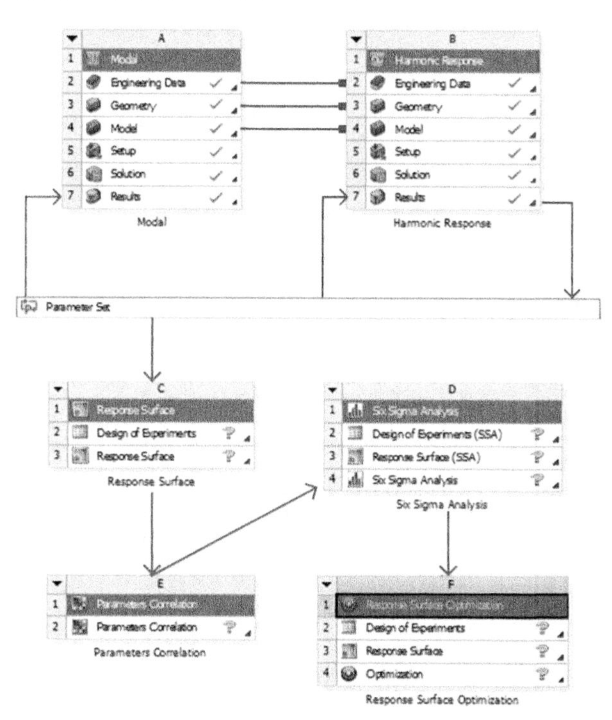


图 3-41 ANSYS Design Exploration 优化模块线图

为更直观地展现输出变量与输入变量的关系，在本节中以变量并行图 (图 3-42) 展现各个变量的变化范围以及变化趋势，图中 P1~P6 变量对应小型鱼雷式 AUV 艉部六个特征点到中转轴距离，P7~P9 变量对应 AUV 头部三个特征点到中转轴距离，P10 代表壳体结构应力强度，P11~P16 依次代表谐响应分析中 $X$，$Y$，$Z$ 轴的轴向应力和 $XY$ 平面、$YZ$ 平面、$XZ$ 平面中的剪切应力，上、下两平行轴代表变量的波动范围，在每段范围内，选取 147 个参考样点。

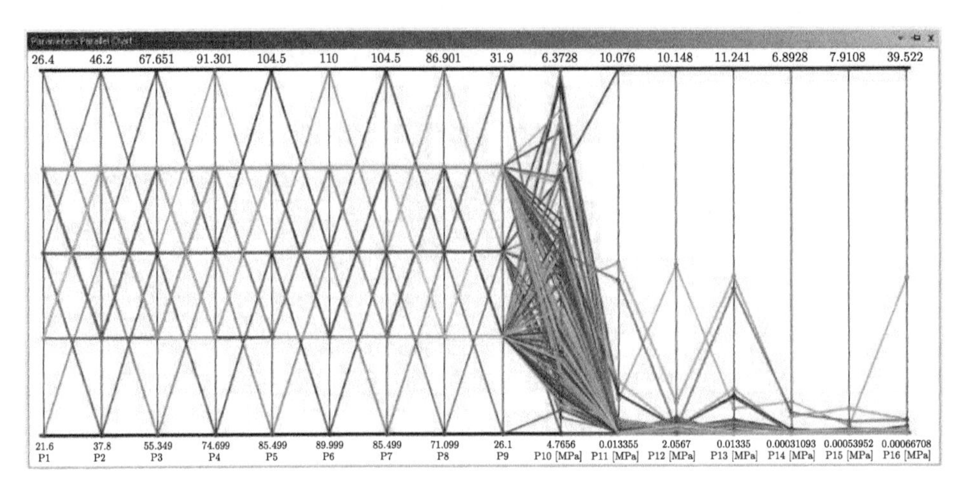


图 3-42　变量并行图 (后附彩图)

根据边界条件与前文壳体结构动力学分析结果来看，$Y$ 方向的轴向内应力比较大，为了更直观地展现小型鱼雷式 AUV 壳体设计点中各点对应的 $Y$ 轴方向轴向力变化情况，现以设计点为横轴坐标，$Y$ 轴方向轴向应力为左纵坐标，结构应力强度为右纵坐标，绘制递变规律曲线，如图 3-43 所示。

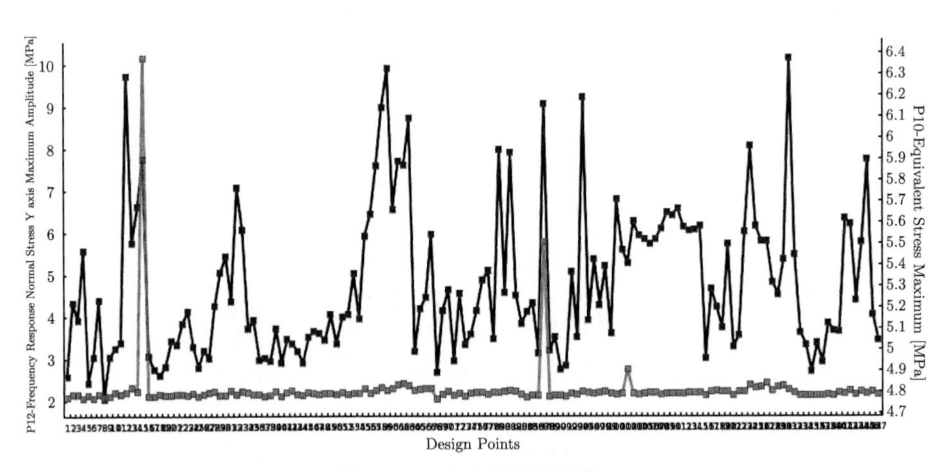


图 3-43　内力递变规律图

为了解自变量引起的变动与期望值之间的关系，绘制 AUV 设计点与响应曲面拟合优度曲线来说明该问题，该曲线的纵坐标与横坐标均为可决系数 ($R$)，它是度量拟合优度曲线的统计量，其取值范围在 [0,1]，数值越大说明回归曲线对观测值的拟合程度越好，$R$ 是由回归平方除以总平方和计算得到的，从图 3-44 可以看到，$X$、$Z$ 方向轴向应力的可决系数明显较低，应力强度、$Y$ 方向轴向力的可决系数波动范围大，相对而言数值较大，说明优化后的流线型壳体所计算出的数据结果 $X$、$Z$ 方向轴向力对应的因变量变异性较大，回归误差较低，剩余误差较高，同时应力强度、$Y$ 方向轴向力引起的变动占总变动百分比也较高。

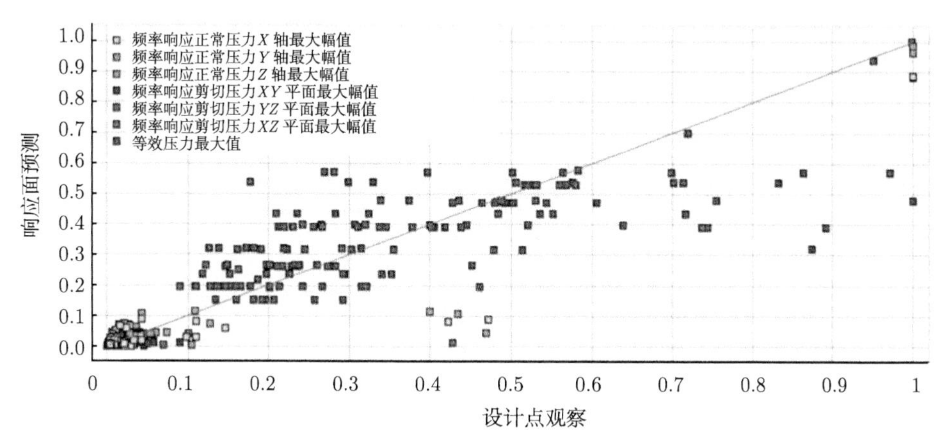


图 3-44 输入输出量拟合优度曲线 (后附彩图)

对于多自变量因变量优化设计而言，需要确定每个自变量变化所能引起因变量变化的程度大小，简而言之就是自变量相对因变量的敏感度，确定敏感度之后有助于设定自变量参数的优先级别，敏感度越高，相应设定因变量的优先级别也越高，优化迭代后计算的数据结果参考价值越大，图 3-45 主要以饼状图形表现

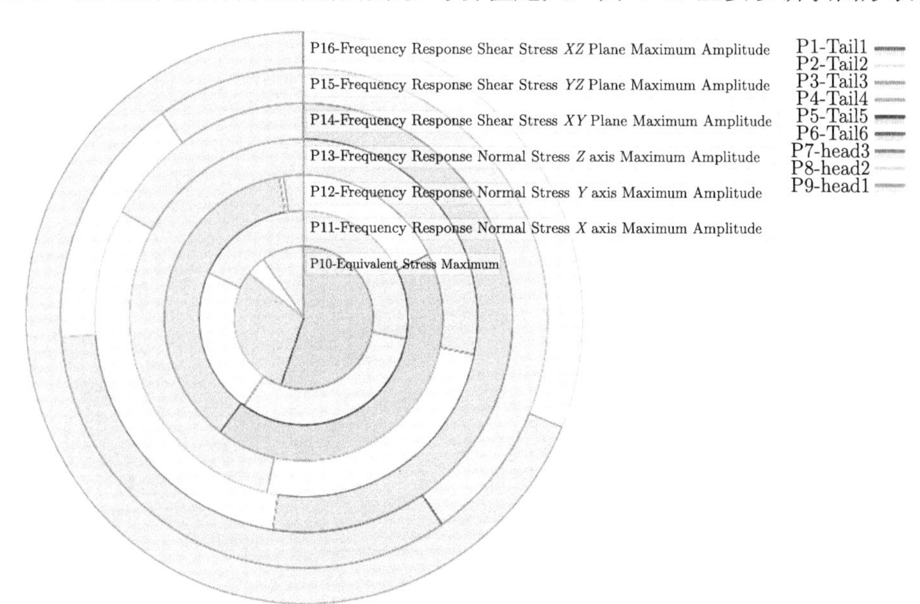


图 3-45 输入变量敏感度饼状图 (后附彩图)

所有输入变量相对输出变量的敏感度大小问题，图 3-46 根据相关系数计算出变量间相关矩阵方形图，图标中数值代表相关系数大小，数值范围 [0,1]。相关系数为 1 时，表示正相关；相关系数为 −1 时，表示负相关。正相关时自变量增大因变量随之增大，负相关时自变量增大因变量随之减小，对角线处都是原矩阵与自身的相关系数，所以数值都为 1，图 3-47 表示变量参数的判断矩阵，利用判断矩阵可以判断出各因素的相对重要性，判断矩阵方形图与变量敏感度饼状图相辅相成，共同说明了输入输出变量的关系。

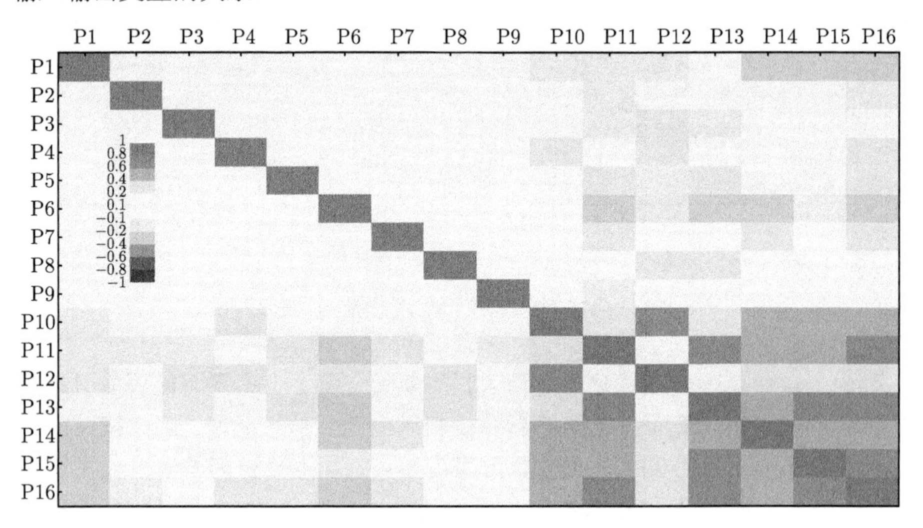


图 3-46　变量相关矩阵方形图 (后附彩图)

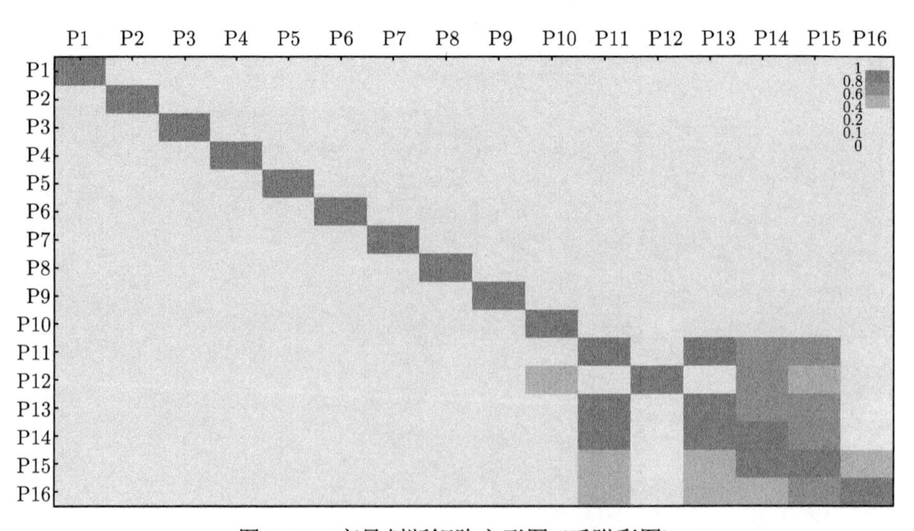


图 3-47　变量判断矩阵方形图 (后附彩图)

确定输入输出变量相对优先性等级之后，需要进行优化迭代运算，图 3-48 主要展现输出变量在输入变量迭代运算后所经历的数值波动范围，进而说明目标参数在优化过程中的变化情况。

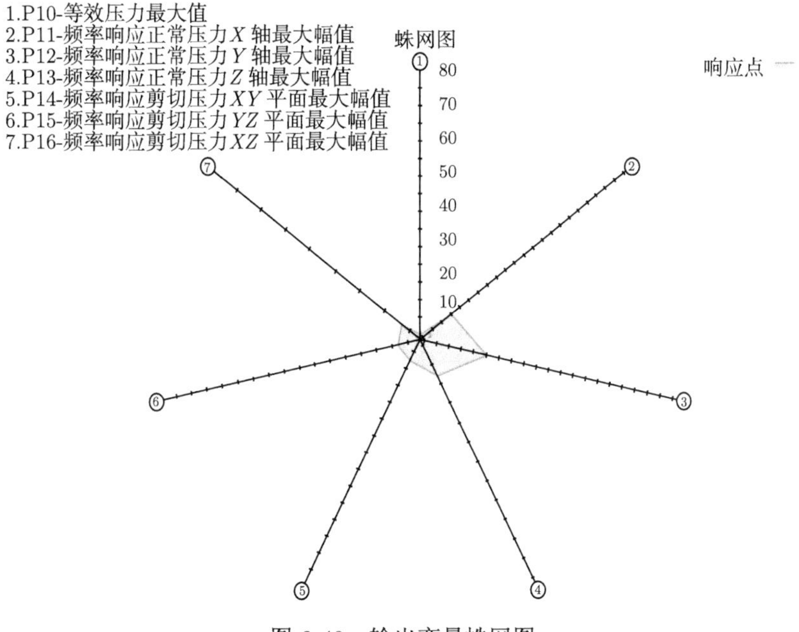


图 3-48　输出变量蛛网图

### 3.3.3　AUV 流线型壳体优化分析

单元薄膜力随小型 AUV 流线型壳体脊线设计点的递变关系、各设计点尺寸参数相对单元薄膜应力的敏感程度等都在上面做出了阐述，在前处理操作定义完成之后利用 ANSYS Design Exploration 平台做迭代运算，图 3-49 代表在迭代范围内取出的三条最优解曲线，三条最优解曲线对应了三组最优值，尺寸参数最优解数值见图 3-50。

本小节主要目的在于通过降低小型鱼雷式 AUV 壳体中振动功率流传播幅值来减缓水下机器人的振动特性，根据振动功率流广义表达式，从微观角度出发主要考虑壳体节点中单元应力与响应速度两个参量，在 AUV 几何形状、材料类型、边界条件确定的情况下，响应速度与单元应力呈正相关关系，所以在做优化分析时，目标函数取单元应力与应力强度，输入变量取流线型壳体的关键设计点坐标，通过优化内应力，重新获得节点结构声强响应数据，将前后结构声强数值点进行对比，说明优化的意义，图 3-51～图 3-54 分别对比展现了 AUV 初始设计与优化设计后流线型壳体中应力强度云图与频响分析中单元 $Y$ 轴向平均应力曲线图。

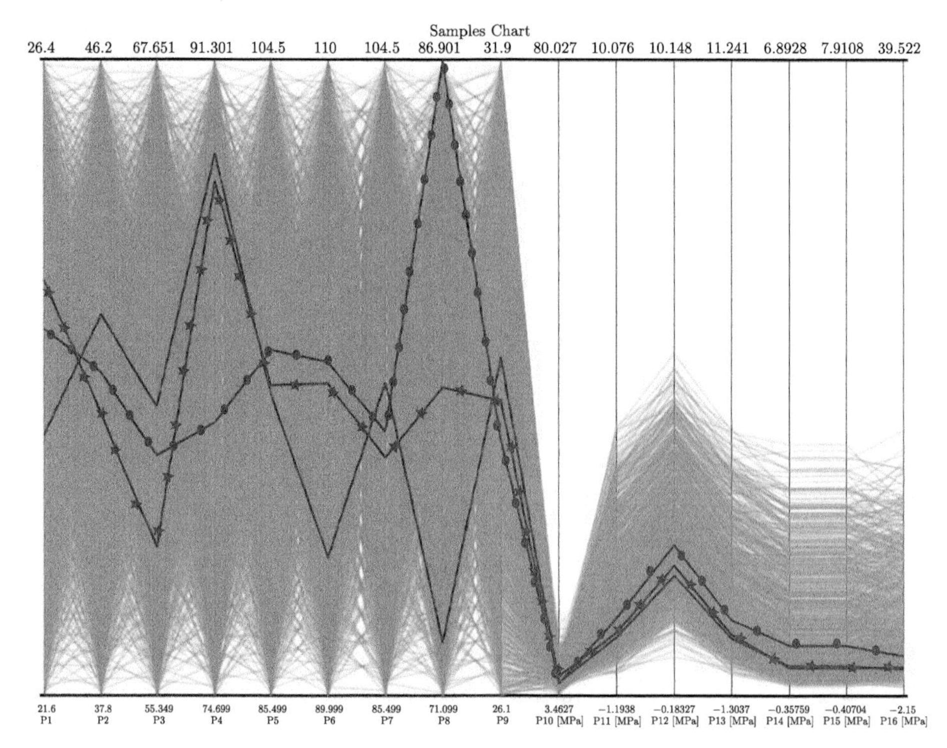


图 3-49　最优尺寸参数迭代图

| | P1 - tail1 | P2 - Tail2 | P3 - Tail3 | P4 - Tail4 | P5 - Tail5 | P6 - Tail6 | P7 - head3 | P8 - head2 | P9 - head1 |
|---|---|---|---|---|---|---|---|---|---|
| Optimization Study | | | | | | | | | |
| Objective | Seek Midpoint | Seek Midpoint | Seek Midpoint | Seek Midpoint | Seek Midpoint | Seek Midpoint | Seek Midpoint | Seek Midpoint | Seek Midpoint |
| Target Value | | | | | | | | | |
| Importance | Default | Default | Default | Default | Default | Default | Default | Default | Default |
| Candidate Points | | | | | | | | | |
| Candidate A | 24.372 | 42.078 | 59.996 | 81.853 | 95.821 | 100.48 | 93.405 | 86.856 | 28.417 |
| Candidate B | 24.742 | 41.52 | 58.224 | 88.126 | 94.768 | 99.837 | 92.618 | 78.768 | 28.787 |
| Candidate C | 23.566 | 42.841 | 60.941 | 88.865 | 94.491 | 94.353 | 94.858 | 72.423 | 29.189 |

图 3-50　AUV 壳体外形尺寸参数最优解

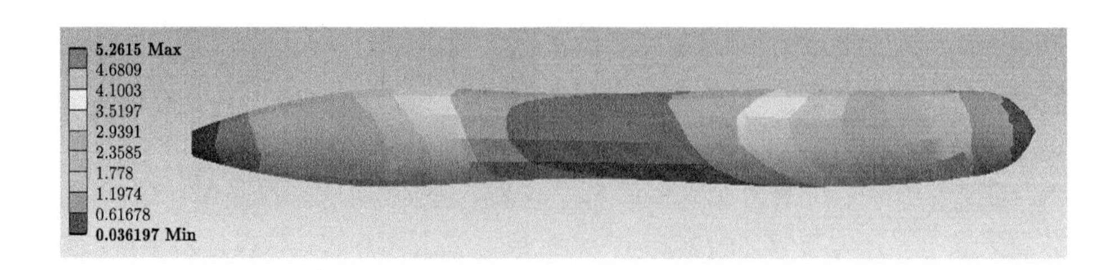

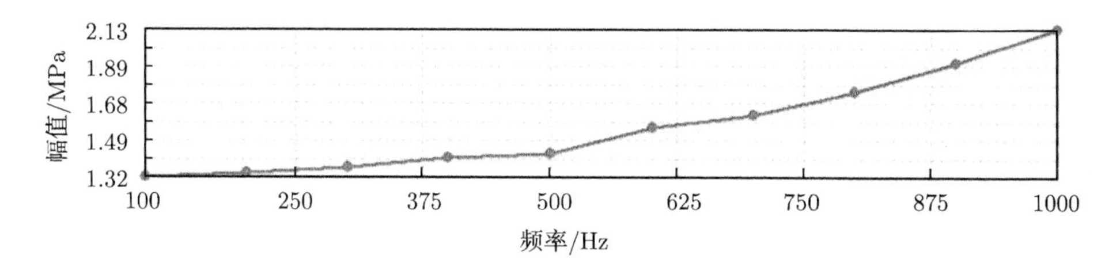


图 3-51 原始应力强度云图与单元 $Y$ 轴向平均应力曲线图 (后附彩图)

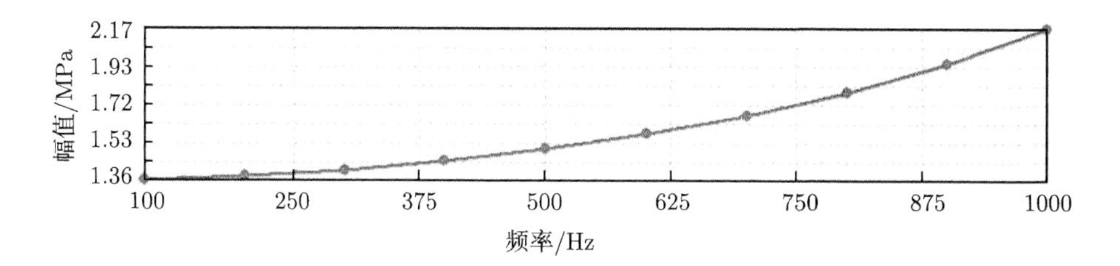


图 3-52 优化尺寸 A 强度云图与单元 $Y$ 轴向平均应力曲线图 (后附彩图)

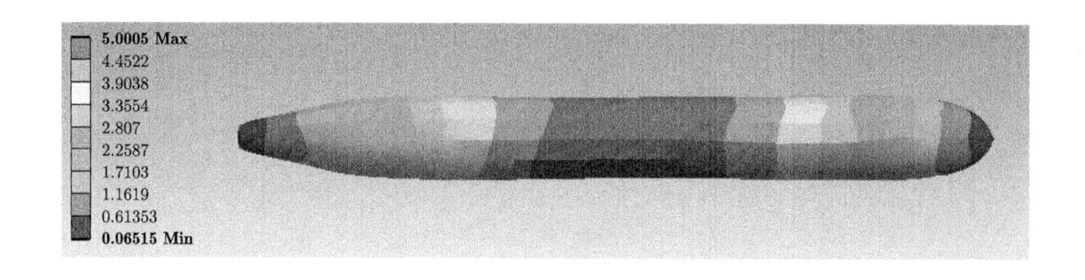


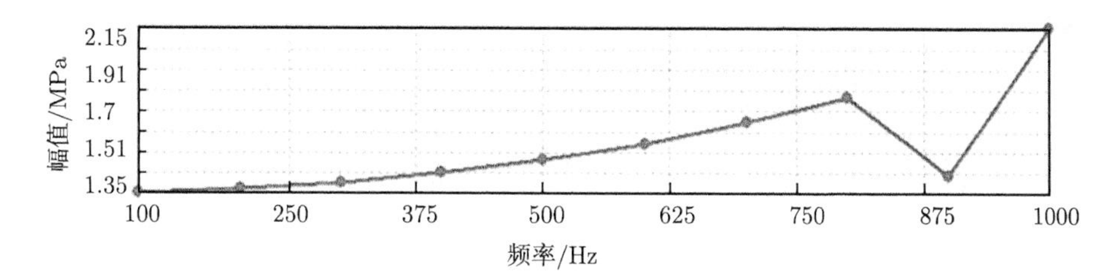


图 3-53 优化尺寸 B 强度云图与单元 $Y$ 轴向平均应力曲线图 (后附彩图)

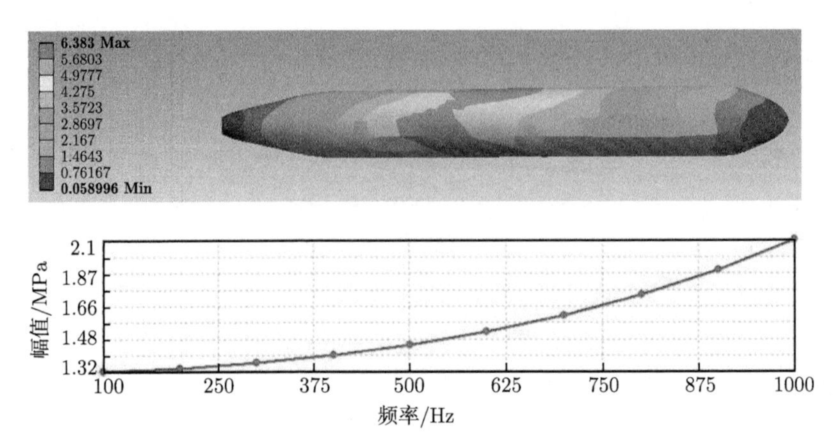


图 3-54　优化尺寸 C 强度云图与单元 $Y$ 轴向平均应力曲线图 (后附彩图)

通过对比可以看出：优化尺寸 A，B 对应的应力强度最大值有所降低，壳体应力云图呈对称性，分布情况较原始云图更均匀，谐响分析 $Y$ 轴向平均应力最大振幅变小，优化尺寸 C 所对应的应力幅值虽然增加，但是明显减缓了应力集中情况，三组最优解对应的单元应力呈现不同的变化趋势，考虑最终目标为减缓壳体中振动功率传播幅值，所以暂不考虑应力集中问题，对比 A，B 尺寸，选取平均内力较小的 A 尺寸，绘制节点结构声强传播曲线蛛网图 (图 3-55)，对比优化前后结构声强变化情况。

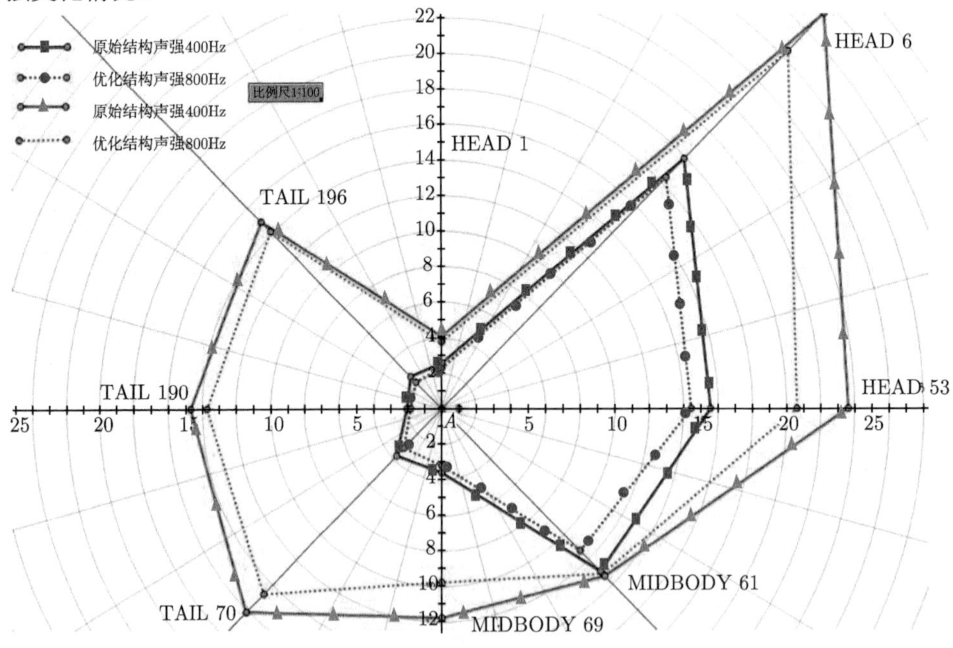


图 3-55　结构声强传播曲线蛛网图对比

取优化后 A 尺寸作为振动功率流分析尺寸，根据材料属性、边界条件再次计算小型鱼雷式 AUV 壳体脊线上头、中、艉部八个特征点结构声强数值，以图 3-55 的形式展现流线型壳体中结构声强的变化情况，两条实线表示优化前各节点结构声强数值，两条虚线表示优化后结构声强数值，结果分别展现 400Hz、800Hz 的结构声强变化情况，通过图 3-55 可以看到，在高低频处，优化后的结构声强在振动幅值与波动区域处均有所降低，而且在高频区域表现明显，前后结果数据对比说明了该优化方案的可行性。

## 参 考 文 献

[1] 张宇文. 鱼雷总体设计原理与方法 [M]. 西安: 西北工业大学出版社, 1998.

[2] 闫茹. 小型 AUV 壳体流线型优化设计方法研究 [D]. 青岛: 中国海洋大学, 2014.

[3] 孙家广, 杨长青. 计算机图形学 [M]. 北京: 清华大学出版社, 1995.

[4] 王元明. 数学物理方程与特殊函数 [M]. 4 版. 北京: 高等教育出版社, 2012.

[5] 陈厚态. 潜艇操纵性 [M]. 北京: 国防工业出版社, 1981.

[6] 朱继懋. 潜水器设计 [M]. 上海: 上海交通大学出版社, 1992.

[7] Athanasopoulos M, Ugail H, Castro G G. Parametric design of aircraft geometry using partial differential equations[J]. Advances in Engineering Software, 2008, 40(7): 479-486.

[8] 何惠江, 李楠. 基于 APDL 的鱼雷壳体结构参数化建模 [J]. 鱼雷技术, 2010, 18(4): 246-248.

[9] 单雪雄, 王晓亮. 平流层飞艇艇身外形研究 [J]. 宇航学报, 2011, 32(3): 457-461.

[10] 孙丽. 自治水下机器人 (AUV) 三维结构设计及仿真分析 [D]. 青岛: 中国海洋大学, 2011.

[11] 姚永凯. 推进器系统激励下水下航行器结构中功率流分布特性的研究 [D]. 青岛: 中国海洋大学, 2013.

# 第 4 章　水下机器人能源与动力

随着科学技术的发展，水下机器人在世界范围内的应用领域不断扩大，执行作业任务的种类愈加繁多。作为水下运载技术的重要执行载体，水下机器人应具有良好的机动性和操控性，可承担高抗流作业及水下长时间连续作业等任务。因此，水下机器人能源与动力系统的设计与开发十分重要。

## 4.1　能源选择及计算

### 4.1.1　能源选择

自治水下机器人因无缆作业工作模式，无法通过电缆经水面供电，主要的供能方式为高性能电池。经过一段时间的使用，电池内部从阳极到阴极的电子流会减弱，必须通过充电，使电子反向流动，将电池恢复到其额定的电流强度。通常将可多次充电的电池称为二次电池，不可反复充电的电池称为一次电池。

常用的二次电池包括铅酸电池、银锌电池、镍镉电池和镍锌电池等。水下机器人使用的二次电池具有如下优点：

(1) 结构简单，所有元件均可封装在电池箱内；

(2) 能够在水下压力下工作，节省耐压体重量，而且压力会使电解液的电导率增加，使多孔电极处气体的体积减小，从而有效增大电流密度；

(3) 由于没有运动部件，所以无噪声和有效的振动；

(4) 可靠性好，即使一个单体电池发生故障，影响其输出功率，但仍可继续工作；

(5) 方便易得。

但二次电池也存在一些缺点，主要为能量密度和比能量 (单位容积的能量) 较低，功率水平较低。

以下介绍几款水下机器人常用的二次电池。

1) 铅酸电池

铅酸电池已有百年的历史，是一种十分可靠的电源。但由于其能量密度和比能量较小，主要被应用于小型无缆水下机器人中。

2) 银锌电池

银锌电池的优点是：容量高，放电电压高，获得单位电量所消耗的活性物质少，极板利用率高，导电零件和容器的重量轻，自放电小，无有害气体逸出，具有比较稳定的放电电压。

银锌电池的缺点是：在循环工作中使用期短，操作可靠性差，充电的电流密度小，注入电解液后保存时间短，并且必须是优质电解液。当充电时，正极板孔隙中的氧化锌电解液会形成锌的树状晶体，损害负极板的板栅，造成短时间的闭合，而且形成的树状晶体不能进行可逆反应，所以充电时必须仔细观察，以避免产生树状晶体。

3) 燃料电池

燃料电池是一种由外部供给反应物质的能源，它通过由燃料的电化学氧化作用，把化学反应能转变为电能。燃料的氧化和还原都是在不直接参与电流形成过程的不同电极上进行的。该反应能不经过中间变换直接以电能形式输出，从而保证燃料具有很高的使用效率及利用率。在充满电解液的燃料电池中，燃料进行“燃烧”，此时燃料的正离子向电解液中移动，并释放一定量的电子。氧化剂的分子在阴极上得到了由燃料释放于电解液中的电子，并以负离子的形式移向电解液，进而在外电路中产生了有规律的电子流动，即形成了电流。在电解液中，正负离子化合，生成最终产物，然后排出。燃料和氧化剂都是强制穿过电极和电解液的。

燃料电池的电功率，首先决定于电极上的反应速度。提高反应速度的方法之一是提高电极的有效面积。为此燃料电池大多采用多孔材料，但这使得在加工工艺上存在一定的困难。通常这种多孔电极寿命较短，其工作寿命直接决定了燃料电池的工作寿命。目前最好的燃料电池，工作寿命可达 1000h。保持电解液浓度恒定十分重要，这将关系到输出电能的各项参数是否稳定。为了保持参数恒定，应经常除掉电池的最终反应产物。

在燃料电池中，可采用钠、锂、钾、钙等作为金属电极的材料。电解液应取为相应金属材料的盐类溶解液，并含有少量的金属离子。不锈钢网或多孔不锈钢片可作为氢电极。

在诸多种类的燃料电池中，再生式燃料电池具有较好的工程应用价值。在该类电池中，燃料和氧化剂通过外部能源由最终反应产物 (例如水) 进行再生，燃料和氧化剂返回至燃料电池中被重新利用，该再生循环一直持续到外部能源耗尽为止。例如，在再生式金属燃料电池中，金属和氢化合生成氢化物，放出电能和一定的热量；随后在再生器中加热时，此氢化物又分解成金属和氢；通过氢和氢化物在燃料电池和再生器之间的连续循环产生出电能。

为了使燃料电池的利用率接近理想值，必须采取下述措施：

(1) 加速电流形成过程；

(2) 保证主要反应为燃料充分氧化反应，排除所有导致燃料不能充分氧化或者生成其他最终产物的次要反应；

(3) 降低内阻，保证氧化剂离子通过电池时不产生阻力；

(4) 避免或尽量减少由于电极极化而产生的损失。

如果上述条件不能完全满足，则利用率会低于理想值，出现电流强度下降或在燃料和氧化剂定供料速度下，在接线柱上的压降现象。在任何情况下，燃料电池内部未转化为电能的化学能均以热能的形式耗散消失。

燃料电池 (功率约为 1.5kW) 可按下述特征分类：

(1) 按燃料种类分类：气态、液态、固态；

(2) 按气体工作压强分类：低压 (50Pa 以下)、高压 (600Pa)；

(3) 按工作温度分类：低温 (100℃以内)、中温 (100~250℃)、高温 (300~1000℃)。

在众多燃料电池中，氢–氧燃料电池结构最简单，操作最方便，利用率亦最高，其工作原理如图 4-1 所示。图 4-2 所示为具有燃料电池的动力装置结构图。

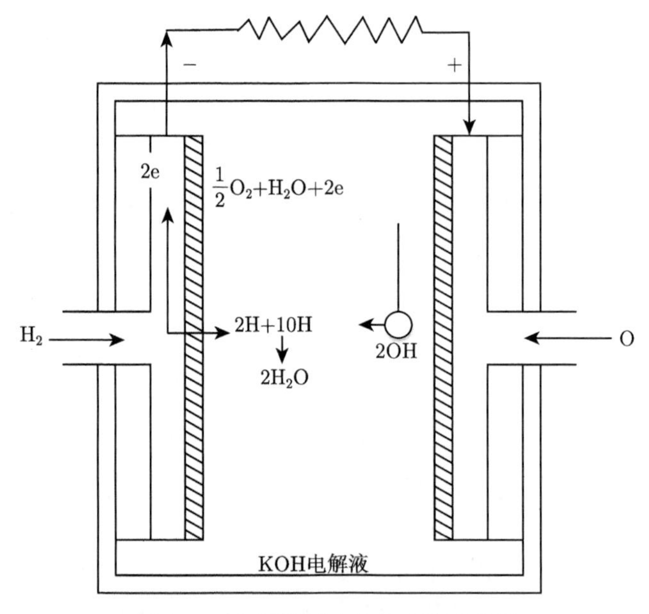


图 4-1 氢–氧燃料电池的工作示意图

燃料电池的电极由多孔导电板构成。导电板之间相距几毫米，全部浸入电解液中。在稍高于电解液的正压作用下，氢和氧被送至电极上。氢被整个电极表面收集之后，发生反应。当水进入电解液中时，电子流向外电路，再次发生反应。此时，化学能直接转变为电能。

通过在实际条件下对具有燃料电池的动力装置的实验证明：制造具有大比功率 (达 50~60W·kg)，在工作过程中具有宽功率变化范围的动力装置，在原则上是可行的。目前，由于必须采用大量的辅助系统和装置 (如压缩机、燃气轮机、热交换器、冷凝器和各种调节器)，所以现有的大多数燃料电池功率均不大。具有燃料电池的动力装置的使用效率，主要取决于其能否设计出紧凑、安全、长期存储燃料和氧化剂的装备。

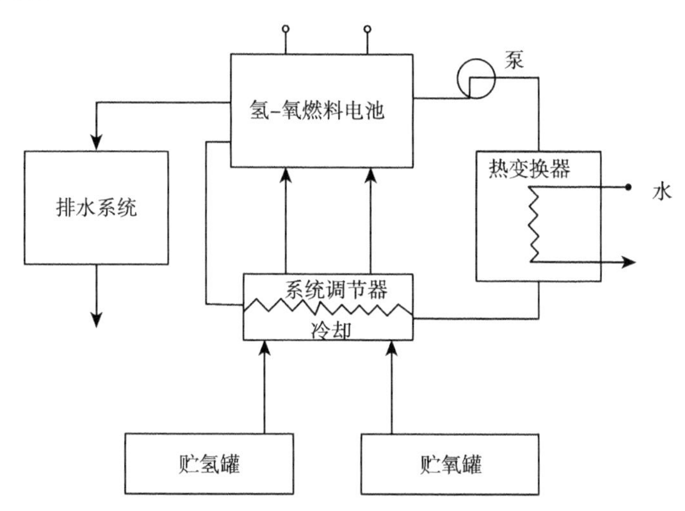


图 4-2 具有燃料电池的动力装置结构图

水下机器人装用的电池，应保证不受海水和压力的损坏，即采用压力补偿办法，把电池置于密封的装有通气阀的箱体内部，而且电池箱内充满介电液体 (通常是油)，这些介电液体与压力补偿气囊相连，使油箱内的油压等于或稍大于外面海水压力，或把电池放在水下机器人耐压壳体内，使电池处于干燥的大气压环境中，避免电池因受海水压力过大而损坏。因此，在每次换装电池时，要仔细拆装密封油箱和耐压壳体，以保证装置密封的可靠性。同时要检查导线连接和绝缘的可靠性，电池间互连导线的路径也要规范，以防止造成短路。据统计，50%以上的水下机器人把电池置于耐压壳体内，约 48%的水下机器人通过压力补偿置于耐压壳体外。

各种电池的充放电以及存放，应按产品厂家有关说明操作，值得注意的是，电池在充放电过程中会产生氢气和氧气。当空气中含有 4%的氢气时，遇火花或火焰会引起爆炸。因此，需要严格控制氢气的分布浓度。燃料电池的充电区域应通风良好，装有电池的耐压壳体应装设 “氢帽”，在氢帽内装有钯催化剂，可使排出的氢气同周围的氧气发生化学反应形成水蒸气。

此外，水下机器人的电池还有若干种类型，主要有锂离子电池、锂聚合物电池、镍金属氢化物电池、锂亚硫酰氯电池等，如表 4-1 所示。

锂离子电池能量密度较高，在电池周期内任意一点均可充电，没有电池记忆问题。锂离子电池过度充放电会对正负极造成永久性损坏。过度放电导致负极碳片层结构出现塌陷，而塌陷会造成充电过程中锂离子无法插入；过度充电使过多的锂离子嵌入负极碳结构，而造成其中部分锂离子再也无法释放出来，甚至会引起爆炸，故需要为自治水下机器人设计一个定制的锂离子电池系统，防止过充电和放电引起工作停止，有些电池电路可以将电压和其他电池信息传输给机器人的控制器。

**表 4-1　电池种类及单位质量比能对比**

| 电池类型 | 单位质量比能/(W·h/kg) | 使用周期/次 |
| --- | --- | --- |
| 铅酸电池 | 31 | ~ 100 |
| 镍镉电池 | 50 | ~ 100 |
| 镍氢电池 | 70 | ~ 500 |
| 银锌电池 | 160 | ~ 30 |
| 锂离子电池 | 140 | ~ 500 |
| 锂聚合物电池 | 280 | ~ 500 |
| 锂亚硫酰氯电池 | 700 | ~ 1 |

镍镉电池和镍氢电池具有寿命长、机械强度高和易于操作等优点，但是它们的电压低，价格也较昂贵，在水下能源中很少应用。镍锌电池的能量密度和电压都较高，价格也不高，唯一的缺点是寿命短，近来人们对这种电池的兴趣正在增加，它作为水下能源具有应用前景。

锂亚硫酰氯电池比能大，额定电压高，可在 $-40\sim+85$℃内正常工作；年自放电率 $\leqslant 1\%$，贮存寿命 10 年以上。如国产 D 型锂亚硫酰氯电池的额定电压是 3.6V，容量 13A·h，持续放电能力 1.8A。

动力能源容量取决于水下机器人的续航时间，在能源估算过程中主要根据推进器的功率进行计算。按照设计指标要求，该机器人水下续航时间不小于 24h，其他设备用电量进行 25%预留，根据选用的推进器功率进行计算，估算得到能源电池容量 60A·h 满足设计指标。电池往往是机器人内部设备中最重的元件，因此将电池作为机器人配重使用，本节设计中创新地将电池设计为截面为半圆形的柱体，装机后截面如图 4-3 所示，大幅度降低机器人重心，提高稳定性 [1]。

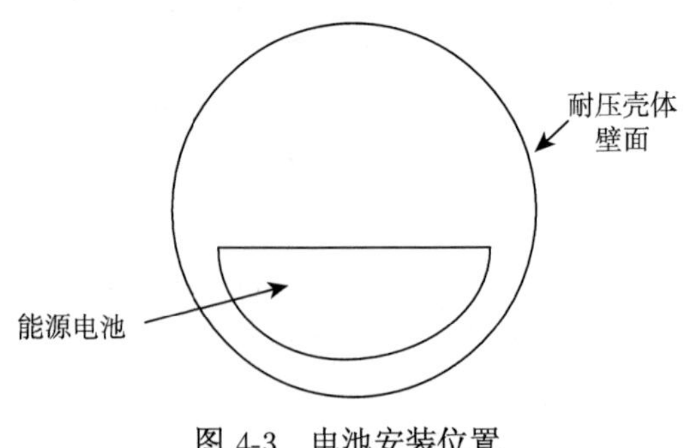


图 4-3　电池安装位置

内部传感器依据设计指标进行选择，由于机器人内部空间有限，在达到设计要求的前提下尽量选择体积小、重量轻的传感器。选择每种传感器时整理好其外形尺寸、安装尺寸，为机器人细节结构设计提供依据。

### 4.1.2　蓄电池容量的计算

蓄电池的容量主要取决于电池放电时的最大放电电流和放电小时率。蓄电池的标称额定容量是指 10h 率放电时的容量，此时它的放电电流为额定容量 (A·h) 的 1/10。对于 10h 率放电，蓄电池的容量就不再是标称的额定容量[2]。国产铅酸蓄电池不同放电小时率的放电电流和容量如表 4-2 所示。

**表 4-2　铅酸蓄电池在不同放电小时率的特性**

| 放电小时率 $T$/h | 电池容量系数 (额定容量的百分数)$\eta$ | 放电电流的比例 (10h 率电流的倍数) | 放电终止电压 | |
|---|---|---|---|---|
| | | | 开口型 | 密闭型 |
| 10 | 100 | 1 | 1.83 | 1.80 |
| 7.5 | 91.7 | 1.3 | 1.83 | 1.80 |
| 5 | 83.3 | 1.67 | 1.82 | 1.75 |
| 3 | 75 | 2.5 | 1.80 | 1.75 |
| 2 | 61.1 | 3.06 | 1.78 | 1.72 |
| 1 | 51.4 | 5.14 | 1.75 | 1.71 |

就蓄电池来说，对容量有影响的另一个因素是温度。标称额定容量是指在 25°C 时的容量，若温度不等于 25°C，容量亦要作相应的修正，在容量计算时应考虑到这一点。

非 25°C的蓄电池容量可按式 (4-1) 进行修正：

$$Q = IT\eta\left[1 + 0.008\left(t - 25\right)\right](\mathrm{A \cdot h}) \tag{4-1}$$

式中，$Q$ 为蓄电池的计算容量；$I$ 为放电时大负荷电流；$T$ 为放电小时率；$\eta$ 为蓄电池容量系数；$t$ 为最低平均温度。

**例**　设某一机房设备最大工作电流 30A，停电状态电池组可工作 7.5h，该地区室内最低温度 +5°C，求所选电池容量。

**解**　$Q = IT\eta\left[1 + 0.008\left(t - 25\right)\right]$

$= 30 \times 7.5 \times 0.917 \times \left[1 + 0.008\left(5 - 25\right)\right] = 173\,(\mathrm{A \cdot h})$

容量 $Q$ 算出后，便可在蓄电池系列产品中选择合适的容量规格。

通过上述分析和计算，我们就可以得到蓄电池的选择依据，从而避免盲目性，经济合理地使用蓄电池组，降低设备停转率，同时可有效避免因选择不当而可能造成的设备损失。

## 4.2 常用驱动方式[3]

驱动系统是机器人动力的直接来源，现有的推进方式包括：螺旋桨推进、磁流体推进、水射流推进等 [4]。其中螺旋桨推进是最常用也是最经济的推进方式。螺旋桨推进包括驱动电路和推进器两部分，推进器的布置与选型已在前面章节进行详述。

推进器是水下机器人不可缺少的关键部件，它的性能的好坏将影响水下机器人的航行和水下自航器的安全，推进器是水下机器人控制系统的一个关键性要素，其处在系统控制层的最底层，为水下机器人的运动提供驱动力，其性能的好坏直接影响机器人的总体性能。因此，对推进器及控制系统的研究将有助于提高水下机器人的工作性能。衡量水下机器人推进器性能的指标是水下机器人的推力大小、响应速度和工作的可靠性。

### 1. 螺旋桨推进器

螺旋桨是水下机器人的一种最简单且最普通的推进器。典型螺旋桨的结构如图 4-4 所示。一个螺旋桨由多个桨叶构成，桨毂由推进轴驱动。螺旋桨的叶片为螺旋面，是通过轴端与轴线成一定角度的一根母线以等角速度绕该轴旋转并以等线速度沿该轴上升而形成的展开面。在这种简单的形状中，压力面是绕推进器展开的螺旋面的一部分，是在水下机器人航行时桨叶的后面。中小型水下机器人大多用电动机直接连接螺旋桨。可以用直流电机、交流电机。直流电机成本低，调速、控制系统简单，而交流电机需要逆变器把直流变成交流，成本高，系统复杂。尤其以电池组作动力源的水下机器人，都采用直流电机。无刷直流电机是近年来随着电子技术的迅速发展而发展起来的一种新型直流电机，其最大特点是没有换向器 (整流子) 和电刷组成的机械接触机构，通常采用永磁体为转子，没有励磁损耗，没有换向火花，没有无线电干扰，运行可靠，维护简便。

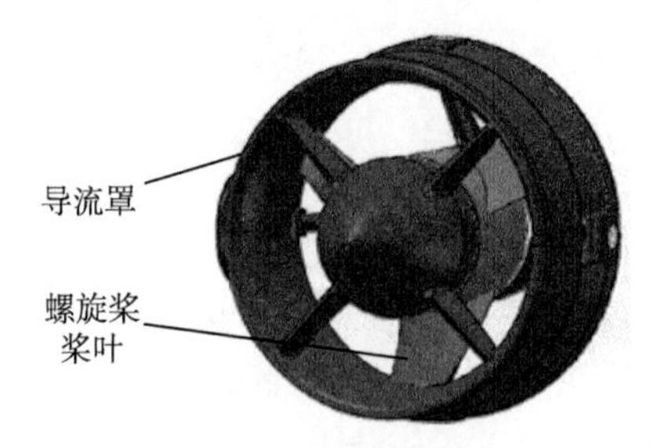


图 4-4 螺旋桨示意图

螺旋桨旋转一周，在轴向所前进的距离 $h_p = \dfrac{v}{n}$，称为进程，螺距 $H$ 和进程 $h_p$

之差 $(H-h_p)$ 称为滑脱，滑脱与螺距之比称为滑脱比 $S_a$，可以表示为

$$S_a=\frac{H-v/n}{H} \tag{4-2}$$

式中，$S_a$ 为滑脱比；$H$ 为螺距，单位为 m；$n$ 为螺旋桨转速，单位为 r/s；$v$ 为水下机器人航速，单位为 m/s。

由于滑脱的存在，才能使螺旋桨产生推力。螺旋桨产生推力可以认为是流体从螺旋桨前方一点到螺旋桨后方一点的动量变化的结果。

推力的方向由螺旋桨叶片形状和旋转方向决定，其推力大小可表示为如下公式:

$$T=\rho n^2D^4K_T \tag{4-3}$$

式中，$\rho$ 为水的密度，单位为 $kg/m^3$；$n$ 为螺旋桨转速，单位为 r/s；$D$ 为螺旋桨直径，单位为 m；$K_T$ 为推力系数。

螺旋桨的功率可以表示为 $P=T\cdot v$。

一般，螺旋桨推进方向是一个自由度的，只能在其固定的轴线上提供推力，改变推进性能的参数也只有转速和转向。在类似于带有舵片的机器人中，螺旋桨和操纵舵能够协作来调整载体的姿态。目前在水下机器人中应用较多的是对转螺旋桨和导管螺旋桨两类。对转螺旋桨是由布置在同一轴线上的一对螺旋桨组成，两个螺旋桨分别位于内外轴上，工作时转速相反。这样改进后的螺旋桨推进可以部分或完全抵消周向的诱导速度，利于载体控制。此外，改进后的螺旋桨还具有较高的推进效率、较平稳的工作性能，产生的振动和噪声也比较小。为了改变传统螺旋桨周围的流体速度，在螺旋桨的外周上安装一个固定的导管，这种螺旋桨就是导管螺旋桨。虽然美国、法国、英国的鱼雷中都采用这种推进方式，但是它产生的噪声以及带来的尾迹控制问题都限制了其在水下机器人上的应用。

2. 喷水推进器

喷水推进器是利用喷射管喷出的高速水流的反作用提供推力的一种推进装置，它与航空喷气推进器相似，所不同的是它不是用空气燃烧混合气作为介质而是以水作为介质。水通过水下机器人上所装设的大流量高压水泵获得高速后，由喷射管喷出产生推力。喷水推进器的优点是几乎取消了水下机器人上的全部附体，而且消除了轴系和传动装置的损失以及螺旋桨的空泡损失，同时可以较容易地操纵水下机器人。喷水推进器作为一种特殊的推进装置，最早在 19 世纪末，就应用于船舶推进。在喷水推进器技术诞生 340 年的历程中，大致经历了液泵式喷水推进、间歇式喷水推进、底板式喷水推进、尾板式喷水推进和舷外喷水推进 5 个阶段。最初由于理论还不成熟，工艺水平低下，喷水推进的效率很低，不能满足人们的需要。因

此，在很长的一段时期内，喷水推进的研究和应用处于停滞状态，而螺旋桨推进长期以来一直占主导地位。

喷水推进的基本原理是利用喷射管喷射加速后的水流，通过反作用力而产生推力。推力的大小等于流经推进器流道的流体在单位时间内的动量变化率：

$$T = \rho q\left(v_{\mathrm{j}} - v_{\mathrm{s}}\right) \tag{4-4}$$

$$R = \frac{C_R \Omega v_s}{2} \tag{4-5}$$

式中，$T$ 为喷水推进器产生的推力，单位为 kN；$q$ 为流经流道水流的流量，单位为 $\mathrm{m^3/s}$；$v_{\mathrm{j}}$ 为喷水的流速，单位为 m/s；$v_{\mathrm{s}}$ 为水下机器人的航速，单位为 m/s；$R$ 为水下机器人的行进阻力；$C_R$ 为阻力系数；$\Omega$ 为水下机器人的浸湿表面积，$\Omega = \pi DL$，这里，$D$ 为水下机器人的直径，$L$ 为水下机器人的长度。当 $T \geqslant R$ 时，水下机器人在推力作用下前进。喷水推进器的理想效率为

$$\eta = \frac{2}{1+k} \tag{4-6}$$

式中，$k$ 为喷速 $v_{\mathrm{j}}$ 与航速 $v_{\mathrm{s}}$ 之比，即 $k = \frac{v_{\mathrm{j}}}{v_{\mathrm{s}}}$。

实际喷水推进器的效率 $\eta_{\mathrm{T}}$ 为推进泵效率 $\eta_{\mathrm{P}}$ 和系统效率 $\eta_{\mathrm{C}}$ 之乘积：

$$\eta_{\mathrm{T}} = \eta_{\mathrm{P}} \times \eta_{\mathrm{C}} \tag{4-7}$$

其中

$$\eta_{\mathrm{P}} = \frac{\rho q H}{102 N_{\mathrm{e}}} \tag{4-8}$$

$$\eta_{\mathrm{C}} = \frac{9.81 T v_{\mathrm{s}}}{\rho q H} \tag{4-9}$$

式中，$q$ 为推进泵的流量，单位为 $\mathrm{m^3/s}$；$H$ 为推进泵的扬程，单位为 m；$N_{\mathrm{e}}$ 为推进泵的输入功率，单位为 kW；$T$ 为推进泵产生的推力，单位为 N；$\rho$ 为水的密度，单位为 $\mathrm{kg/m^3}$。

喷水推进器不会带来在水下机器人应用时存在的轴系布置、传动、螺旋桨空泡等诸多问题，它还具有推进效率高、耗能低、结构简单、机动性好、噪声小等诸多优点。

3. 液压推进器

大、中型水下机器人普遍采用液压马达为推进动力。同水下电机比较，采用液压马达的液压推进器有以下几个优点：

(1) 受流量控制的液压推进系统具有良好的调速性，容易对水下机器人的推进实现较大调速范围的无级调速；

(2) 液压推进系统通常装有压力补偿器，容易实现系统的密封；

(3) 液压推进系统安全性好，可靠性高，安装位置灵活，造价低。

#### 4. 磁流体推进器

亦称“电磁泵”式推进器。其基本原理是由水下机器人产生强磁场，由于海水具有导电性，所以导电后在磁场中会产生运动，以反作用力推动水下机器人前进。这种推进方式直接把水下机器人的电能转换为水流的功能，可以认为是直流喷水推进的一种特殊形式。由于使海水导电的方式不同，所以磁流体推进器可分为感应式和传导式，而根据海水流动方式的不同又可分为通路型和自由磁场型。

这种推进方式目前还尚未得到实际应用，但确是一种在水下机器人上有应用前景的推进方式。

#### 5. 仿生推进器

水下生物的身体机能具有很好的机动性和很高的推进效率，水下仿生推进器，较传统的螺旋桨推进器有低噪声、低扰动、高效率等突出优点。仿生推进就是模仿它们在水下推进方式的技术。决定仿生推进器各个性能的重要因素之一，就是仿生推进器内部运动和动力的传动方式。仿生推进驱动方式一般有功能材料驱动、摆动舵机直接驱动、旋转伺服电机驱动、液压传动等。

采用功能材料的仿生推进器。功能材料既是整个装置的动力源和传动结构，还是运动关节，除此之外无其他机械结构，因此推进器尺寸较小。采用舵机驱动的仿生推进器，一般舵机直接驱动单个运动关节，整个装置的尺寸仅受舵机自身尺寸限制，关节数量灵活，控制方便，以上两种驱动方式的仿生推进器结构简单，可控运动参数较多，但驱动能力有限。当需要很大的驱动能力时，其自身尺寸将过大。形状记忆合金、压电陶瓷和人工肌肉尚无法达到实用级。

采用伺服电机通过特定机构来实现仿生运动，可以有很强的驱动能力，但其转动结构复杂、运动规律确定、运动关节安装位置受刚性转轴的限制，无法有效地规避外界载荷的突变对机械机构的损害。减速器和运动变换机构的存在使得整个仿生推进器的尺寸和重量均无法得到很好的控制。

液压驱动油管的柔软性使得运动关节可以根据需要安放在任意位置；液压油的流动性可以有效地保护处于过载情况下的运动关节的结构，使得仿生推进器在动力特性上具有一定的柔性，但是液压驱动油路复杂，需要安装整套液压系统，增加了本体重量。

水下生物的身体机能具有很好的机动性和很高的推进效率，仿生推进就是模仿它们在水下推进方式的技术。

和传统螺旋桨相比，仿生推进具有如下特点：

(1) 仿生推进效率比传统螺旋桨的效率要高，提高能源利用率；

(2) 仿鱼推进器尾鳍与来流的相对速度较螺旋桨相对速度要低，这样防止了翼面的空泡和剥蚀问题；

(3) 由于仿鱼推进是尾翼小幅度摆动，对环境扰动小，也不会缠绕水藻、渔网等，避免了推进机构的损坏；

(4) 仿生推进的噪声较低和隐蔽性较好，不易被敌方发现和识别，且推进器的尾迹很短，非常有利于隐身；

(5) 仿生推进器的机动性好，摆动推进的尾鳍既为推进装置，又为操纵装置，这种桨舵合一的方式提高了推进器的启动、加速和转向的能力。

仿生双尾推进的水面船舶和水下潜艇由于具有高效的推进性能、良好的操纵和隐身性能、对外界环境扰动小等特点，因此具有广阔的应用前景。在军用方面，可用于隐身舰船的开发、智能鱼雷等高性能武器的研究等。在民用方面，可用于高效节能船舶的开发、海洋环境和资源探测装置的研究等。

## 4.3　推进器动力分析与计算

### 4.3.1　推进器推力分析[5]

在对 AUV 进行的设计中，推进器的螺旋桨采用的是定距调速。该推进器产生的推力 $T$ 表示成

$$T = \rho n^2 D^4 K_T \tag{4-10}$$

式中，$\rho$ 为水的密度；$n$ 为螺旋桨转速；$D$ 为螺旋桨直径；$K_T$ 为推力系数。

为了产生推力 $T$，螺旋桨需要输入的力矩为

$$Q = \rho n^2 D^5 K_Q \tag{4-11}$$

式中，$K_Q$ 为力矩系数；$K_T$，$K_Q$ 为螺旋桨几何参数的函数。

螺旋桨的效率为

$$\eta_0 = \frac{TV_{\mathrm{A}}}{2nQ} = \frac{V_{\mathrm{A}}K_T}{nDK_Q} = J\frac{K_T}{K_Q} \tag{4-12}$$

式中，$V_{\mathrm{A}}$ 为螺旋桨的运动速度 (严格说应指螺旋桨相对远处未被螺旋桨搅动的水的速度)；$\eta_0$ 为敞水效率；$J$ 为进速系数。

推进器推力控制性能的好坏对于水下机器人的运行工作具有重大的作用。以往采用的控制方法对于推力系统模型具有很大的依赖性，比如传统推力系统模型，是根据测定的推进器简化模型，依照物质、运动和力的关系获得推力系统的一种简化推力模型 [6]。另外，有的水下机器人是采用一个主推进器，它的转速不能连续调

整，水下机器人的运动控制是依靠舵来配合的。这时，根据螺旋桨伴流实验获得螺旋桨的推力系数的数据拟合公式，该方法是通过实验获得的推力拟合模型，具有真实性。但是由于螺旋桨伴流实验是在特定的情况下进行的，该推力模型也具有一定的局限性，不适合多种不同的水下工作环境。

### 4.3.2 推进器推力计算[7]

考虑到小型 AUV 运动的推力主要由推进器和舵片提供，推力器布置在体坐标系的 $X$ 轴线上，且推力的大小和螺旋桨与 AUV 前进的速度有关。由螺旋桨理论可知，AUV 后的螺旋桨推力 $T$ 用式 (4-13) 确定，即

$$T=(1-t)\rho n^2D^4K_T \tag{4-13}$$

式中，$D$ 为螺旋桨的直径；$n$ 为螺旋桨的转速；$t$ 为螺旋桨的推力减额系数；$K_T$ 为无因次推力系数，是进速比 $J=u(1-\omega)/(nD)$ 的函数 (其中 $\omega$ 是螺旋桨伴流系数)。

若水下机器人做 $\alpha=\beta=\delta_r=0$ 的等速直航，航速为 $u_{\rm c}$，螺旋桨转速也为常数 $n_{\rm c}$，进速比 $J$ 可以写成 $J_{\rm c}$，由文献 [2] 可知

$$T=\frac{1}{2}\rho L^2(a_Tu^2+b_Tuu_{\rm c}+c_Tu_{\rm c}^2) \tag{4-14}$$

式中，$a_T$，$b_T$，$c_T$ 可以按下面的式子计算：

$$a_T=\mu k_2 \tag{4-15}$$

$$b_T=\mu k_1/J_{\rm c} \tag{4-16}$$

$$c_T=\mu k_0/J_{\rm c}^2 \tag{4-17}$$

其中，$k_0,k_1,k_2$ 按照船后桨的无因次化性能曲线按照公式 $k_T(J)=k_0+k_1J+k_2J^2$ 拟合确定。

$$\mu=2(1-t)(1-\omega)^2D^2/L^2 \tag{4-18}$$

因此可以得到推力的另一种简化形式。

有的水下机器人采用一个主推力器，其转速不能连续调整，机器人的运动控制依靠舵来配合，这时，螺旋桨的推力系数是进速系数 $J$ 的函数，可以简化：

$$\begin{aligned}K_T&=k_0+k_1J+k_2J^2\\T&=Au^2+Bun+Cn^2\end{aligned} \tag{4-19}$$

式中，

$$A=(1-t)(1-w_p)^2\rho D_P^2k_2$$

$$B=(1-t)(1-w_p)^3\rho D_p^3k_1$$

$$C=(1-t)\rho D_p^4k_0$$

$t$ 为推力减额系数；$k_0,k_1,k_2$ 根据螺旋桨性能曲线拟合决定；$w_p$ 为螺旋桨伴流系数，可以通过模型实验求得，也可借助经验公式算得。

因此可以得到推力器在 AUV 六个自由度上的推力：

$$F_{\text{thrust}}=\left[\begin{array}{llllll}X_{\text{thrust}} & Y_{\text{thrust}} & Z_{\text{thrust}} & K_{\text{thrust}} & M_{\text{thrust}} & N_{\text{thrust}}\end{array}\right] \tag{4-20}$$

式中，

$$\begin{gathered}X_{\text{thrust}}=\frac{\rho^2}{2}L^2\left(a_x+b_xu_T+c_xu_T^2+d_xu_T^3\right)\\ Y_{\text{thrust}}=Z_{\text{thrust}}=M_{\text{thrust}}=N_{\text{thrust}}=0\\ K_{\text{thrust}}=\frac{\rho^2}{2}L^2\left(a_K+b_Ku_T+c_Ku_T^2+d_Ku_T^3\right)\\ u_T=\frac{u_0n}{n_0u}-1\end{gathered} \tag{4-21}$$

其中，$n_0$，$u_0$ 分别是螺旋桨设计转速和水下机器人的设定前进速度。

当 $u=u_{\text{c}}$ 时，螺旋桨推力和水下机器人的阻力平衡，即

$$T=\frac{\rho^2}{2}L^2u^2X'_{uu} \tag{4-22}$$

$$a_T+b_T+c_T=-X'_{uu} \tag{4-23}$$

此即是推力器的简化后的模型。

根据推力器的有关性能，为了便于直接研究推力器的推力控制问题，对于推力模型，本书在控制系统的设计中采用简化模型，得到推力器的一种推力模型。

其数学描述如下：

$$\left\{\begin{array}{l}\dot{\omega}\ =\alpha\left(\dfrac{T_{\text{d}}}{C_T}-\omega\left|\omega\right|\right)\\ T_{\text{a}}=C_T\omega\left|\omega\right|\end{array}\right. \tag{4-24}$$

式中，$\omega$ 为螺旋桨的角速度；$C_T,\alpha$ 为常数；$T_{\text{d}}$ 为期望推力；$T_{\text{a}}$ 为实际推力。

常数 $C_T$，$\alpha$ 可以根据推力的阶跃响应和频率识别出来。

### 4.3.3 推进功率计算

确保水下机器人一定航速所必需的推进功率也是一项主要设计任务。这个问题的解决比较困难，因为水下机器人的结构往往不可能使其有良好的流体动力学外形 (尤其是有缆水下机器人)，其流体阻力很难精确计算，往往是通过实测或模型测试来得到阻力大小，或参照类似母型来估算。

水下机器人的运动阻力主要是形状阻力和摩擦阻力。当水下机器人在水中运动时，要将水向外排开，从而使其在水中占有空间，这便产生形状阻力，它是载体

截面和形状的函数。摩擦阻力是由水下机器人表面和水之间的摩擦产生的，有缆水下机器人由于形状各异、结构复杂，其阻力除实测外，尚没有可用的近似计算公式，有时可参照已有类似水下机器人来选取推进功率。无缆水下机器人，其外形大多近似流线型，可用近似方法来计算推进器轴功率：

$$N=\frac{1}{2}\times\frac{\rho v^3}{1000}\times\frac{C_X}{\eta}S \tag{4-25}$$

式中，$\rho$ 为水的密度，单位为 $\mathrm{kg/m^3}$；$v$ 为航速，单位为 m/s；$C_X$ 为正面阻力系数；$\eta$ 为推进器系统的推进系数；$S$ 为水下机器人横剖面面积，单位为 $\mathrm{m^2}$。

### 4.3.4 实现六自由度控制的多推进器布置角度分析[8]

本小节介绍利用四个推进器实现水下机器人六个自由度的布置方法，对问题进行部分简化。如图 4-5 所示，使推进器位于正方形四个顶点处，且每一个推力向三个坐标轴分解的分力大小比例确定，即已知各个推进器安装角度，以此为条件实现六个自由度，并计算出四个推进器相对的推力的比例大小。

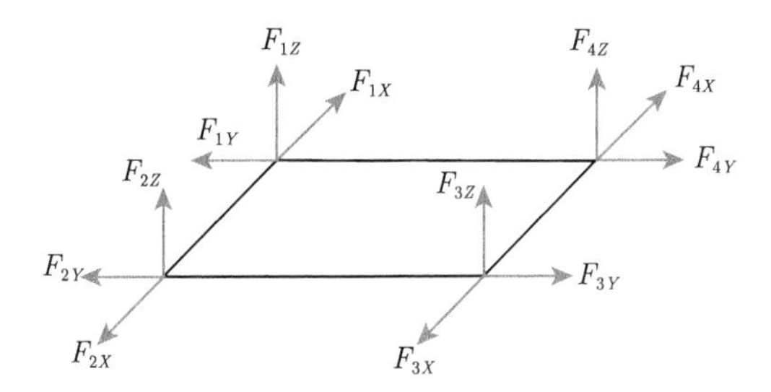


图 4-5 推进器布置位置示意图

此简化模型满足以下几个基本假设:

(1) 四个螺旋桨在相同工作条件推力相同，不存在其他因制造带来的误差使其推力大小改变；

(2) 水下机器人在水下处于悬浮状态，即重力与浮力完全抵消且浮心位于重心正下方；

(3) 螺旋桨所带来的推力皆作用于重心，不存在螺旋桨推力带来的倾覆力矩。

$X$ 轴受力分析：

$$-F_{1X}-F_{2X}+F_{3X}+F_{4X}=F_X \tag{4-26}$$

$Y$ 轴受力分析：

$$-F_{1Y}+F_{2Y}+F_{3Y}-F_{4Y}=F_Y \tag{4-27}$$

$Z$ 轴受力分析：

$$F_{1Z}+F_{2Z}+F_{3Z}+F_{4Z}=F_Z \tag{4-28}$$

转矩的简化点皆为正方形中心位置。

$X$ 轴转矩即 $YOZ$ 面转矩：

$$-F_{1Z}l-F_{2Z}l+F_{3Z}l+F_{4Z}l=M_X \tag{4-29}$$

$Y$ 轴转矩即 $XOZ$ 面转矩：

$$F_{1Z}l-F_{2Z}l-F_{3Z}l+F_{4Z}l=M_Y \tag{4-30}$$

$Z$ 轴转矩即 $XOY$ 面转矩：

$$-F_{1X}l+F_{1Y}l+F_{2X}l-F_{2Y}l-F_{3X}l+F_{3Y}l+F_{4X}l-F_{4Y}l=0=M_Z \tag{4-31}$$

由公式可知，当三分力皆相等时，无法实现 $Z$ 轴转动，所以三个分力不可相同。

由以上分析可知，每一个推进器必须具有一定的角度，才能实现六个自由度，因此为分析推进器角度间的关系，先设每个推进器处三个分力大小比例为

$$\begin{aligned}F_{1X}:F_{1Y}:F_{1Z}&=1:a_1:b_1\\F_{2X}:F_{2Y}:F_{2Z}&=1:a_2:b_2\\F_{3X}:F_{3Y}:F_{3Z}&=1:a_3:b_3\\F_{4X}:F_{4Y}:F_{4Z}&=1:a_4:b_4\end{aligned} \tag{4-32}$$

为进行下一步求解，借助以上比例关系将上述方程 (4-26)～方程 (4-31) 未知数皆化为 $X$ 轴处分力的方程，如下所示：

$$-F_{1X}-F_{2X}+F_{3X}+F_{4X}=F_X \tag{4-33}$$

$$-a_1F_{1X}-a_2F_{2X}+a_3F_{3X}+a_4F_{4X}=F_Y \tag{4-34}$$

$$b_1F_{1X}+b_2F_{2X}+b_3F_{3X}+b_4F_{4X}=F_Z \tag{4-35}$$

$$-b_1F_{1X}-b_2F_{2X}+b_3F_{3X}+b_4F_{4X}=M_X/l \tag{4-36}$$

$$b_1F_{1X}+b_2F_{2X}-b_3F_{3X}-b_4F_{4X}=M_Y/l \tag{4-37}$$

$$(a_1-1)F_{1X}+(1-a_2)F_{2X}+(a_3-1)F_{3X}+(1-a_4)F_{4X}=M_Z/l \tag{4-38}$$

化为矩阵形式得

$$\begin{bmatrix}-1&1&1&-1\\-a_1&-a_2&a_3&a_4\\-b_1&-b_2&b_3&b_4\\-b_1&-b_2&b_3&b_4\\b_1&b_2&-b_3&-b_4\\a_1-1&1-a_2&a_3-1&1-a_4\end{bmatrix}\begin{bmatrix}F_{1X}\\F_{2X}\\F_{3X}\\F_{4X}\end{bmatrix}=\begin{bmatrix}F_X\\F_Y\\F_Z\\M_X/l\\M_Y/l\\M_Z/l\end{bmatrix} \tag{4-39}$$

此时，若想实现某一单一自由度只需要使右侧矩阵中六个参数中的一个有值而另外五个参数皆取 0 即可。

由此可知，只要合理布置，便可实现六个自由度。

以下是任取一比例进行计算，求解其实现六个自由度的可行性。

$$\begin{aligned} F_{1X}:F_{1Y}:F_{1Z}&=1:2:3\\ F_{2X}:F_{2Y}:F_{2Z}&=1:3:2\\ F_{3X}:F_{3Y}:F_{3Z}&=1:2:1\\ F_{4X}:F_{4Y}:F_{4Z}&=1:3:1 \end{aligned} \tag{4-40}$$

将数值代入上述矩阵 (4-39) 便可知在此种比例下是否可以实现六个自由度，为简化计算，利用 MATLAB 进行数值计算，MATLAB 程序见附录 C，具体结果如下 (计算时，等式右侧矩阵参数数值皆为 1 或 0，即若只求推进器作用下 $X$ 轴的位移，只令 $F_X=1$，其他各值皆为 0)。

推进器作用下水下机器人只受 $X$ 轴推力：

$$\begin{bmatrix} F_{1X}\\ F_{2X}\\ F_{3X}\\ F_{4X} \end{bmatrix}=\begin{bmatrix} -0.1526\\ 0.2249\\ 0.3215\\ -0.1562 \end{bmatrix} \tag{4-41}$$

推进器作用下水下机器人只受 $Y$ 轴推力：

$$\begin{bmatrix} F_{1X}\\ F_{2X}\\ F_{3X}\\ F_{4X} \end{bmatrix}=\begin{bmatrix} 0.0552\\ -0.0882\\ 0.0855\\ 0.1373 \end{bmatrix} \tag{4-42}$$

推进器作用下水下机器人只受 $Z$ 轴推力：

$$\begin{bmatrix} F_{1X}\\ F_{2X}\\ F_{3X}\\ F_{4X} \end{bmatrix}=\begin{bmatrix} 0.1006\\ 0.1034\\ 0.2375\\ 0.0828 \end{bmatrix} \tag{4-43}$$

推进器作用下水下机器人只受 $YOZ$ 面的转矩：

$$\begin{bmatrix} F_{1X} \\ F_{2X} \\ F_{3X} \\ F_{4X} \end{bmatrix} = \begin{bmatrix} -0.0893 \\ 0.0137 \\ 0.0613 \\ -0.0089 \end{bmatrix} \tag{4-44}$$

推进器作用下水下机器人只受 $XOZ$ 面的转矩：

$$\begin{bmatrix} F_{1X} \\ F_{2X} \\ F_{3X} \\ F_{4X} \end{bmatrix} = \begin{bmatrix} 0.0893 \\ -0.0137 \\ -0.0613 \\ 0.0089 \end{bmatrix} \tag{4-45}$$

推进器作用下水下机器人只受 $YOZ$ 面的转矩：

$$\begin{bmatrix} F_{1X} \\ F_{2X} \\ F_{3X} \\ F_{4X} \end{bmatrix} = \begin{bmatrix} 0.2402 \\ -0.3587 \\ 0.2950 \\ -0.3669 \end{bmatrix} \tag{4-46}$$

总结：由以上分析可知，四个推进器在理论上可以实现六个自由度的控制，但是四个推进器布置的角度有一定的要求，并非所有角度布置下推进器皆可实现六个自由度的动作。以上述矩阵求解的方式可以较好地验证所布置四个推进器角度下是否可实现六个自由度控制的问题。

## 4.4　水下机器人推力性能测试实例

1. 水下机器人推力性能测试目的

(1) 测试 AUV 前进、后退、转弯航行状态最大推力值，获得 AUV 推力曲线。

(2) 分析推力曲线，通过微调 AUV 推进器安装位置和角度解决左右两推进器推力关于重心不对中问题。

(3) 通过采集的推力数据，利用 ADAMS 虚拟样机分析软件分析 AUV 运动状态，解析 AUV 水下姿态，模拟 AUV 巡航路径。

2. 实验过程

(1) 将 AUV 固定在六维力测试平台，使 AUV 载体坐标系 $Z$ 轴与六维传感器 $Z$ 轴方向重合，如图 4-6 所示。

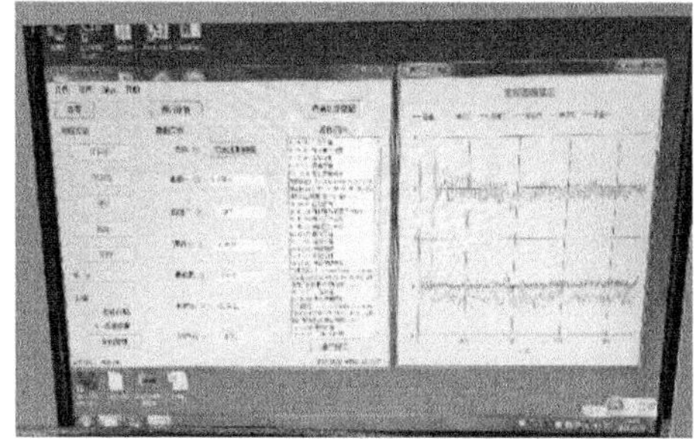

图 4-6 六维力测试平台

(2) 测试步骤见表 4-3。

**表 4-3 测试步骤**

| | 工况 | 说明 |
|---|---|---|
| 推进器校正前 | 巡航功率推进 | 校正不对中问题 |
| 推进器校正后 | 巡航功率推进 | |
| | 巡航功率后退 | |
| | 巡航功率差速左转 | |
| | 巡航功率差速右转 | |
| | 满功率推进 | |

注：每次测试时间为 10min，上位机采样周期 100ms。

(3) 测试过程如图 4-7 所示。

(a) 固定AUV

(b) 巡航功率推进

(c) 巡航功率后退

(d) 满功率推进

(e) 差速左转

(f) 差速右转

图 4-7 测试过程

(4) 巡航功率推力曲线。

AUV 巡航功率状态下获得未校正推力曲线与校正后推力曲线，如图 4-8 所示。

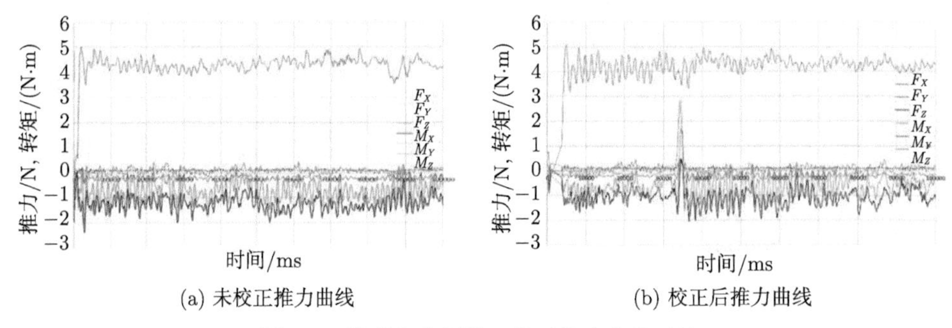


(a) 未校正推力曲线　　(b) 校正后推力曲线

图 4-8　推进器位置校正前后推力曲线对比

3. 巡航功率状态推力曲线分析

(1) 从图 4-7(a) 中可以看出，未校正时，沿 AUV 载体坐标系 $X$ 轴正向推力波动较大，并且其余 5 个自由度方向上的力也有较大波动。

(2) 校正后，如图 4-7(b) 所示，各方向力波动情况有所改善。

(3) 如图 4-7(b) 所示，$M_X$，$M_Y$，$M_Z$ 零线附近稳定波动，$M_X$ 最大偏差为 0.17，$M_Y$ 最大偏差为 0.023，$M_Z$ 最大偏差为 0.5，在误差范围内，故校正后，三个方向上的扭矩符合设计要求。

(4) 忽略误差允许范围内的力 $F_X$ 在 4.3N 附近波动，$F_Y$ 在 −0.7N 附近波动，$F_Z$ 在 −1.2N 附近波动，满足 AUV 推力设计要求。

## 参 考 文 献

[1] 刘鹏. 半潜溢油检测 AUV 的研制 [D]. 青岛: 中国海洋大学, 2017.

[2] 孟昭彬. 蓄电池组的选择及数据计算 [J]. 中国有线电视, 2002, (7): 70, 71.

[3] 蒋新松, 封锡盛, 王棣棠. 水下机器人 [M]. 沈阳: 辽宁科学技术出版社，2000.

[4] 付碧波. 仿生尾鳍推进机理分析与减阻研究 [D]. 青岛: 中国海洋大学, 2015.

[5] 王猛. 水下自治机器人底层运动控制设计与仿真 [D]. 青岛: 中国海洋大学, 2009.

[6] 吴乃龙. 小型 AUV 动力学建模及推力控制研究 [D]. 青岛: 中国海洋大学，2012.

[7] 吴乃龙, 刘贵杰, 徐萌, 等. 水下机器人推力器布置及控制仿真研究 [J]. 中国海洋大学学报，2012, 42(4)：87-91.

[8] 桑恩芳, 庞永杰, 卞红雨, 等. 水下机器人技术 [J]. 机器人技术与应用, 2003, (3): 8-13.

# 第 5 章　水下机器人系统辨识方法研究

在前文中已通过理论分析建立了推进器和 AUV 的动力学模型，但在模型中有一些参数尚未确定。目前，通过理论计算得到这些参数比较困难，因此利用辨识技术来辨识模型中的这些参数。在系统辨识领域中，最小二乘 (LS) 法是一种得到广泛应用的估计方法，是系统参数辨识中一种有效的方法。虽然传统的最小二乘法、极大似然法、梯度校正法等辨识方法已经发展得比较成熟和完善，但仍存在着不足和局限：最小二乘法存在数据饱和的问题，极大似然法需要能够写出输出量条件概率密度函数，梯度校正法要求优化对象的梯度存在，这些在实际的系统中都存在一定的困难。更重要的是传统方法对于非线性系统往往不能得到满意的辨识结果，普遍存在着不能同时确定系统的结构与参数以及往往得不到全局最优解的缺点。由于以上原因，近来许多学者都将现代的系统辨识方法应用于 AUV 的系统辨识。遗传算法 (genetic algorithm，GA) 是一种现代的系统辨识方法，它提供了一种求解复杂系统优化问题的通用框架，不依赖于问题的具体领域，具有较强的鲁棒性和全局优化能。本章首先讨论最小二乘法和遗传算法的基本原理，其次应用最小二乘法和遗传算法对推进器和 AUV 运动进行辨识，然后介绍 GA 的基本原理，最后利用 GA 辨识 AUV 的水动力参数。

## 5.1　推进器参数辨识

开架式 AUV “CRanger-01” 的推力系统由五个推进器组成，其中包含纵向两个主推进器和垂向三个辅助推进器 [1]，具体空间布置见图 5-1，具体参数见表 5-1。

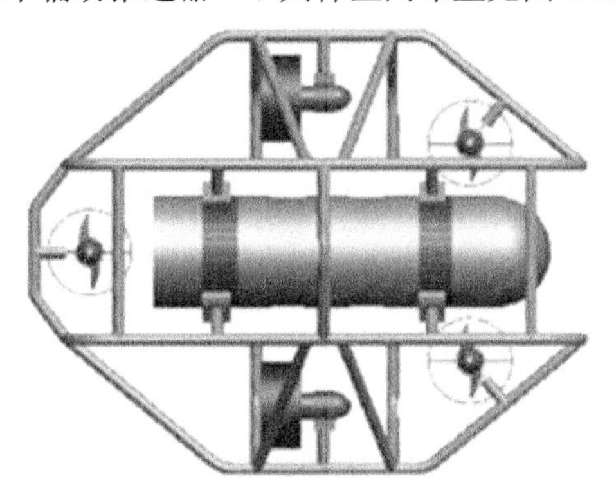

图 5-1　推进器空间布置

**表 5-1　五个推进器参数**

| 名称 | 直径/mm | 质量/kg | 长度/mm | 排水体积/$m^3$ |
|---|---|---|---|---|
| 主推进器 | 75 | 4.52 | 225 | 0.001104 |
| 辅助推进器 | 75 | 2.48 | 137 | 0.000715 |

考虑到推进器所用电机的转速跟电机驱动器的控制电压呈非线性关系，因此采用 Kim 和 Choi [2] 提出的五阶多项式方程作为推进器输出推力与控制电压的动态模型。其控制电压与推力的关系为

$$T = aU^5 + bU^4 + cU^3 + dU^2 + eU + f \tag{5-1}$$

式中，$T$ 为推进器产生的推力；$U$ 为控制电压；$a$，$b$，$c$，$d$，$e$，$f$ 均为未知常数。

在水槽中对其推力性能做了实验，如图 5-2 所示，然后用最小二乘法辨识模型中的未知参数，得出了主推进器和辅助推进器正转和反转的敞水性能曲线，见图 5-3~图 5-6。

图 5-2　推进器水动力实验装置

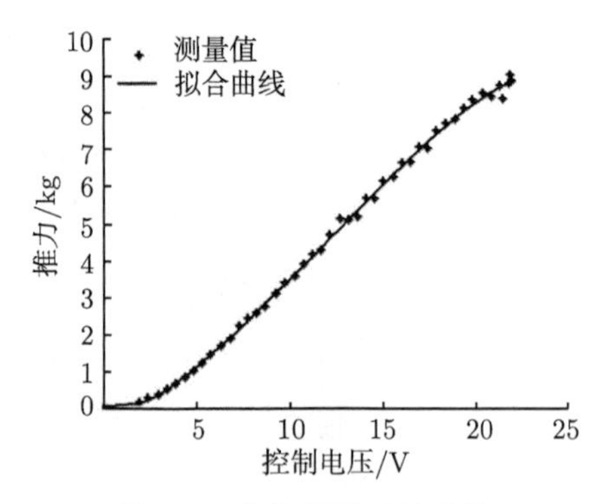


图 5-3　主推进器正转曲线

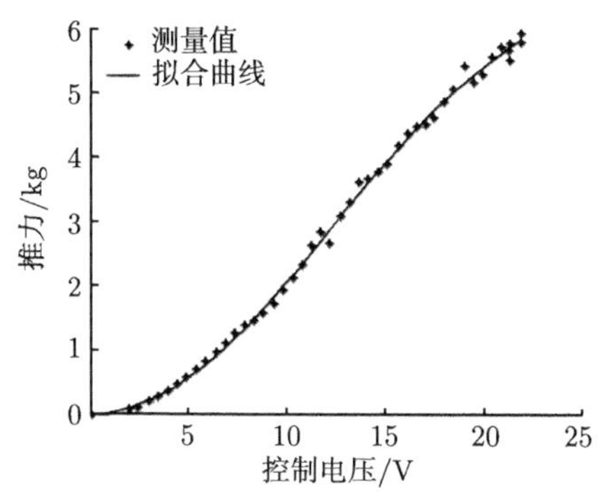


图 5-4 主推进器反转曲线

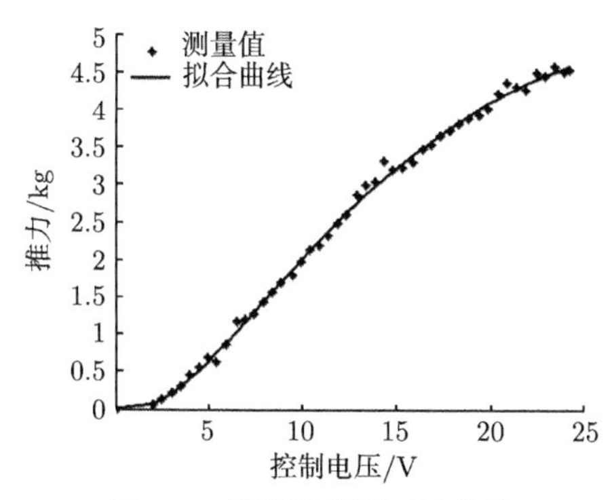


图 5-5 辅助推进器正转曲线

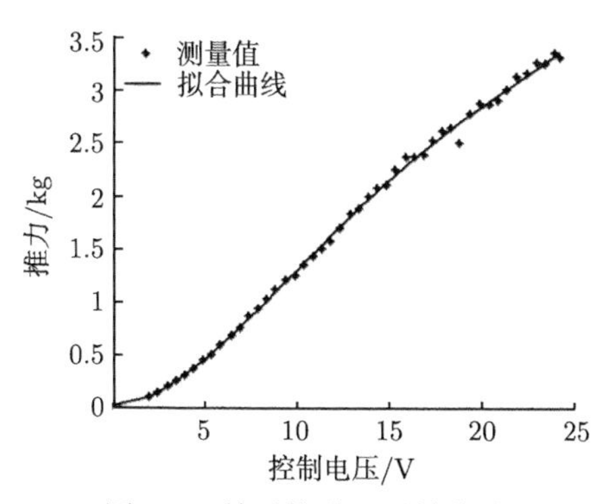


图 5-6 辅助推进器反转曲线

1. 主推进器输入电压与推力关系

(1) 正转:

$$T(\text{kg}) = -6.0373 \times 10^{-6}U^5 + 3.7919 \times 10^{-4}U^4 - 0.0097U^3 + 0.123U^2 - 0.2613U + 0.2667 \tag{5-2a}$$

(2) 反转:

$$T(\text{kg}) = 4.9927\times 10^{-6}U^5 - 2.9752\times 10^{-4}U^4 + 0.0057U^3 - 0.0324U^2 + 0.2419U - 0.3438 \tag{5-2b}$$

2. 辅助推进器输入电压与推力关系

(1) 正转:

$$T(\text{kg}) = -1.8643\times 10^{-6}U^5 + 1.4680\times 10^{-4}U^4 - 0.0045U^3 + 0.0605U^2 - 0.0851U + 0.0321 \tag{5-2c}$$

(2) 反转:

$$T(\text{kg}) = 9.7715\times 10^{-8}U^5 + 9.1460\times 10^{-6}U^4 - 8.3799\times 10^{-4}U^3 + 0.0186U^2 + 0.0172U - 0.0282 \tag{5-2d}$$

## 5.2 AUV 水动力参数辨识

### 5.2.1 AUV 水平面水动力参数辨识

1. 运动模型仿真

AUV 水平面仿真数学模型采用式 (5-3) 形式:

$$\begin{cases} m(\dot{u}-vr) = \frac{1}{2}\rho L^2(X'_{uu}u^2 + X'_{vv}v^2) + \frac{1}{2}\rho L^3(X'_{\dot{u}}\dot{u} + X'_{vr}vr) + \frac{1}{2}\rho L^4 X'_{rr}r^2 + T_X \\ m(\dot{v}+ur) = \frac{1}{2}\rho L^2(Y'_v uv + Y'_{v|v|}v|v|) + \frac{1}{2}\rho L^3(Y'_{\dot{v}}\dot{v} + Y'_r ur + Y'_{v|r|}v|r|) \\ \qquad + \frac{1}{2}\rho L^4(Y'_{\dot{r}}\dot{r} + Y'_{r|r|}r|r|) \\ I_Z\dot{r} = \frac{1}{2}\rho L^3(N'_v uv + N'_{v|v|}v|v|) + \frac{1}{2}\rho L^4(N'_{\dot{v}}\dot{v} + N'_r ur + N'_{v|r|}v|r|) \\ \qquad + \frac{1}{2}\rho L^5(N'_{\dot{r}}\dot{r} + N'_{r|r|}r|r|) + M_Z \end{cases} \tag{5-3}$$

其中，$\rho$ 为海水密度；$m$ 为 AUV 质量；$L$ 为 AUV 长度；$I_Z$ 为 AUV 在动坐标系 $(OXYZ)$ 下 $Z$ 轴转动惯量；$u, v$ 和 $r$ 分别为 AUV 在动坐标系 $(OXYZ)$ 下的线速度和角速度；$T_X$，$M_Z$ 为系统输入，即推力和推力矩；$X'_{\dot{u}}$，$Y'_{\dot{v}}$，$Y'_{\dot{r}}$，$N'_{\dot{v}}$，$N'_{\dot{r}}$ 为要辨识的无因次化的惯性类水动力参数；$X'_{uu}$，$X'_{vv}$，$X'_{rr}$，$X'_{vr}$，$Y'_v$，$Y'_r$，$Y'_{v|v|}$，$Y'_{v|r|}$，$Y'_{r|r|}$，$N'_v$，$N'_r$，$N'_{v|v|}$，$N'_{v|r|}$，$N'_{r|r|}$ 为要辨识的无因次化的黏性类水动力参数。

由于条件有限，对 LS 的研究没有在实验数据的基础上，而是在仿真数据的基础上进行的。仿真模型采用式 (5-3)，模型中一些参数如下:

$$m = 150\text{kg},\quad \rho = 1000\text{kg/m}^3,\quad L = 1.2\text{m},\quad I_Z = 24.1\text{kg}\cdot\text{m}^2$$

$$X'_{\dot{u}} = -0.067593,\quad Y'_{\dot{v}} = -0.027546,\quad Y'_{\dot{r}} = 0.020997,\quad N'_{\dot{v}} = 0.001236$$

$$N'_{\dot{r}} = -0.002146,\quad X'_{uu} = -0.12500,\quad X'_{vv} = -0.138530,\quad X'_{rr} = -0.033400$$

$$X'_{vr} = 0.066900,\quad Y'_{v} = -0.048180,\quad Y'_{r} = 0.014140,\quad Y'_{v|v|} = -0.125000$$

$$Y'_{v|r|} = 0.089673,\quad Y'_{r|r|} = 0.014620,\quad N'_{v} = -0.027510,\quad N'_{r} = -0.005100$$

$$N'_{v|v|} = 0.053686,\quad N'_{v|r|} = -0.062308,\quad N'_{r|r|} = -0.012056$$

仿真采样间隔为 0.1s，控制电压 10V，由此得到 AUV 的纵向速度、横向速度和偏航角速度，以及纵向力、横向力和偏航力矩曲线，如图 5-7 和图 5-8 所示。

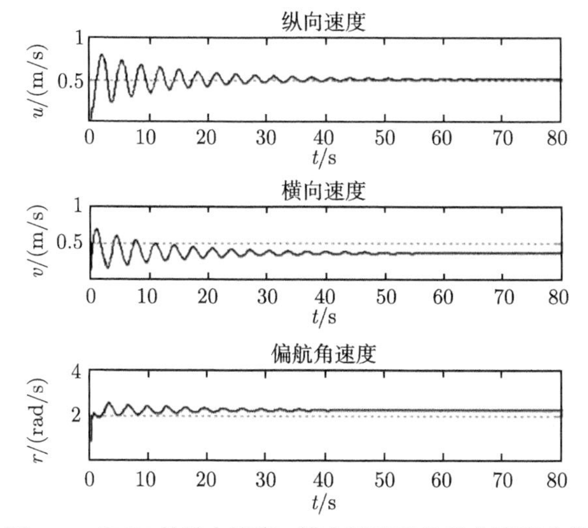


图 5-7 AUV 的纵向速度、横向速度及偏航角速度曲线

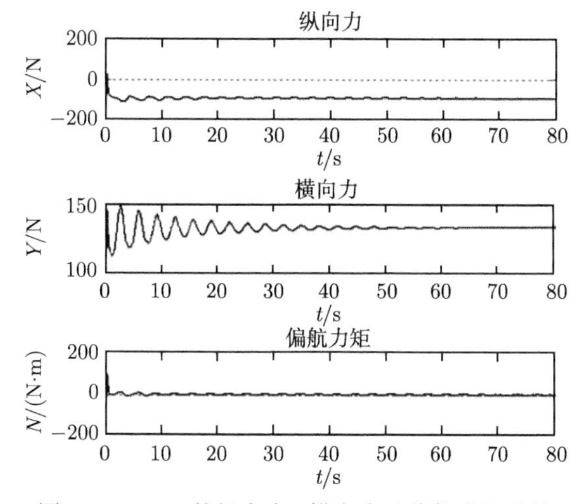


图 5-8 AUV 的纵向力、横向力及偏航力矩曲线

2. 水平面水动力参数辨识

大部分辨识所用的模型都和实际控制用的模型相差较大，做了许多假设。这样的假设有利于辨识，但由于这些模型与实际所用模型差别较大，所以辨识出的系统应用价值不大，反而不利于辨识技术在 AUV 上的应用 [3,4]。辨识模型和实际控制系统所用模型差别不大，但因此也增加了辨识的难度。

1) 纵向辨识

在阶跃信号激励下，水下机器人向前运动时，将辨识方程写成如下形式：

$$\dot{u} = a_1 u^2 + a_2 v^2 + a_3 r^2 + a_4 vr + a_5(mvr + T_X) \tag{5-4}$$

其中，

$$a_1 = \frac{0.5\rho L^2 X'_{uu}}{m - 0.5\rho L^3 X'_{\dot{u}}}, \quad a_2 = \frac{0.5\rho L^2 X'_{vv}}{m - 0.5\rho L^3 X'_{\dot{u}}}, \quad a_3 = \frac{0.5\rho L^4 X'_{rr}}{m - 0.5\rho L^3 X'_{\dot{u}}},$$

$$a_4 = \frac{0.5\rho L^3 X'_{vr}}{m - 0.5\rho L^3 X'_{\dot{u}}}, \quad a_5 = \frac{1}{m - 0.5\rho L^3 X'_{\dot{u}}}$$

当采样 $N$ 组数据时，式 (5-4) 可被扩充为

$$\begin{bmatrix} u_1^2 & v_1^2 & r_1^2 & v_1 r_1 & m v_1 r_1 + T_X \\ u_2^2 & v_2^2 & r_2^2 & v_2 r_2 & m v_2 r_2 + T_X \\ \vdots & \vdots & \vdots & \vdots & \vdots \\ u_N^2 & v_N^2 & r_N^2 & v_N r_N & m v_N r_N + T_X \end{bmatrix} \times \begin{bmatrix} a_1 \\ a_2 \\ a_3 \\ a_4 \\ a_5 \end{bmatrix} = \begin{bmatrix} \dot{u}_1 \\ \dot{u}_2 \\ \vdots \\ \dot{u}_N \end{bmatrix} \tag{5-5}$$

这样就得到了一个相对未知向量的线性方程，其中加速度项是通过对速度进行微分得到的。利用上面的方程，可以估计未知向量 $[a_1\ \ a_2\ \ a_3\ \ a_4\ \ a_5]^{\mathrm{T}}$。最后根据仿真数据用 LS 辨识出的结果如表 5-2 所示，残差如图 5-9 所示。

**表 5-2　纵向水动力参数辨识结果及误差**

| 水动力参数 | 实际值 | LS 辨识值 | 误差 $\Delta$/% |
|---|---|---|---|
| $X'_{\dot{u}}$ | −0.067593 | −0.057926 | −14.30 |
| $X'_{uu}$ | −0.125000 | −0.119048 | −4.76 |
| $X'_{vv}$ | −0.138530 | −0.131933 | −4.76 |
| $X'_{rr}$ | −0.033400 | −0.031810 | −4.76 |
| $X'_{vr}$ | 0.066900 | 0.057266 | −14.40 |

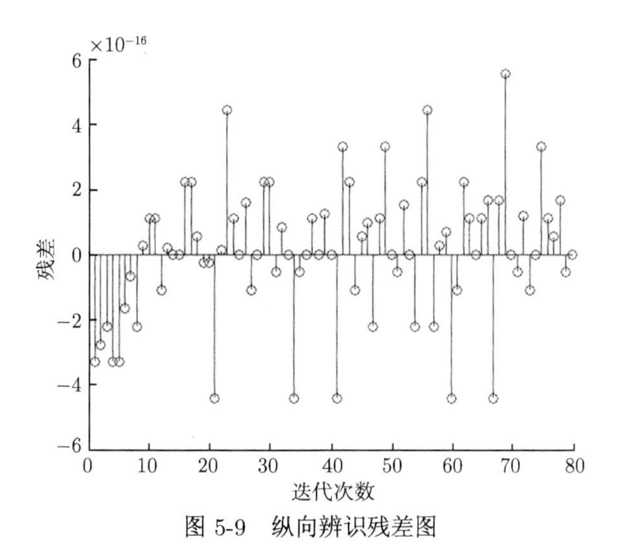


图 5-9 纵向辨识残差图

2) 横向辨识

同纵向辨识一样，AUV 的横向运动方程可以写成

$$\dot{v} = b_1\dot{r} + b_2uv + b_3ur + b_4v|v| + b_5v|r| + b_6r|r| + b_7mur \tag{5-6}$$

其中，

$$b_1 = \frac{0.5\rho L^4 Y'_{\dot{r}}}{m - 0.5\rho L^5 Y'_{\dot{v}}},\quad b_2 = \frac{0.5\rho L^2 Y'_v}{m - 0.5\rho L^5 Y'_{\dot{v}}},\quad b_3 = \frac{0.5\rho L^3 Y'_r}{m - 0.5\rho L^5 Y'_{\dot{v}}}$$

$$b_4 = \frac{0.5\rho L^2 Y'_{v|v|}}{m - 0.5\rho L^5 Y'_{\dot{v}}},\quad b_5 = \frac{0.5\rho L^3 Y'_{v|r|}}{m - 0.5\rho L^5 Y'_{\dot{v}}}$$

$$b_6 = \frac{0.5\rho L^4 Y'_{r|r|}}{m - 0.5\rho L^5 Y'_{\dot{v}}},\quad b_7 = -\frac{1}{m - 0.5\rho L^5 Y'_{\dot{v}}}$$

当采样 $N$ 组数据时，式 (5-6) 可被扩充为

$$\begin{bmatrix} \dot{r}_1 & u_1v_1 & u_1r_1 & v_1|v_1| & v_1|r_1| & r_1|r_1| & mu_1r_1 \\ \dot{r}_2 & u_2v_2 & u_2r_2 & v_2|v_2| & v_2|r_2| & r_2|r_2| & mu_2r_2 \\ \vdots & \vdots & \vdots & \vdots & \vdots & \vdots & \vdots \\ \dot{r}_N & u_Nv_N & u_Nr_N & v_N|v_N| & v_N|r_N| & r_N|r_N| & mu_Nr_N \end{bmatrix} \times \begin{bmatrix} b_1 \\ b_2 \\ b_3 \\ b_4 \\ b_5 \\ b_6 \\ b_7 \end{bmatrix} = \begin{bmatrix} \dot{v}_1 \\ \dot{v}_2 \\ \vdots \\ \dot{v}_N \end{bmatrix} \tag{5-7}$$

这样就得到了一个相对未知向量的线性方程，其中加速度项是通过对速度进行微分得到的。利用上面的方程，可以估计未知向量 $[b_1\ \ b_2\ \ b_3\ \ b_4\ \ b_5\ \ b_6\ \ b_7]^{\mathrm{T}}$。最后根据仿真数据用 LS 辨识出的结果如表 5-3 所示，残差如图 5-10 所示。

**表 5-3 横向水动力参数辨识结果及误差**

| 水动力参数 | 实际值 | LS 辨识值 | 误差 $\Delta/\%$ |
|---|---|---|---|
| $Y'_{\dot{v}}$ | −0.027546 | −0.037621 | 36.58 |
| $Y'_{\dot{r}}$ | 0.020997 | 0.018146 | −13.58 |
| $Y'_{v}$ | −0.048180 | −0.041638 | −13.58 |
| $Y'_{r}$ | 0.014140 | 0.030608 | 116.46 |
| $Y'_{v\|v\|}$ | −0.125000 | −0.108026 | −13.58 |
| $Y'_{v\|r\|}$ | 0.089673 | 0.077496 | −13.58 |
| $Y'_{r\|r\|}$ | 0.014620 | 0.012635 | −13.58 |

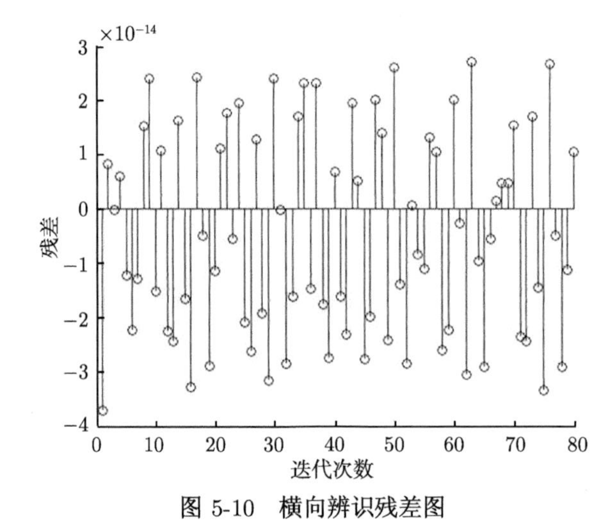


图 5-10 横向辨识残差图

3) 偏航辨识

同纵向和横向一样，AUV 的偏航运动方程可以写成

$$\dot{r} = c_1\dot{v} + c_2uv + c_3ur + c_4v|v| + c_5v|r| + c_6r|r| + c_7M_Z \tag{5-8}$$

其中，

$$c_1 = \frac{0.5\rho L^4 N'_{\dot{v}}}{I_z - 0.5\rho L^5 N'_{\dot{r}}}, \quad c_2 = \frac{0.5\rho L^3 N'_{v}}{I_z - 0.5\rho L^5 N'_{\dot{r}}}, \quad c_3 = \frac{0.5\rho L^4 N'_{r}}{I_z - 0.5\rho L^5 N'_{\dot{r}}}$$

$$c_4 = \frac{0.5\rho L^3 N'_{v|v|}}{I_z - 0.5\rho L^5 N'_{\dot{r}}}, \quad c_5 = \frac{0.5\rho L^4 N'_{v|r|}}{I_z - 0.5\rho L^5 N'_{\dot{r}}}$$

$$c_6 = \frac{0.5\rho L^5 N'_{r|r|}}{I_z - 0.5\rho L^5 N'_{\dot{r}}}, \quad c_7 = \frac{1}{I_z - 0.5\rho L^5 N'_{\dot{r}}}$$

当采样 $N$ 组数据时，式 (5-8) 可被扩充为

$$\begin{bmatrix} \dot{v}_1 & u_1v_1 & u_1r_1 & v_1|v_1| & v_1|r_1| & r_1|r_1| & M_Z \\ \dot{v}_2 & u_2v_2 & u_2r_2 & v_2|v_2| & v_2|r_2| & r_2|r_2| & M_Z \\ \vdots & \vdots & \vdots & \vdots & \vdots & \vdots & \vdots \\ \dot{v}_N & u_Nv_N & u_Nr_N & v_N|v_N| & v_N|r_N| & r_N|r_N| & M_Z \end{bmatrix} \times \begin{bmatrix} c_1 \\ c_2 \\ c_3 \\ c_4 \\ c_5 \\ c_6 \\ c_7 \end{bmatrix} = \begin{bmatrix} \dot{r}_1 \\ \dot{r}_2 \\ \vdots \\ \dot{r}_N \end{bmatrix} \tag{5-9}$$

这样就得到了一个相对未知向量的线性方程，其中加速度项是通过对速度进行微分得到的。利用上面的方程，可以估计未知向量 $[c_1\ \ c_2\ \ c_3\ \ c_4\ \ c_5\ \ c_6\ \ c_7]^{\mathrm{T}}$。最后根据仿真数据用 LS 辨识出的结果如表 5-4 所示，残差如图 5-11 所示。

**表 5-4　偏航水动力参数辨识结果及误差**

| 水动力参数 | 实际值 | LS 辨识值 | 误差 $\Delta$/% |
|---|---|---|---|
| $N'_{\dot{r}}$ | −0.002146 | −0.002336 | 8.85 |
| $N'_{\dot{v}}$ | 0.001236 | 0.002710 | 119.26 |
| $N'_{v}$ | −0.027510 | −0.027074 | −1.58 |
| $N'_{r}$ | −0.005100 | −0.004003 | −21.51 |
| $N'_{v\|v\|}$ | 0.053686 | 0.054817 | 2.11 |
| $N'_{v\|r\|}$ | −0.062308 | −0.063119 | 1.30 |
| $N'_{r\|r\|}$ | −0.012056 | −0.012188 | 1.09 |

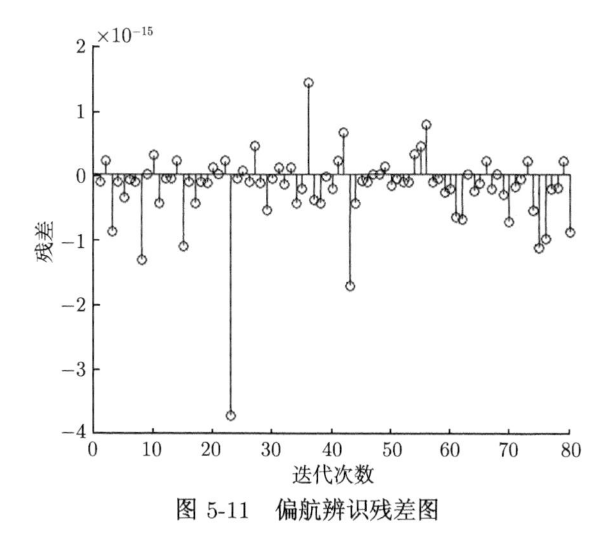


图 5-11　偏航辨识残差图

### 5.2.2　AUV 垂直面水动力参数辨识

1. 运动模型仿真

对于垂直面的操纵运动，开架式 AUV “CRanger-01” 上下近似对称，且不对称性的影响属小量级，如 $Z_{|w|}$ 约为 $Z_w$ 的 10%，而 $M_{|w|}$ 还不到 $M_w$ 的 1%；非线性部分 $M_{ww}$ 约是 $M_{w|w|}$ 的 10%，而 $Z_{ww}$ 只是 $Z_{w|w|}$ 的 5%。因此，水动力系数不再考虑不对称的修正。则式 (5-3) 无因次化后可以简化为

$$\begin{cases} m(\dot{u}+wq)=\dfrac{1}{2}\rho L^2(X'_{uu}u^2+X'_{ww}w^2)+\dfrac{1}{2}\rho L^3(X'_{\dot{u}}\dot{u}+X'_{wq}wq) \\ \qquad\qquad +\dfrac{1}{2}\rho L^4X'_{qq}q^2+T_X \\ m(\dot{w}-uq)=\dfrac{1}{2}\rho L^2(Z'_w uw+Z'_{w|w|}w|w|)+\dfrac{1}{2}\rho L^3(Z'_{\dot{w}}\dot{w}+Z'_q uq+Z'_{w|q|}w|q|) \\ \qquad\qquad +\dfrac{1}{2}\rho L^4(Z'_{\dot{q}}\dot{q}+Z'_{q|q|}q|q|)+T_Z \\ I_Y\dot{q}=\dfrac{1}{2}\rho L^3(M'_w uw+M'_{w|w|}w|w|)+\dfrac{1}{2}\rho L^4(M'_{\dot{w}}\dot{w}+M'_q uq+M'_{w|q|}w|q|) \\ \qquad +\dfrac{1}{2}\rho L^5(M'_{\dot{q}}\dot{q}+M'_{q|q|}q|q|)+M_Y \end{cases} \tag{5-10}$$

其中，$\rho$ 为海水密度；$m$ 为 AUV 质量；$L$ 为 AUV 长度；$I_Y$ 为 AUV 在动坐标系 $(OXYZ)$ 下 $Y$ 轴转动惯量；$u$，$w$ 和 $q$ 分别为 AUV 在动坐标系 $(OXYZ)$ 下的线速度和角速度；$T_X$，$M_Y$ 为系统输入，即推力和推力矩；$X'_{\dot{u}}$，$Z'_{\dot{w}}$，$Z'_{\dot{q}}$，$M'_{\dot{w}}$，$M'_{\dot{q}}$ 为要辨识的无因次化的惯性类水动力参数；$X'_{uu}$，$X'_{ww}$，$X'_{wq}$，$X'_{qq}$，$Z'_w$，$Z'_q$，$Z'_{w|w|}$，$Z'_{w|q|}$，$Z'_{q|q|}$，$M'_w$，$M'_q$，$M'_{w|w|}$，$M'_{w|q|}$，$M'_{q|q|}$ 为要辨识的无因次化的黏性类水动力参数。

由于条件有限，对 LS 的研究没有在实验数据的基础上，而是在仿真数据的基础上进行的。仿真模型采用式 (5-10)，模型中一些参数如下：

$$m=150\text{kg},\quad \rho=1000\text{kg/m}^3,\quad L=1.2\text{m},\quad I_Y=27.9\text{kg}\cdot\text{m}^2,\quad X'_{\dot{u}}=-0.067593,$$

$$Z'_{\dot{w}}=-0.027546,\quad Z'_{\dot{q}}=-0.019544,\quad M'_{\dot{w}}=0.001465,\quad M'_{\dot{q}}=-0.000948,$$

$$X'_{uu}=-0.125000,\quad X'_{ww}=-0.000282,\quad X'_{wq}=-0.062190,\quad X'_{qq}=-0.019544,$$

$$Z'_w=-0.045320,\quad Z'_q=-0.014610,\quad Z'_{w|w|}=-0.166667,\quad Z'_{w|q|}=0.000526,$$

$$Z'_{q|q|}=0.008020,\quad M'_w=-0.040000,\quad M'_q=-0.045226,\quad M'_{w|w|}=0.002630,$$

$$M'_{w|q|}=-0.016000,\quad M'_{q|q|}=-0.009645$$

仿真采样间隔为 0.1s，控制电压 10V，由此得到 AUV 的纵向速度、垂向速度和纵倾角速度，以及纵向力、垂向力和纵倾力矩曲线，如图 5-12 和图 5-13 所示。

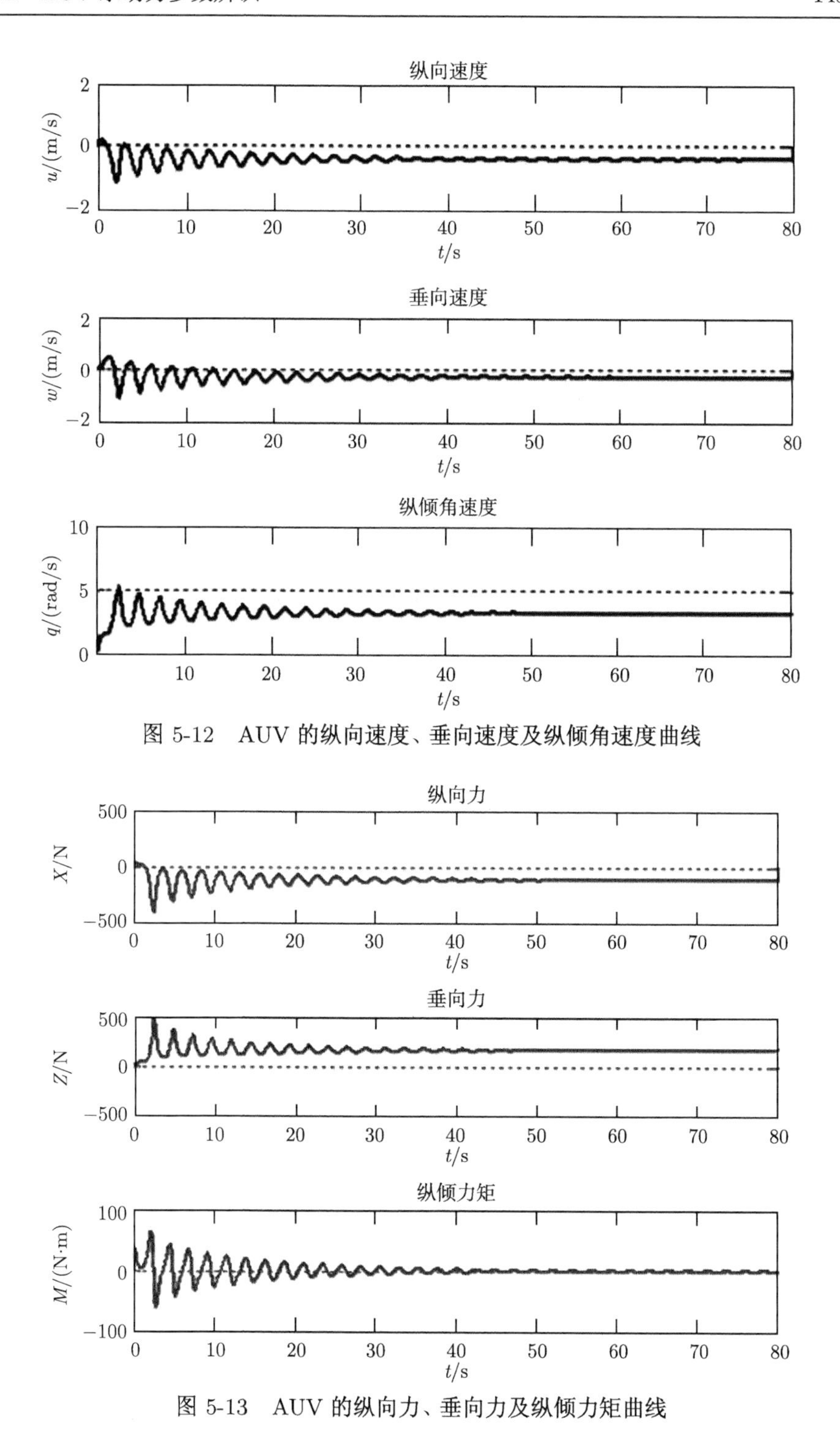


图 5-12 AUV 的纵向速度、垂向速度及纵倾角速度曲线

图 5-13 AUV 的纵向力、垂向力及纵倾力矩曲线

2. 垂直面水动力参数辨识

1) 纵向辨识

在阶跃信号激励下，水下机器人向前运动时，将辨识方程写成如下形式：

$$\dot{u} = a_1 u^2 + a_2 w^2 + a_3 q^2 + a_4 wq + a_5(mwq - T_X) \tag{5-11}$$

其中，

$$a_1 = \frac{0.5\rho L^2 X'_{uu}}{m - 0.5\rho L^3 X'_{\dot{u}}}, \quad a_2 = \frac{0.5\rho L^2 X'_{ww}}{m - 0.5\rho L^3 X'_{\dot{u}}}, \quad a_3 = \frac{0.5\rho L^4 X'_{qq}}{m - 0.5\rho L^3 X'_{\dot{u}}}$$

$$a_4 = \frac{0.5\rho L^3 X'_{wq}}{m - 0.5\rho L^3 X'_{\dot{u}}}, \quad a_5 = -\frac{1}{m - 0.5\rho L^3 X'_{\dot{u}}}$$

当采样 $N$ 组数据时，式 (5-11) 可被扩充为

$$\begin{bmatrix} u_1^2 & w_1^2 & q_1^2 & w_1 q_1 & m w_1 q_1 - T_X \\ u_2^2 & w_2^2 & q_2^2 & w_2 q_2 & m w_2 q_2 - T_X \\ \vdots & \vdots & \vdots & \vdots & \vdots \\ u_N^2 & w_N^2 & q_N^2 & w_N q_N & m w_N q_N - T_X \end{bmatrix} \times \begin{bmatrix} a_1 \\ a_2 \\ a_3 \\ a_4 \\ a_5 \end{bmatrix} = \begin{bmatrix} \dot{u}_1 \\ \dot{u}_2 \\ \vdots \\ \dot{u}_N \end{bmatrix} \tag{5-12}$$

这样就得到了一个相对未知向量的线性方程，其中加速度项是通过对速度进行微分得到的。利用上面的方程，可以用来估计未知向量 $[a_1 \ \ a_2 \ \ a_3 \ \ a_4 \ \ a_5]^{\mathrm{T}}$。

最后根据仿真数据用 LS 辨识出的结果如表 5-5 所示，残差如图 5-14 所示。

**表 5-5　纵向水动力参数辨识结果及误差**

| 水动力参数 | 实际值 | LS 辨识值 | 误差 $\Delta$/% |
|---|---|---|---|
| $X'_{\dot{u}}$ | −0.067593 | −0.060188 | −10.96 |
| $X'_{uu}$ | −0.125000 | −0.120441 | −3.65 |
| $X'_{ww}$ | −0.000282 | −0.000272 | −3.55 |
| $X'_{wq}$ | −0.062190 | −0.054982 | −11.59 |
| $X'_{qq}$ | −0.019544 | −0.018831 | −3.65 |

2) 垂向辨识

同纵向辨识一样，AUV 的垂向运动方程可以写成

$$\dot{w} = b_1\dot{q} + b_2 uw + b_3 uq + b_4 w|w| + b_5 w|q| + b_6 q|q| + b_7(muq + T_Z) \tag{5-13}$$

其中，

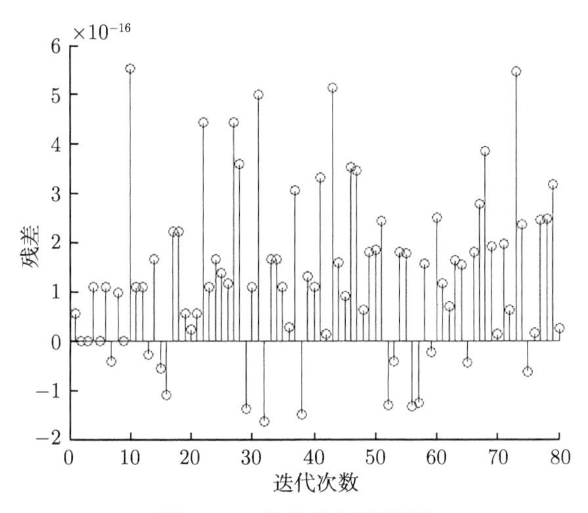


图 5-14 纵向辨识残差图

$$b_1=\frac{0.5\rho L^4 Z'_{\dot{q}}}{m-0.5\rho L^5 Z'_{\dot{w}}},\quad b_2=\frac{0.5\rho L^2 Z'_{w}}{m-0.5\rho L^5 Z'_{\dot{w}}},\quad b_3=\frac{0.5\rho L^3 Z'_{q}}{m-0.5\rho L^5 Z'_{\dot{w}}}$$

$$b_4=\frac{0.5\rho L^2 Z'_{w|w|}}{m-0.5\rho L^5 Z'_{\dot{w}}},\quad b_5=\frac{0.5\rho L^3 Z'_{w|q|}}{m-0.5\rho L^5 Z'_{\dot{w}}}$$

$$b_6=\frac{0.5\rho L^4 Z'_{q|q|}}{m-0.5\rho L^5 Z'_{\dot{w}}},\quad b_7=\frac{1}{m-0.5\rho L^5 Z'_{\dot{w}}}$$

当采样 $N$ 组数据时，式 (5-13) 可被扩充为

$$\begin{bmatrix} \dot{q}_1 & u_1w_1 & u_1q_1 & w_1|w_1| & w_1|q_1| & q_1|q_1| & mu_1q_1+T_Z \\ \dot{q}_2 & u_2w_2 & u_2q_2 & w_2|w_2| & w_2|q_2| & q_2|q_2| & mu_2q_2+T_Z \\ \vdots & \vdots & \vdots & \vdots & \vdots & \vdots & \vdots \\ \dot{q}_N & u_Nw_N & u_Nq_N & w_N|w_N| & w_N|q_N| & q_N|q_N| & mu_Nq_N+T_Z \end{bmatrix}$$

$$\times\begin{bmatrix} b_1 \\ b_2 \\ b_3 \\ b_4 \\ b_5 \\ b_6 \\ b_7 \end{bmatrix}=\begin{bmatrix} \dot{w}_1 \\ \dot{w}_2 \\ \vdots \\ \dot{w}_N \end{bmatrix} \tag{5-14}$$

这样就得到了一个相对未知向量的线性方程，其中加速度项是通过对速度进行微分得到的。利用上面的方程，可以估计未知向量 $[b_1\ \ b_2\ \ b_3\ \ b_4\ \ b_5\ \ b_6\ \ b_7]^{\mathrm{T}}$。最后根据仿真数据用 LS 辨识出的结果如表 5-6 所示，残差如图 5-15 所示。

**表 5-6　垂向水动力参数辨识结果及误差**

| 水动力参数 | 实际值 | LS 辨识值 | 误差 $\Delta/\%$ |
|---|---|---|---|
| $Z'_{\dot{w}}$ | −0.027546 | −0.010550 | −61.70 |
| $Z'_{\dot{q}}$ | −0.019544 | −0.019227 | −1.62 |
| $Z'_{w}$ | −0.045320 | −0.047150 | 4.04 |
| $Z'_{q}$ | −0.014610 | −0.034371 | 135.26 |
| $Z'_{w\|w\|}$ | −0.166667 | −0.149101 | −10.54 |
| $Z'_{w\|q\|}$ | 0.000526 | 0.000212 | −59.70 |
| $Z'_{q\|q\|}$ | 0.008020 | 0.005630 | −29.80 |

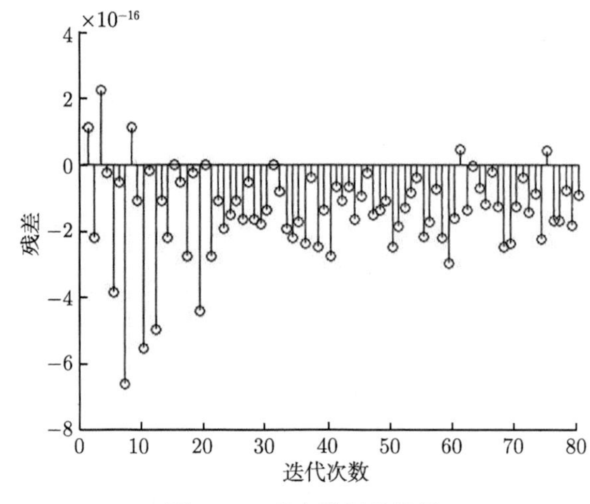


图 5-15　垂向辨识残差图

3) 纵倾辨识

同纵向和垂向一样，AUV 的纵倾运动方程可以写成

$$\dot{q} = c_1\dot{w} + c_2uw + c_3uq + c_4w|w| + c_5w|q| + c_6q|q| + c_7M_Y \tag{5-15}$$

其中，

$$c_1 = \frac{0.5\rho L^4 M'_{\dot{w}}}{I_y - 0.5\rho L^5 M'_{\dot{q}}},\quad c_2 = \frac{0.5\rho L^3 M'_{w}}{I_y - 0.5\rho L^5 M'_{\dot{q}}},\quad c_3 = \frac{0.5\rho L^4 M'_{q}}{I_y - 0.5\rho L^5 M'_{\dot{q}}}$$

$$c_4 = \frac{0.5\rho L^3 M'_{w|w|}}{I_y - 0.5\rho L^5 M'_{\dot{q}}},\quad c_5 = \frac{0.5\rho L^4 M'_{w|q|}}{I_y - 0.5\rho L^5 M'_{\dot{q}}}$$

$$c_6 = \frac{0.5\rho L^5 M'_{q|q|}}{I_y - 0.5\rho L^5 M'_{\dot{q}}},\quad c_7 = \frac{1}{I_y - 0.5\rho L^5 M'_{\dot{q}}}$$

当采样 $N$ 组数据时，式 (5-15) 可被扩充为

$$\begin{bmatrix} \dot{w}_1 & u_1w_1 & u_1q_1 & w_1|w_1| & w_1|q_1| & q_1|q_1| & M_Y \\ \dot{w}_2 & u_2w_2 & u_2q_2 & w_2|w_2| & w_2|q_2| & q_2|q_2| & M_Y \\ \vdots & \vdots & \vdots & \vdots & \vdots & \vdots & \vdots \\ \dot{w}_N & u_Nw_N & u_Nq_N & w_N|w_N| & w_N|q_N| & q_N|q_N| & M_Y \end{bmatrix} \times \begin{bmatrix} c_1 \\ c_2 \\ c_3 \\ c_4 \\ c_5 \\ c_6 \\ c_7 \end{bmatrix} = \begin{bmatrix} \dot{w}_1 \\ \dot{w}_2 \\ \vdots \\ \dot{w}_N \end{bmatrix} \tag{5-16}$$

这样就得到了一个相对未知向量的线性方程，其中加速度项是通过对速度进行微分得到的。利用上面的方程，可以估计未知向量 $[c_1 \ \ c_2 \ \ c_3 \ \ c_4 \ \ c_5 \ \ c_6 \ \ c_7]^{\mathrm{T}}$。最后根据仿真数据用 LS 辨识出的结果如表 5-7 所示，残差如图 5-16 所示。

**表 5-7 纵倾水动力参数辨识结果及误差**

| 水动力参数 | 实际值 | LS 辨识值 | 误差 $\Delta$/% |
|---|---|---|---|
| $M'_{\dot{q}}$ | −0.000948 | −0.000694 | −26.79 |
| $M'_{\dot{w}}$ | 0.001465 | 0.001162 | −20.68 |
| $M'_{w}$ | −0.040000 | −0.034341 | −14.15 |
| $M'_{q}$ | −0.045226 | −0.034893 | −22.85 |
| $M'_{w\|w\|}$ | 0.002630 | 0.001964 | −25.32 |
| $M'_{w\|q\|}$ | −0.016000 | −0.017397 | 8.73 |
| $M'_{q\|q\|}$ | −0.009645 | −0.005060 | −47.54 |

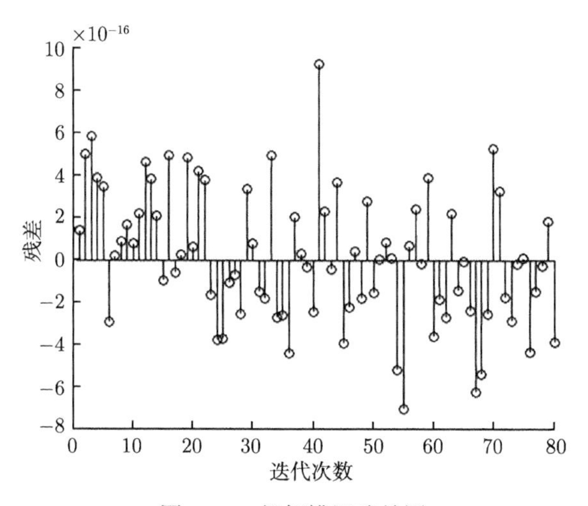


图 5-16 纵倾辨识残差图

## 5.3　基于遗传算法的 AUV 水动力参数辨识

### 5.3.1　遗传算法基本原理

1. 遗传算法的概述

GA 是模拟生物在自然环境中的遗传和进化过程而形成的一种自适应全局优化概率搜索算法 [5]。它是一种以达尔文的自然进化论与孟德尔的遗传变异理论为思想基础的仿生类算法。

GA 作为一种解决复杂问题的有效方法，兴起于 20 世纪 80 年代末和 90 年代初期，但它的历史起源可追溯至 20 世纪 60 年代初期 [6]。1962 年，美国密歇根大学的 John Holland 教授借鉴生物遗传的基本理论来研究人工自适应系统，最先提出了 GA 的概念。1975 年，Holland 教授的专著《自然界和人工系统的适应性》(*Adaptation in Natural and Artificial Systems*) 问世，全面介绍了 GA 的基本理论和方法，标志着 GA 的创立 [7,8]。1989 年，Goldberg 出版了《搜索、优化和机器学习中的遗传算法》(*Genetic Algorithm in Search, Optimization and Machine Learning*) 著作，对 GA 的理论和应用进行了全面的阐述，为 GA 的发展奠定了重要的基础。20 世纪 90 年代初期，GA 在算法的复杂性、收敛性、混合形式等理论方面都取得了重要的研究成果，在工程实践方面也得到了最为广泛的应用。

2. 遗传算法的应用步骤

GA 的本质是一种求解问题的高效并行全局搜索方法，它能在搜索过程中自动获取和积累有关搜索空间的信息，并自适应地控制搜索过程以求得最优解。Holland 提出的 GA 通常被称为 “简单的遗传算法” (SGA)，其基本步骤如下 [9]。

(1) 选择编码策略，初始化种群。

(2) 定义个体适应度函数。

(3) 求种群中每个个体的适应度值。

(4) 根据遗传概率，按以下操作产生新群体：① 选择，将已有的优良个体复制后添加到新群体中，删除劣质个体；② 交叉，将选出的两个个体进行互换，所产生的新个体进入新群体；③ 变异，随机地改变某个体的某一基因后，将新个体填入新群体。

(5) 反复执行步骤 (3) 和 (4)，直到达到终止条件，选择最佳个体作为遗传算法的结果。

一个简单的 GA 操作过程如图 5-17 所示。

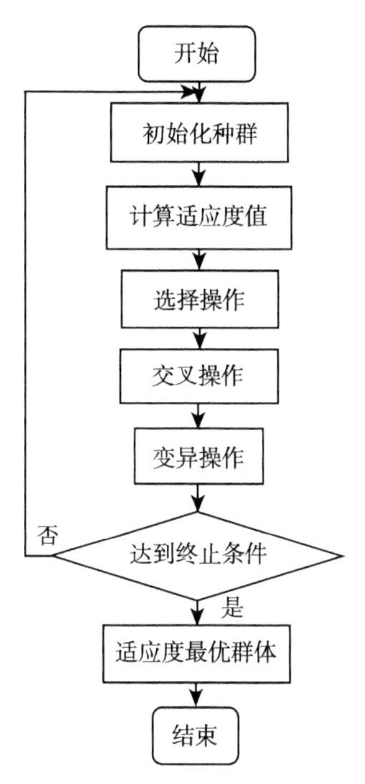


图 5-17 GA 的基本流程图

### 3. 遗传算法的实现技术

1) 编码 (coding)

编码是应用 GA 时首要解决的问题，也是设计 GA 时的关键步骤。在 GA 执行过程中，对不同的具体问题进行编码，编码的好坏直接影响选择、交叉和变异等遗传运算。编码就是将问题的解用一种码来表示，从而将问题的状态空间与 GA 的码空间相对应。下面主要介绍几种编码方法。

(1) 二进制编码。二进制编码方法是 GA 中最重要的一种编码方法，它使用的编码符号集是由二进制符号 0 和 1 所组成的二值符号集{0 1}，它所构成的个体基因型是一个二进制编码符号串。二进制编码符号串的长度与问题所要求的求解精度有关。

二进制编码方法的优点是编码与解码操作都很简单，交叉与变异等遗传操作便于实现，符号最小字符集编码原则，便于利用模式定理对算法进行理论分析。

(2) 格雷码编码。格雷码是这样的一种编码方法：其连续的两个整数所对应的编码之间只有一个码位是不同的，其余码位完全相同。格雷码是二进制编码方法的一种变形。

(3) 浮点数编码。所谓浮点数编码方法，是指个体的每个基因值用某一范围内的一个浮点数来表示，个体的编码长度等于其决策变量的个数。因为这种编码方法使用的是决策变量的真实值，所以浮点编码方法也叫作真实编码方法。

2) 个体适应度函数 (fitness function)

在 GA 的进化过程中，对染色体的评价是由适应度函数来完成的，适应度函数的函数值作为选择运算的依据。

将目标函数转换成适应度函数一般要遵循两个原则：第一，优化过程中目标函数的优化方向与种群进化过程中适应度函数值增加的方向一致；第二，适应度函数值大于等于零。

把一个求函数最小值问题转化为求函数最大值问题，可以通过简单地变号来实现，但是由于不能保证对所有的情况得到的适应度函数值都是非负的，因此，经常用到从目标函数到适应度函数的变换。

A. 求最小值问题

对于求最小值问题，适应度函数 $F(x)$ 和目标函数 $f(x)$ 有如下关系：

$$F(x)=\begin{cases} C_{\max}-f(x), & f(x)<C_{\max} \\ 0, & f(x)\geqslant C_{\max} \end{cases} \tag{5-17}$$

式中，$C_{\max}$ 为输入常数，有多种选取方法，例如，可以选取到目前为止所得到的目标函数 $f(x)$ 的最大值或根据实验数据取值。

B. 求最大值问题

对于求最大值问题，可以直接得到适应度函数

$$F(x)=\begin{cases} f(x)+C_{\min}, & f(x)+C_{\min}>0 \\ 0, & f(x)+C_{\min}\leqslant 0 \end{cases} \tag{5-18}$$

式中，$C_{\min}$ 为输入常数，有多种选取方法，例如，可以选取到目前为止所得到的目标函数 $f(x)$ 的最小值或根据实验数据取值。

3) 选择 (selection)

选择又称复制 (reproduction)，是在群体中选择生命力强的个体产生新的群体的过程，是 GA 的关键。选择操作的目的在于避免有效基因的损失，使高性能的个体得以更大概率生存，从而提高全局收敛性和计算效率。选择算子确定的好坏，直接影响到 GA 的计算结果。选择的方法根据不同的优化问题有多种方案，这里介绍几种典型的选择方法。

(1) 比例选择 (proportional selection)。也称为轮盘赌选择 (roulette wheel selection)，它是一种回放式随机采样方法，这种方法是利用比例于各个体适应度函数值

的概率来决定其后代的遗传可能性。某个个体被选取的概率 $P_{si}$ 表示为

$$P_{si} = f_i \Big/ \sum_{i=1}^{N} f_i, \quad i = 1, 2, \cdots, N \tag{5-19}$$

其中，$f_i$ 为个体 $i$ 的适应度函数值，$N$ 为群体中的个体数目。

由上式可以看出，每个个体的适应度值越高，被选中的可能性就越大，进入下一代的概率就越大。每个个体就像圆盘中的一个扇形部分，扇面的角度和个体的适应度值成正比，随机拨动圆盘，当圆盘停止转动时指针所在扇面对应的个体被选中，轮盘赌式的选择方法由此得名。轮盘赌选择示意图如图 5-18 所示。

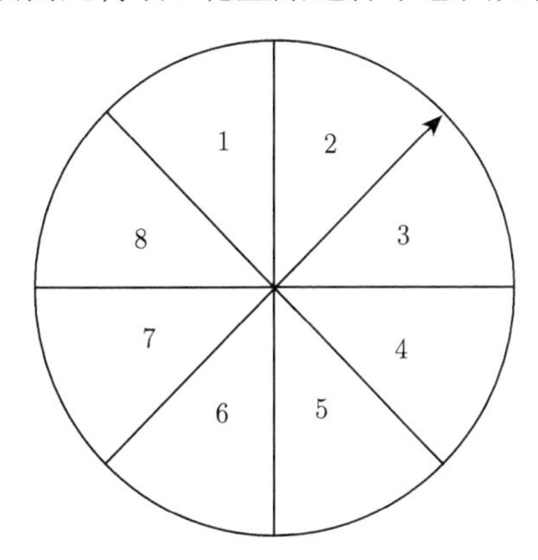


图 5-18 轮盘赌选择示意图

(2) 基于排名的选择。首先将种群中各个体由好到坏进行排列，然后以一定方式分配给各个体一定的选择概率，具体分配方式不限，如线性方式、非线性方式，但要求越好的个体所分配的概率越大，且所有个体所分配的概率之和为 1。

(3) 锦标赛选择 (tournament selection)。首先在父代种群中随机选取 $k$ 个个体，然后令其中适配值或目标值最好的个体为被选中个体。显然，$k$ 的大小影响选择性能。

4) 交叉 (crossover)

交叉又称重组 (recombination)，是按较大的概率从群体中选择两个个体，交换两个个体的某个或某些位。交叉操作的目的在于组合出新的个体，在解的空间中进行有效搜索，同时降低对有效模式的破坏概率。二进制编码通常采用单点交叉和多点交叉。

(1) 单点交叉 (one-point crossover)。又称为简单交叉，它是指在个体编码串中随机设置一个交叉点，然后在该点相互交换两个配对个体的部分染色体。比如，父串为 (1 0 1 1 | 0 0 1) 和 (0 0 1 0 | 1 1 0)，若单点交叉位置为 4，则后代个体分别为 (1 0 1 1 | 1 1 0) 和 (0 0 1 0 | 0 0 1)。

(2) 多点交叉 (multi-point crossover)。又称为广义交叉，它是指在个体编码串中随机设置多个交叉点，然后进行基因交换。若为两点交叉，父代为 (1 0 | 1 1 0 | 0 1) 和 (0 0 | 1 0 1 | 1 0)，交叉位置为 2 和 5，则后代个体为 (1 0 | 1 0 1 | 0 1) 和 (0 0 | 1 1 0 | 1 0)。

5) 变异 (mutation)

变异是 GA 中的又一重要算子，它模拟了生物进化过程中偶然的基因突变现象。变异是以较小的概率从群体中随机选取若干个体，对于选中的个体又随机选取染色体中的某一位或多位进行数码翻转，对于二进制数字串就是某一位置上的值 1 变为 0 或者值 0 变为 1。从遗传运算过程中产生新个体的能力方面来说，变异本身是一种随机算法，但与选择和交叉算子结合后，能够避免由选择和交叉运算而造成的某些信息丢失，保证 GA 的有效性。交叉算子决定 GA 的全局搜索能力，变异算子决定 GA 的局部搜索能力。

在 GA 中引入变异算子的目的主要有以下两个：

(1) 使 GA 具有局部随机搜索功能。交叉算子从全局出发找到较好的个体编码结构，变异算子从局部出发使个体更加逼近最优解，从而提高 GA 的局部搜索能力。

(2) 维持群体的多样性，避免出现早期收敛问题。变异算子使得 GA 在接近最优解邻域时能加速向最优解收敛，并可以维持群体多样性，避免未成熟收敛。

下面介绍几种变异的操作方法：

(1) 基本位变异 (simple mutation)。是指对个体编码串中以变异概率、随机指定的某一位或某几位基因座上的值做变异运算。

(2) 均匀变异 (uniform mutation)。是指分别用符合某一范围内均匀分布的随机数，以某一较小的概率来替换个体编码串中各个基因座上的原有基因值。

(3) 高斯变异 (Gaussian mutation)。是指进行变异操作时用符合某一均值和方差的正态分布的一个随机数来替换原有的基因值。

#### 4. 遗传算法的特点

GA 与传统的优化算法相比，其特点可以归纳为以下几点：

(1) GA 是对解集的编码进行运算，而不是对解集本身进行运算；

(2) GA 的搜索始于解的一个种群，而不是某些单个解；

(3) GA 只用适应度函数来评价解的优劣；

(4) GA 采用的是概率搜索，而不是路径搜索。

GA 具有如下优点：

(1) 极强的鲁棒性。GA 是模拟生物界面构造出的一种自然算法，以概率选择为主要手段，不涉及复杂的数学知识，亦不关心问题本身的内在规律。它仅仅利用个体的适应度进行群体的进化，不需要优化模型中目标函数和约束函数的导数，或其他辅助信息。因而 GA 能解决各种优化问题，不论其设计变量连续与否，目标函数和约束函数是否连续、可导。因此，GA 表现出更强的鲁棒性。

(2) 全局寻优能力。由于 GA 不采用路径搜索，而采用概率搜索，所以是概率意义上的全局搜索，因而 GA 在搜索的空间上将比现有的优化方法要大。GA 中的交叉算子能使群体进化不断向最优个体逼近，GA 中的变异因子能避免杂交繁殖收敛于局部优良个体，并保持群体搜索的多样性。因此，GA 比现有优化方法具有更强的全局寻优能力。

(3) 并行性。GA 的群体进化过程实质就是一个寻优过程。在群体进化过程中，个体总数保持不变，因而 GA 是基于多点的群体搜索，具有一定的并行性。并行地实现 GA 将使其在解决大型、复杂优化设计问题方面发挥其优越性。

5. 遗传算法的应用

GA 提供了一种求解复杂系统优化问题的通用框架，不依赖于问题的具体领域，对问题的种类有较强的鲁棒性和全局优化能力，所以广泛应用于许多学科。下面是 GA 的一些主要应用领域。

(1) 函数优化。函数优化是 GA 的经典应用领域，也是对 GA 进行性能评价的常用算例。GA 对于一些非线性、多模型、多目标的函数优化问题都得到了较好的结果。

(2) 组合优化。实践证明，GA 对于组合优化中的 NP (non-deterministic polynomial) 完全问题非常有效。比如求解旅行商问题、背包问题、装箱问题、图形划分问题等。

(3) 生产调度问题。GA 已成为解决复杂调度问题的有效工具，在单件生产车间调度、流水线生产车间调度、生产规划、任务分配等方面都得到了有效的应用。

(4) 自动控制。GA 在航空控制系统的优化、模糊控制器的优化设计、参数辨识及人工神经网络的结构优化设计等领域中都实现了良好的效果。

(5) 图像处理和模式识别。GA 可以使图像处理过程中的扫描、特征提取、图像分割等产生的误差最小。GA 在图像处理的优化计算和几何形状识别等方面找到了用武之地。

(6) 机器人学。GA 已经在移动机器人路径规划、机器人逆运动学求解等方面得到了很好的应用。

### 5.3.2 Rastrigin 函数 GA 优化实例

为了分析 GA 的全局搜索优化性能，本小节通过一个例子讲述如何寻找 Rastrigin 函数的最小值和显示绘制的图形。Rastrigin 函数的可视化图形显示具有多个局部最小值和一个全局最小值，GA 可帮助我们确定这种具有多个局部最小值函数的最优解。

Rastrigin 函数

$$\mathrm{Ras}(X) = 20 + X_1^2 + X_2^2 - 10(\cos 2\pi X_1 + \cos 2\pi X_2) \tag{5-20}$$

Rastrigin 函数图形如图 5-19 所示。

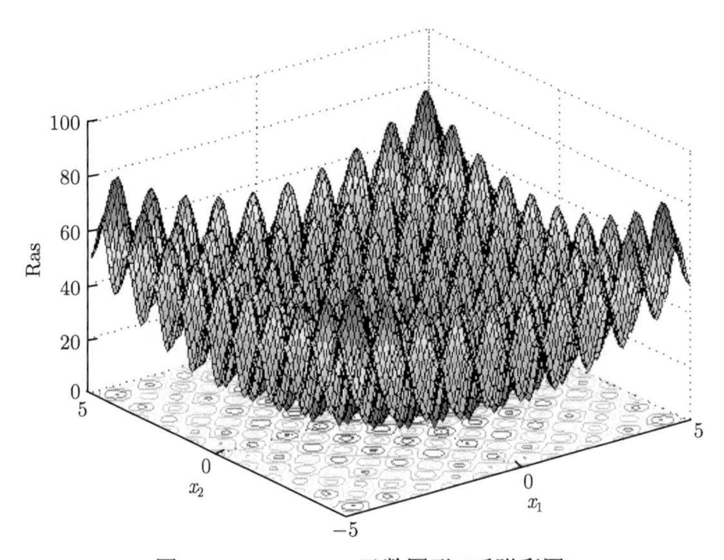


图 5-19　Rastrigin 函数图形 (后附彩图)

如图 5-19 所示，Rastrigin 函数有许多局部最小值，但是该函数只有一个全局最小值，出现在 $X$-$Y$ 平面上的点 (0，0) 处，函数在该点的值为 0。在任何不同于 (0，0) 的局部最小点处，Rastrigin 函数的值均大于 0。局部最小处距原点越远，该点处 Rastrigin 函数的值越大。Rastrigin 函数是最常用来测试 GA 的一个典型函数，因为它有许多局部最小点，使得使用标准的、基于梯度的查找全局最小值的方法十分困难。

问题：求 Rastrigin 函数的最小值，其中 $X_1$ 和 $X_2$ 都在 $-5 \sim 5$。参数设置：种群大小 $N = 20$，交叉率 $P_\mathrm{c} = 0.85$，变异率 $P_\mathrm{m} = 0.15$，最大代数为 100，其他参数使用缺省值。

程序运行结果为 $X_1 = 0.00116$，$X_2 = 0.00627$，函数值为 0.008059。100 次迭代变化图如图 5-20 所示。仿真结果与相关理论和文献 [10,11] 进行比较，表明上述辨识结果是正确的。可以看出，运用 GA 求解函数优化问题，可以有效地收敛到全局最优点，并且具有收敛速度快和结果直观的特点。

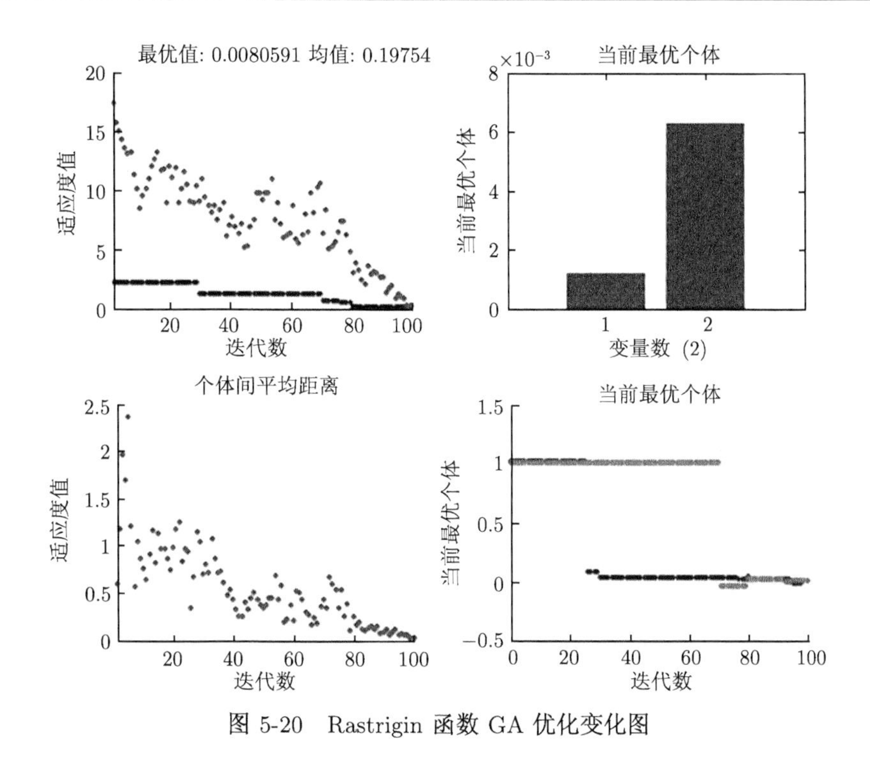


图 5-20 Rastrigin 函数 GA 优化变化图

### 5.3.3 遗传算法辨识 AUV 水动力参数

由 AUV 运动方程可知，航速和水动力参数确定之后，AUV 的运动状态是确定的。反之，当 AUV 的航速和运动状态知道后，通过优化方法，总可以找到一组合适的水动力参数，使得仿真值以最佳效果逼近实测数据。

1. *水动力参数辨识的 GA 实现*

GA 在具体应用中对不同问题采用了不同的编码方法和遗传算子，下面描述辨识 AUV 水动力参数时所采用的 GA 的具体实现方案。

1) 目标函数的确立

在 AUV 水动力参数辨识过程中，首先获得一定时间 $t$ 内一组运动参数 $\boldsymbol{U}(t)$ $(\boldsymbol{U}(t)=(u(t),\ v(t),\ w(t),\ p(t),\ q(t),\ r(t)))$，然后再利用参数辨识方法，确定 AUV 水平面操纵运动方程和垂直面操纵运动方程中的水动力参数值，使由运动方程求出的仿真值 $\boldsymbol{U}_{\rm s}(t)(\boldsymbol{U}_{\rm s}(t)=(u_{\rm s}(t),\ v_{\rm s}(t),\ w_{\rm s}(t),\ p_{\rm s}(t),\ q_{\rm s}(t),\ r_{\rm s}(t)))$ 和实测值 $\boldsymbol{U}(t)$ 偏差最小，也就是使如下目标函数达到最小。

水平面辨识适应度函数：

$$J_1=\sum_{t=1}^{M}\frac{u(t)-u_{\rm s}(t)}{u(t)} \tag{5-21a}$$

$$J_2 = \sum_{t=1}^{M} \frac{v(t) - v_s(t)}{v(t)} \tag{5-21b}$$

$$J_3 = \sum_{t=1}^{M} \frac{r(t) - r_s(t)}{r(t)} \tag{5-21c}$$

垂直面辨识适应度函数：

$$J_4 = \sum_{t=1}^{M} \frac{u(t) - u_s(t)}{u(t)} \tag{5-22a}$$

$$J_5 = \sum_{t=1}^{M} \frac{w(t) - w_s(t)}{w(t)} \tag{5-22b}$$

$$J_6 = \sum_{t=1}^{M} \frac{q(t) - q_s(t)}{q(t)} \tag{5-22c}$$

要辨识的水平面水动力参数有 19 个，垂直面水动力参数有 19 个。在用 GA 辨识之前，先定义这些参数的范围，本小节指定的可行域区间为原始水动力参数的 ±10% 范围内 [12]。

2) 编码及初始种群

首先需要解决的是确定编码策略和初始种群的大小。由于 GA 不能直接处理解空间的解数据，因此必须通过编码将它们表示成遗传空间的基因型串结构数据。采用二进制编码。种群规模 $N$ 影响到 GA 的最终性能和效率。种群规模太小，由于群体对搜索空间只给出了不充分的样本量，所以得到的效果一般不佳；而种群规模过大，每一代需要的计算量也就越多，这有可能导致收敛速度过慢。一般取种群数目为 20～200。本小节中初始种群规模为 $N = 50$。

3) 解码及个体适应度函数

解码即根据个体编码，按照编码的逆过程计算各水动力参数。GA 在搜索进化过程中一般不需要其他外部信息，仅用适应度值来评估个体的优劣，并作为以后遗传操作的依据。为了达到寻优的目标，适应度函数一般是通过目标函数变换而来的。本小节中个体的适应度评价函数取为式 (5-21a) 和式 (5-22c) 中目标函数 $J_i$ 的倒数形式 [13]，即

$$F_i = \frac{1}{J_i + \varepsilon} \quad (i = 1, 2, \cdots, 6) \tag{5-23}$$

式中，$\varepsilon$ 为一值比较小的数，这里 $\varepsilon = 0.01$，主要是为了防止当优化目标函数值趋于 0 时发生计算溢出现象。

4) 遗传算子的确定

确定过程如下。

(1) 选择运算：在程序中，选择的是轮盘赌选项。轮盘赌选择的结果是返回一个随机选择的串，每个串被选择的机会都与其适应值成比例，而那些没有被选择的串则直接从群体中被淘汰出去。

(2) 交叉运算：交叉概率 $P_c$ 控制交叉的频率，交叉概率越高，群体中个体的更新就越快。因为如果 $P_c$ 过高，相对于选择能够产生的改进而言，高性能的个体被破坏得更快；而 $P_c$ 过低，搜索会由于探测率太小而停滞不前。交叉概率一般取 0.4~0.9。在本小节中采用两点交叉的方式，交叉概率取 $P_c = 0.9$。

(3) 变异运算：变异是增加群体多样性的搜索算子。每次选择之后，新的群体中每个串的每一位以变异概率 $P_m$ 随机改变。若 $P_m$ 过高，产生的实际上是随机搜索，所以很小的 $P_m$ 就足以防止整个群体中任一给定位保持永远收敛于单一值。$P_m$ 一般在 0.001~0.100，在本小节程序中采用均匀变异的方式，变异概率取 $P_m = 0.05$。

5) 终止条件

当整个种群收敛，即各个体的适应度相等时，就认为整个进化过程结束，再加上最大代数的限制，满足以上任何一个条件就停止进化。本小节将算法终止条件定为当运行代数达到 200 后终止。

#### 2. GA 辨识水平面水动力参数

AUV 动力学系统辨识问题为典型的“灰箱”问题，这就要求理论建模与实验建模相结合。在 AUV 运动数学模型确定后，可通过实验获得运动参数，然后根据上述辨识算法求得未知水动力参数，从而建立起完整的 AUV 动力学系统数学模型。

1) 辨识结果分析

由于 GA 在大量问题求解过程中独特的优点和广泛的应用，许多基于 MATLAB 的 GA 工具箱相继出现，利用 GA 工具箱函数来编写 MATLAB 程序满足不同问题的需求。根据以上分析，采用 MATLAB7.0 软件进行编程和模拟进化计算。分别对 AUV 水平面的纵向运动、横向运动和偏航运动进行辨识，辨识结果分别如表 5-8~表 5-10 及图 5-21~图 5-23 所示。

**表 5-8 纵向水动力参数辨识结果及误差**

| 变量序号 | 水动力参数 | 实际值 | GA 辨识值 | 误差 $\Delta$/% |
|---|---|---|---|---|
| 1 | $X'_{\dot{u}}$ | −0.067593 | −0.068197 | 0.89 |
| 2 | $X'_{uu}$ | −0.125000 | −0.124317 | −0.55 |
| 3 | $X'_{vv}$ | −0.138530 | −0.139600 | 0.77 |
| 4 | $X'_{rr}$ | −0.033400 | −0.033757 | 1.07 |
| 5 | $X'_{vr}$ | 0.066900 | 0.068162 | 1.89 |

**表 5-9 横向水动力参数辨识结果及误差**

| 变量序号 | 水动力参数 | 实际值 | GA 辨识值 | 误差 $\Delta$/% |
|---|---|---|---|---|
| 1 | $Y'_{\dot{v}}$ | −0.027546 | −0.027664 | 0.43 |
| 2 | $Y'_{\dot{r}}$ | 0.020997 | 0.020620 | −1.80 |
| 3 | $Y'_{v}$ | −0.048180 | −0.047713 | −0.97 |
| 4 | $Y'_{r}$ | 0.014140 | 0.013904 | −1.67 |
| 5 | $Y'_{v\|v\|}$ | −0.125000 | −0.126497 | 1.20 |
| 6 | $Y'_{v\|r\|}$ | 0.089673 | 0.090059 | 0.43 |
| 7 | $Y'_{r\|r\|}$ | 0.014620 | 0.014837 | 1.48 |

**表 5-10 偏航水动力参数辨识结果及误差**

| 变量序号 | 水动力参数 | 实际值 | GA 辨识值 | 误差 $\Delta$/% |
|---|---|---|---|---|
| 1 | $N'_{\dot{r}}$ | −0.002146 | −0.002153 | 0.33 |
| 2 | $N'_{\dot{v}}$ | 0.001236 | 0.001232 | −0.32 |
| 3 | $N'_{v}$ | −0.027510 | −0.027574 | 0.23 |
| 4 | $N'_{r}$ | −0.005100 | −0.004972 | −2.51 |
| 5 | $N'_{v\|v\|}$ | 0.053686 | 0.053775 | 0.17 |
| 6 | $N'_{v\|r\|}$ | −0.062308 | −0.060359 | −3.13 |
| 7 | $N'_{r\|r\|}$ | −0.012056 | −0.011720 | −2.79 |

由图 5-21～图 5-23 可以看出，经过 200 代的进化，各自由度的适应度函数都能很快地收敛于恒定值。由表 5-8～表 5-10 辨识结果可以看出，各参数辨识值与真值符合较好，与实际值相比，辨识所得水动力参数值的最大相对误差为 −3.13%，最小相对误差为 0.17%。这一结果验证了本小节所构造的 GA 的有效性。

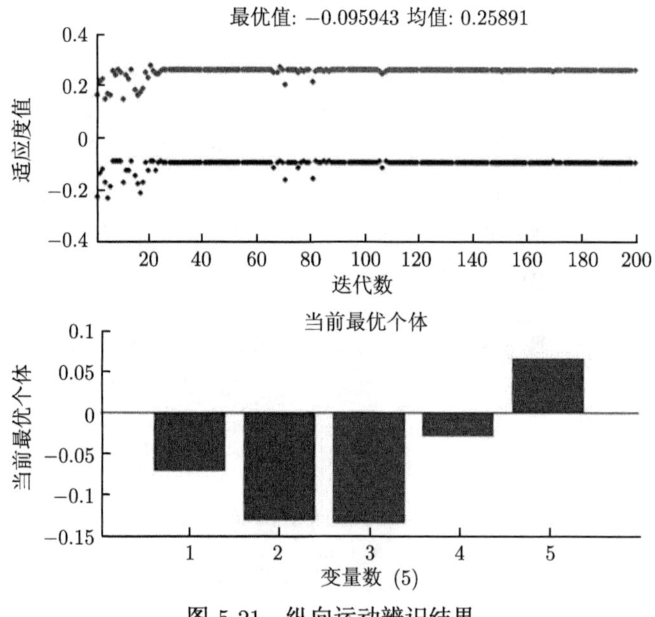


图 5-21 纵向运动辨识结果

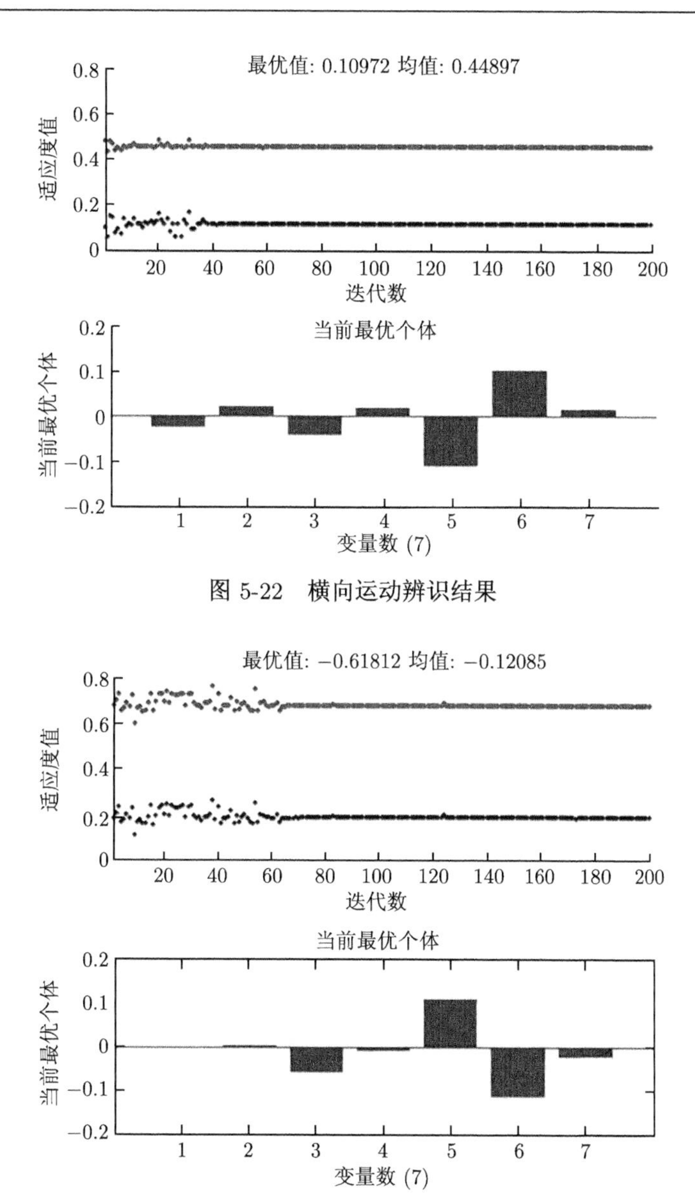


图 5-22 横向运动辨识结果

图 5-23 偏航运动辨识结果

为了和传统的最小二乘法加以对比，将 5.2 节中用 LS 辨识的结果和 GA 辨识的结果对比，如表 5-11~表 5-13 所示。

由表 5-11~表 5-13 的 LS 和 GA 辨识结果及误差对比可以看出，GA 在辨识 AUV 水动力参数方面表现了巨大的优越性，其辨识结果误差相对于 LS 辨识结果大为减小。由此也验证了 GA 的确为 AUV 水动力参数辨识的一条有效途径。

表 5-11　纵向水动力参数 LS 和 GA 辨识结果及误差

| 变量序号 | 水动力参数 | 实际值 | LS 辨识值 | GA 辨识值 | LS 误差 $\Delta$/% | GA 误差 $\Delta$/% |
|---|---|---|---|---|---|---|
| 1 | $X'_{\dot{u}}$ | −0.067593 | −0.057926 | −0.068197 | −14.30 | 0.89 |
| 2 | $X'_{uu}$ | −0.125000 | −0.119048 | −0.124317 | −4.76 | −0.55 |
| 3 | $X'_{vv}$ | −0.138530 | −0.131933 | −0.139600 | −4.76 | 0.77 |
| 4 | $X'_{rr}$ | −0.033400 | −0.031810 | −0.033757 | −4.76 | 1.07 |
| 5 | $X'_{vr}$ | 0.066900 | 0.057266 | 0.068162 | −14.40 | 1.89 |

表 5-12　横向水动力参数 LS 和 GA 辨识结果及误差

| 变量序号 | 水动力参数 | 实际值 | LS 辨识值 | GA 辨识值 | LS 误差 $\Delta$/% | GA 误差 $\Delta$/% |
|---|---|---|---|---|---|---|
| 1 | $Y'_{\dot{v}}$ | −0.027546 | −0.037621 | −0.027664 | 36.58 | 0.43 |
| 2 | $Y'_{\dot{r}}$ | 0.020997 | 0.018146 | 0.020620 | −13.58 | −1.80 |
| 3 | $Y'_{v}$ | −0.048180 | −0.041638 | −0.047713 | −13.58 | −0.97 |
| 4 | $Y'_{r}$ | 0.014140 | 0.030608 | 0.013904 | 116.46 | −1.67 |
| 5 | $Y'_{v\|v\|}$ | −0.125000 | −0.108026 | −0.126497 | −13.58 | 1.20 |
| 6 | $Y'_{v\|r\|}$ | 0.089673 | 0.077496 | 0.090059 | −13.58 | 0.43 |
| 7 | $Y'_{r\|r\|}$ | 0.014620 | 0.012635 | 0.014837 | −13.58 | 1.48 |

表 5-13　偏航水动力参数 LS 和 GA 辨识结果及误差

| 变量序号 | 水动力参数 | 实际值 | LS 辨识值 | GA 辨识值 | LS 误差 $\Delta$/% | GA 误差 $\Delta$/% |
|---|---|---|---|---|---|---|
| 1 | $N'_{\dot{r}}$ | −0.002146 | −0.002336 | −0.002153 | 8.85 | 0.33 |
| 2 | $N'_{\dot{v}}$ | 0.001236 | 0.002710 | 0.001232 | 119.26 | −0.32 |
| 3 | $N'_{v}$ | −0.027510 | −0.027074 | −0.027574 | −1.58 | 0.23 |
| 4 | $N'_{r}$ | −0.005100 | −0.004003 | −0.004972 | −21.51 | −2.51 |
| 5 | $N'_{v\|v\|}$ | 0.053686 | 0.054817 | 0.053775 | 2.11 | 0.17 |
| 6 | $N'_{v\|r\|}$ | −0.062308 | −0.063119 | −0.060359 | 1.30 | −3.13 |
| 7 | $N'_{r\|r\|}$ | −0.012056 | −0.012188 | −0.011720 | 1.09 | −2.79 |

2) 模型验证

为验证辨识结果的正确性，将上述辨识出来的各水动力参数代入 AUV 水平面操纵运动方程进行仿真计算，在同一初始值和相同的推力指令下取得模型的输出，运动仿真结果如图 5-24 和图 5-25 所示。

由图 5-24 和图 5-25 可以看出，辨识结果与实验数据基本吻合，说明该算法能有效地辨识 AUV 水动力参数，可以对系统的运动状态进行准确预报。

### 3. GA 辨识垂直面水动力参数

1) 辨识结果分析

采用 MATLAB7.0 软件进行编程和模拟进化计算。分别对 AUV 垂直面的纵向运动、垂向运动和纵倾运动进行辨识，辨识结果分别如表 5-14~表 5-16 及

图 5-26~图 5-28 所示。

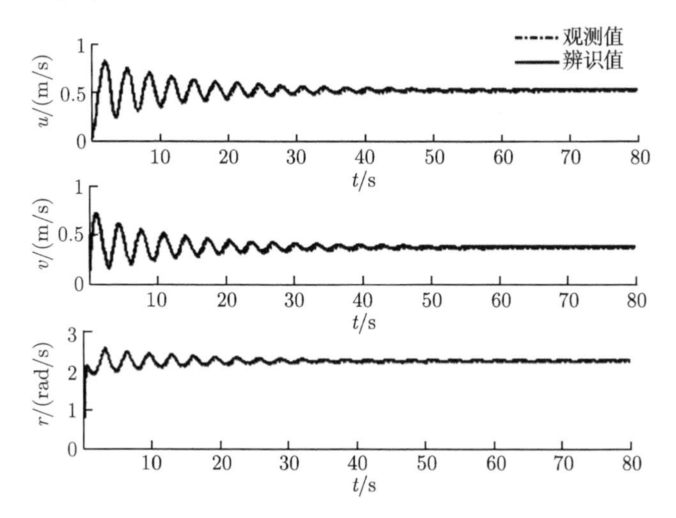


图 5-24 AUV 的纵向速度 $u$、横向速度 $v$ 及偏航角速度 $r$ 对比

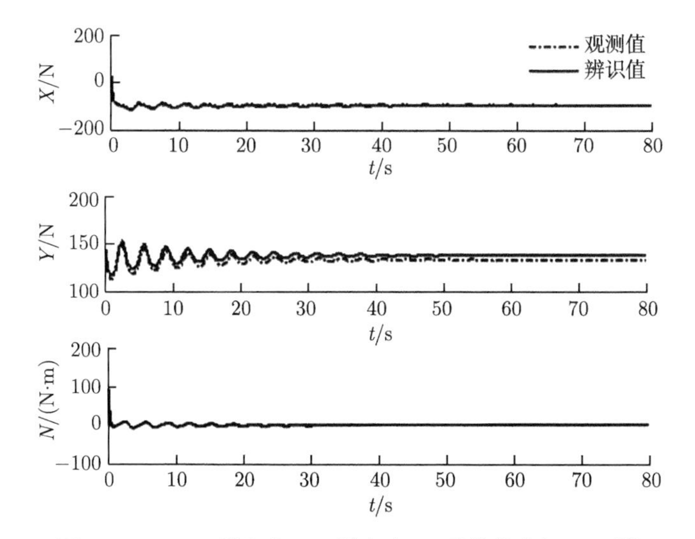


图 5-25 AUV 纵向力 $X$、横向力 $Y$ 及偏航力矩 $N$ 对比

**表 5-14 纵向水动力参数辨识结果及误差**

| 变量序号 | 水动力参数 | 实际值 | GA 辨识值 | 误差 $\Delta$/% |
|---|---|---|---|---|
| 1 | $X'_{\dot{u}}$ | −0.067593 | −0.066654 | −1.39 |
| 2 | $X'_{uu}$ | −0.125000 | −0.125404 | 0.32 |
| 3 | $X'_{ww}$ | −0.000282 | −0.000277 | −1.77 |
| 4 | $X'_{wq}$ | −0.062190 | −0.062356 | 0.27 |
| 5 | $X'_{qq}$ | −0.019544 | −0.019221 | −1.65 |

**表 5-15　垂向水动力参数辨识结果及误差**

| 变量序号 | 水动力参数 | 实际值 | GA 辨识值 | 误差 $\Delta$/% |
|---|---|---|---|---|
| 1 | $Z'_{\dot{w}}$ | −0.027546 | −0.027311 | −0.85 |
| 2 | $Z'_{\dot{q}}$ | −0.019544 | −0.019414 | −0.67 |
| 3 | $Z'_{w}$ | −0.045320 | −0.045410 | 0.20 |
| 4 | $Z'_{q}$ | −0.014610 | −0.014596 | −0.10 |
| 5 | $Z'_{w\|w\|}$ | −0.166667 | −0.166474 | −0.12 |
| 6 | $Z'_{w\|q\|}$ | 0.000526 | 0.000520 | −1.14 |
| 7 | $Z'_{q\|q\|}$ | 0.008020 | 0.007997 | −0.29 |

**表 5-16　纵倾水动力参数辨识结果及误差**

| 变量序号 | 水动力参数 | 实际值 | GA 辨识值 | 误差 $\Delta$/% |
|---|---|---|---|---|
| 1 | $M'_{\dot{q}}$ | −0.000948 | −0.000970 | 2.32 |
| 2 | $M'_{\dot{w}}$ | 0.001465 | 0.001445 | −1.37 |
| 3 | $M'_{w}$ | −0.040000 | −0.039231 | −1.92 |
| 4 | $M'_{q}$ | −0.045226 | −0.045370 | 0.32 |
| 5 | $M'_{w\|w\|}$ | 0.002630 | 0.002655 | 0.95 |
| 6 | $M'_{w\|q\|}$ | −0.016000 | −0.015956 | −0.28 |
| 7 | $M'_{q\|q\|}$ | −0.009645 | −0.009600 | −0.47 |

由图 5-26～图 5-28 可以看出，经过 200 代的进化，各自由度的适应度函数都能很快地收敛于恒定值。由表 5-14～表 5-16 辨识结果可以看出，各参数辨识值与实际值符合较好，与实际值相比，辨识所得水动力参数值的最大相对误差为 2.32%，最小相对误差为 −0.10%。这一结果验证了本小节所构造的 GA 的有效性。

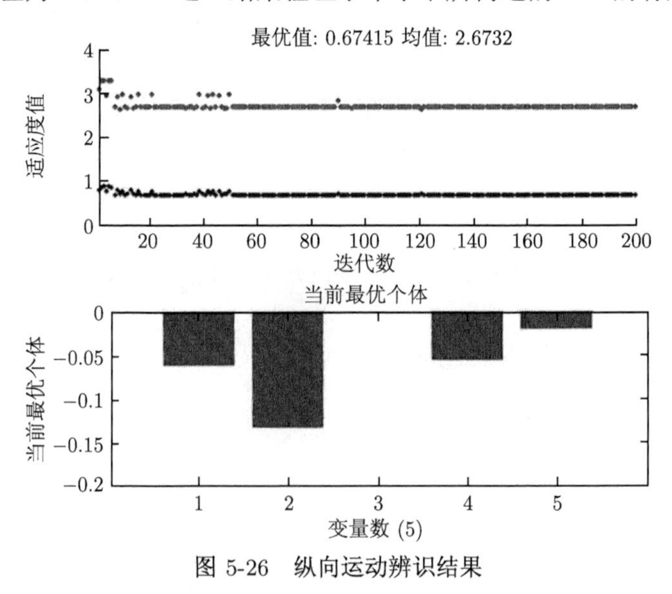


图 5-26　纵向运动辨识结果

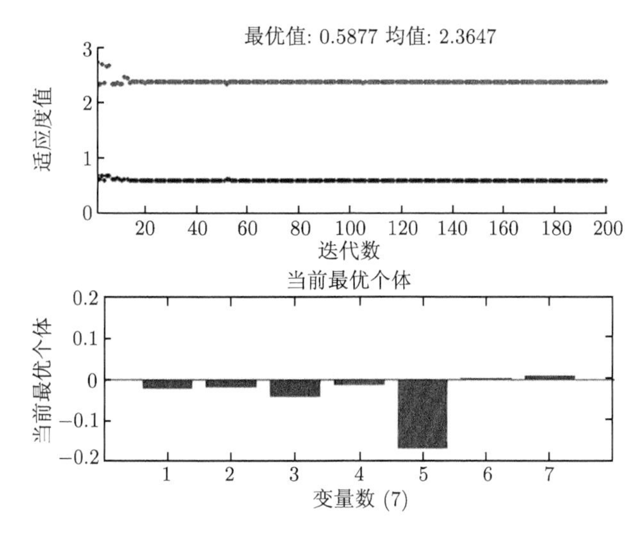


图 5-27 垂向运动辨识结果

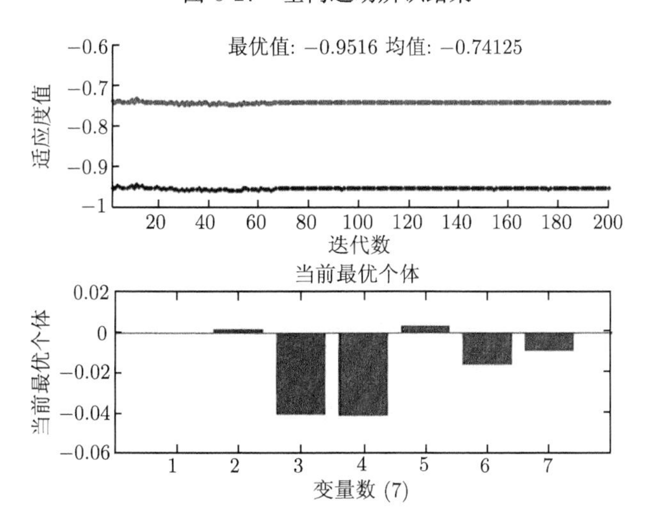


图 5-28 纵倾运动辨识结果

为了和传统的最小二乘法加以对比，将 5.2 节中用 LS 辨识的结果和 GA 辨识的结果对比，如表 5-17~表 5-19 所示。

**表 5-17 纵向水动力参数 LS 和 GA 辨识结果及误差**

| 变量序号 | 水动力参数 | 实际值 | LS 辨识值 | GA 辨识值 | LS 误差 $\Delta$/% | GA 误差 $\Delta$/% |
|---|---|---|---|---|---|---|
| 1 | $X'_{\dot{u}}$ | −0.067593 | −0.060188 | −0.066654 | −10.96 | −1.39 |
| 2 | $X'_{uu}$ | −0.125000 | −0.120441 | −0.125404 | −3.65 | 0.32 |
| 3 | $X'_{ww}$ | −0.000282 | −0.000272 | −0.000277 | −3.55 | −1.77 |
| 4 | $X'_{wq}$ | −0.062190 | −0.054982 | −0.062356 | −11.59 | 0.27 |
| 5 | $X'_{qq}$ | −0.019544 | −0.018831 | −0.019221 | −3.65 | −1.65 |

表 5-18　垂向水动力参数 LS 和 GA 辨识结果及误差

| 变量序号 | 水动力参数 | 实际值 | LS 辨识值 | GA 辨识值 | LS 误差 $\Delta$/% | GA 误差 $\Delta$/% |
|---|---|---|---|---|---|---|
| 1 | $Z'_{\dot{w}}$ | −0.027546 | −0.010550 | −0.027311 | −61.70 | −0.85 |
| 2 | $Z'_{\dot{q}}$ | −0.019544 | −0.019227 | −0.019414 | −1.62 | −0.67 |
| 3 | $Z'_{w}$ | −0.045320 | −0.047150 | −0.045410 | 4.04 | 0.20 |
| 4 | $Z'_{q}$ | −0.014610 | −0.034371 | −0.014596 | 135.26 | −0.10 |
| 5 | $Z'_{w\|w\|}$ | −0.166667 | −0.149101 | −0.166474 | −10.54 | −0.12 |
| 6 | $Z'_{w\|q\|}$ | 0.000526 | 0.000212 | 0.000520 | −59.70 | −1.14 |
| 7 | $Z'_{q\|q\|}$ | 0.008020 | 0.005630 | 0.007997 | −29.80 | −0.29 |

表 5-19　纵倾水动力参数 LS 和 GA 辨识结果及误差

| 变量序号 | 水动力参数 | 实际值 | LS 辨识值 | GA 辨识值 | LS 误差 $\Delta$/% | GA 误差 $\Delta$/% |
|---|---|---|---|---|---|---|
| 1 | $M'_{\dot{q}}$ | −0.000948 | −0.000694 | −0.000970 | −26.79 | 2.32 |
| 2 | $M'_{\dot{w}}$ | 0.001465 | 0.001162 | 0.001445 | −20.68 | −1.37 |
| 3 | $M'_{w}$ | −0.040000 | −0.034341 | −0.039231 | −14.15 | −1.92 |
| 4 | $M'_{q}$ | −0.045226 | −0.034893 | −0.045370 | −22.85 | 0.32 |
| 5 | $M'_{w\|w\|}$ | 0.002630 | 0.001964 | 0.002655 | −25.32 | 0.95 |
| 6 | $M'_{w\|q\|}$ | −0.016000 | −0.017397 | −0.015956 | 8.73 | −0.28 |
| 7 | $M'_{q\|q\|}$ | −0.009645 | −0.005060 | −0.009600 | −47.54 | −0.47 |

由表 5-17~表 5-19 的 LS 和 GA 辨识结果及误差对比可以看出，GA 在辨识 AUV 水动力参数方面表现了巨大的优越性，其辨识结果误差相对于 LS 辨识结果大为减小。由此也验证了 GA 的确为 AUV 水动力参数辨识的一条有效途径。

2) 模型验证

为验证辨识结果的正确性，将上述辨识出来的各水动力参数代入 AUV 垂直面操纵运动方程进行仿真计算，在同一初始值和相同的推力指令下取得模型的输出，运动仿真结果如图 5-29 和图 5-30 所示。

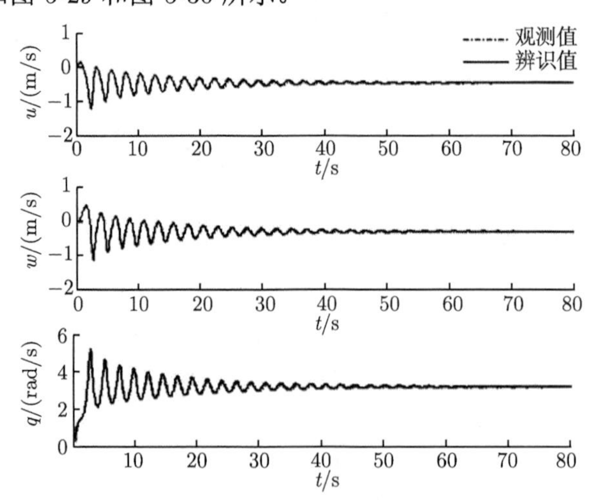


图 5-29　AUV 的纵向速度 $u$、垂向速度 $w$ 及纵倾角速度 $q$ 对比

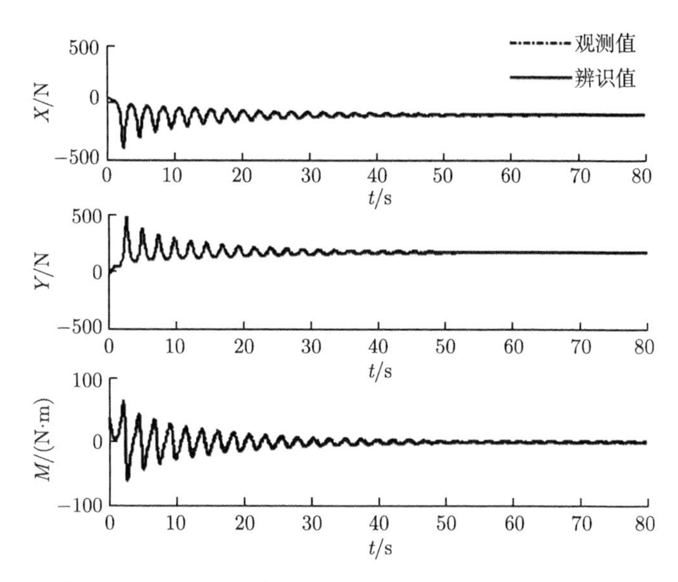


图 5-30 AUV 纵向力 $X$、垂向力 $Y$ 及纵倾力矩 $M$ 对比

由图 5-29 和图 5-30 可以看出，辨识结果与实验数据基本吻合，说明该算法能有效地辨识 AUV 水动力参数，可以对系统的运动状态进行准确预报。

## 参 考 文 献


[1] 袁伟杰. 自治水下机器人动力学建模及参数辨识研究 [D]. 青岛: 中国海洋大学, 2010.

[2] Kim K, Choi H S. Analysis on the controlled nonlinear motion of a test bed AUV-SNUUV I[J]. Ocean Engineering, 2007, (34): 1138-1150.

[3] Smallwood D A, Whitcomb L L. Preliminary experiments in the adaptive identification of dynamically positioned underwater robotic vehicles[C]//IEEE/RSJ International Conference on Intelligent Robots and Systems. IEEE, 2001.

[4] Ridao P, Tiano A, El-Fakdi A, et al. On the identification of non-linear models of unmanned underwater vehicles[J]. Control Engineering Practice, 2004, 12(12): 1483-1499.

[5] 周明, 孙树栋. 遗传算法原理及应用 [M]. 北京: 国防工业出版社, 1999: 1-17.

[6] 陈根社, 陈新海. 遗传算法的研究与进展 [J]. 信息与控制, 1994, 23(4): 215-222.

[7] 席裕庚, 柴天佑, 恽为民. 遗传算法综述 [J]. 控制理论与应用, 1996, (6): 697-708.

[8] 戴晓晖, 李敏强. 遗传算法理论研究综述 [J]. 控制与决策, 2000, 15(3): 263-268.

[9] 黄少荣. 遗传算法及其应用 [J]. 电脑知识与技术, 2008, 4(34): 1874-1876, 1882.

[10] 雷英杰. MATLAB 遗传算法工具箱及应用 [M]. 西安: 西安电子科技大学出版社, 2005: 146-207.

[11] 周琛琛. 基于 Matlab 遗传算法工具箱的函数优化问题求解 [J]. 现代计算机, 2006, (12): 84-86.
[12] 胡坤, 王树宗, 徐亦凡. 基于免疫遗传算法的潜艇水动力系数优化研究 [J]. 兵工学报, 2008, (12): 1532-1536.
[13] 钱炜祺, 汪清, 何开锋, 等. 混合遗传算法在气动力参数辨识中的应用 [J]. 飞行力学, 2004, (1): 33-36.

# 第6章　水下机器人运动分析

水下机器人作为水下运动的载体，在水下运动时会受到各种力和力矩的作用，研究水下机器人在这些力和力矩作用下的运动规律，从而建立起水下机器人的数学模型，是研究和设计水下机器人控制系统的基础。水下机器人主要承受重力、浮力、水动力、推力、脐带电缆引起的干扰力、机械手作业形成的扰动力，以及与这些力有关的各种力矩的作用。这些力和力矩形成的合力和合力矩使水下机器人产生 6 个自由度的空间运动。本章将讨论如何建立这种空间运动的数学模型，具体讨论除机械手扰动力以外的上述各种力和力矩的计算方法。首先讨论运动学问题，也就是研究水下机器人在外力和外力矩作用下的运动规律。这里假定水下机器人为刚体且其质量和体积是不变的，也即不考虑水的温度、压力和盐度的变化造成的体积和浮力的变化。

## 6.1　坐标系和参数定义

研究水下机器人运动学问题首先需要确立一个惯性坐标系 [1]，这里以地面坐标系 ($E$-$\xi\eta\zeta$) 作为惯性参考坐标系，也称为静坐标系。规定取定的静坐标系原点为测量零点，$E\zeta$ 指向地心，$E\xi$ 指向地理东，$E\eta$ 指向地理南。为研究方便还建立了载体坐标系 ($O$-$XYZ$)，载体坐标系也称为动坐标系，取 AUV 的质心点为动坐标系的原点，规定动坐标系 $OX$ 轴与 AUV 主对称轴相一致，$OZ$ 轴指向 AUV 底面，所有坐标系都是右手系，各坐标系相对关系见图 6-1。

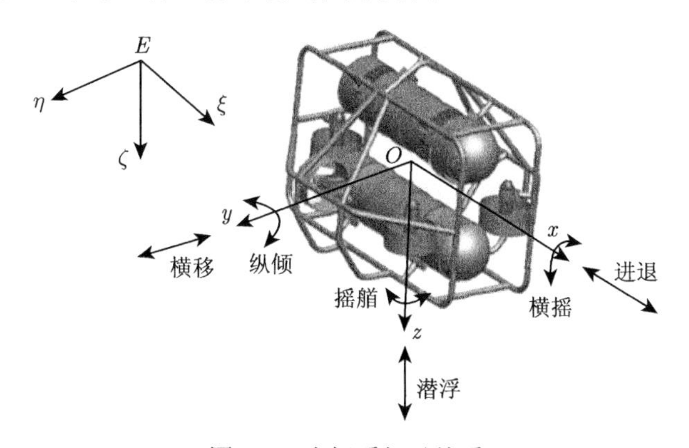


图 6-1　坐标系相对关系

AUV 的空间位置可描述为动坐标系原点 $O$ 在静坐标系中的三个分量 $\xi_O$，$\eta_O$，$\zeta_O$，以及动坐标系对于静坐标系的三个姿态角 $\varphi$ (横倾角)、$\theta$ (纵倾角)、$\psi$ (艏向角)。设地面坐标系 $\{E\}$ 中，AUV 的速度为 $V$、角速度为 $\omega$。$V$，$\omega$ 在动坐标系 $\{O\}$ 三个轴上的投影分别设为 $u$，$v$，$\omega$ 和 $p$，$q$，$r$；设推力 $F$ 及力矩矢量 $M$ 与动坐标系 $\{O\}$ 各轴对应的力和力矩的分量分别用 $X$，$Y$，$Z$ 和 $K$，$M$，$N$ 表示。规定速度和力的方向与坐标轴的方向一致，角速度和力矩的方向按右手定则判定。为叙述方便，定义以下名词 (图 6-1)。

进退：沿 $X$ 轴的直线运动，沿 $X$ 轴正向的运动称为前进，反之称为后退；

横移：沿 $Y$ 轴的直线运动，也称为侧移，沿 $Y$ 轴正向的运动称为右移，反之称为左移；

潜浮：沿 $Z$ 轴的直线运动，沿 $Z$ 轴正向的运动称为下潜，反之称为上浮；

摇艏：以 $Z$ 轴为中心的转动，有时也称为回旋，艏向角右转为正，反之为负；

横倾：以 $X$ 轴为中心的转动，有时也称为横摇，横倾角右倾为正，反之为负；

纵倾：以 $Y$ 轴为中心的转动，纵倾角抬艏 (即艉倾) 为正，反之为负。

动坐标系和速度坐标系的原点有速度、加速度、角速度、角加速度，它们不是惯性坐标系，牛顿第二定律在这两个坐标系中不适用。因此，首先应当在地面坐标系中建立运动方程，然后转换到载体坐标系中去，为此我们将在下面讨论坐标变换问题。

本节中涉及了较多的符号，请读者注意它们的定义及归属的坐标系。

## 6.2　不同坐标系之间参数的转换

不同坐标系之间参数的转换在很多书籍中都有推导，这里只引用相应的结论。本书使用欧拉角定义水下机器人载体坐标系相对于地面坐标系的角方位 [2]。使用欧拉角表示法在角度为 90° 时会产生奇点，可以通过四元素法解决。采用欧拉角表示法，可以将位于地面坐标系的已知矢量，通过连续的三个旋转变换转换到载体坐标系中；首先沿地面坐标系 $Z$ 轴旋转 $\psi$ 角，接着沿新获得的 $Y$ 轴旋转 $\theta$ 角，最后沿新获得的 $X$ 轴旋转 $\varphi$ 角。

### 6.2.1　位移矢量在不同坐标系之间的转换

设动坐标系中有矢量 $r_0 = \begin{bmatrix} r_X & r_Y & r_Z \end{bmatrix}^{\mathrm{T}}$，则该矢量从动坐标系到地面坐标系的坐标变换矩阵为

$$c_o^e = \begin{bmatrix} \cos\psi\cos\theta & \cos\psi\sin\theta\sin\varphi - \sin\psi\cos\varphi & \cos\psi\sin\theta\cos\varphi + \sin\psi\sin\varphi \\ \sin\psi\cos\theta & \sin\psi\sin\theta\sin\varphi - \cos\psi\cos\varphi & \sin\psi\sin\theta\cos\varphi - \cos\psi\sin\varphi \\ -\sin\theta & \cos\theta\sin\varphi & \cos\theta\cos\varphi \end{bmatrix} \tag{6-1}$$

动坐标到静坐标的转换：

$$r^e = \begin{bmatrix} r_\xi \\ r_\eta \\ r_\zeta \end{bmatrix} = c_o^e \begin{bmatrix} r_X \\ r_Y \\ r_Z \end{bmatrix} \tag{6-2}$$

式 (6-1) 中 $r^e$ 表示地面坐标系中对应的矢量。当两个坐标系均为正交坐标系时，有

$$c_o^e = [c_e^o]^{\mathrm{T}} \tag{6-3}$$

### 6.2.2 速度、加速度在不同坐标系之间的转换

变换矩阵的微分：

$$\dot{c}_o^e = c_o^e \times \lim_{\Delta t \to 0} \frac{\Delta\psi}{\Delta t} = c_o^e(t) \times \Omega \tag{6-4}$$

式中，

$$\Omega = \begin{bmatrix} 0 & r & -q \\ -r & 0 & p \\ q & -p & 0 \end{bmatrix}$$

已知 $r^e = c_o^e \times r^o$，对时间微分有

$$\dot{r}^e = c_o^e \times \dot{r}^o + \dot{c}_o^e \times r^o \tag{6-5}$$

将式 (6-4) 代入式 (6-5) 中可得

$$\dot{r}^e = c_o^e \times (\dot{r}^o + \Omega \times r^o) \tag{6-6}$$

括号中第一项为动坐标系中的微商，第二项为角速度引起的牵连速度。当有加速度和角加速度时，对式 (6-6) 再取微分得

$$\ddot{r}^e = c_o^e \times (\ddot{r}^o + \dot{\Omega} \times r^o + \Omega \times \dot{r}^o + \Omega \times \Omega \times r^o) \tag{6-7}$$

式中，$\ddot{r}^o$ 为动坐标系加速度；$\Omega \times \dot{r}^o$ 为牵连角速度和相对速度引起的科里奥利加速度；$\dot{\Omega} \times r^o$ 为牵连角加速度引起的切线加速度；$\Omega \times \Omega \times r^o$ 为牵连角速度引起的向心加速度。

## 6.3　水下机器人水平面和垂直面运动

水下机器人在水下的运动是一种六自由度的空间运动，可以用动坐标系下的沿三轴的直线运动和绕三轴的转动来表示，各自由度的定义已在 6.1 节中表述。

水下机器人的运动规律十分复杂，为简化问题在此假设：若水下机器人在航行过程中只改变深度而不改变航向，则其重心保持在垂直平面内；若水下机器人只改变航向而不改变深度，则其重心保持在水平面内。基于这种假设，可以把水下机器人的水下空间运动分解成水平面运动和垂直面运动，并忽略这两个平面之间的耦合影响，从而简化问题。对于运动速度不高的水下机器人，上述假设是成立的。

### 6.3.1　水平面运动

由前文的设置可知，水平面内，地面坐标系和运动坐标系如图 6-2 所示。水平面运动状态下的水下机器人位置可用其重心 $G$ 在地面坐标系中的坐标 $(\xi_G, \eta_G)$ 来确定。

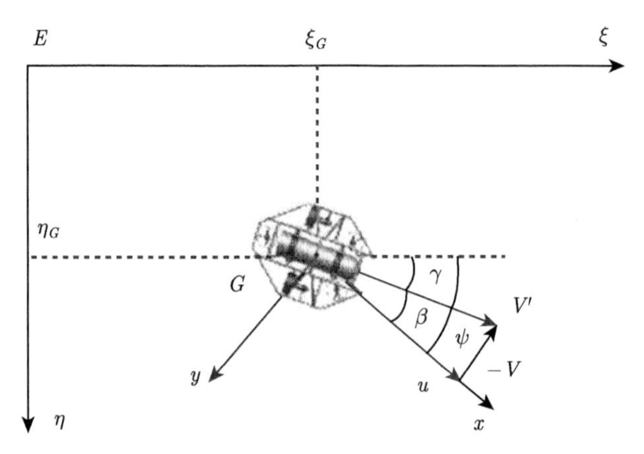


图 6-2　水平面各参数示意图

图 6-2 中，艏向角 $\psi$ 为 $GX$ 轴和 $E\xi$ 轴在水平面的夹角，规定由 $E\xi$ 转向 $GX$ 轴顺时针为正，逆时针为负；$V'$ 为水下机器人重心 $G$ 的空间速度 $V$ 在水平面上的投影；$u$，$v$ 为 $V'$ 在动坐标轴 $GX$，$GY$ 上的分量；水动力角 $\beta$ 为重心速度 $V'$ 与 $GX$ 轴之间的夹角，也称漂角，规定自 $V'$ 向 $GX$ 转动，顺时针为正，逆时针为负；航迹角 $\gamma$ 为动坐标系原点速度 $V'$ 与 $E\xi$ 轴之间的夹角，又称航速角，规定自 $E\xi$ 轴向 $V'$ 转动，顺时针为正，逆时针为负；$r$ 为水下机器人回转运动的角速度，根据右手定则，在水平面内顺时针方向旋转为正，逆时针为负。

从而有以下关系:

$$\begin{gathered}\dot{\xi}_G = V_\xi = V'\cos\gamma, \quad \dot{\eta}_G = V_\eta = V'\sin\gamma \\ u = V'\cos\beta, \quad v = -V'\sin\beta \\ \dot{\psi} = r, \quad \gamma = \psi - \beta\end{gathered} \tag{6-8}$$

### 6.3.2 垂直面运动

垂直面内，地面坐标系和运动坐标系的相互关系及有关参数见图 6-3。参照水平面运动的定义，有：水下机器人重心 $G$ 的坐标为 $(\xi_G,\zeta_G)$；姿态角 $\theta$ 为 $E\xi$ 轴和 $GX$ 轴在竖直面的夹角，规定由 $E\xi$ 转向 $GX$ 轴顺时针为正，逆时针为负；$u$，$w$ 为 $V''$ 在动坐标轴 $GX$，$GZ$ 上的分量，$V''$ 是空间速度矢量 $V$ 在垂直面的投影；水动力角 $\alpha$ 为 $V''$ 与 $GX$ 的夹角，规定由 $V''$ 转向 $GX$ 逆时针为正，顺时针为负。

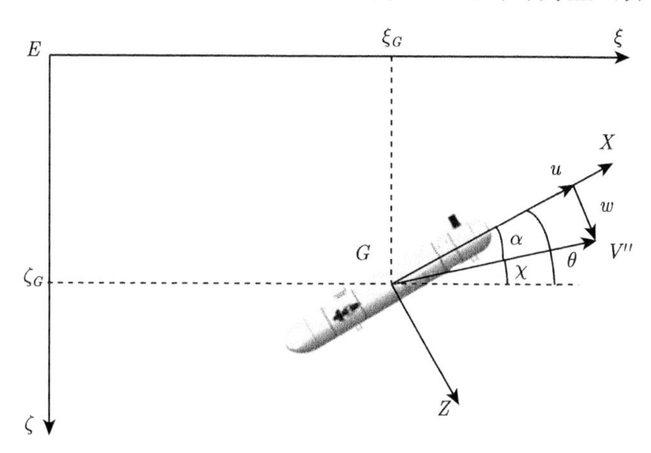


图 6-3 垂直面各参数示意图

图中各参数之间的关系如下:

$$\begin{gathered}\dot{\xi}_G = V_\xi = V''\cos\chi, \quad \dot{\zeta}_G = V_\zeta = -V'\sin\chi \\ u = V''\cos\alpha, \quad w = V''\sin\alpha \\ \dot{\theta} = q, \quad \chi = \theta - \alpha\end{gathered} \tag{6-9}$$

说明：前文定义中航迹角 $\gamma$，$\chi$ 表征了水下机器人在地面坐标系中的运动方向；而水动力角 $\alpha$，$\beta$ 表征了水下机器人在动坐标系中的运动方向，与水动力特性相关。

## 6.4　水下机器人在合力作用下的空间运动表达式

设水下机器人重心 $G$ 在动坐标系中的坐标为 $(X_G, Y_G, Z_G)$，由式 (6-6) 可得，地面坐标系中重心的速度 $V_G$ 由两部分组成 [3]：

$$V_G = V + \Omega \times R_G \tag{6-10}$$

式中，$V$ 为动坐标系原点相对于地面坐标系的速度；$\Omega$ 为动坐标系的转动角速度；$R_G$ 为重心到动坐标系原点的距离；$\Omega \times R_G$ 为牵连速度。

根据式 (6-7) 可得重心的加速度应该由四部分组成：

$$\dot{V}_G = \frac{\mathrm{d}V_G}{\mathrm{d}t} = \frac{\mathrm{d}}{\mathrm{d}t}(V + \Omega \times R_G) = \dot{V} + \Omega \times V + \dot{\Omega} \times R_G + \Omega \times (\Omega \times R_G) \tag{6-11}$$

式中，$\dot{\Omega}$ 为动坐标系的转动角加速度。

作用在重心上的外力和的矢量：

$$F = m\dot{V}_G = m\left[\dot{V} + \Omega \times V + \dot{\Omega} \times R_G + \Omega \times (\Omega \times R_G)\right] \tag{6-12}$$

动坐标系原点的速度和角速度可以用对应坐标轴的分量表示为

$$\dot{V} = \dot{u}i + \dot{v}j + \dot{w}k \tag{6-13}$$

$$\Omega = pi + qj + rk \tag{6-14}$$

式中，$i$，$j$，$k$ 表示相应于 $X$，$Y$，$Z$ 三个坐标轴的单位矢量，依据矢量叉积有

$$\Omega \times V = \begin{vmatrix} i & j & k \\ p & q & r \\ u & v & w \end{vmatrix} = (wq - vr)\,i + (ur - wp)\,j + (vp - uq)\,k \tag{6-15}$$

又动坐标系原点取在水下机器人重心处，所以 $R_G = 0$，从而可得

$$\dot{\Omega} \times R_G = 0 \tag{6-16}$$

$$\Omega \times (\Omega \times R_G) = 0 \tag{6-17}$$

把式 (6-13)~式 (6-17) 代入式 (6-12) 可得动坐标系中的分力表达式：

$$X = m\,(\dot{u} - vr + wq) \tag{6-18}$$

$$Y = m\,(\dot{v} - wp + ur) \tag{6-19}$$

$$Z = m\left(\dot{w} - uq + vp\right) \tag{6-20}$$

同理，外力对原点的力矩 $M$ 和外力对重心的力矩 $M_G$ 有如下关系：

$$M = M_G + R_G \times F \tag{6-21}$$

外力对重心的动量矩为

$$L_G = I_{XG}pi + I_{YG}qj + I_{ZG}rk \tag{6-22}$$

式中，$I_{XG}$，$I_{YG}$，$I_{ZG}$ 分别是对应轴的转动惯量，由转动惯量的移轴定理并考虑 $R_G = 0$，$M_G = \mathrm{d}L_G/\mathrm{d}t$，联立式 (6-21) 可得

$$K = I_X\dot{p} + \left(I_Z - I_Y\right)qr \tag{6-23}$$

$$M = I_Y\dot{q} + \left(I_X - I_Z\right)rp \tag{6-24}$$

$$N = I_Z\dot{r} + \left(I_Y - I_X\right)pq \tag{6-25}$$

式 (6-18)~式 (6-20) 和式 (6-23)~式 (6-25) 即为水下机器人六自由度的运动方程。观察方程不难看出，水下机器人任意一个自由度的运动都和其他自由度运动相关，也就是说，6 个自由度之间存在交叉耦合，这是水下机器人控制的难点之一。由于水下机器人在设计时充分考虑了解耦的问题，它挂负载工作时重心与水平推进器在同一水平面上，并且航速较低，故在垂直面和水平面之间的耦合很小，可以忽略不计；从而得到动坐标系原点取在重心处的水下机器人水平面和垂直面的运动方程如下。

水平面运动方程：

$$X = m\left(\dot{u} - vr\right) \tag{6-26}$$

$$Y = m\left(\dot{v} + ur\right) \tag{6-27}$$

$$N = I_Z\dot{r} \tag{6-28}$$

垂直面运动方程：

$$X = m\left(\dot{u} + wq\right) \tag{6-29}$$

$$Z = m\left(\dot{w} - uq\right) \tag{6-30}$$

$$M = I_Y\dot{q} \tag{6-31}$$

多数的水下机器人中横摇是不受控制的，也没有很大的实际意义，因此这里只讨论水平面和垂直面的运动方程。

## 6.5　水下机器人动力学分析

研究水动力特性有两方面的意义：一方面，从操纵性的角度研究水下机器人载体的稳定性和快速性；另一方面，在设计控制系统时需要考虑水动力的影响，以便建立水下机器人的数学模型 [4]。

在讨论流体动力学特性时经常用到雷诺数 $Re$ 的概念，雷诺数反映的是一种水动力相似性，它表示惯性力与黏性力之间的关系，其表达式为

$$Re = \frac{\rho UL}{\mu} = \frac{UL}{\nu} \tag{6-32}$$

式中，$\rho$ 为流体密度；$\mu$ 为流体动力黏性系数，表征流体的黏度；$U$，$L$ 分别为速度和物体的长度；$\nu$ 为流体运动黏性系数，表示在流体中产生的黏性力加速度。

所以可得水下机器人所受的总阻力是

$$R_{\mathrm{t}} = R_{\mathrm{f}} + R_{\mathrm{pv}} \tag{6-33}$$

其中，摩擦阻力 $F_{\mathrm{f}}$ 是雷诺数的函数，与湿表面积有关，压差阻力 $R_{\mathrm{pv}}$ 与形体外形有关，所以水下机器人的形体设计对减小摩擦阻力和压差阻力非常重要。水动力特性及大小与水下机器人下列因素有关：

(1) 几何外形，即载体的尺寸和形状；

(2) 载体的运动状态，即载体的速度、角速度、加速度、角加速度等参数；

(3) 流场的性质，包括流场的物理特性和几何特性；

(4) 操纵要素。

这里假设 AUV 在深、广的水下运动，不考虑流场边界的影响；同时假设水下自航行器是刚体，作用在航行器上的外力主要包括惯性力、重力、流体动力和推进器动力，流体动力系数或参数是常数。此时水动力 $F_F$ 只与水下机器人的运动特性相关，水动力一般表达式为

$$F_F = f\left(V, \dot{V}, \varOmega, \dot{\varOmega}\right) \tag{6-34}$$

结合式 (6-26)~式 (6-28) 和式 (6-34) 可知，水平面运动时水动力可以表示为运动参数 $(u, v, r, \dot{u}, \dot{v}, \dot{r})$ 的多元函数，用泰勒级数展开可得

$$\begin{aligned} F_F &= f(u, v, r, \dot{u}, \dot{v}, \dot{r}) \\ &= F_0 + \sum_{k=1}^{n} \frac{1}{2k-1} \left[ \left( \Delta u \frac{\partial}{\partial u} + \Delta v \frac{\partial}{\partial v} + \Delta r \frac{\partial}{\partial r} + \Delta \dot{u} \frac{\partial}{\partial \dot{u}} + \Delta \dot{v} \frac{\partial}{\partial \dot{v}} + \Delta \dot{r} \frac{\partial}{\partial \dot{r}} \right)^{2k-1} F \right] \end{aligned} \tag{6-35}$$

式中，$F_F$ 代表 $X$，$Y$，$N$；$F_0$ 为 $F_F$ 在级数展开点的值；$\Delta u$，$\Delta v$ 等为各自变量对于展开点的增量。

同理，水下机器人在垂直面内运动受到的水动力为运动参数 $(u, w, q, \dot{u}, \dot{w}, \dot{q})$ 的函数，它的展开式与水平面的类似，这里不再赘述。

水下机器人在海里运动时通常需要考虑两种水动力：一种是与速度相关的，称为黏性类水动力；另一种是与加速度相关的，称为惯性类水动力。

### 6.5.1 与速度相关的水动力导数

假设水下机器人在做定常回转运动，此时所受的水动力只与速度和角速度相关，可以用下式表达：

$$Y = Y(v, r), \quad N = N(v, r) \tag{6-36}$$

式 (6-36) 取基准直航状态 $u = v$，$v = r = 0$ 作为展开的基点，于是水动力的泰勒线性展开式为

$$\begin{aligned} Y &= Y_0 + Y_v v + Y_r r \\ N &= N_0 + N_v v + N_r r \end{aligned} \tag{6-37}$$

其中，$Y$，$N$ 分别是横向水动力和偏航力矩。在线性范围内认为载体左右流场对称，故有 $Y_0 = N_0 = 0$，式 (6-37) 中各一阶项的系数按泰勒级数定义为

$$Y_v = \left.\frac{\partial Y}{\partial v}\right|_{\substack{u=v \\ v=r=0}}, \quad \cdots, \quad N_r = \left.\frac{\partial N}{\partial r}\right|_{\substack{u=v \\ v=r=0}}$$

上面的系数称为一阶水动力系数，其含义是载体在基准直航时某一运动参数单独变化而引起的水动力变化，也称为水动力导数。水动力导数可以通过实验测量或者计算得到。

### 6.5.2 与加速度相关的水动力导数

物体在理想流体中做匀速运动时不受流体阻力的作用，如果物体在理想流体中做变速运动，则物体周围流场的流体质点在传递能量的同时需要耗去一部分能量用于加速质点本身的变速运动。这种由流体质点的惯性引起的阻力称为流体的惯性阻力。通常流体的惯性阻力与物体的加速度大小成比例，方向相反，流体惯性阻力表达式为

$$X(\dot{u}) = -\lambda_{11}\dot{u} \quad (\lambda_{11} > 0) \tag{6-38}$$

其中，比例常数 $\lambda_{11}$ 叫作附加质量。

设在水中质量为 $m$ 的物体受外力 $X$ 作用以加速度 $\dot{u}$ 运动，则分析物体受力有

$$\dot{u} = X/(m + \lambda_{11}) \tag{6-39}$$

机器人在水下运动时受到的流体动力不一定与运动轴方向一致，即在运动轴上有流体动力作用，在其他轴上也有流体动力及惯性力矩，其大小仍然和加速度成正比，只是系数不同。设 $\lambda_{ij}$ 为 AUV 沿 $i$ 方向的加速度 $\dot{u}_i$ 与在 $j$ 方向的流体惯力分量 $F_j$ 之间的比例常数，则水下机器人空间六自由度的运动时流体惯性力可以表达为

$$F_j = -\sum_{j=1}^{6} \lambda_{ij} \dot{U}_i \quad (i = 1, 2, \cdots, 6) \tag{6-40}$$

其中，$F_j\,(j = 1, 2, \cdots, 6)$ 分别代表了 $X$，$Y$，$Z$，$K$，$M$，$N$；$U_i\,(i = 1, 2, \cdots, 6)$ 分别代表了 $\dot{u}$，$\dot{v}$，$\dot{w}$，$\dot{p}$，$\dot{q}$，$\dot{r}$。

式 (6-40) 中除附加质量、附加惯性矩，还包括附加静矩。式 (6-40) 写成矩阵形式时其系数矩阵关于对角线对称，水下机器人大多左右对称，故有些系数很小基本可以略去。将式 (6-32) 联合式 (6-40) 并代入相关参数后，简化可得水下机器人的流体惯性力为

$$\begin{bmatrix} X_I \\ Y_I \\ Z_I \\ K_I \\ M_I \\ N_I \end{bmatrix} = \begin{bmatrix} \frac{1}{2}\rho L^3 X'_{\dot{u}} & 0 & 0 & 0 & 0 & 0 \\ 0 & \frac{1}{2}\rho L^3 Y'_{\dot{v}} & 0 & \frac{1}{2}\rho L^4 K'_{\dot{v}} & 0 & \frac{1}{2}\rho L^4 N'_{\dot{v}} \\ 0 & 0 & \frac{1}{2}\rho L^3 Z'_{\dot{w}} & 0 & \frac{1}{2}\rho L^4 M'_{\dot{w}} & 0 \\ 0 & \frac{1}{2}\rho L^4 Y'_{\dot{p}} & 0 & \frac{1}{2}\rho L^5 K'_{\dot{p}} & 0 & \frac{1}{2}\rho L^5 N'_{\dot{p}} \\ 0 & 0 & \frac{1}{2}\rho L^4 Z'_{\dot{q}} & 0 & \frac{1}{2}\rho L^5 M'_{\dot{q}} & 0 \\ 0 & \frac{1}{2}\rho L^4 Y'_{\dot{r}} & 0 & \frac{1}{2}\rho L^5 K'_{\dot{r}} & 0 & \frac{1}{2}\rho L^5 N'_{\dot{r}} \end{bmatrix} \begin{bmatrix} \dot{u} \\ \dot{v} \\ \dot{w} \\ \dot{p} \\ \dot{q} \\ \dot{r} \end{bmatrix} \tag{6-41}$$

式中，

$$K'_{\dot{u}} = Y'_{\dot{p}} \quad (\lambda_{24} = \lambda_{42})$$

$$N'_{\dot{u}} = Y'_{\dot{r}} \quad (\lambda_{26} = \lambda_{62})$$

$$M'_{\dot{w}} = Z'_{\dot{q}} \quad (\lambda_{35} = \lambda_{53})$$

$$N'_{\dot{p}} = K'_{\dot{r}} \quad (\lambda_{46} = \lambda_{64})$$

### 6.5.3 AUV 的黏性类水动力系数

AUV 的黏性类水动力系数是按泰勒展开式对 (角) 速度求偏导数得到的与速度有关的系数。当在无限深、广、静的水中运动时，AUV 所受的黏性水动力只取决于 AUV 的运动情况。黏性水动力包括水平面和垂直面运动的线性和非线性水动力，以及相互影响引起的耦合水动力。下面对以上情况分别讨论。

1. AUV 在水平面运动时的黏性水动力

线性表达式:

$$\begin{cases} X = X_0 + X_u \Delta u \\ Y = Y_0 + Y_u \Delta u + Y_v v + Y_r r \\ N = N_0 + N_u \Delta u + N_v v + N_r r \end{cases} \tag{6-42}$$

式中，$X_0$，$Y_0$，$N_0$ 为 AUV 以 $u = u_0$，$v = r = 0$ 做等速直线运动时，作用在 AUV 上的水动力。其中 $X_0$ 即是 AUV 直线航行时的阻力；由于 AUV 左右对称，故 $Y_0 = N_0 = 0$。同理，$X$ 方向速度的改变 $\Delta u$，不会引起横向力 $Y_u \Delta u$ 和力矩 $N_u \Delta u$，即 $Y_u = N_u = 0$，于是水平面黏性水动力的线性表达式可改写为

$$\begin{cases} X = X_0 + X_u \Delta u = X_{uu} u^2 \\ Y = Y_v v + Y_r r \\ N = N_v v + N_r r \end{cases} \tag{6-43}$$

上式中把左边的力及力矩作无因次化处理如下:

$$X' = \frac{X}{\frac{1}{2}\rho V^2 L^2}, \quad Y' = \frac{Y}{\frac{1}{2}\rho V^2 L^2}, \quad N' = \frac{N}{\frac{1}{2}\rho V^2 L^3} \tag{6-44}$$

其中，$X'$，$Y'$，$N'$ 分别被称为纵向力系数、横向力系数和偏航力矩系数。

非线性表达式:

$$\begin{cases} X = X_{uu} u^2 + X_{vv} v^2 + X_{rr} r^2 + X_{vr} vr \\ Y = Y_v v + Y_r r + Y_{v|v|} v|v| + Y_{v|r|} v|r| + Y_{r|r|} r|r| \\ N = N_v v + N_r r + N_{v|v|} v|v| + N_{v|r|} v|r| + N_{r|r|} r|r| \end{cases} \tag{6-45}$$

2. AUV 在垂直面运动时的黏性水动力

线性表达式:

$$\begin{cases} X = X_0 + X_u \Delta u = X_{uu} u^2 \\ Z = Z_0 + Z_w w + Z_q q \\ M = M_0 + M_w w + M_q q \end{cases} \tag{6-46}$$

其中，$Z_0$ 称为零升力；$M_0$ 称为零升力矩。当 AUV 以 $u = u_0$，$w = q = 0$ 做等速直线运动时，由于 AUV 上下不对称，故 $Z_0$ 不等于零，且 AUV 前后也不对称，所以 $M_0$ 也不为零。上式中把左边的力 $Z$ 及力矩 $M$ 作无因次化处理如下:

$$Z' = \frac{Z}{\frac{1}{2}\rho V^2 L^2}, \quad M' = \frac{M}{\frac{1}{2}\rho V^2 L^3} \tag{6-47}$$

式中，$Z'$，$M'$ 分别被称为垂向力系数和纵倾力矩系数。

非线性表达式：

$$\left\{\begin{aligned} X &= X_{uu}u^2 + X_{ww}w^2 + X_{qq}q^2 + X_{wq}wq \\ Z &= Z_0 + Z_w w + Z_q q + Z_{|w|}|w| + Z_{w|w|}w|w| \\ &\quad + Z_{ww}w^2 + Z_{w|q|}w|q| + Z_{q|q|}q|q| \\ M &= M_0 + M_w w + M_q q + M_{|w|}|w| + M_{w|w|}w|w| \\ &\quad + M_{ww}w^2 + M_{w|q|}w|q| + M_{q|q|}q|q| \end{aligned}\right. \tag{6-48}$$

3. 黏性类水动力中包含惯性水动力的情况

水平面线性表达式：

$$\left\{\begin{aligned} X &= X_{\dot{u}}\dot{u} + X_{uu}u^2 \\ Y &= Y_{\dot{v}}\dot{v} + Y_{\dot{r}}\dot{r} + Y_v v + Y_r r \\ N &= N_{\dot{v}}\dot{v} + N_{\dot{r}}\dot{r} + N_v v + N_r r \end{aligned}\right. \tag{6-49}$$

垂直面线性表达式：

$$\left\{\begin{aligned} X &= X_{\dot{u}}\dot{u} + X_{uu}u^2 \\ Z &= Z_0 + Z_{\dot{w}}\dot{w} + Z_{\dot{q}}\dot{q} + Z_w w + Z_q q \\ M &= M_0 + M_{\dot{w}}\dot{w} + M_{\dot{q}}\dot{q} + M_w w + M_q q \end{aligned}\right. \tag{6-50}$$

水平面非线性表达式：

$$\left\{\begin{aligned} X &= X_{\dot{u}}\dot{u} + X_{uu}u^2 + X_{vv}v^2 + X_{rr}r^2 + X_{vr}vr \\ Y &= Y_{\dot{v}}\dot{v} + Y_{\dot{r}}\dot{r} + Y_v v + Y_r r + Y_{v|v|}v|v| + Y_{v|r|}v|r| + Y_{r|r|}r|r| \\ N &= N_{\dot{v}}\dot{v} + N_{\dot{r}}\dot{r} + N_v v + N_r r + N_{v|v|}v|v| + N_{v|r|}v|r| + N_{r|r|}r|r| \end{aligned}\right. \tag{6-51}$$

垂直面非线性表达式：

$$\left\{\begin{aligned} X &= X_{\dot{u}}\dot{u} + X_{uu}u^2 + X_{ww}w^2 + X_{qq}q^2 + X_{wq}wq \\ Z &= Z_0 + Z_{\dot{w}}\dot{w} + Z_{\dot{q}}\dot{q} + Z_w w + Z_q q + Z_{|w|}|w| + Z_{w|w|}w|w| \\ &\quad + Z_{ww}w^2 + Z_{w|q|}w|q| + Z_{q|q|}q|q| \\ M &= M_0 + M_{\dot{w}}\dot{w} + M_{\dot{q}}\dot{q} + M_w w + M_q q + M_{|w|}|w| + M_{w|w|}w|w| \\ &\quad + M_{ww}w^2 + M_{w|q|}w|q| + M_{q|q|}q|q| \end{aligned}\right. \tag{6-52}$$

## 6.6 水下机器人的空间运动方程

前文讨论了水下机器人承受的各种外力和外力矩的计算方法，并讨论了水下机器人在合外力和合外力矩作用下的运动方程，在此基础上，本节讨论水下机器人的空间运动方程。

### 6.6.1 水下机器人在水中受到的合外力

水下机器人在水中受到的合外力 $F$ 可以用下面的方程表示：

$$F = F_F + B + P + \sum_{i=1}^{n} T_i \tag{6-53}$$

式中，$F_F$ 为作用在水下机器人上的水动力；$B$ 为水下机器人的浮力；$P$ 为水下机器人的重力；$\sum_{i=1}^{n} T_i$ 为推进器推力之和，$T_i$ 为第 $i$ 个推进器的推力，$n$ 为推进器的总数。

水下机器人所受的合外力矩可以用下面的方程描述：

$$M = M_F + M_B + M_P + \sum_{i=1}^{n} M_{Ti} \tag{6-54}$$

其中，$M_F$，$M_B$，$M_P$ 分别为水动力、浮力和重力产生的力矩。

### 6.6.2 水下机器人空间运动方程建立

水下机器人在合力 $F$、合力矩 $M$ 作用下的运动规律在 4.3 节中做了讨论，水动力 $F_F$、推力 $T_i$、重力、浮力及相应的力矩算法在第 4 章中做了论述，基于这些结果，联合式 (6-53)、式 (6-54) 可以写出水下机器人的空间运动方程。

轴向力方程：

$$\begin{aligned} m\left(\dot{u} - vr + wq\right) = & \frac{1}{2}\rho L_e^4 \left[X'_{qq}q^2 + X'_{rr}r^2 + X'_{rp}rp\right] \\ & + \frac{1}{2}\rho L_e^3 \left[X'_{\dot{u}}\dot{u} + X'_{vr}vr + X'_{wq}wq\right] \\ & + \frac{1}{2}\rho L_e^2 \left[X'_{uu}u^2 + X'_{vv}v^2 + X'_{ww}w^2\right] \\ & + T_x - (G - B)\sin\theta \end{aligned} \tag{6-55}$$

式 (6-55) 中等号左边各项描述了水下机器人在合外力作用下的运动规律，这在前面章节内已作了推导；右边第一项为角速度引起的非线性水动力，第二项为惯性水动力，第三项为速度引起的非线性水动力，第四项为推力，第五项为重力与浮力的合作用力。

同理可得侧向力方程和垂向力方程分别为

$$\begin{aligned}m(\dot{v}-wp+ur)=&\frac{1}{2}\rho L_e^4\left[Y_{\dot{r}}'\dot{r}+Y_{\dot{p}}'\dot{p}+Y_{p|p|}'p|p|+Y_{pq}'pq+Y_{qr}'qr\right]\\&+\frac{1}{2}\rho L_e^3\left[Y_{\dot{v}}'\dot{v}+Y_{vq}'vq+Y_{wp}'wp+Y_{wr}'wr\right]\\&+\frac{1}{2}\rho L_e^3\left[Y_r'ur+Y_p'up+Y_{v|r|}'\frac{v}{|v|}\left|\left(v^2+w^2\right)^{\frac{1}{2}}\right||r|\right]\\&+\frac{1}{2}\rho L_e^2\left[Y_{uu}'u^2+Y_v'uv+Y_{v|v|}'v\left|\left(v^2+w^2\right)^{\frac{1}{2}}\right|\right]\\&+(G-B)\cos\theta\sin\varphi+\frac{1}{2}\rho L_e^2Y_{vw}'vw\end{aligned}\tag{6-56}$$

$$\begin{aligned}m(\dot{w}-uq+vp)=&\frac{1}{2}\rho L_e^4\left[Z_{\dot{q}}'\dot{q}+Z_{pp}'p^2+Z_{rr}'r^2+Z_{rp}'rp\right]\\&+\frac{1}{2}\rho L_e^3\left[Z_{\dot{w}}'\dot{w}+Z_{vr}'vr+Z_{vp}'vp\right]\\&+\frac{1}{2}\rho L_e^3\left[Z_q'uq+Z_{w|q|}'\frac{w}{|w|}\left|\left(v^2+w^2\right)^{\frac{1}{2}}\right||q|\right]\\&+\frac{1}{2}\rho L_e^2\left[Z_{uu}'u^2+Z_w'uw+Z_{w|w|}'w\left|\left(v^2+w^2\right)^{\frac{1}{2}}\right|\right]\\&+\frac{1}{2}\rho L_e^2\left[Z_{|w|}'u|w|+Z_{w|w|}'\left|w\left(v^2+w^2\right)^{\frac{1}{2}}\right|\right]\\&+T_z+(G-B)\cos\theta\cos\varphi+\frac{1}{2}\rho L_e^2Z_{vv}v^2\end{aligned}\tag{6-57}$$

横倾力矩方程、纵倾力矩方程和艏向力矩方程分别如下：

$$\begin{aligned}I_{XX}\dot{p}+(I_{XX}-I_{YY})qr=&\frac{1}{2}\rho L_e^5\left[K_{\dot{r}}'\dot{r}+K_{\dot{p}}'\dot{p}+K_{p|p|}'p|p|+K_{pq}'pq+K_{qr}'qr\right]\\&+\frac{1}{2}\rho L_e^4\left[K_{\dot{v}}'\dot{v}+K_p'up+K_r'ur\right]\\&+\frac{1}{2}\rho L_e^4\left[K_{vq}'vq+K_{wp}'wp+K_{wr}'wr\right]\\&+\frac{1}{2}\rho L_e^3\left[K_{uu}'u^2+K_v'uv+K_{v|v|}'v\left|\left(v^2+w^2\right)^{\frac{1}{2}}\right|\right]\\&+\frac{1}{2}\rho L_e^3K_{vw}'vw+ph\cos\theta\sin\varphi+M_{TX}\end{aligned}\tag{6-58}$$

$$\begin{aligned}I_{YY}\dot{q}+(I_{XX}-I_{ZZ})rp=&\frac{1}{2}\rho L_e^5\left[M_{\dot{q}}'\dot{q}+M_{pp}'p^2+M_{rr}'r^2+M_{rp}'rp+M_{q|q|}'q|q|\right]\\&+\frac{1}{2}\rho L_e^4\left[M_{\dot{w}}'\dot{w}+M_{vr}'vr+M_{vp}'vp\right]\\&+\frac{1}{2}\rho L_e^4\left[M_q'uq+M_{|w|q}'\left|\left(v^2+w^2\right)^{\frac{1}{2}}\right|q\right]\end{aligned}$$

$$+\frac{1}{2}\rho L_e^3\left[M'_{uu}u^2+M'_{w}uw+M'_{w|w|}w\left|\left(v^2+w^2\right)^{\frac{1}{2}}\right|\right]$$
$$+\frac{1}{2}\rho L_e^3\left[M'_{|w|}u\left|w\right|+M'_{ww}w\left|\left(v^2+w^2\right)^{\frac{1}{2}}\right|\right]-ph\sin\theta+M_{TY} \tag{6-59}$$

$$\begin{aligned}I_{ZZ}\dot{r}+\left(I_{YY}-I_{XX}\right)pq=&\frac{1}{2}\rho L_e^5\left[N'_{\dot{r}}\dot{r}+N'_{\dot{p}}\dot{p}+N'_{r|r|}r\left|r\right|+N'_{pq}pq+N'_{qr}qr\right]\\&+\frac{1}{2}\rho L_e^4\left[N'_{\dot{v}}\dot{v}+N'_{vq}vq+N'_{wp}wp+N'_{wr}wr\right]\\&+\frac{1}{2}\rho L_e^4\left[N'_{r}ur+N'_{p}up+N'_{v|r|}\frac{v}{|v|}\left|\left(v^2+w^2\right)^{\frac{1}{2}}\right|\left|r\right|\right]\\&+\frac{1}{2}\rho L_e^3\left[N'_{uu}u^2+N'_{v}uv+N'_{v|v|}v\left|\left(v^2+w^2\right)^{\frac{1}{2}}\right|\right]\\&+\frac{1}{2}\rho L_e^3N'Y'vw+M_{TZ}\end{aligned} \tag{6-60}$$

其中，$T_X$，$T_Y$，$T_Z$ 分别为推力在坐标轴 $X$，$Y$，$Z$ 上的投影；$M_{TX}$，$M_{TY}$，$M_{TZ}$ 分别为 $X$，$Y$，$Z$ 轴上的推力矩。

实际上以上方程就是标准的潜艇运动方程，大多数水下机器人中均不使用舵，因此在潜艇方程中去掉了有关舵受力的项。

动坐标系坐标原点与水下机器人重心的距离在进行载体设计时可以通过计算得到，各相关项的流体动力学系数也可以通过计算获得，或者使用平面运动机构在水池实验中测得，这样在给定速度、加速度时，水下机器人受到的外力和外力矩就能算出来。

根据运动学知识可以将水下机器人姿态角与运动坐标系中角速度的关系用下式表示:

$$\begin{aligned}\dot{\varphi}&=p+q\tan\theta\sin\varphi+r\tan\theta\cos\varphi\\\dot{\theta}&=q\cos\varphi-r\sin\varphi\\\dot{\psi}&=\left(r\cos\varphi+q\sin\varphi\right)/\cos\theta\end{aligned} \tag{6-61}$$

如果水下机器人的重心与动坐标系的原点重合，水下机器人的运动轨迹由方程描述为

$$\begin{aligned}\dot{\xi}_g=\dot{\xi}_o=&u\cos\varphi\cos\theta+v\left(\cos\psi\sin\theta\sin\varphi-\sin\psi\cos\varphi\right)\\&+w\left(\cos\psi\sin\theta\sin\varphi+\sin\psi\sin\theta\right)\\\dot{\eta}_g=\dot{\eta}_o=&u\sin\psi\cos\theta+v\left(\sin\psi\sin\theta\sin\varphi-\cos\psi\cos\varphi\right)\\&+w\left(\sin\psi\sin\theta\cos\varphi-\cos\psi\sin\varphi\right)\\\dot{\zeta}_g=\dot{\zeta}_o=&-u\sin\theta+v\cos\theta\sin\varphi+w\cos\theta\cos\varphi\end{aligned} \tag{6-62}$$

### 6.6.3　考虑海流作用时的水下机器人空间运动方程

前面叙述了水下机器人在静水中的运动方程，这里讨论在海流作用下水下机器人的运动方程 [5]。

海流不影响运动学部分，因此式 (6-55)~式 (6-60) 左端没有变化；右端浮力也与流速无关，水流对推力的影响暂不讨论；海流仅影响水动力。

在无海流时，水下机器人相对于海水的速度为 $u$，$v$，$w$；当有海流且速度为 $U(u_X, u_Y, u_Z)$ 时，设水下机器人相对于海水速度为 $V_r\,(v_{rX}, v_{rY}, v_{rZ})$，则有

$$v_{rX} = u - u_X, \quad v_{rY} = v - u_Y \tag{6-63}$$

显然水动力与水下机器人相对于海水的速度 $V_r\,(v_{rX}, v_{rY}, v_{rZ})$ 相关，用 $V_r$ 的三个分量代替式 (6-55)~式 (6-60) 中各水动力项的 $u$，$v$，$w$ 项即可得到有海流作用时水下机器人的运动方程。

## 参 考 文 献

[1] 蒋新松, 封锡盛, 王棣棠. 水下机器人 [M]. 沈阳: 辽宁科学技术出版社, 2000.

[2] 姚峰. 水下机器人基础运动控制体系结构及运动控制技术研究 [D]. 哈尔滨: 哈尔滨工程大学, 2012.

[3] 徐玉如, 庞永杰, 甘永, 等. 智能水下机器人技术展望 [J]. 智能系统学报, 2006, 1(1): 9-16.

[4] 王猛. 水下自治机器人底层运动控制设计与仿真 [D]. 青岛: 中国海洋大学, 2009.

[5] 王保刚. 基于虚拟样机技术的自治水下机器人仿真系统研究 [D]. 青岛: 中国海洋大学, 2010.

# 第7章　底层控制系统设计

## 7.1　小型 AUV 及推进器模型仿真与分析

动力学模型是进行控制的数学基础。由于海洋环境具有复杂性，以及 AUV 的六个自由度运动的强非线性和高耦合性，它的动力学模型非常复杂。特别是带有控制面 (舵、翼等) 的水下机器人，其动力学模型能否正确反映 AUV 的动力学特性更是控制系统决定输出的关键所在 [1]。为此，使用动力学模型以及水动力参数，建立小型 AUV 的运动动力学仿真模型，通过仿真把 AUV 运动结果通过数值信号呈现出来，以此验证模型及参数的正确性。推进器的系统模型及无刷直流电机控制模型是进行推力控制的基础，本章中也对其进行仿真验证。

### 7.1.1　AUV 仿真模型建立

小型 AUV 作为一种特殊形式的水下机器人，工作在一个复杂的非线性时变工况中。为了能够在复杂的水下环境中正常工作，就需要建立一个准确的模型来对其进行控制、预测和仿真 [2]。当前，建立水下机器人模型的方法主要为解析法和系统辨识方法。解析法是根据 AUV 的自身模型特点采用有关数学物理方法进行机器人建模的方法；系统辨识方法是利用系统的输入与输出数据直接推导出系统模型的建模方法。由于 AUV 的运动具有高度的非线性和耦合性，要准确地描述出 AUV 的动力学模型就很困难。目前，对于小型 AUV，它的外形和鱼雷比较类似，常常是通过把水下机器人空间运动方程特殊化，根据模型自身特点修改相应公式，这样就获得了仿真模型的数学公式。

根据所建立的小型 AUV 运动力学模型，总结水下机器人在外力作用下的运动方程，可以建立小型 AUV 在不考虑海流影响的本体运动框图。小型 AUV 数学模型框图如图 7-1 所示。

该模型的输入为作用在小型 AUV 上的全部外力和外力矩，该模型的输出为 AUV 的六自由度运动参数 $u$，$v$，$w$，$p$，$q$，$r$。用标准的四参数法可以求得水下机器人的姿态角。四参数可以由下面的方程计算：

$$\begin{bmatrix} \dot{p}_0 \\ \dot{p}_1 \\ \dot{p}_2 \\ \dot{p}_3 \end{bmatrix} = \begin{bmatrix} -p_1 & -p_2 & -p_3 \\ -p_0 & -p_3 & -p_2 \\ -p_3 & -p_0 & -p_1 \\ -p_2 & -p_1 & -p_0 \end{bmatrix} \begin{bmatrix} p \\ q \\ r \end{bmatrix} \tag{7-1}$$

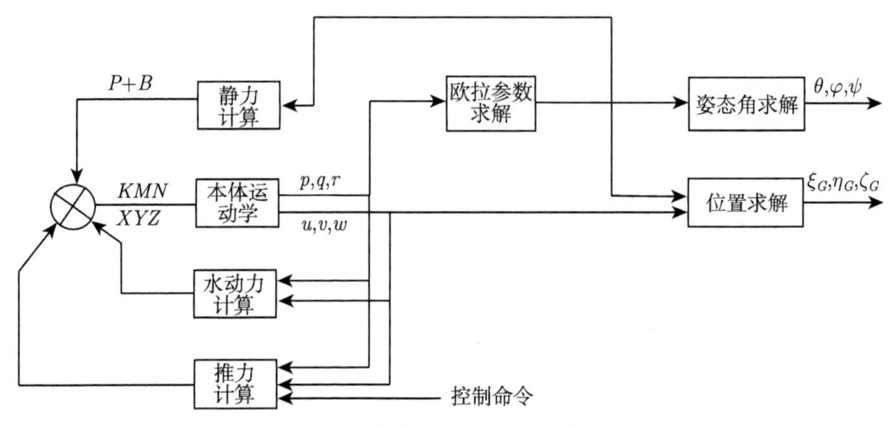


图 7-1　小型 AUV 数学模型框图

四参数满足

$$p_0^2+p_1^2+p_2^2+p_3^2=1 \tag{7-2}$$

用四参数表示方向余弦有

$$\lambda_{ij}=\begin{pmatrix} p_0^2+p_1^2-p_2^2-p_3^2 & 2(p_1p_2-p_0p_3) & 2(p_0p_2+p_1p_3) \\ 2(p_0p_3+p_1p_2) & p_0^2+p_1^2+p_2^2-p_3^2 & 2(p_2p_3-p_0p_1) \\ 2(p_1p_3-p_0p_2) & 2(p_0p_1+p_2p_3) & p_0^2-p_1^2-p_2^2-p_3^2 \end{pmatrix} \tag{7-3}$$

式中，

$$\begin{aligned} \varphi &= \arctan\frac{2(p_0p_1+p_2p_3)}{p_0^2-p_1^2-p_2^2+p_3^2} \\ \theta &= -\arcsin[2(p_1p_3-p_0p_2)] \\ \psi &= \arctan\frac{2(p_0p_3+p_1p_2)}{p_0^2+p_1^2-p_2^2-p_3^2} \end{aligned} \tag{7-4}$$

#### 1. MATLAB/Simulink 中 AUV 仿真模型的建立

1) Simulink 的高级仿真技术

A. 子系统技术

研究动态系统，就需要搞清楚模型的相应输入与输出关系。在绝大多数的程序设计语言中都有使用子程序的功能，如 FORTRAN 语言中有 subroutine 子程序和 function 子程序，C 语言中的子程序被称为“函数”，MATLAB 的子程序被称为函数式 M 文件，而 Simulink 子系统就类似于程序设计语言中的子程序。

创建 Simulink 子系统共有两种方法：第一种是对已存在的模型的某些部分或全部使用菜单命令进行压缩转化，使之称为子系统；第二种是使用连接模块的 Subsystem 模块直接创建子系统。

B. S-函数

S-函数是系统函数的简称，是指采用非图形化的方法 (计算机语言) 来描述的一个功能块。用户可以采用 MATLAB 代码、C、C++、FORTRAN 或 Ada 等语言编写 S-函数。S-函数在开发一个新的通用的模块作为一个独立的功能单元时，是很简便的。

一般而言，使用 S-函数的步骤如下：① 创建 S-函数源文件；② 在建立的动态系统的 Simulink 模型中添加 S-Function 模块，并进行正确参数设置；③ 在 Simulink 模型图中按照要求定义好功能性的输入输出端口。

2) 建立 AUV 仿真模型及水动力模型

A. AUV 模型

前面已经得到 AUV 的运动方程为

$$M\ddot{v} = F_{\text{cc}} + F_{\text{vh}} + F_{\text{rest}} + F_{\text{thrust}} + F_{\text{fin}} \tag{7-5}$$

为了使用 S-函数对 AUV 动力学模型进行建模，需要把 AUV 的运动方程转换为状态方程求解的形式，方程形式如下：

$$\dot{x}(t) = v$$

$$\dot{v} = M^{-1}(F_{\text{cc}} + F_{\text{vh}} + F_{\text{rest}} + F_{\text{thrust}} + F_{\text{fin}}) \tag{7-6}$$

在 MATLAB2009 的 Simulink 环境下，利用 S-函数的求解状态方程和 VRML (virtual reality modeling language) 虚拟仿真模块，在分析小型 AUV 运动学及动力学数学模型的基础上，提出了建立水下机器人的推力器模型仿真方法，模型框图如图 7-2 所示。图中，Torque 是输入的推力和舵角参数，PA estate 是体坐标系下的状态参量，PA actual 是惯性坐标系下的状态量。

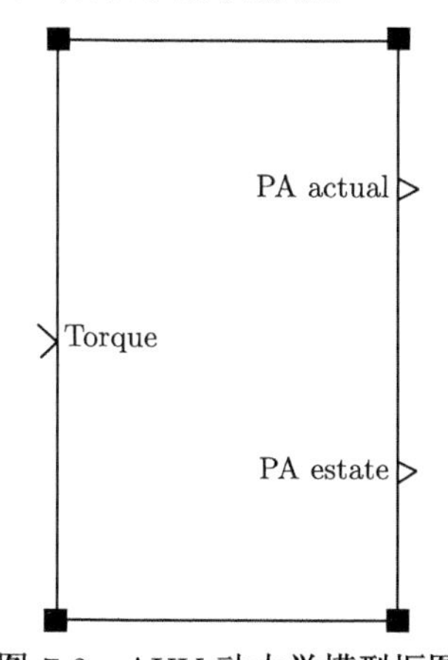


图 7-2 AUV 动力学模型框图

B. CFX 模型及仿真结果

为了便于对 AUV 操纵性进行验证，需要对运行态的小型 AUV 进行流体动力学分析。通过 CFD (computational fluid dynamics) 计算的流体力学的阻力与 MATLAB/Simulink 模型计算的水阻力对比，可以对数学模型进行有效的验证 [3,4]。

本章对 AUV 水动力仿真过程采用耦合隐式算法，分别求解三维定常流动中有旋和无旋情况下 AUV 所受流体阻力。因为 AUV 的周围水流运动是黏性边界层的情况，在螺旋桨的部分容易形成湍流，为了便于研究，把海水环境看作不可压缩的流体场。按照图 7-3 设置 AUV 的边界条件为：

海水流体：深度 $h = 200\text{m}$，密度 $\rho = 1000\text{kg/m}^3$。

速度入口边界条件：以 AUV 为中心，取 $X$ 方向长度 2.402m，$Y$ 方向长度 4.116m，$Z$ 方向长度 2.402m 的长方体水域，如图 7-3 所示，给定速度 $u = U_\infty$ (无旋分析) 或给定速度 $u$ 及对应的螺旋桨转速 $n$，其中 $U_\infty$ 为均匀来流速度。

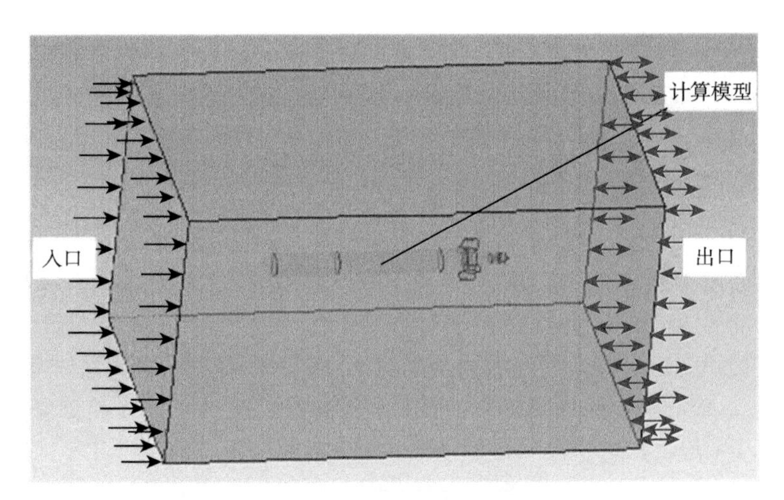


图 7-3　AUV 仿真计算模型及其边界条件

出口设定：零压力梯度，自由出流水流模型边界。

上/下及壁面边界设定：已知法向速度，无滑移边界情况。

设定推进器模型参数为 $C_\text{T} = 0.16$，$\alpha = 0.10$。由式 (4-24) 可推得周围流体速度 $U$ 与螺旋桨转 $n$ 的关系为 $U \propto n_3$。输入不同的流体速度 $U$ 和螺旋桨转速 $n$ 数值分别进行螺旋桨动、静状态下 AUV 的水动力仿真分析。仿真计算结果见表 7-1。将表 7-1 中的数据综合分析，生成 AUV 阻力曲线图 (图 7-4)，以及经过后处理获得的不考虑海水深度的 AUV 壳体表面的压强分布图，如图 7-5 所示。

**表 7-1 AUV 水动力仿真结果**

| $U$/(m/s) | $n$/(r/min) | 摩擦阻力 $F_f$/N | | 黏压阻力 $F_p$/N | |
|---|---|---|---|---|---|
| | | 螺旋桨不动 | 螺旋桨转动 | 螺旋桨不动 | 螺旋桨转动 |
| 0.5 | 69 | 0.87821 | 0.97243 | 0.74639 | 1.22381 |
| 0.8 | 81 | 2.00458 | 1.87900 | 1.88993 | 2.95595 |
| 1.0 | 87 | 2.96073 | 2.59566 | 2.95152 | 4.73175 |
| 1.2 | 93 | 4.06848 | 3.64151 | 4.24238 | 6.89922 |
| 1.5 | 100 | 6.00440 | 5.23236 | 6.60354 | 10.64903 |
| 1.8 | 106 | 8.28551 | 7.46434 | 9.45405 | 15.23640 |
| 2.0 | 110 | 9.97179 | 8.88638 | 11.67970 | 18.82028 |

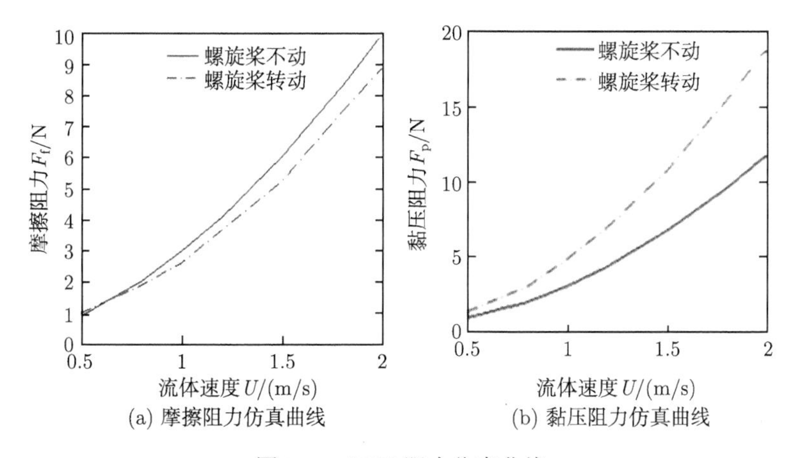

(a) 摩擦阻力仿真曲线 (b) 黏压阻力仿真曲线

图 7-4 AUV 阻力仿真曲线

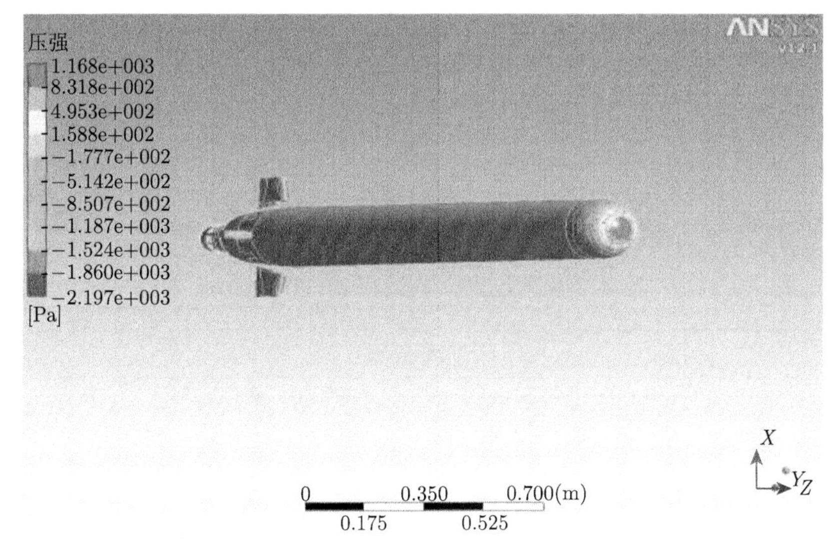


图 7-5 不考虑海水深度的 AUV 壳体表面压强分布图 (后附彩图)

通过 CFX 仿真，由于螺旋桨转动会带来更大的前后压差，以及产生更多的湍流而消耗运动能量，会给 AUV 的运动带来更大的黏压阻力；但是由于螺旋桨的转动会影响 AUV 的流体体表覆盖面积，当转速加快时它也会减少 AUV 在水中运动时受到的摩擦力作用，只是程度有限。如果把螺旋桨对 AUV 运动带来的水阻力影响综合叠加，就可以得到如下结论：在 CFX 仿真时，必须考虑螺旋桨本身运动带来的影响，而且水下机器人的前进速度与螺旋桨的转速都会影响阻力的大小。

2. *运动模型仿真*

为了正确地验证建立模型的正确性，令海流的速度为零。根据小型 AUV 的推进器布置，为了保证推进器具有最大的运动性能，将小型 AUV 的推力 $T$ 设为 28N，对于水平舵和转艏舵的转角，把它们设定为零。这时就可以得到 AUV 的纵向速度、横向速度、垂向速度、横倾角速度、纵倾角速度、偏航角速度随时间的变化曲线，如图 7-6 所示。同时也得到了 AUV 运行时的纵向力、横向力、垂向力、横倾力矩、纵倾力矩、偏航力矩，如图 7-7 所示。

通过对比 CFX 仿真测定的 AUV 水阻力发现，当 AUV 的纵向运动速度为 2m/s 时，AUV 受到的总水阻力为 27.7N；而此时通过设定 AUV 的推进器推力设为 28N，AUV 的纵向速度为 2m/s，总阻力与推进力基本相同。因此可以验证建立的动力学模型，同时也可以说明 CFX 模型考虑螺旋桨仿真是较符合实际的。

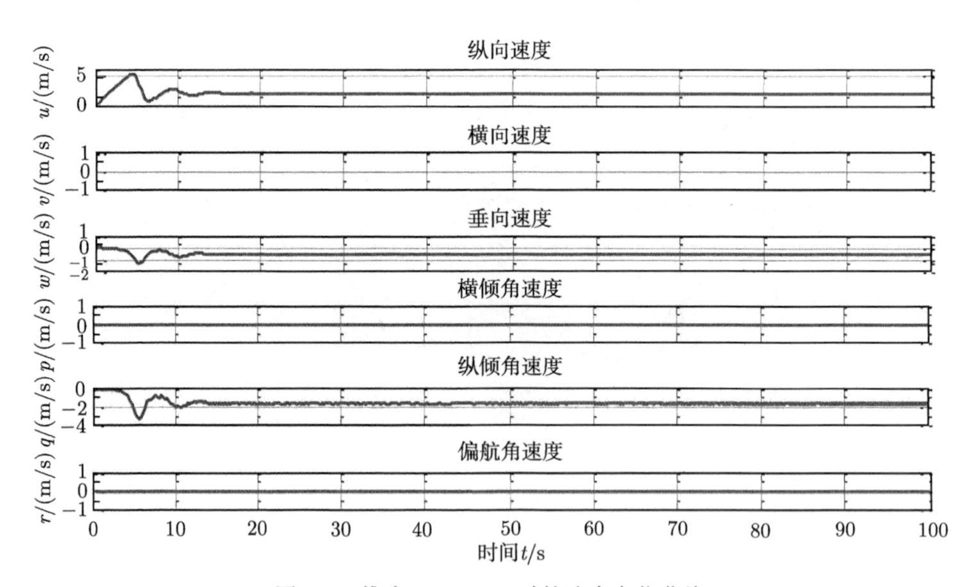


图 7-6　推力 $T = 28\text{N}$ 时的速度变化曲线

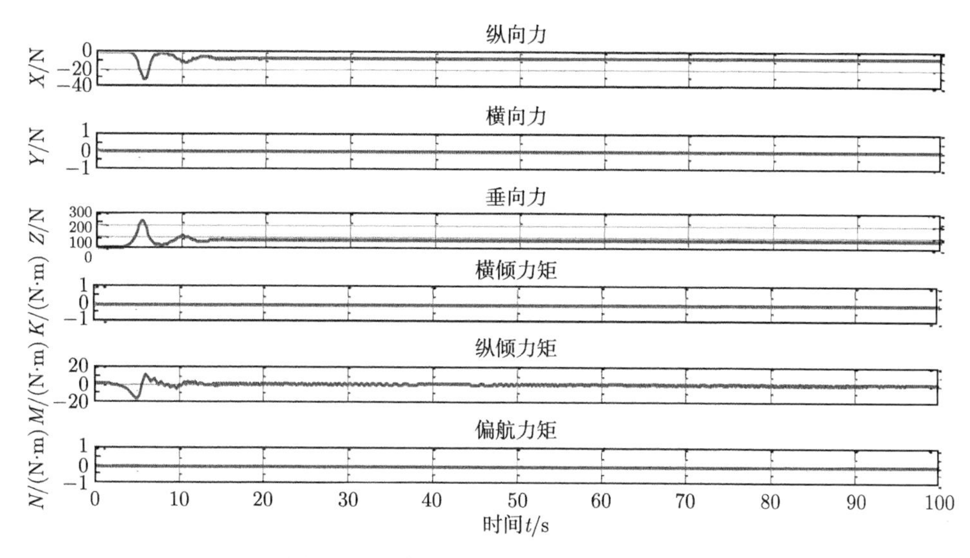


图 7-7 推力 $T=28\text{N}$ 时的水黏性阻力

### 7.1.2 推进器的电机控制策略

通常，要进行无刷直流电机的速度控制有两种方法，一是开环控制，二是闭环控制。目前而言，双闭环调速是无刷直流电机最常用的控制方法，其中内环为电流环，外环为速度环。无刷电机的控制是采用脉冲宽度调制 (PWM) 与相电流励磁控制来实现的。本节主要是对系统的双闭环调速、智能调速策略进行分析研究 [5]。

1. 无刷直流电机双闭环调速

PID 控制是最早发展起来的线性控制策略之一，虽然距今已有 70 多年的历史，但是在工业控制系统中仍然是最常用的控制算法。为了控制电机的转速，多采用如下的离散 PID 控制方式 [6]：

$$\begin{aligned}u(k)&=K_P\left[e(k)+\frac{T}{T_I}\sum_{j=0}^{k}e(j)+\frac{T_D}{T}(e(k)-e(k-1))\right]\\&=K_Pe(k)+K_I\sum_{j=0}^{k}e(j)+K_D(e(k)-e(k-1))\end{aligned}\tag{7-7}$$

式中，$K_I$ 为积分部系数；$K_D$ 为微分部系数；$T$ 为离散化周期；$e(k)$，$e(k-1)$ 为相邻时刻采样输入偏差。

在典型的控制电机系统中，多是采用如图 7-8 所示控制模式。

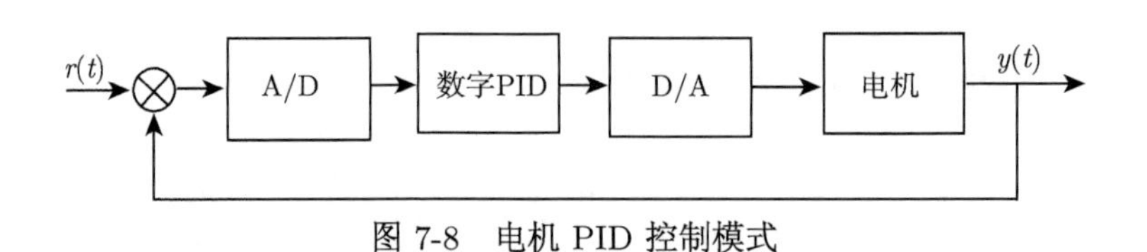


图 7-8　电机 PID 控制模式

2. *无刷直流电机速度智能控制技术*

(1) 模糊控制。模糊控制是一种类似于人类判断事情而做出决策的无模型控制方法，它一般有模糊控制器与控制对象两个部分。模糊控制器的建立主要有四个部分：模糊化、规则库、模糊推理以及清晰化计算。为了控制好无刷直流电机，有关学者不断探索，发现如果将电机的转速误差和变化率作为模糊控制器的输入，通过对其进行模糊化，就可以获得一维的输出，如果再对输出清晰化，就可以获得控制电机转速的信号。

(2) 神经网络控制。神经网络的研究要起源于弗洛伊德的精神学研究时期，学者通过不断探索，研究出了反向传播 (back propagation, BP) 控制网络、径向基函数 (RBF) 控制网络、单神经元网络等诸多类型，而且这些方法现在也已经在电机的控制上发挥着作用，通过对网络进行离线和在线的训练，可以实现包括位置、速度、电流、参数识别的多方应用。

(3) 遗传、免疫算法的优化控制。无刷直流电机的运行具有很强的非线性，这样使得控制电机不可能采用非常精确的数学模型，而有时即使采用模糊规则的方法对其进行控制，也会因为相应参数设定得不够理想而控制失败。这时如果能够发挥好遗传、免疫算法等生物算法的优势，优化电机的控制规则或参数，就能够改善电机的控制效果。

(4) 滑模变结构控制。滑模理论在电机的控制上非常广泛，因为滑模变结构控制具有良好的自适应性，模态的切换变化能够很好地抑制由电机载荷与电流变化带来的影响。

(5) 灰色控制。灰色控制是为了研究信息数据缺乏及不确定性问题而出现的一种新型方法。同模糊数学、粗糙集理论和未确知数学等理论共属于不确定性系统的研究理论与方法。灰色控制系统理论发展快速且成熟，在许多场合都得到应用。灰色理论应用到无刷直流电机控制上具有很大的优势，因为该方法能够很好地控制电机本身参数和负载干扰带来的影响，使用灰色模型，就可以很好地控制电机。

### 7.1.3　推进器仿真模型

在 MATLAB2009 的 Simulink 环境下，利用 SimPowerSystemToolbox 的丰富模块库，在分析小型 AUV 推进器布置情况及推进器无刷直流电机数学模型的基础上，提出了建立水下机器人的推进器模型仿真方法，系统的设计图如图 7-9 所示。

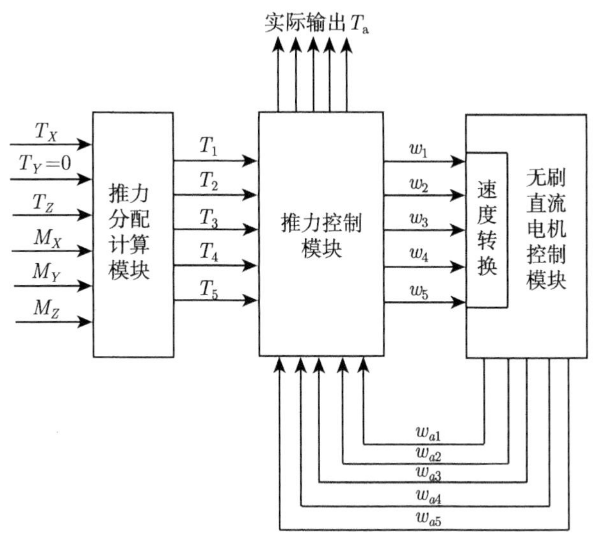


图 7-9 仿真系统框图

如图 7-9 所示，推进器仿真系统由 3 个模块组成：推进器推力分配计算模块，推进器推力控制模块，无刷直流电机控制模块。通过这些模块的有机整合就可以在 MATLAB/Simulink 中搭建出 AUV 的推进器控制系统仿真模型。该模型的推进器控制属于闭环控制，无刷直流电机采用双闭环转速控制。

1. 推进器推力控制模块

推进器推力控制模块的作用是实现期望推力 $T_d$ 的输入来控制推进器的无刷直流电机，并反馈回来推进器实际的推力。该推进器推力控制模块通过将期望推力 $T_d$ 输入推进器控制系统模型中，得出无刷直流电机的转速输入信号 $w_d$。由电机的霍尔位置检测转子位置，确定出电机的实际转速 $w_a$。将电机的实际转速信号反馈到推进器控制系统模型，从而得到推进器的实际推力 $T_a$。推进器控制系统结构框图如图 7-10 所示。

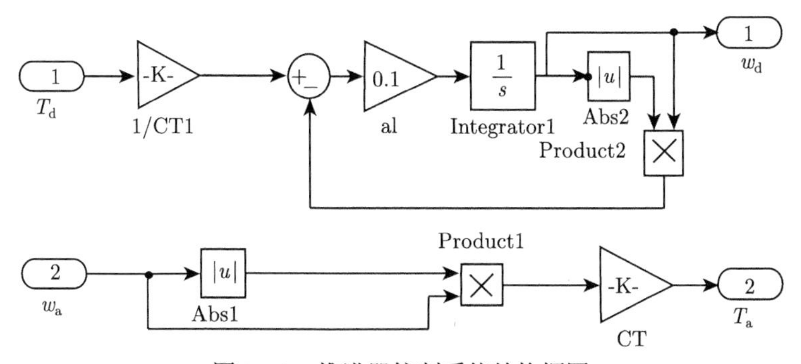


图 7-10 推进器控制系统结构框图

2. 无刷直流电机控制模块

无刷直流电机控制模块 (图 7-11) 实现的是无刷直流电机的双闭环转速控制，输入的电机转速为 $n_{\rm d}$，输出的电机实际转速为 $n_{\rm a}$。在控制模型中，采用的电机是 MATLAB/Simulink 的 SimPowerSystem 的无刷直流电机模块。电机控制模型 (图 7-12) 通过使用 PI 调节器控制进行转速控制，通过将期望转速输入电机的控制模块中，根据反馈来的电机转速 $n_{\rm a}$ 由 PI 调节器调节电压源的电压。通过将电机模型测试的信号反馈给电机控制模型，逆变器就可以调节工作模式，给出相应的三相端电压信号，从而实现对 Motor 模块的控制。

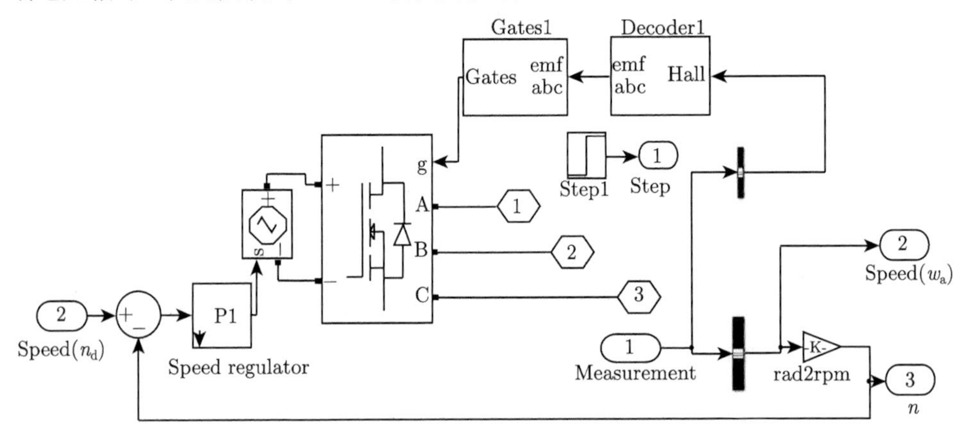

图 7-11　电机控制模块

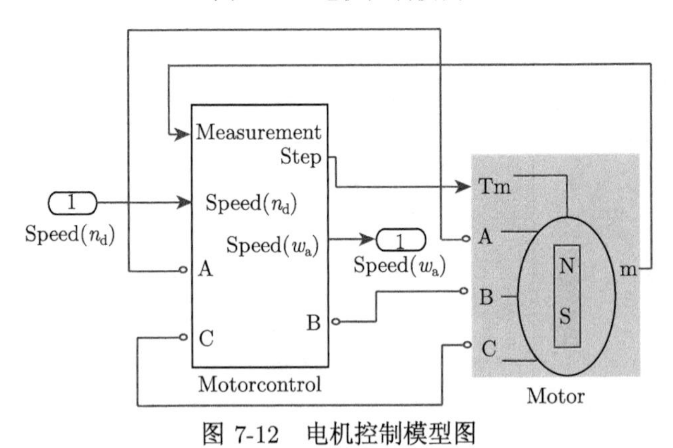

图 7-12　电机控制模型图

3. 推进器模型仿真

本章基于 MATLAB/Simulink 建立了推进器仿真模型，并就仿真模型进行了水下机器人推进器工作状态下的推进器仿真。仿真中，设定水下机器人推进器无刷直流电机的参数。相应的电机参数为：定子相绕组电阻 $R$ 为 0.16Ω，定子相绕组电

感 $L\text{-}M$ 为 0.30mH，转动惯量 $J$ 为 0.16kg·m$^2$，额定转速 $n_{\rm r}$ 为 3000r/min，极对数 $n_{\rm p}$ 为 8。为了验证所设计的推进器控制仿真系统模型的静动态性能，系统空载启动，待进入稳定后，在 $t = 0.1$s 时施加负载 $T_{\rm L} = 3$N·m，可得系统转速和推进器的实际推力仿真曲线与控制系统响应曲线的对比，以及电机转子转速曲线和电机转矩响应曲线，如图 7-13～图 7-16 所示。

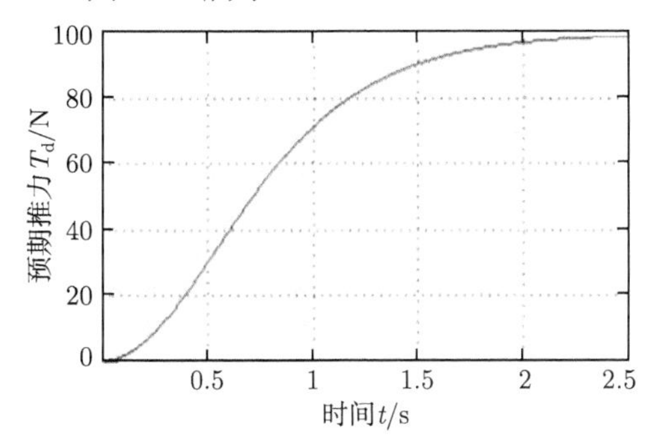


图 7-13 预期推力输出曲线

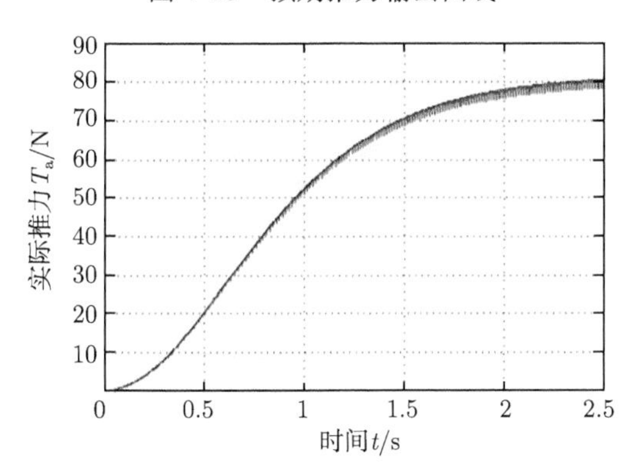


图 7-14 实际推力输出曲线

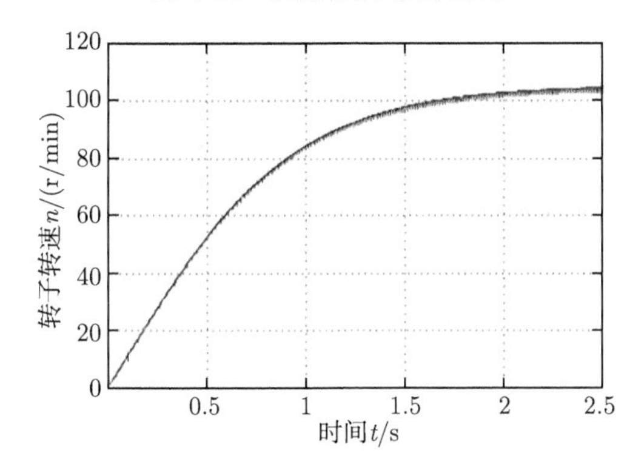


图 7-15 电机转子转速曲线

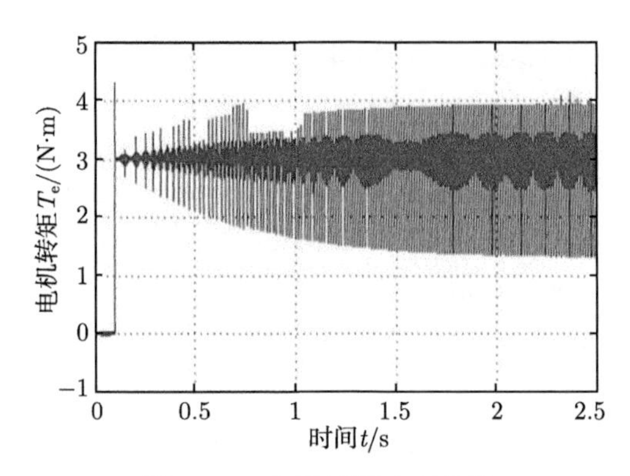


图 7-16　电机转矩响应曲线

由仿真图形 7-13 可以看出，推力控制模块工作良好，设定初值时模型能够经过调整达到设定的推力值。图 7-15 和图 7-14 分别是推进器控制系统获得的电机实际转速，以及经过识别模型进而获得的实际推力情况。推进器推力控制效果的好坏与推力控制模型、电机的本身性能都有很大的关系。由图 7-16 可见，电机转矩响应具有很好的实时性，但是有较大的抖动，分析认为是与电机自身模型和 PI 调节器的控制参数设定以及推进器推力的控制模型有关。在确定 PI 参数时，考虑到推进器的快速响应，就要使 PI 响应快些，而这种抖动在水下会由于水阻力而减弱，进而达到推进器控制目的。

## 7.2　推进器的人工免疫控制

推进器是水下机器人不可缺少的关键部件，最常用的推进器是由驱动电机和螺旋桨两部分组成的，其推力控制性能的好坏将影响水下机器人的航行和水下自航器的安全。推进器对输入的控制推力指令能否进行快速而准确的响应，会严重地影响水下机器人的工作性能。传统的推力控制方法多是依赖于测定的推力系统模型，具有很大的局限性，对推力进行控制往往不能达到满意的效果。而免疫反馈是一种模仿免疫系统排斥并消灭抗原机理而对对象进行控制的新型控制方法，它不受推力系统模型的准确性的影响，并且有很强的实时性和鲁棒性。因此首先介绍免疫反馈的基本原理，然后利用免疫反馈原理对推力进行控制。

### 7.2.1　人工免疫控制

生物的免疫系统是一个非常复杂且具有自调整能力的系统，它可以有效地利用各种机制来抵御外来的病原体。免疫系统能够识别所有的人体细胞，并区分开“自我”与“非我”。虽然目前人们对于生物机理的研究并没有获得足够的认识，但是经过不断的探索，也出现了一些优良的系统模型。本节的免疫反馈就是其中

之一 [7]。

1. 人工免疫反馈机理

免疫系统是生物的一道重要屏障，其中包括免疫细胞、组织、器官、分子、相关基因，这些都可以保护生物体抵抗外来入侵。淋巴细胞是免疫系统中最重要的细胞，它主要分为 B、T 两种。B 细胞能够产生抗体实施特异性免疫，它是从骨髓中不断产生的；T 细胞则负责调控 B 细胞免疫的整个过程，一般 T 细胞分为抑制 T 细胞和辅助 T 细胞两种。

2. 人工免疫控制器设计

抗原是入侵生物体、使生物自身平衡被打破的外界干扰，控制系统中的偏差是能够衡量系统偏离平衡状态的量；且控制系统中控制量的作用目的是使偏差减小甚至为零，这与生物体中的杀伤因子对抗原的作用效果一致。因此本节假设控制系统的偏差 $e(t)$ 是抗原 $I(t)$，被控对象的控制量 $u(t)$ 是杀伤因子 $K(t)$，利用免疫反馈机理推导出杀伤因子消灭抗原的控制数学模型 [8]。

(1) 确定抗原变化速率。设 $I(t)$ 表示 $t$ 时刻抗原的数量，$R(t)$ 表示 $t$ 时刻识别因子的数量，$R(t)$ 表示 $t$ 时刻杀伤因子的数量。抗原 $I(t)$ 在机体内复制自身的速率为 $\alpha > 0$，则在 $\Delta t$ 时间间隔内抗原自我复制的数量为

$$\Delta I_1(t) = \alpha I(t)\Delta t \tag{7-8}$$

若抗原与杀伤因子相遇，则抗原有可能被消灭，其可能性与抗原和杀伤因子在单位时间内相遇的概率成正比，故假设在 $\Delta t$ 时间间隔中抗原的减少量为

$$\Delta I_2(t) = \eta I(t) K(t)\Delta t \tag{7-9}$$

式中，$\eta > 0$ 为杀伤因子对抗原的杀伤比率。

由式 (7-8)、式 (7-9) 可知抗原在 $\Delta t$ 时间间隔内的变化量为

$$\begin{aligned}\Delta I(t) &= \Delta I_1(t) - \Delta I_2(t)\\ &= (\alpha I(t) - \eta I(t) K(t))\Delta t\end{aligned}$$

即

$$\dot{I}(t) = \alpha I(t) - \eta I(t) K(t) \tag{7-10}$$

控制应用时，以偏差 $e(t)$ 替代抗原 $I(t)$。省略免疫动力学模型中抗原的自我复制项 $\alpha I(t)$。又因为控制过程中的偏差 $e(t)$ 会有正有负，故此令

$$\dot{e}(t) = \eta u(t)e(t) \tag{7-11}$$

(2) 确定识别因子的变化速率。根据免疫学知识，当识别因子与抗原相遇并成功识别后将触发两个过程：一是识别因子将以比抗原自我复制快得多的速度复制自己；二是识别因子激活杀伤因子。假设在 $\Delta t$ 时间间隔内识别因子的变化量与抗原数量的三次方成正比：

$$\Delta R(t) = \kappa I^3(t)\Delta t \tag{7-12}$$

用微分形式表示：

$$\dot{R}(t) = \kappa I^3(t), \quad R(0) = R_0 > 0 \tag{7-13}$$

建立水下机器人推力控制系统时，以偏差 $e(t)$ 替代抗原 $I(t)$，得

$$\dot{R}(t) = \kappa e^3(t), \quad R(0) = R_0 > 0 \tag{7-14}$$

(3) 杀伤因子的变化速率。对于杀伤因子来说，一方面它受识别因子的激发而活跃，另一方面杀伤因子在杀灭抗原的同时会死亡。对于第一方面，设在单位时间内被识别激活的杀伤因子的数量正比于同一时间间隔内识别因子的数量，其比例系数为 $\nu > 0$：

$$\Delta K_1(t) = \nu R(t)\Delta t \tag{7-15}$$

对于第二方面，设自然死亡率为 $\mu > 0$，杀灭抗原造成的死亡率为 $\lambda > 0$，于是单位时间内杀伤因子的死亡数量为

$$\Delta K_2(t) = (-\mu K(t) - \lambda I(t))\Delta t \tag{7-16}$$

可得

$$\dot{K}(t) = -\mu K(t) - \lambda I(t) + \nu R(t) \tag{7-17}$$

一般情况下，杀伤因子的自然死亡率远小于杀灭抗原造成的死亡率，为方便起见，令 $\mu = 0$，则得控制系统下的控制量：

$$\dot{u}(t) = \lambda e(t) + \nu R(t) \tag{7-18}$$

在借鉴生物免疫模型构建免疫控制器时，既要将生物免疫的主要特点继承下来，又要考虑工程控制中的实际情况，鉴于以上考虑，得到控制器动力学方程如下：

$$\begin{cases} \dot{e}(t) = \eta u(t)e(t) \\ \dot{R}(t) = \kappa e^3(t), \quad R(0) = R_0 \\ \dot{u}(t) = \nu R(t) + \lambda e(t) \end{cases} \tag{7-19}$$

定义 $P(t) = e(t) + R(t)$，并称 $P(t)$ 为该免疫控制系统的广义识别因子。

令 $\nu=\mu$，考虑广义识别因子，由式 (7-19) 得到如下模型：

$$\begin{cases} \dot{P}(t)=\left(\kappa e^2(t)+\eta|u(t)|\right)e(t), \quad P(0)=P_0 \\ \dot{u}(t)=\nu P(t) \end{cases} \tag{7-20}$$

称式 (7-20) 为双因子免疫控制模型。

将式 (7-20) 合成为一个方程得到

$$\dot{u}(t)=\left(\gamma e^2(t)+\beta|u(t)|\right)e(t), \quad u(0)=u_0 \tag{7-21}$$

式中，$\gamma=\nu\kappa>0$；$\eta>0$。

### 7.2.2 推进器免疫模型构建与仿真分析

1. 模型构建

1) 基于免疫控制的推进器控制系统模型建立

利用推导的免疫控制方程式通过建模可得免疫控制器的机构框图与模型，如图 7-17 所示。

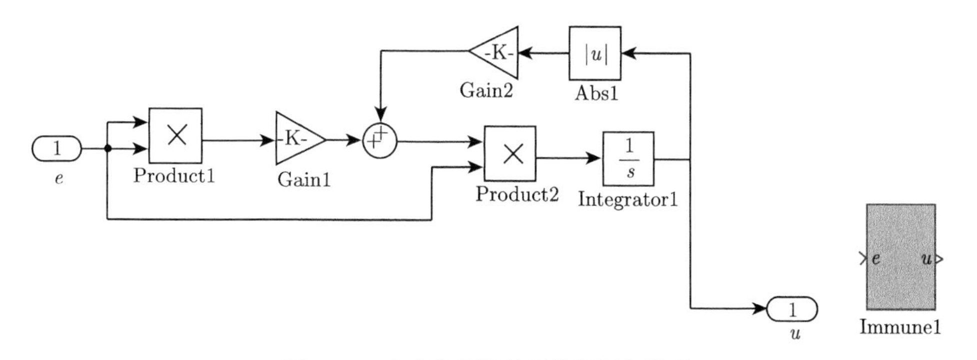


图 7-17 免疫控制器的机构框图与模型

根据建立的免疫控制器模型，考虑实际推力计算模型与推进器控制所要求的输入输出，在 MATLAB/Simulink 中建立免疫控制的推进器控制系统结构框图与模型，如图 7-18 所示。

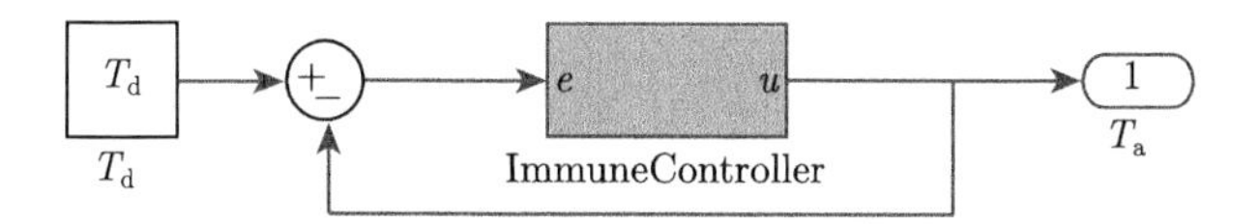


图 7-18 推进器控制系统结构框图与模型

2) 推进器简化控制系统模型建立

推进器推力控制模块的作用是实现期望推力 $T_{\mathrm{d}}$ 的输入来控制推进器的无刷直流电机，并反馈回来推进器实际的推力 [9]。如图 7-19 所示，该推进器控制系统通过将期望推力 $T_{\mathrm{d}}$ 输入推进器控制系统模型中，得出无刷直流电机的转速输入信号 $\omega_{\mathrm{d}}$。由电机的霍尔位置检测转子位置，确定出电机的实际转速 $\omega_{\mathrm{a}}$。将电机的实际转速信号反馈到推进器控制系统模型，从而得到推进器的实际推力 $T_{\mathrm{a}}$。

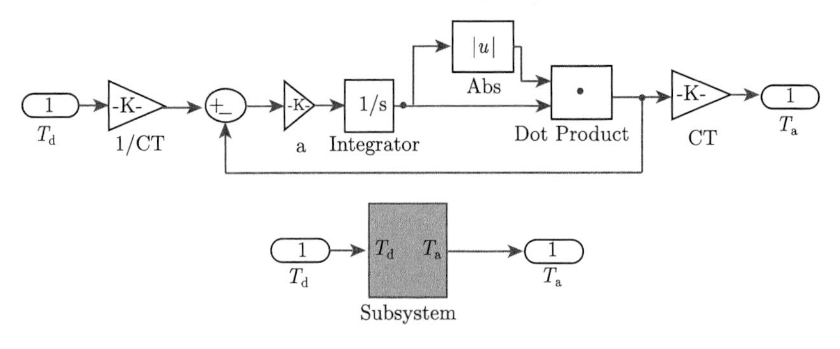


图 7-19 控制器结构框图与模型

3) 推力实时调试系统

为了便于分析，使用 LabVIEW Simulation Interface Toolkit 工具包将建立的推力控制系统模型与 LabVIEW 连接起来，利用 MATLAB/Simulink 模型，在 LabVIEW 中设定推力值和参数输入界面，完成不同情况下的推力响应输出曲线对比，即推力实时调试系统，如图 7-20 所示。

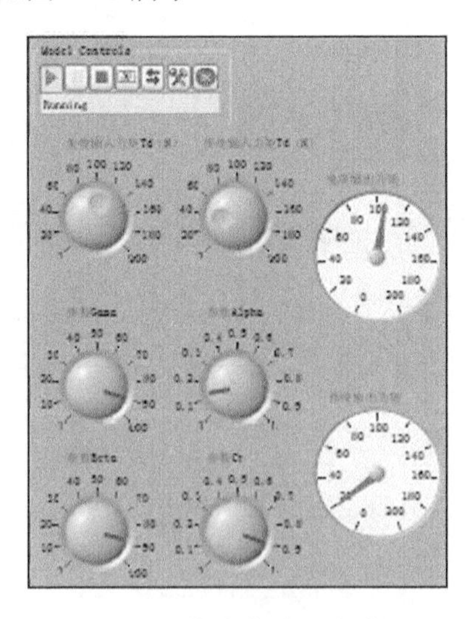

图 7-20 推力实时调试系统

推力实时调试系统中，有两个输出窗口，有 6 个控制按钮，它们分别是传统推力输出、免疫推力输出两个输出观察板，传统输入推力、免疫输入推力、免疫控制器参数、传统控制器参数输入窗口。该调试系统的建立是基于 LabVIEW 的实时界面控制板与 MATLAB 中的对应参数互联，形成实时信号传输，完成推力响应。该系统在运行时能够简单便捷地调整输入与各个控制器的相应参数，也能够将推力响应信号返回到 LabVIEW 中便于形成对比。最重要的是，通过两个软件的互联能够将 MATLAB 开发的复杂算法与虚拟仪器软件 LabVIEW 联系起来，这样为下一步进行半实物仿真或硬件在环研究奠定了基础。

2. 推进器控制系统仿真对比

利用免疫控制器，讨论控制器取不同参数时控制器信号追踪性能。分别取三组参数 $(\gamma,\beta)=[(10000,100),(10000,1000),(100,1000)]$ 对阶跃信号 (step value=1，step time=1s) 追踪。仿真图形如图 7-21 所示。

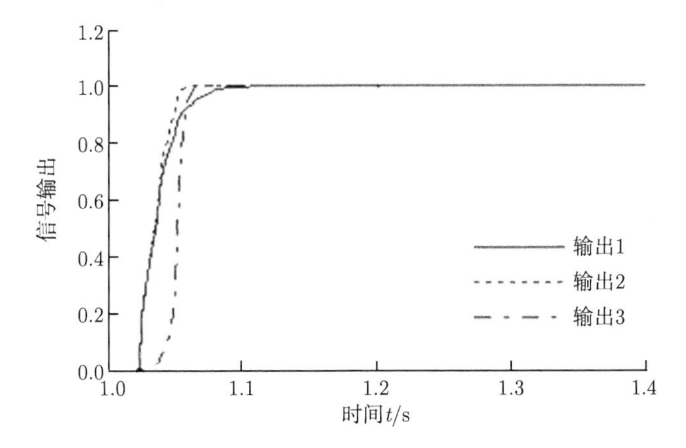


图 7-21 信号追踪对比 (恒值信号)

分析图 7-21 可知：

(1) 对比输出 1 与输出 2，当 $\gamma$ 都相同时，控制器在接近信号时追踪效果好。

(2) 对比输出 2 与输出 3，当 $\beta$ 相同时，$\gamma$ 大则控制器的前段实时响应效果好。

(3) 对比输出 1 与输出 3，$\gamma$ 影响前半段，$\beta$ 影响后半段。

(4) 对比三个不同参数的控制器输出发现，整体效果上参数 $\beta$ 对控制器的输出效果影响大于参数 $\gamma$。从免疫的角度来看，控制器本身输入信号 (杀伤因子) $u(t)$ 杀伤率大，即控制器对误差 $e(t)$ 消除的杀伤率大，$\beta$ 大，则控制器在消除误差时就越来越快。识别因子越多，偏差 $e(t)$ 越大，输出达到稳定速度就越大。

(5) 追踪不同大小的信号发现，输入信号越大，则消除误差 $e(t)$ 会越快。

根据水下机器人对推进器推力的设计要求，仿真时本章取不同的力来观察两种不同的推进器控制系统的控制效果。

利用建立的两个推进器控制系统仿真模型对推进器的性能要求，实现推进器控制系统的仿真。改变信号发生模块参数，使产生的信号是控制系统的推力输入 $T_{\mathrm{d}}$。设置推进器控制系统的模块参数，测试该输入信号在不同控制系统的输出结果。设定免疫控制器的模块参数为 $\alpha=1$，$\beta=1$，简化推进器控制系统模块参数为 $C_{\mathrm{T}}=0.66$，$\alpha=0.10$。输入不同的力 $T_{\mathrm{d}}$，获得两种不同类型的推进器控制系统 (没有干扰的情况下) 的仿真对比情况，并在表 7-2 列出不同输入力 $T_{\mathrm{d}}$ 时所测得的两种不同控制系统达到稳态时的响应时间 $t$。

**表 7-2　不同输入力 $T_{\mathrm{d}}$ 时推进器控制系统响应时间对比**

| 输入力 $T_{\mathrm{d}}$/N | 简化控制系统响应时间/s | 免疫控制系统响应时间/s |
|---|---|---|
| 10 | 9.0384 | 0.9858 |
| 50 | 7.0384 | 0.5717 |
| 80 | 6.0384 | 0.5082 |
| 120 | 5.0384 | 0.4619 |
| 150 | 4.0384 | 0.4619 |
| 200 | 3.1585 | 0.4138 |

图 7-22 是推进器免疫控制系统和简化控制系统在输入力 $T_{\mathrm{d}}=10\mathrm{N}$ 时的推力 $T_{\mathrm{a}}$ 响应曲线对比结果。从图 7-22 和表 7-2 看出，输入的信号 $T_{\mathrm{d}}$ 相同时，基于免疫的推进器控制系统在响应时间上要极大地优于简化的推进器控制系统。而且，基于免疫的推进器控制系统也具有简化推进器控制系统的优点，即控制系统响应随着输入力 $T_{\mathrm{d}}$ 的变大而越来越快。

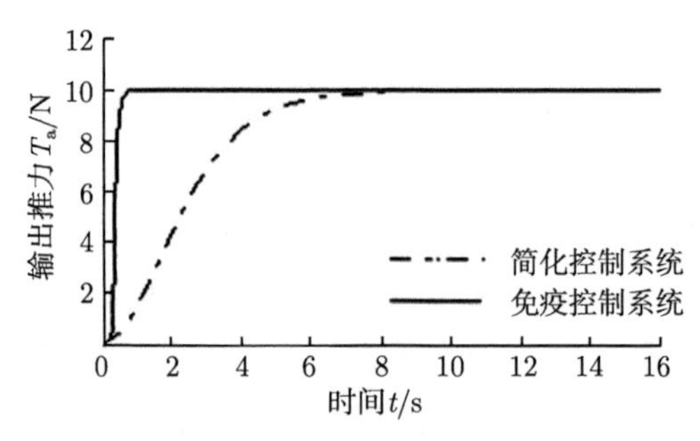


图 7-22　$T_{\mathrm{d}}=10\mathrm{N}$ 时，两种不同推进器控制系统响应曲线对比

由于水下机器人工作的水下是未知环境，水下自航器推进器运动受海流水动力影响，因此在测试推进器控制系统是否有效时必须考虑外界环境的干扰。仿真时，主要把干扰分为两类分别进行控制系统的仿真：一种是具有高强度的突发干扰信号，它用来模拟海浪对 AUV 运动的影响，这种信号具有突发性强、影响大的特

点，选用信号 Signal1 来模拟海浪的影响；另一种是存在于工作环境中的一般干扰信号，它时刻都影响着水下自航器的工作，这也为推进器控制带来干扰。干扰信号如图 7-23。

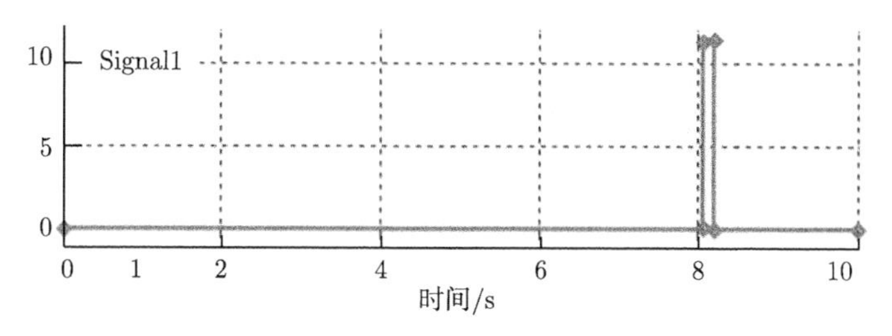


图 7-23 干扰信号

推进器控制系统进行仿真时，把两种干扰信号加入，输入不同的力 $T_{\mathrm{d}}$，获得两种不同类型的推进器控制系统在有干扰的情况下的仿真结果对比，如图 7-24 所示。为更好地对比两种推进器控制系统对信号 Signal1 的响应情况，分析推力响应曲线，可以计算得到推力输出受 Signal1 干扰的时间，即 $t_{\mathrm{d}}$，以及在 $t_{\mathrm{d}}$ 时间内输出推力 $T_{\mathrm{a}}$ 的平均值 $F$。$t_{\mathrm{d}}$ 是控制系统输出不等于或接近 $T_{\mathrm{a}}$ 理想输出的时间。根据对比要求，测得不同力输入时不同推进器控制系统的 $t_{\mathrm{d}}$ 和 $F$，并把它们分别填入表 7-3 和表 7-4 中。

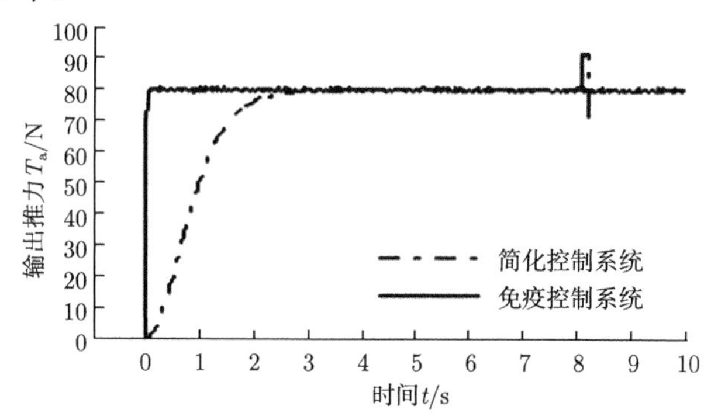


图 7-24 干扰工况下推力响应

**表 7-3 推力输出受突发干扰的时间 $t_{\mathrm{d}}$**

| 输入力 $T_{\mathrm{d}}$/N | $t_{\mathrm{d}}$/s | |
|---|---|---|
| | 简化控制系统 | 免疫控制系统 |
| 10 | 0.1412 | 0.3188 |
| 50 | 0.1444 | 0.1004 |
| 80 | 0.1425 | 0.0667 |
| 120 | 0.1445 | 0.0776 |
| 150 | 0.1410 | 0.0331 |
| 200 | 0.1444 | 0.0416 |

**表 7-4　$t_d$ 时间内输出推力 $T_a$ 的平均值 $F$**

| 输入力 $T_d$/N | $F$/N | |
|---|---|---|
| | 简化控制系统 | 免疫控制系统 |
| 10 | 19.7759 | 11.2078 |
| 50 | 59.1930 | 49.7526 |
| 80 | 90.0344 | 80.9419 |
| 120 | 129.8688 | 119.6985 |
| 150 | 159.8773 | 149.5329 |
| 200 | 210.0242 | 200.0382 |

从图 7-24 和表 7-3、表 7-4 可以发现，$T_d$ 相同时，基于免疫反馈的推进器控制系统输出的推力 $T_a$ 不仅在响应时间上优于简化的推进器控制系统，而且其抵抗突发干扰信号 Signal1 影响的性能也优于简化的推进器控制系统。虽然在 $T_d = 10$N 时，免疫控制系统的 $t_d$ 大于简化控制系统的 $t_d$，但是免疫控制系统的 $F$ 小于简化控制系统的 $F$，说明免疫控制具有很好的抗干扰性能。对表 7-3 数据分析发现，$t$ 越接近信号 Signal1 持续的时间 ($T = 0.1367$s)，$t_d$ 就越大，是免疫控制呈现出的一个特点。从整体的性能上看，基于免疫的推进器控制系统优于简化的推进器控制系统。

3. 模型验证

为验证推力控制方法的有效性，以建立的控制系统对无刷直流电机推进器进行控制仿真，在同一初始值推力指令 ($T_d = 80$N) 下取得模型的输出，仿真结果如图 7-25 所示。

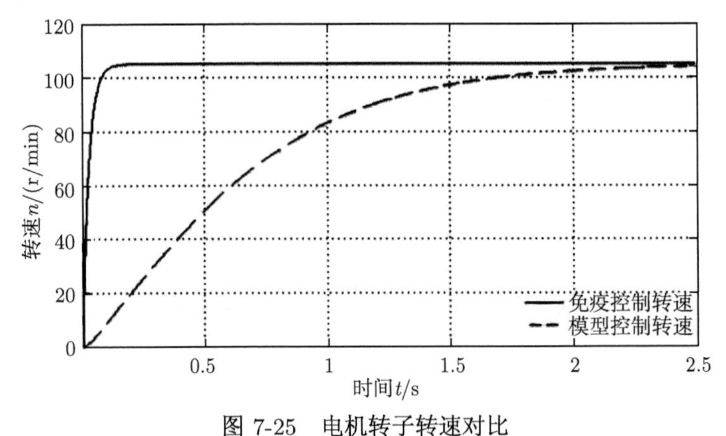


图 7-25　电机转子转速对比

由图 7-25 可以看出，输出结果与期望输出情况吻合，说明基于免疫的推力控制方法能够有效地对推进器的电机进行控制，可以反映出免疫推力系统具有良好的控制效果。

## 7.3 水下机器人空间姿态控制系统设计

水下机器人空间姿态控制是底层运动控制的重要组成部分，主要应用于水下机器人定点作业和定向观察等方面，姿态控制的好坏直接影响作业效率。然而水下机器人运动是六自由度的空间运动，具有非线性、强耦合、流体动力学参数不确定的特点；水下机器人正常工作时面临很多不确定因素，比如在其作业过程中常受到海流干扰、机械臂工作产生的干扰和自身内部结构干扰等：这就要求控制系统具有很强的鲁棒性，以克服外界的干扰和动态模型的未建模不确定性，同时具有自适应的能力，以适应水下机器人作业过程中动态参数和水下环境的变化 [10]。采用变结构控制方法进行姿态控制系统设计会增强系统鲁棒性，并可改善其动静态特性。

滑模控制是变结构控制的一种 [11]，为克服模型不确定性、维持系统的稳定性并保持良好一致的性能提供了一套系统的解决办法。从直观上去分析，滑模控制是基于这样的观点：控制一个一阶系统，即使它是非线性的或不确定的，也比控制一个一般的 $n$ 阶系统要容易得多；因此引入一种符号简化，用一个等效的一阶问题来替代 $n$ 阶问题，从而使问题简化容易证明。对于变化后的问题，当存在任意的参数不确定性时，原则上可以获得理想的性能。正因为滑模控制器对于相匹配的模型不确定性和扰动的抑制作用，对于系统动力学参数变化就无须采用参数辨识。控制系统中参数的辨识仍然是个很大的难题，因此使用滑模控制器为水下机器人控制系统的设计提供了很大的便利；此外，滑模控制的变结构特性使其能“瞬时”适应参数变化的干扰。

### 7.3.1 滑模变结构控制的基本概念

变结构控制方法的基本原理是当系统状态穿越状态空间某流型时，控制结构就发生变化，从而使需要的性能达到某期望的目标。系统的一种模型，即由某一组数学方程描述的模型，称为系统的一种结构。

在变结构控制系统中，任意一个运动从初始状态趋向原点的过程可以分为两个阶段，即两种模态：第一段是正常运动 (称非滑动模态)，它全部位于滑动面外，或有限次穿越滑动面；第二段是滑动模态 (滑模)，完全位于滑动面上的滑动模态区之内。正是那一段滑动模态，对系统的摄动和外干扰在一定条件下具有不变性，这种不变性比鲁棒性更进了一步，称之为完全鲁棒性或理想鲁棒性。

对于一个非线性控制系统：

$$\dot{x} = f(x, u, t), \quad x \in R^n, u \in R^m, t \in R \tag{7-22}$$

确定切换函数 $s(x)$, $s(x) \in R^m$, $s(x)$ 的维数等于控制的维数。

寻求变结构控制：

$$u_i(x)=\begin{cases} u_i^+(x), & s_i(x)>0 \\ u_i^-(x), & s_i(x)<0 \end{cases} \tag{7-23}$$

这样的控制系统称为滑动模态变结构控制系统，又称为变结构系统；这里的变结构体现在 $u_i^+(x)\neq u_i^-(x)$，使得：

(1) 满足到达条件：滑动面 $s(x)=0$ 以外的相轨迹将于有限的时间内到达滑动面。

(2) 滑动面是滑动模态区，且滑动运动渐近稳定，动态品质良好。

显然这样设计出来的变结构控制使得闭环系统全局渐近稳定，而且动态品质良好；由于使用了滑动模态，所以又常称为滑模变结构控制。滑模变结构控制不是一种分析方法而是一种控制系统综合方法，因此重点就是系统的设计问题。

根据以上定义分析可以总结出滑模变结构控制的设计步骤：

(1) 选择滑动面函数；

(2) 求取控制 $u_i^+(x)$ 和 $u_i^-(x)$。

滑模变结构控制的设计目标：

(1) 满足到达条件，即系统 $\dot{x}=f\left(x,u_i^{\pm}(x),t\right)$ 的状态轨迹必须趋向滑动面 $s(x)$，且于有限时间内到达滑动面；到达条件可以表示为

$$s\dot{s}<0 \tag{7-24}$$

(2) 滑动面上存在滑动模态，且滑动模态渐近稳定，动态品质良好。

为确定滑动模块动态的稳定性并研究其动态品质，需要建立其滑模运动方程；对于非线性系统来说，这是一个比较复杂的问题，可利用等效控制法来建立滑动面上的运动方程。建立过程要点：根据系统滑动模态运动特点令滑动面函数 $s(x)$ 的导数为零，将所得到的方程组对控制向量求解，解值称为等效控制 $u_{\mathrm{eq}}$，把 $u_{\mathrm{eq}}$ 代入原系统得方程即为理想滑动方程。设计目标 (2) 要求该理想滑动方程满足一定的控制要求，并具有良好的动态品质，如渐近稳定性、一定的稳定裕度等。

### 7.3.2 水下机器人空间姿态控制模型

水下机器人在体坐标系中绕质心旋转时姿态动力学方程如下：

$$(J_0+\Delta J)\dot{\omega}=-\varOmega(J_0+\Delta J)\omega+M+d \tag{7-25}$$

式中，$J_0\in R^{3\times 3}$，为水下机器人绕质心旋转的转动惯量矩阵；$\Delta J\in R^{3\times 3}$，为负载变化 (如工作时工件的取放) 引起的不确定项；$\omega=\begin{bmatrix}\omega_X & \omega_Y & \omega_Z\end{bmatrix}^{\mathrm{T}}$，为水下机器人绕其体坐标系的角速度；$M=\begin{bmatrix}M_X & M_Y & M_Z\end{bmatrix}$，为定义在体坐标系中的控

制力矩；$d = \begin{bmatrix} d_X & d_Y & d_Z \end{bmatrix}$，为水下机器人的外部海流等作用的干扰力矩。

矩阵 $J_0$，$\Omega$ 分别定义如下：

$$J_0 = \begin{bmatrix} J_{XX} & -J_{XY} & -J_{XZ} \\ -J_{YX} & J_{YY} & -J_{YZ} \\ -J_{ZX} & -J_{ZY} & J_{ZZ} \end{bmatrix}, \quad \Omega = \begin{bmatrix} 0 & -\omega_Z & -\omega_Y \\ \omega_Z & 0 & -\omega_X \\ -\omega_Y & \omega_X & 0 \end{bmatrix} \tag{7-26}$$

当水下机器人按照先纵倾，再摇艏，再横倾的顺序绕质心旋转时，水下机器人的姿态角动力学方程如下：

$$\dot{\phi} = R(\phi)\,\omega \tag{7-27}$$

式中，$\phi = \begin{bmatrix} \varphi & \psi & \theta \end{bmatrix}^{\mathrm{T}}$，为水下机器人空间姿态角，其中，$\varphi$ 为横倾角，$\psi$ 为艏向角，$\theta$ 为纵倾角。

$R$ 矩阵由下式决定：

$$R(\phi) = \begin{bmatrix} 1 & \tan\psi\sin\varphi & \tan\psi\cos\varphi \\ 0 & \cos\varphi & -\sin\varphi \\ 0 & \dfrac{\sin\varphi}{\cos\psi} & \dfrac{\cos\varphi}{\cos\psi} \end{bmatrix} \tag{7-28}$$

假设姿态角 $\phi_{\mathrm{c}} = \begin{bmatrix} \varphi_{\mathrm{c}} & \psi_{\mathrm{c}} & \theta_{\mathrm{c}} \end{bmatrix}^{\mathrm{T}}$，则水下机器人动力学方程可表示为

$$\begin{cases} (J_0 + \Delta J)\,\dot{\omega} = -\Omega\,(J_0 + \Delta J)\,\omega + M + d \\ \dot{\phi} = R(\phi)\,\omega \\ f = \phi \end{cases} \tag{7-29}$$

则有

$$J_0\dot{\omega} = -\Omega J_0\omega - \Omega\Delta J\omega + M + d - \Delta J\dot{\omega}$$

$$\ddot{\phi} = \dot{R}(\phi)\,\omega + R(\phi)\,\dot{\omega}, \quad 即有\ \dot{\omega} = R^{-1}(\phi)\left(\ddot{\phi} - \dot{R}(\phi)\,\omega\right)$$

由上述两式可得

$$J_0\left(R^{-1}(\phi)\left(\ddot{\phi} - \dot{R}(\phi)\,\omega\right)\right) = -\Omega J_0\omega - \Omega\Delta J\omega + M + d - \Delta J\dot{\omega}$$

即有

$$\begin{aligned} \ddot{\phi} &= R(\phi)\,\dot{\omega} + R(\phi)\,J_0^{-1}\left(-\Omega J_0\omega - \Omega\Delta J\omega + M + d - \Delta J\dot{\omega}\right) \\ &= R(\phi)\,\dot{\omega} + R(\phi)\,J_0^{-1}\left(-\Omega J_0\omega - \Omega\Delta J\omega + M\right) + d' \end{aligned}$$

式中，$d' = R(\phi)\,J_0^{-1}\left(-\Omega\Delta J\omega + d - \Delta J\dot{\omega}\right)$，假设 $|d'| \leqslant d_{\max}$ 表示有界干扰。

通过设计控制力矩，可使系统输出 $f$ 跟踪到姿态角 $f_{\mathrm{c}} = \phi_{\mathrm{c}}$，即有下式成立：

$$\lim_{t\to\infty}\|f - f_{\mathrm{c}}\| = 0 \tag{7-30}$$

### 7.3.3　姿态控制系统双环滑模控制律的设计

水下机器人姿态角相互之间有很强的耦合性，传统的滑模控制律很难实现控制解耦。因此，针对水下机器人模型，采用传统切换函数的设计方法无法对其进行控制律设计，因此考虑采用一种避免出现式 (7-28) 求导的方法来进行切换函数的设计，即积分滑模的切换函数设计方法 [12]。采用双环滑模变结构控制方法设计水下机器人的控制律，使用积分滑模来实现切换函数的设计。外环滑模控制律实现角度 $\phi$ 的跟踪，外环控制器产生姿态角速度指令 $\omega_c$，并传递给内环系统，内环则通过内环滑模控制律实现对姿态角指令 $\omega_c$ 的跟踪。双环滑模控制系统的结构如图 7-26 所示，该系统由速度环和位置环构成，内环为速度环，外环为位置环。

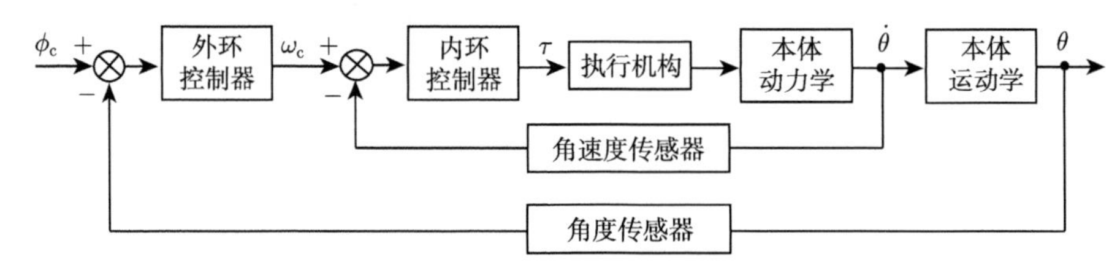


图 7-26　双环滑模控制系统结构

1. 外环滑模控制设计

外环滑模控制主要是用来设计水下机器人姿态角速度指令 $\omega_c$，取 $\omega_c$ 为外环系统的控制输入，外环实现角度的跟踪。

设计外环滑模面如下：

$$s_w = \phi_c + K_1 \int_0^t \phi_c \mathrm{d}t, \quad s_w \in R^3 \tag{7-31}$$

式中，$K_1 = \mathrm{diag}\{k_{11}, k_{12}, k_{13}\}$，为增益矩阵，通过选择合适的增益矩阵可以使系统的跟踪指令偏差在一个比较理想的滑模面内滑动至稳定。

取姿态角速度指令 $\omega_c$ 作为姿态角速度 $\omega$ 跟踪的虚拟控制项。在式 (7-27) 中取 $\dot{\phi} = R(\phi)\omega_c$，其中 $\omega_c$ 与 $\omega$ 之间的误差通过内环控制来消除，如图 7-26 所示。

姿态角速度指令 $\omega_c$ 设计为

$$\omega_c = R^{-1}(\phi)(\dot{\phi}_c + K_1\phi_c) + R^{-1}(\phi)\rho_1 \mathrm{SGN}(s_w) \tag{7-32}$$

式中，$\rho_1 > 0$；$\mathrm{SGN}(s_w) = \begin{bmatrix} \mathrm{sgn}(s_1) & \mathrm{sgn}(s_2) & \mathrm{sgn}(s_3) \end{bmatrix}^{\mathrm{T}}$。

则由式 (7-31) 可得

$$\dot{s}_w = \dot{\phi}_c + K_1\phi_c = \dot{\phi}_c - \dot{\phi} + K_1\phi_c = \dot{\phi}_c - R(\phi)\omega_c + K_1\phi_c$$

考虑如下的 Lyapunov 函数：

$$V = \frac{1}{2} s_{\mathrm{w}}^{\mathrm{T}} s_{\mathrm{w}}$$

则

$$\begin{aligned} V &= \frac{1}{2} s_{\mathrm{w}}^{\mathrm{T}} s_{\mathrm{w}} = s_{\mathrm{w}}^{\mathrm{T}} \left( \dot{\phi}_{\mathrm{c}} - R(\phi)\, \omega_{\mathrm{c}} + K_1 \phi_{\mathrm{c}} \right) \\ &= s_{\mathrm{w}}^{\mathrm{T}} \left\{ \dot{\phi}_{\mathrm{c}} - R(\phi) \left[ R^{-1}(\phi) \left( \dot{\phi}_{\mathrm{c}} + K_1 \phi_{\mathrm{c}} \right) + R^{-1}(\phi)\, \rho_1 \mathrm{SGN}(s_{\mathrm{w}}) \right] + K_1 \phi_{\mathrm{c}} \right\} \\ &= -\rho_1 s_{\mathrm{w}}^{\mathrm{T}} \mathrm{SGN}(s_{\mathrm{w}}) = -\rho_1 \sum_{i=1}^{3} |s_{\mathrm{w}i}| < 0 \end{aligned}$$

依据前文的数学推导及描述，外环滑模控制器 MATLAB 函数程序 hm_waih.m 见附录 D。

2. 内环滑模控制设计

如图 7-26 所示，为实现 $\omega_{\mathrm{c}} \to \omega$，设计内环滑模控制律 $M$，使 $\omega_{\mathrm{c}} - \omega \to 0$，即 $\lim\limits_{t\to\infty} \|\omega - \omega_{\mathrm{c}}\| = 0$ 成立。

采用积分滑模面设计内环滑模函数，即

$$s_{\mathrm{n}} = \omega_{\mathrm{e}} + K_2 \int_0^t \omega_{\mathrm{e}} \mathrm{d}t, \quad s_{\mathrm{w}} \in R^3 \tag{7-33}$$

式中，$\omega_{\mathrm{e}} = \omega_{\mathrm{c}} - \omega$; $K_2 = \mathrm{diag}\{k_{21}, k_{22}, k_{23}\}$ 为增益矩阵。

设计控制律为

$$M = J_0 \dot{\omega}_{\mathrm{e}} + J_0 K_2 \omega_{\mathrm{e}} + \Omega J_0 \omega + \mu s_{\mathrm{n}} + \rho_2 \mathrm{SGN}(s_{\mathrm{n}}) \tag{7-34}$$

式中，$\rho_2 > 0$；$\mu > 0$。

联立式 (7-29) 和式 (7-33) 可得

$$\begin{aligned} \dot{s}_{\mathrm{n}} = \dot{\omega}_{\mathrm{e}} + K_2 \omega_{\mathrm{e}} &= \dot{\omega}_{\mathrm{c}} + (J_0 + \Delta J)^{-1} \Omega (J_0 + \Delta J)\, \omega \\ &\quad - (J_0 + \Delta J)^{-1} M - (J_0 + \Delta J)^{-1} d + K_2 \omega_{\mathrm{e}} \end{aligned}$$

考虑如下的 Lyapunov 函数：

$$V = \frac{1}{2} s_{\mathrm{n}}^{\mathrm{T}} (J_0 + \Delta J)\, s_{\mathrm{n}}$$

由于 $(J_0+\Delta J)$ 为正定矩阵，所以 $V>0$，则

$$
\begin{aligned}
\dot V &= s_{\rm n}^{\rm T}\left[\frac{1}{2}\Delta\dot J s_{\rm n}+(J_0+\Delta J)\,s_{\rm n}\right]\\
&=\frac{1}{2}s_{\rm n}^{\rm T}\Delta\dot J s_{\rm n}+s_{\rm n}^{\rm T}(J_0+\Delta J)\left[\dot\omega_{\rm c}+(J_0+\Delta J)^{-1}\varOmega\,(J_0+\Delta J)\,\omega\right.\\
&\quad\left.-(J_0+\Delta J)^{-1}M-(J_0+\Delta J)^{-1}d+K_2\omega_{\rm e}\right]\\
&=\frac{1}{2}s_{\rm n}^{\rm T}\Delta\dot J s_{\rm n}+s_{\rm n}^{\rm T}\left[(J_0+\Delta J)\,\dot\omega_{\rm c}+\varOmega\,(J_0+\Delta J)\,\omega-M-d+(J_0+\Delta J)\,K_2\omega_{\rm e}\right]
\end{aligned}
$$

将控制律式 (7-34) 代入，可得

$$
\begin{aligned}
\dot V &=\frac{1}{2}s_{\rm n}^{\rm T}\Delta\dot J s_{\rm n}+s_{\rm n}^{\rm T}[(J_0+\Delta J)\,\dot\omega_{\rm c}+\varOmega\,(J_0+\Delta J)\,\omega\\
&\quad -J_0\dot\omega_{\rm c}-J_0K_2\omega_{\rm c}-\varOmega J_0\omega-\mu s_{\rm n}-\rho_2{\rm SGN}\,(s_{\rm n})-d+(J_0+\Delta J)\,K_2\omega_{\rm e}]\\
&=\frac{1}{2}s_{\rm n}^{\rm T}\Delta\dot J s_{\rm n}+s_{\rm n}^{\rm T}[\Delta J\dot\omega_{\rm c}+\varOmega\Delta J\omega-\mu s_{\rm n}-\rho_2{\rm SGN}\,(s_{\rm n})-d+\Delta JK_2\omega_{\rm e}]\\
&=-\rho_2\sum_{i=1}^{3}|s_{{\rm n}i}|-\mu\,\|s_{\rm n}\|^2+\frac{1}{2}s_{\rm n}^{\rm T}\Delta J s_{\rm n}+s_{\rm n}^{\rm T}\left[\Delta J\dot\omega_{\rm c}+\varOmega\Delta J\omega-d+\Delta JK_2\omega_{\rm c}\right]
\end{aligned}
$$

假设不定项为 $\Delta J$，$d$ 有界，则下式成立：

$$
\left.|\Delta J\dot\omega_{\rm c}+\Delta JK_2\omega_{\rm e}+\varOmega\Delta J\omega-d\right|_i\leqslant\rho_i\leqslant\rho_2,\quad i=1,2,3
$$

假设 $\lambda_{\max}$ 为 $\Delta\dot J$ 的最大特征值，通过设计 $\mu$，使得 $\mu-\lambda_{\max}>0$，则有

$$
\dot V\leqslant-(\mu-\lambda_{\max})\,\|s_{\rm n}\|^2\leqslant 0 \tag{7-35}
$$

依据前文的数学推导及描述，内环滑模控制器 MATLAB 函数程序 hm_neih.m 见附录 E。

### 7.3.4　姿态控制系统建立与仿真

1. 主控程序的建立及相关参数的设置

依据 7.2 节的数学模型分析分别编写水下机器人姿态控制系统姿态角本体动力学模型描述程序、姿态角本体运动学模型描述程序 (注：这两部分内容可以用虚拟样机本体模型代替；在设计控制算法的初始阶段用编程仿真便于调试，算法验证通过后再代入虚拟样机模型内验证。依据图 7-26 在 Simulink 环境中作出控制流程方框图，其中将各子控程序包括内环控制律和外环控制律源程序打包，转换为 Simulink 中的子控框图，顺次连接各子控模型得主控制程序，如图 7-27 所示。

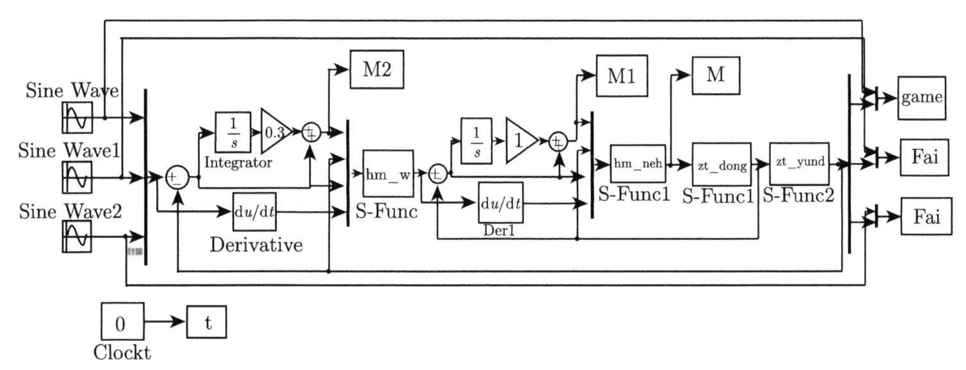


图 7-27　姿态控制系统主程序 Simulink 框图

已知水下机器人 C-Ranger 的转动惯量为

$$J_{XX}=31.0,\quad J_{YY}=41.8,\quad J_{ZZ}=41.6$$

$$J_{XY}=0.0,\quad J_{YZ}=0.0,\quad J_{ZX}=0.0$$

设水下机器人作业时因负载变化而引起的转动惯量变化为

$$\Delta J_{XX}=2.0,\quad \Delta J_{YY}=2.0,\quad \Delta J_{ZZ}=2.0$$

取海流作用引起的力矩为 $d=\begin{bmatrix} 30\sin t & 30\cos t & 30\sin 2t \end{bmatrix}^{\mathrm{T}}$；设初始姿态角 $\phi=\begin{bmatrix} \varphi & \psi & \theta \end{bmatrix}^{\mathrm{T}}$ 和初始角速度 $\omega=\begin{bmatrix} \omega_x & \omega_y & \omega_z \end{bmatrix}^{\mathrm{T}}$ 均为 0，角度跟踪指令为余弦信号 $\phi_{\mathrm{c}}=\begin{bmatrix} \cos t & \cos t & \cos t \end{bmatrix}^{\mathrm{T}}$，所以有

$$J_0=\begin{bmatrix} 31.0 & 0 & 0 \\ 0 & 41.8 & 0 \\ 0 & 0 & 41.6 \end{bmatrix},\quad \Delta J=\begin{bmatrix} -2 & 0 & 0 \\ 0 & -2 & 0 \\ 0 & 0 & -2 \end{bmatrix}$$

设计外环控制律参数 $\rho_1=5$，$K_1=\begin{bmatrix} 0.3 & 0 & 0 \\ 0 & 0.3 & 0 \\ 0 & 0 & 0.3 \end{bmatrix}$，在外环控制律中，采用饱和函数代替切换函数，饱和函数的参数取 $\varDelta_i=0.1$，$i=1,2,3$。

设计内环滑模控制律参数为 $K_1=\begin{bmatrix} 1 & 0 & 0 \\ 0 & 1 & 0 \\ 0 & 0 & 1 \end{bmatrix}$，$\mu=10$，$\rho_2=1.5$。

说明：以上参数除可以测量及计算得到的外，均是根据专家经验取值后，迭代试凑得到的相对较优的取值；因为参数的确定模式的识别缺少较系统的理论指导，故采取此种方法；当应用于实际的 AUV 控制时需要做实验去验证和校正相关重要参数 [13]。

2. 姿态控制器的仿真及结果分析

将前文的相关参数代入主程序及各子程序中，修改相关系数后仿真。

仿真结果如图 7-28～图 7-31 所示，其中图 7-28 为水下机器人姿态角跟踪曲线、图 7-29 为姿态角速度指令变化曲线，图 7-30 为相应的力矩变化曲线，图 7-31 为滑模控制器内外环切换函数变化曲线。

图 7-28 中，虚线为理想输入曲线，实线为模型实际跟踪曲线；仿真结果数据显示，系统在 5.8s 时刻各分量均进入了 5%的动态跟踪误差带，即 6s 内系统基本完成了姿态跟踪的初始追踪阶段，进入稳态的随动阶段。

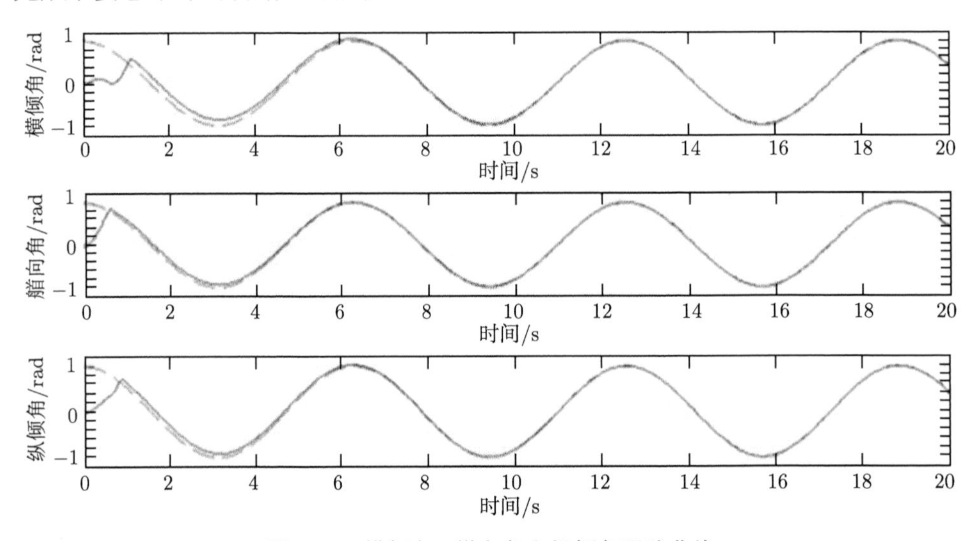


图 7-28　横倾角、艏向角和纵倾角跟踪曲线

图7-28给出了基于滑模变结构控制器的水下机器人姿态控制系统在海流干扰作用下的姿态角度跟踪曲线。综合分析图 7-28、图 7-29 可以得到，水下机器人各姿态角分量在幅值 $-60^\circ \sim +60^\circ$ 范围内按余弦关系变化；在设计的滑模变结构双环控制器的作用下，水下机器人能够快速准确地响应控制指令要求，对 AUV 的姿态角进行精确的控制，并且对海流作用、负载变化产生的惯量差以及机械手等执行机构产生的干扰力矩都有很好的鲁棒性。所以控制在动态性能上达到了设计要求。

图 7-30 给出了水下机器人姿态控制过程中各力矩的变化曲线，从图中不难看出，各分量在 1s 左右都出现了尖脉冲，幅值变化巨大，艏向的力矩甚至达到了 5000N·m，随后趋于平缓；图中曲线显示，除尖脉冲外力矩，其他时刻的幅值变化都处于在合理范围内。尖脉冲瞬间幅值远超过推进器电机所能承受的范围，会损害

电机；所以在实际应用时应修改相应的控制选项，限幅或者平滑滤波，控制变化在合理的范围内，实现优化处理。

从图 7-31 可以得出，滑动面函数 $s_{\mathrm{n}}$、$s_{\mathrm{w}}$ 设计选择合理，有效地实现内外环函数的切换和作用。

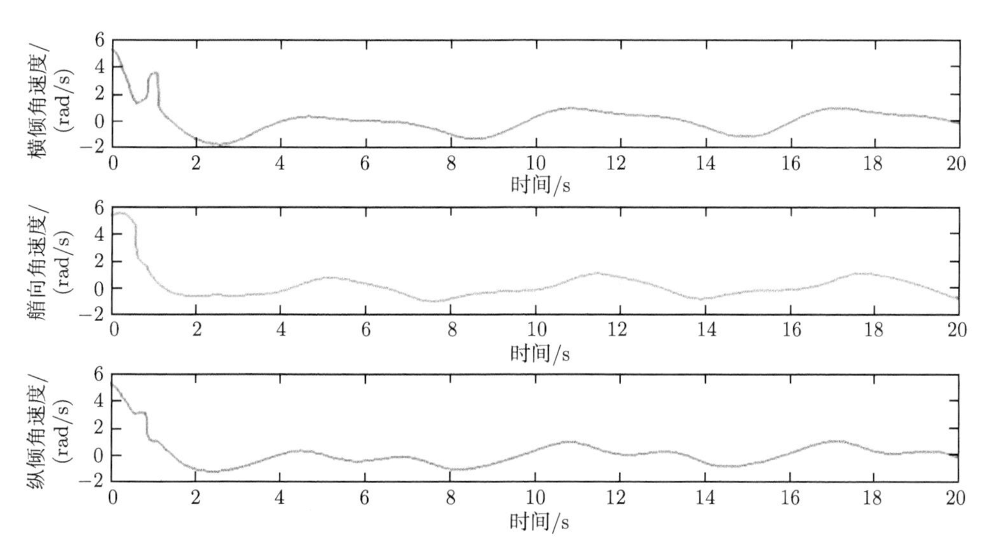


图 7-29 横倾角速度指令、艏向角速度指令和纵倾角速度指令变化曲线

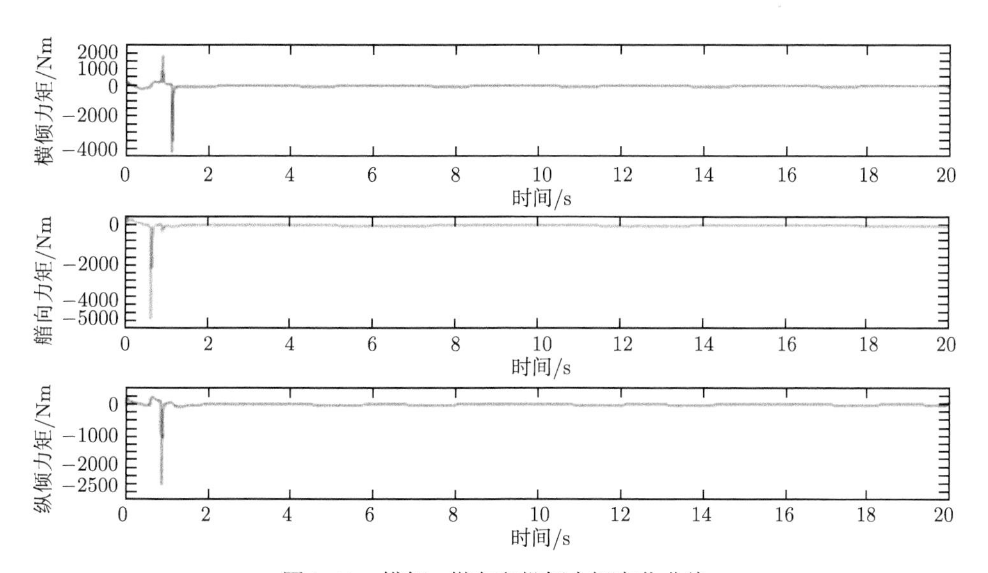


图 7-30 横倾、艏向和纵倾力矩变化曲线

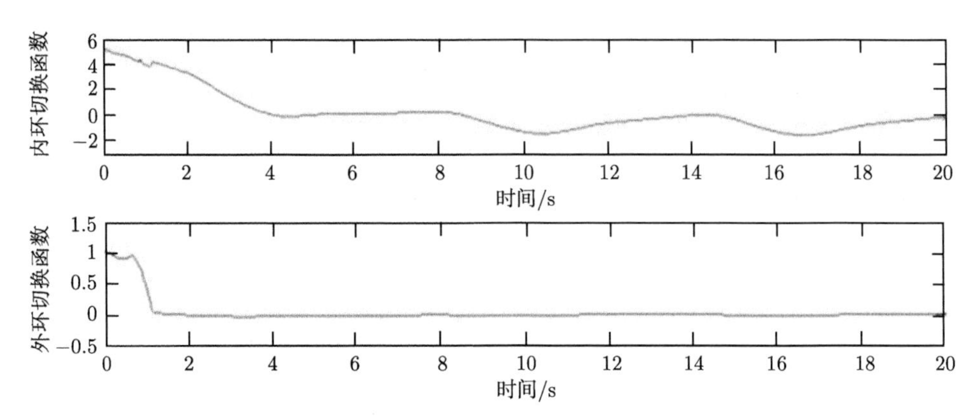


图 7-31 滑模控制器内外环切换函数变化曲线

## 参 考 文 献


[1] 王猛. 水下自治机器人底层运动控制设计与仿真 [D]. 青岛: 中国海洋大学, 2009.

[2] Jun B H, Park J Y, Lee F Y, et al. Development of the AUV 'ISiMi' and a free running test in an Ocean Engineering Basin[J]. Ocean Engineering, 2009, 36(1): 2-14.

[3] 范锐军, 周洲, Chaplin J R. 水平轴洋流涡轮的水动力特性研究 [J]. 计算机仿真, 2010, 27(3): 276-280.

[4] 王超, 黄胜, 解学参. 基于 CFD 方法的螺旋桨水动力性能预报 [J]. 海军工程大学学报, 2008, 20(4): 107-112.

[5] 刘贵杰, 闫茹, 姚永凯, 等. 推进器系统激励下水下航行器结构中功率流分布特性及优化设计研究 [J]. 振动与冲击, 2014, 33(19): 74-80.

[6] 刘贵杰, 江志滨. 模糊自适应 PID 张力控制系统设计与研究 [J]. 科技风, 2016, (11): 160-162.

[7] 吴乃龙, 刘贵杰, 李思乐, 等. 基于人工免疫反馈的自治水下机器人推力器控制 [J]. 机械工程学报, 2011, 47(21): 22-27.

[8] 吴乃龙. 小型 AUV 动力学建模及推力控制研究 [D]. 青岛: 中国海洋大学, 2012.

[9] Wu N L, Liu G J, Li S L, et al. Thrustor control of autonomous underwater vehichle based on artificial immune feedback [J]. Chinese Journal of Mechanical Engineering, 2011, 47(21): 22-36.

[10] Li M, Liu G J, Zhang Q L, et al. Design of the pressure control system on a device for simulating deep-sea environment[C]//International Conference on Mechanic Automation & Control Engineering. IEEE, 2010.

[11] 王敏, 杜克林, 黄心汉. 机器人滑模轨迹跟踪控制研究 [J]. 机器人, 2001, 23(3): 217-221.

[12] 陈洪海, 李一平. 自治水下机器人全自由度仿真 [J]. 控制工程, 2002, 9(6): 72-74, 81.

[13] 袁伟杰. 自治水下机器人动力学建模及参数辨识研究 [D]. 青岛: 中国海洋大学, 2010.

# 第 8 章　水下机器人虚拟样机控制系统仿真设计

近几年，随着材料技术、高效蓄能技术、计算机技术、高精度自动控制技术、水声通信技术、水下导航和定位技术的发展，AUV 性能得到极大提高，同时 AUV 的结构也变得越来越复杂，学科综合程度和造价也越来越高，实验或工作过程中一个小失误可能导致重大损失，甚至出现 AUV 丢失现象，这就要求在正式工作或实验之前必须保证水下自航行器工作的可靠性。虚拟仿真是一个非常有效的调试手段，它可以提前暴露水下自航行器潜存的各种问题，提高真实环境中的稳定性，减少不必要的损失。

传统的 AUV 仿真多集中于水动力数学模型的建立和 Simulink 仿真控制的应用，进而得到仿真曲线，最后依据曲线分析优化 AUV 的设计 [1]。这些工作大多偏重计算仿真而忽略图形仿真，不能直观地展现 AUV 的运动过程，人机交互不足。后来有学者尝试将虚拟现实技术应用于 AUV 设计研究，获得了较好的图形仿真界面，解决了人机交互的问题；由于采用简化模型和单一的仿真环境很难综合考虑水动力参数影响，难免会影响仿真结果。利用流体分析软件 FLUENT 和仿真控制软件 Simulink 提出协同仿真的解决方案，它克服了 AUV 仿真中动态行为、流体动力学不足的局限，获得比较好的仿真结果；但系统计算量比较大，实时性和图形界面受限制。良好的图形界面及人机互动代价大多是仿真系统的复杂化、水动力学仿真性能的减弱和实时性的不足，它们之间的优化协调成了 AUV 仿真的难点。

虚拟样机技术 (virtual prototype technology) 是一种基于计算机仿真模型的数字化设计方法，是伴随着计算机技术发展而发展起来的一项新型的计算机辅助工程 (CAE) 技术 [2]。它是多学科的一种融合，主要是以机械系统的运动学、动力学和控制理论为核心，并结合成熟的三维计算机图形技术和基于图形的用户界面技术，模拟该机械系统在真实环境下的运动学和动力学特性，并通过仿真分析，输出结果，通过对机械系统的不断优化，寻求最优设计方案。它将分散的零部件设计 (CAD 技术) 和分析技术 (FEA) 融合在一起，通过计算机制造出产品的整体模型，通过产品在未来使用中的各种工况条件进行计算机仿真，通过仿真来预测产品的整体性能，进而改进和优化产品的设计，提高产品的性能。它通过设计中的反馈信息不断地指导设计，保证产品寻优开发过程的顺利进行。在机械工程中它又被称为机械系统的动态仿真技术 [2]。

# 8.1 虚拟样机几何物理模型的建立

## 8.1.1 几何模型的建立与 ADAMS 的导入

根据中国海洋大学海洋机电设备与仪器山东省高校重点实验室所设计出的水下机器人 C-Ranger，依据设计图纸在 Pro/E 中创建 AUV 各零件模型，并组装成装配体，指定材质和约束条件后保存，C-Ranger 装配完成后的最终效果图如图 8-1 所示。

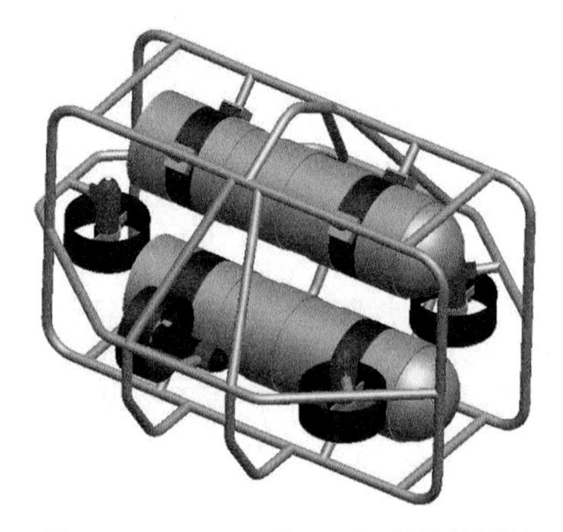

图 8-1 C-Ranger 的 Pro/E 最终效果图

利用插件 Mechpro 将几何模型从 Pro/E 导入 ADAMS 中。Mechpro 是一个接口软件，可以实现 Pro/E、ADAMS 之间参数的实时无缝传递 [3]。AUV 在实际工作时只有推进器叶片与本体发生相对旋转运动，所以实际建模中对于其他零件只要材质相同，便可视为一个整体，简化模型；模型导入后，在 ADAMS 环境中依据实际情况对模型零件的名称、材质等基本信息进行修改设定；在 ADAMS 环境中测量对应于动坐标系原点各物理参数值，如图 8-2 所示。

```
Apply | Parent | Children | Modify | Verbose | Clear | Read from File | Save to File | Close
The aggregate mass in the global reference frame is:
  Mass                 : 201.2224962825 kg
  Center of Mass       :
      Location         : -3.8807069329E-003, 1.138027083E-005, 5.6020673102E-003 (meter, meter, meter)
  Mass Inertia Tensor  :
      IXX              : 31.0251499677 kg-meter**2
      IYY              : 41.7803701469 kg-meter**2
      IZZ              : 41.5992624913 kg-meter**2
      IXY              : 0.0007900839 kg-meter**2
      IZX              : -0.0006927961 kg-meter**2
      IYZ              : -0.0009359133 kg-meter**2
```

图 8-2 ADAMS 环境中 C-Ranger 物理参数值

从图 8-2 中可以看出，模型在转换的过程中质量分布发生了微小的变化，但变换的数量级比较小，在误差范围内可近似等于理论计算值，故下文均以理论计算值计算，即

质心坐标近似取为 (0，0，0)。

转动惯量取值为

$$I_{XX} = 31.0\text{kg}\cdot\text{m}^2,\quad I_{YY} = 41.8\text{kg}\cdot\text{m}^2,\quad I_{ZZ} = 41.6\text{kg}\cdot\text{m}^2$$
$$I_{XY} = 0.0\text{kg}\cdot\text{m}^2,\quad I_{ZX} = 0.0\text{kg}\cdot\text{m}^2,\quad I_{YZ} = 0.0\text{kg}\cdot\text{m}^2$$

在质心点处加设浮力和水阻力等作用，浮力数值依据排水体积计算，方向竖直向上。在五个推进器尾端叶片轴上设置推力，推力的正向沿轴指向推进器首端。最后依据实际运动情况为推进器叶片添加约束 (joint) 和驱动 (motion)，设置相关的摩擦系数。通过以上的设置，AUV 虚拟模型可以获得与实际样机几乎相同的物理特征。

### 8.1.2 输入输出变量的定义

ADAMS 与 MATLAB/Simulink 之间的数据传输是通过单向状态变量实现的。单向状态变量在计算的过程中是一个数组，它包含一系列数值，代表系统事先约定的某些参数，包括输入变量和输出变量。输入变量一般为控制软件输入虚拟样机系统里的受控量或外界需要传送到虚拟系统里让样机感知的变量，如推进器推力和海流的状态；输出变量是虚拟样机系统输出到控制系统中的反馈变量 [4]。

定义相关变量并与模型对应分量关联。

1. ADAMS 环境中输入变量定义

(1) 推进器推力输入变量定义：

五个推进器产生的推力按顺序分别定义为 $T_1, T_2, T_3, T_4, T_5$。

(2) 海流相关输入变量定义：

海流速度在动坐标系 $\{O\}$ 下分量的定义分别为 $v_{hX}, v_{hY}, v_{hZ}$；

海流加速度在动坐标系下分量的定义分别为 $a_{hX}, a_{hY}, a_{hZ}$。

2. ADAMS 环境中输出变量的定义

(1) AUV 质心位移在静坐标系 $\{E\}$ 下各轴对应分量输出定义为 $s_{eX}, s_{eY}, s_{eZ}$。

(2) AUV 速度在静坐标系 $\{E\}$ 下各轴对应分量输出定义为 $v_X, v_Y, v_Z$。

(3) AUV 速度在动坐标系 $\{O\}$ 下各轴对应分量输出定义为 $v_{oX}, v_{oY}, v_{oZ}$。

(4) AUV 角速度在动坐标系 $\{O\}$ 下各轴对应分量输出定义为 $\omega_{ZX}, \omega_{ZY}, \omega_{ZZ}$。

(5) 静坐标系 $\{E\}$ 下，AUV 姿态角各分量输出定义为 $\theta_{tX}, \theta_{tY}, \theta_{tZ}$。

### 8.1.3　虚拟样机水动力设置

由 AUV 数学分析可得，正常工作状态下 AUV 受到的水动力作用可简化为由角速度、线速度和惯性力引起的非线性水阻力及阻力矩。依据前面的数学分析结论，在虚拟样机的质心点及浮心点处设置相应的水阻力和阻力矩，完成海水动阻力模型的建立 [5]。

ADAMS 环境中，海水阻力动坐标系 $\{O\}$ 中三分量可描述如下。

$X$ 轴向阻力：

$$\begin{aligned}F_X =&58.4\left(V(a_{ZX})-V(a_{hX})\right)+23.8\left(V(v_{ZZ})-V(v_{hZ})\right)-V(v_{hZ})V(\omega_{ZY})\\&-23.8\left(V(v_{ZY})-V(v_{hY})\right)V(\omega_{ZZ})+120\left(V(v_{ZX})-V(v_{hX})\right)\\&+90\left(V(v_{ZX})-V(v_{hX})\right)\mathrm{ABS}\left(V(v_{ZX})-V(v_{hX})\right)\end{aligned}$$

式中，函数 $V(\,)$ 是 VARVAL( ) 的缩写，作用是返回状态变量当前值；ABS( ) 函数作用是取变量的模；上述两个函数均为 ADAMS 内部自带的函数。各项系数由雷诺数计算、前期实验测试数据处理和推进器空间分布相关的计算得到。

$Y$ 轴向阻力：

$$\begin{aligned}F_Y =&23.8\left(V(a_{ZY})-V(a_{hY})\right)-23.8\left(V(v_{ZZ})-V(v_{hZ})\right)-V(v_{hZ})V(\omega_{ZX})\\&+58.4\left(V(v_{ZX})-V(v_{hX})\right)V(\omega_{XX})+90\left(V(v_{ZY})-V(v_{hY})\right)\\&+90\left(V(v_{ZY})-V(v_{hY})\right)\mathrm{ABS}\left(V(v_{ZY})-V(v_{hY})\right)\end{aligned}$$

$Z$ 轴向阻力：

$$\begin{aligned}F_Z =&523.8\left(V(a_{ZZ})-V(a_{hZ})\right)-58.4\left(V(v_{ZX})-V(v_{hX})\right)V(\omega_{ZY})\\&+23.8\left(V(v_{ZY})-V(v_{hY})\right)V(\omega_{ZX})+150\left(V(v_{ZZ})-V(v_{hZ})\right)\\&+120\left(V(v_{ZZ})-V(v_{hZ})\right)\mathrm{ABS}\left(V(v_{ZZ})-V(v_{hZ})\right)\end{aligned}$$

动坐标系 $\{O\}$ 中海水阻力矩分量描述如下。

$X$ 轴向阻力矩：

$$M_X=3.38V(a_{\omega X})+1.49V(\omega_{ZY})V(\omega_{ZZ})+15V(\omega_{ZX})+10V(\omega_{ZX})\mathrm{ABS}\left(V(\omega_{ZX})\right)$$

$Y$ 轴向阻力矩：

$$\begin{aligned}M_Z =&1.18V(a_{\omega Y})+34.6\left(V(v_{ZX})-V(v_{hX})\right)\left(V(v_{ZZ})-V(v_{hZ})\right)\\&+0.71V(\omega_{ZX})V(\omega_{ZZ})+15\left(V(v_{ZY})-V(v_{hY})\right)+12V(\omega_{ZY})\mathrm{ABS}\left(V(\omega_{ZY})\right)\end{aligned}$$

$Z$ 轴向阻力矩：

$$
\begin{aligned}
M_Z =& 2.67V(a_{\omega Z}) - 34.6\left(V(v_{ZX}) - V(v_{hX})\right)\left(V(v_{ZY}) - V(v_{hY})\right) \\
& - 2.2V(\omega_{ZX})V(\omega_{ZY}) + 18V(v_{ZZ}) + 12V(\omega_{ZZ})\mathrm{ABS}\left(V(\omega_{ZZ})\right)
\end{aligned}
$$

通过以上步骤的操作与设置，水下机器人虚拟样机的几何物理模型基本建立完成，虚拟样机几何物理模型的最终效果图如图 8-3 所示。

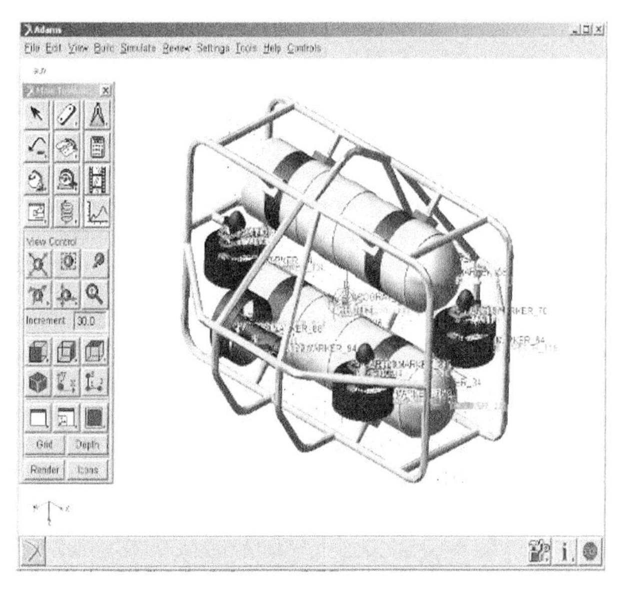


图 8-3 C-Ranger 虚拟样机几何物理模型的最终效果图

# 8.2 虚拟样机控制模型

## 8.2.1 控制系统总述

1. 控制系统组成

C-Ranger 机载主控系统硬件主要是由研祥 CPC-1611 的嵌入式 CompactPCI 主机，配合数据采集卡、串行通信卡和高速 DSP 处理板 (DM642)，传感器件声呐、数字罗盘、压力传感器和光纤陀螺等传感设备组成 [6]，如图 8-4 所示。

主控系统中，扫描成像声呐 (seaking DFS) 主要是用来感知环境实时构建地图，在虚拟样机系统中可以不予考虑。数字罗盘、压力传感器和光纤陀螺主要是为了测定 AUV 的位置、姿态角、速度、加速度等运动参数，在虚拟样机系统中可以直接用位置传感器、速度传感器、加速度传感器和姿态角传感器替代。

传感器 (sensor) 是 ADAMS 中特有的小控件，主要用于监控给定事件的仿真，可以通过建立函数来定义传感器检测的事件，包括位移、速度、加速度等，也可以是用户定义的变量或者仿真事件，这里主要采用定义变量的方式实现。

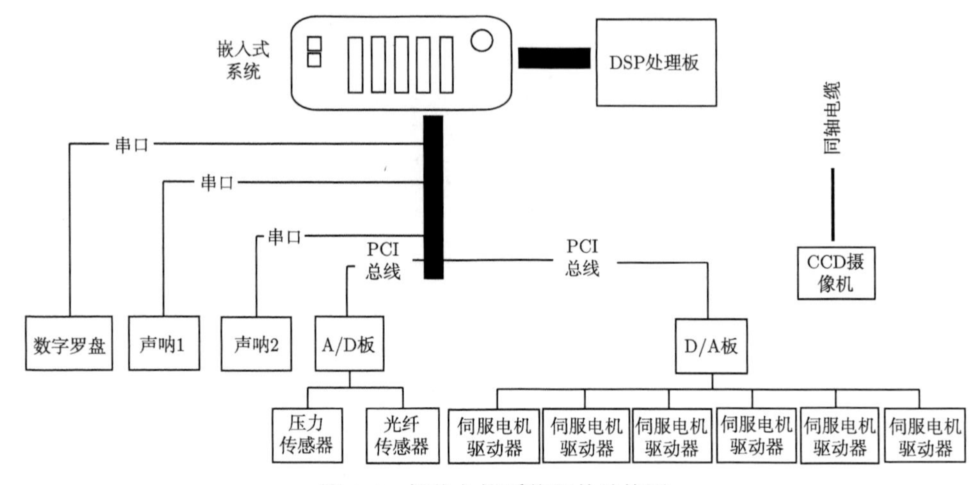

图 8-4　机载主控系统硬件结构图

2. 控制系统实现

控制系统用两层控制架构：底层的数据采集和推进器驱动、高层的控制行为决策。因为考虑到本 C-Ranger 的特点，即航速低 (1m/s)，并且框架机械结构设计的稳定性很好，故底层设计拟采用解耦方式，简化控制器设计。将 AUV 的运动分解为水平方向和垂直方向，这样可以分别设计两个控制器来完成水平方向控制和垂直方向控制。高层是行为决策层，高层的输出量成为底层的输入期望值，采用的是行为决策结果，高层控制不是本节考虑的主要内容，故在设计虚拟样机时直接简化为智能控制算法。

综合考虑控制系统的硬件、控制实现及环境的作用可以将虚拟样机系统分为智能算法模块、虚拟样机本体模块、海洋环境模块三部分，它们之间通过接口参数交换数据实现相互作用，控制系统实现框图如图 8-5 所示。实际应用时只需更换相

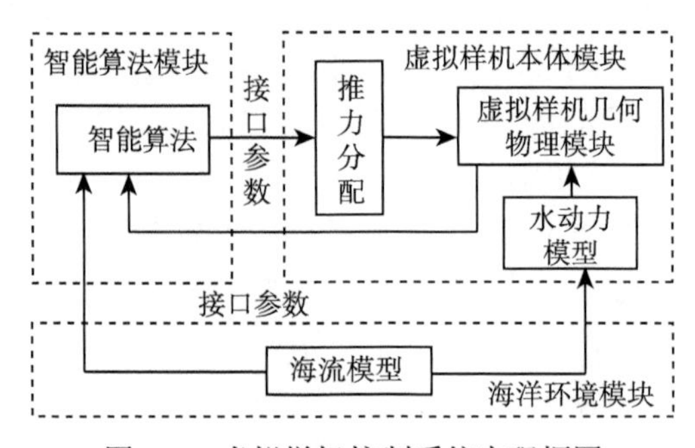

图 8-5　虚拟样机控制系统实现框图

应的模块就可以实现不同模型算法的仿真验证；比如后面需要对 AUV 路径跟踪 (path following，PF) 控制算法进行验证，此时只需要将智能算法模块内的算法程序更换为路径跟踪控制算法程序即可。

### 8.2.2 虚拟样机控制模型建立

虚拟样机系统主要由三部分组成，即智能算法模块、虚拟样机本体模块、海洋环境模块。这里为了保证虚拟样机控制系统的完整性，在设计虚拟样机控制系统的同时预先设计某一智能控制算法，结合智能控制算法验证其他模块的有效性、可行性，这里采用设计空间点动态定位算法为验证算法 [7]。

C-Ranger 在设计时充分考虑了水平控制和竖直控制的解耦问题，通过调整质量分布使质心与水平推进器在同一平面，实现空间运动解耦、简化控制模型的目的。解耦后模型空间定位运动控制可分解为水平定位运动控制和竖直定深运动控制。

1. 水平定位运动控制

水平定位运动控制采用的是二维闭环控制，采用了两个 PID 控制器分别控制 AUV 的位移 $r$ 和方位角 $\alpha$(图 8-6)，控制方框图见图 8-7。

图8-6 中 $\alpha_{\mathrm{i}}$ 为方位角输入，$\alpha_{\mathrm{o}}$ 为方位角输出，$r_{\mathrm{i}}$ 为位移输入，$r_{\mathrm{o}}$ 为位移输出。

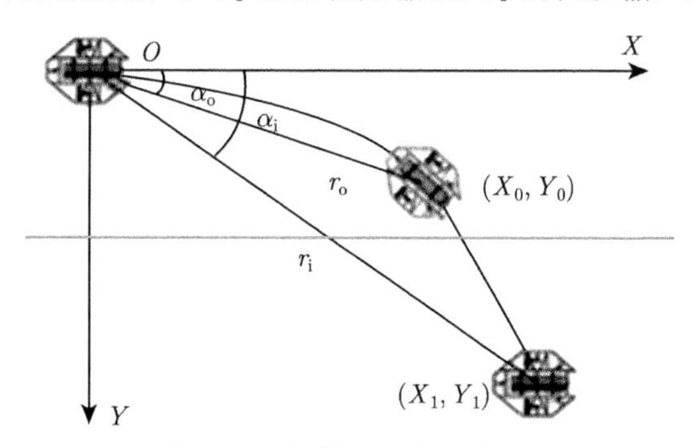


图 8-6 位移 $r$ 和方位角 $\alpha$

由图 8-7 可得

$$T_{\mathrm{h}} = K_{p2}\left(r_{\mathrm{i}} - r_{\mathrm{o}}\right) + \int_0^t K_{i2}\left(r_{\mathrm{i}} - r_{\mathrm{o}}\right)\mathrm{d}\tau + K_{d2}\frac{\mathrm{d}}{\mathrm{d}t}\left(r_{\mathrm{i}} - r_{\mathrm{o}}\right) \tag{8-1}$$

$$M_{\mathrm{h}} = K_{p1}\left(\alpha_{\mathrm{i}} - \alpha_{\mathrm{o}}\right) + \int_0^t K_{i1}\left(\alpha_{\mathrm{i}} - \alpha_{\mathrm{o}}\right)\mathrm{d}\tau + K_{d1}\frac{\mathrm{d}}{\mathrm{d}t}\left(\alpha_{\mathrm{i}} - \alpha_{\mathrm{o}}\right) \tag{8-2}$$

式中，

$$r_{\mathrm{i}} = \sqrt{X_1^2 + Y_1^2}, \quad \alpha_{\mathrm{i}} = \arctan(Y_1/X_1)$$

$$r_{\mathrm{o}}=\sqrt{X_0^2+Y_0^2},\quad \alpha_0=\arctan(Y_0/X_0)$$

式 (8-1) 中 $K_{i2}$ 为积分环节的系数，实际控制中为兼顾快速和精度，系统会依据误差信号的大小自动切换积分系数的取值：当误差信号 $r_{\mathrm{i}}-r_{\mathrm{o}}\geqslant 3\mathrm{m}$ 时，$K_{i2}=0$，去掉积分环节，提高系统的快速性。当误差信号 $r_{\mathrm{i}}-r_{\mathrm{o}}<3\mathrm{m}$ 时，$K_{i2}$ 取预设非零常数，引入积分，提高系统的精度。

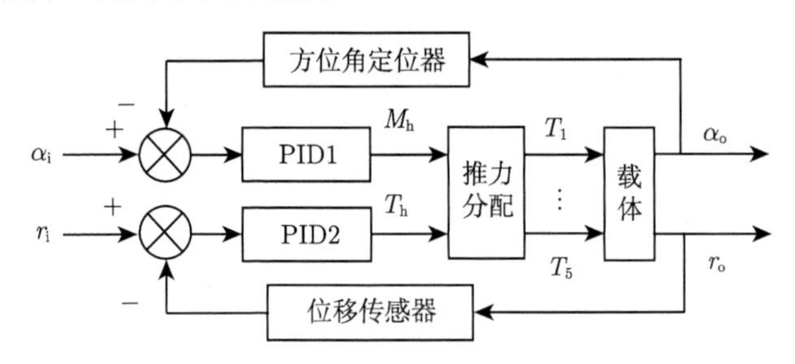


图 8-7　水平定位运动控制方框图

2. 竖直定深运动控制

竖直定深运动控制采用的也是二维闭环控制，利用两个 PID 控制器分别控制 AUV 的深度 $D$ 和纵倾角 $\theta$，控制方框图如图 8-8 所示。

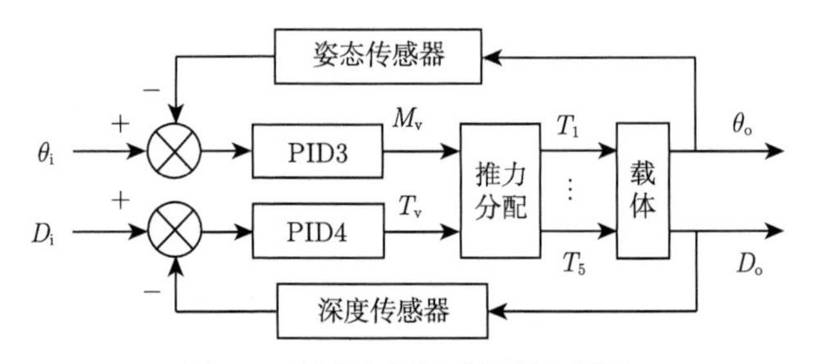


图 8-8　竖直定深运动控制方框图

图 8-8 中 $\theta_{\mathrm{i}}$ 为纵倾角输入，$\theta_{\mathrm{o}}$ 为纵倾角输出，$D_{\mathrm{i}}$ 为深度输入，$D_{\mathrm{o}}$ 为深度输出。由图 8-8 可得

$$T_{\mathrm{v}}=K_{p4}\left(D_{\mathrm{i}}-D_{\mathrm{o}}\right)+\int_0^t K_{i4}\left(D_{\mathrm{i}}-D_{\mathrm{o}}\right)\mathrm{d}\tau+K_{d4}\frac{\mathrm{d}}{\mathrm{d}t}\left(D_{\mathrm{i}}-D_{\mathrm{o}}\right)\tag{8-3}$$

$$M_{\mathrm{v}}=K_{p3}\left(\theta_{\mathrm{i}}-\theta_{\mathrm{o}}\right)+\int_0^t K_{i3}\left(\theta_{\mathrm{i}}-\theta_{\mathrm{o}}\right)\mathrm{d}\tau+K_{d3}\frac{\mathrm{d}}{\mathrm{d}t}\left(\theta_{\mathrm{i}}-\theta_{\mathrm{o}}\right)\tag{8-4}$$

式 (8-3) 中 $K_{i4}$ 为积分环节的系数，如同水平定位运动控制中的积分环节系数

一样，实际控制中为兼顾快速和精度，系统会依据误差信号值的大小自动在零和预设非零常数之间切换积分系数的取值。

3. 控制模型的最终建立

除上述的水平定位运动控制和竖直定深运动控制外，本节还对水下机器人的横倾角设置了归零 PID 控制，方框图和关系式略。实际中 AUV 推进器推力有效工作范围为 $-100 \sim +160\text{N}$，因此，在建立控制模型时对推力 $T_1 \sim T_5$ 进行了相应的限幅。

控制模型建立，通过控制插件 Controls-Plant Export 将 ADAMS 环境中物理模型导出生成 Simulink 环境下的 adams_sub 子模块；依据控制框图、控制方程的描述，考虑相关的实际控制要求，在 MATLAB/Simulink 里面建立了虚拟样机的控制框图；最后将 adams_sub 子模块与控制模块对应连接，完成虚拟样机控制模型的建立，如图 8-9 所示。

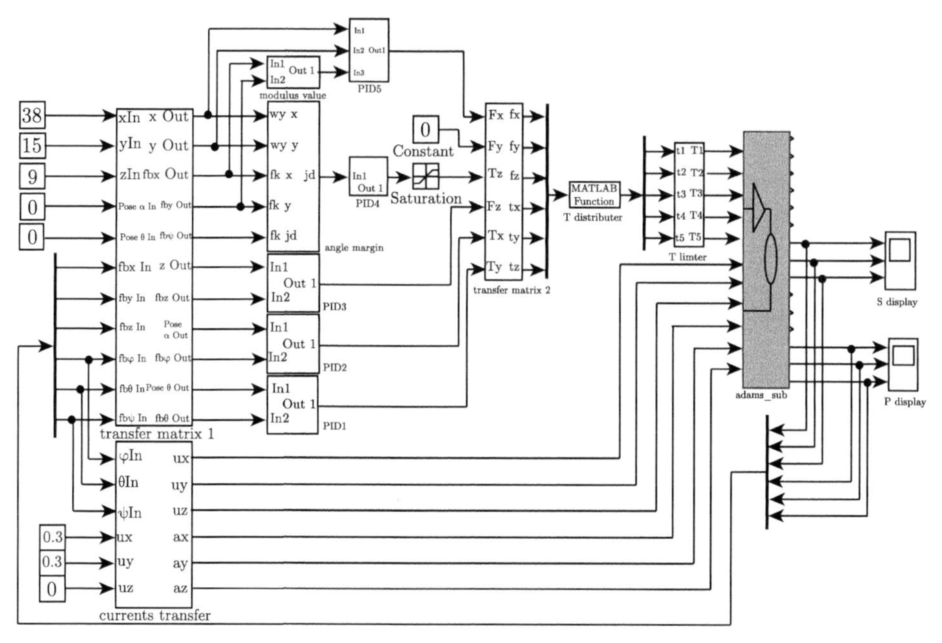


图 8-9 虚拟样机控制系统总图

# 8.3 虚拟样机系统联合仿真及结果分析

通过前面对 AUV 虚拟样机的建立，基本上实现了 AUV 的运动性能的测试。水下 AUV 的运动，主要是靠控制策略来引导，而好的控制策略则需要进行大量的仿真模拟才能实现。

MATLAB (Matrix Laboratory)，1984 年由美国 MathWorks 公司推向市场以来，历经二十几年的发展，已成为国际公认的最优秀的科技应用软件之一。它除具备卓越的数值计算能力外，还提供了很强的符号计算、文字处理、可视化建模仿真和实时控制等功能。MATLAB 的基本数据单位是矩阵，它的指令表达式与数学、工程中常用的形式十分相似，故用 MATLAB 来解算问题非常方便快捷。

MATLAB/Simulink 是 MATLAB 的一个软件包，它可以调用 MATLAB 中强大的函数库，并实现与 MATLAB 的无缝结合。它提供一个交互式动态系统建模、仿真和综合分析的图形环境。在该环境中，无需大量书写程序，而只需要通过简单直观的鼠标操作，就可构造出复杂的系统。它为用户提供了用方框图进行建模的图形接口，与传统的仿真软件包用微分方程和差分方程建模相比，具有更直观、更方便、灵活的优点。

MATLAB 无疑是提供算法的最佳仿真平台，并且 MATLAB 中的 Simulink 模块为控制系统的搭建更是提供了极大的便捷。因此构造联合 ADAMS 和 MATLAB 的控制仿真系统，能够很好地对 AUV 的空间运动性能和控制算法的优劣进行评判，为 AUV 下水前提供可靠的参考依据 [8]。

本方法通过联合 ADAMS 和 MATLAB/Simulink 建立 AUV 的控制仿真系统。

### 8.3.1　AUV 的控制系统模型

1. AUV 的控制系统组成

AUV 上主要装载的系统硬件在前面已经叙述过了，其机载系统结构示意图如图 8-10 所示。

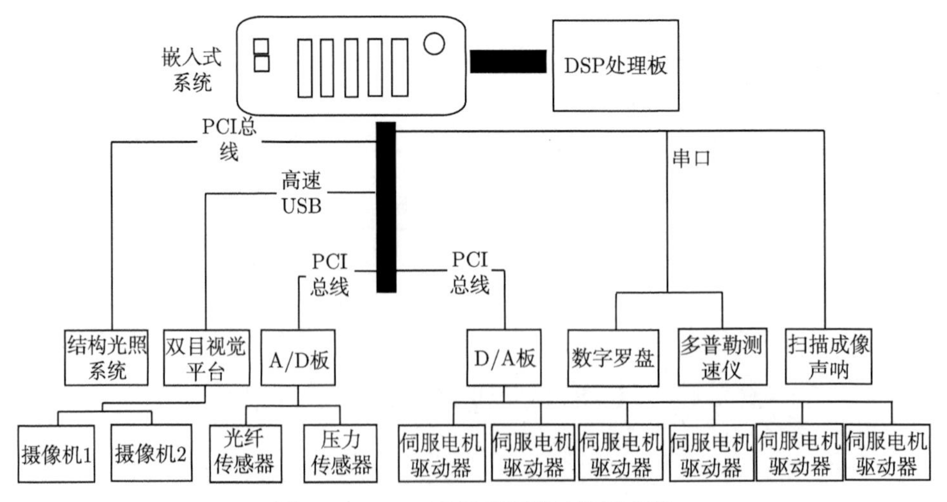


图 8-10　AUV 的机载系统结构示意图

根据系统所提供的硬件所能获取的物理量，在 ADAMS 中以模型测得值代替，如光纤陀螺用来获取 AUV 的偏角速率。在 ADAMS 中直接测量偏角并及时反馈多普勒测速仪用来获取 AUV 速度，在 ADAMS 中直接建立质心的速度为状态变量等。

2. 联合仿真系统的建立

利用 MATLAB 强大的控制算法建立与处理能力，以及 ADAMS 虚拟样机动力学软件，搭建基于 ADAMS 和 MATLAB 的虚拟样机仿真控制系统 [2]。其结构简图如图 8-11 所示。

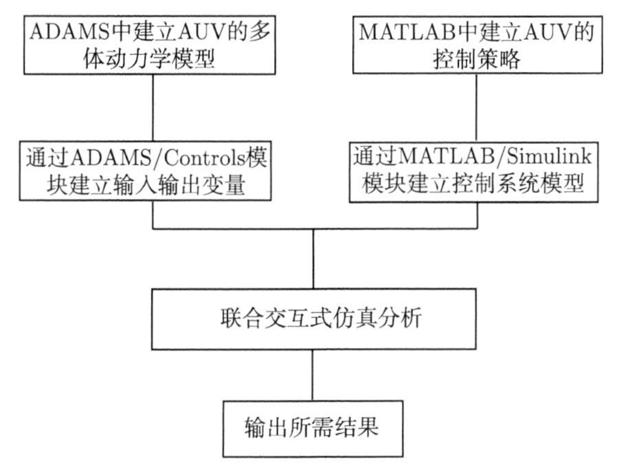


图 8-11 联合仿真系统结构简图

根据已定义的 AUV 状态变量参数，首先定义输入输出变量。ADAMS 和 MATLAB 之间的数据传输是通过状态变量实现的，在计算过程中状态变量作为一个数组包含一系列的数值。一般说来，输入输出变量是 AUV 系统元素的函数。所谓的输入变量，就是模型系统被控制的量。在本系统中，被控制的量主要是 AUV 的五个推进器的推力，是通过 MATLAB 控制算法解得结果输送到 AUV 模型上。另外，本系统中，AUV 的海流影响也是通过 MATLAB 中的水流模块给出的，所以定义海流的速度、加速度为输入变量。所谓的输出变量，就是系统输入其他的控制程序中的变量，将这些值通过控制方案后，返回到输入变量。在本系统中，输出变量主要为 AUV 的姿态角、空间位置等。

通过前面的分析，本 AUV 运行速度比较低，在 1m/s 左右，所以可以对 AUV 的空间运动进行分解，分解为水平面 $(E\eta\zeta)$ 和垂直面 $(E\xi\zeta)$ 的运动，并且忽略这两个平面之间的耦合影响，从而使得问题简化。对于大多数的 AUV，在运动速度不高的时候，这种简化是成立的。

AUV 的控制模型主要分为三个部分。第一部分是 AUV 的虚拟样机本体模块，此部分在 ADAMS 中已经搭建完成，可以通过定义设计参数进行模型修改或者直接通过在 Pro/E 修改后导入 ADAMS 中进行模型更新。第二部分是智能算法模块，该模块主要是在 MATLAB/Simulink 中建立，通过修改控制程序，可以改变控制算法，从而对控制算法进行优化 (如对经典 PID 控制算法中三个控制系数的调整)，也可以对同一种控制对象采用不同控制算法而产生的优劣程度进行算法的比较。第三部分是海洋环境模块，也就是 AUV 的运动环境影响。考虑到海流影响的不确定性，可以对海流部分取 AUV 工作海域的平均值，或者是通过干扰的形式，加入控制系统中 [9]。其组成框图如图 8-12 所示。

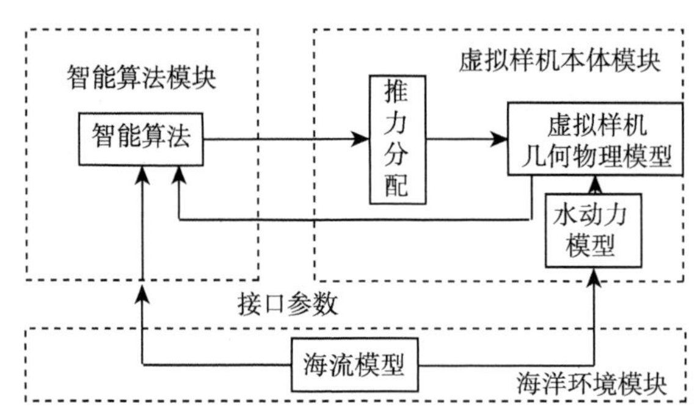


图 8-12 AUV 的控制系统组成框图

### 8.3.2 虚拟样机系统联合仿真

我国近海海流速度变化范围为 0.3～0.5m/s，周期约为 12s；假设海流速度为 $U_s = 0.4+0.1\sin(0.5236t)$，AUV 逆流运动。取 AUV 空间定位运动起始点坐标 (0, 0, 0)、目标定位点坐标 (38, 15, 9)。在 Simulink 环境下设置相应的仿真参数，运行并记录仿真过程，绘出仿真曲线 (图 8-13～ 图 8-16)，分析仿真结果。图 8-17 为仿真

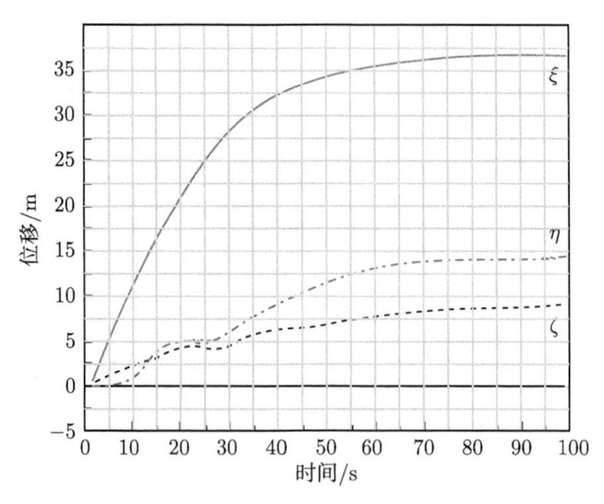


图 8-13 位移时间曲线

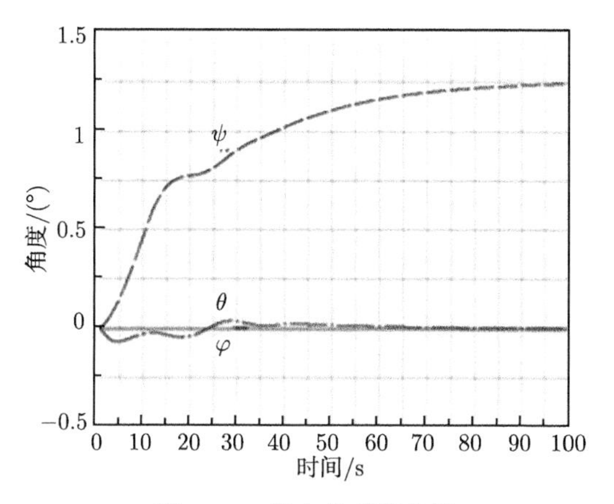


图 8-14 姿态角时间曲线

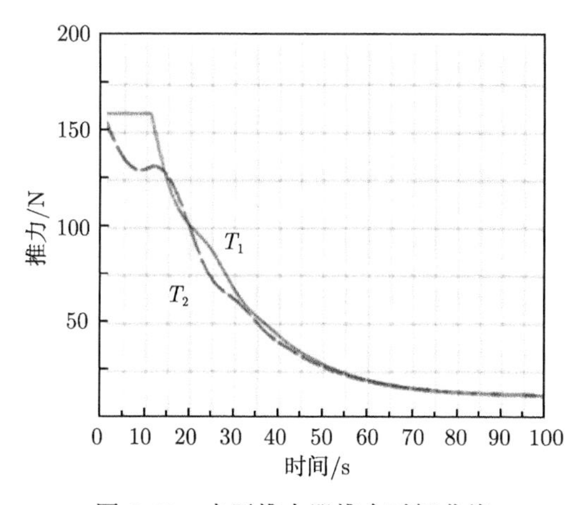


图 8-15 水平推力器推力时间曲线

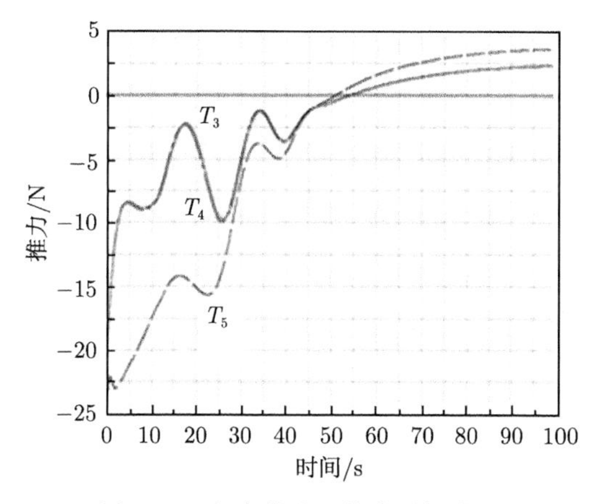


图 8-16 竖直推进器推力时间曲线

完毕后应用后处理程序回放仿真过程的截图，图左上角虚影为 AUV 的起始位置，中部实影为正在运动中的虚拟样机，曲线为虚拟样机质心轨迹，六个实点为预设的仿真采样观测点。

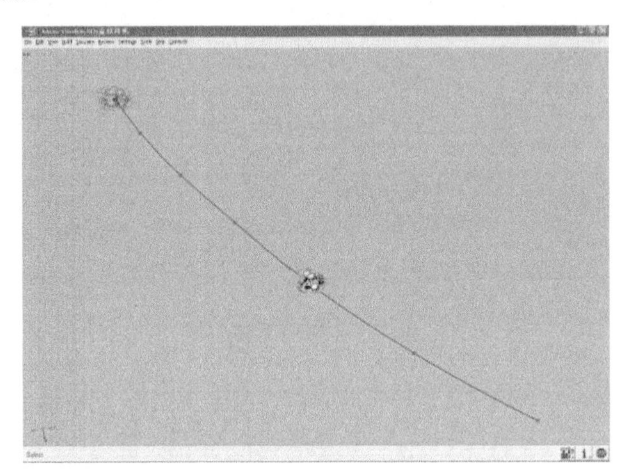

图 8-17　仿真回放截图

基于仿真得到的数据结果，可以得出以下的结论：

(1) 基于 ADAMS、MATLAB/Simulink 联合建立的 AUV 虚拟样机系统是可行的，可以实现 AUV 控制系统和控制算法基于水动力学基础的仿真分析。仿真的过程表明该 AUV 虚拟样机仿真系统可以实时便捷地显示模型的运动状态及参数，可以重复调节水动力及海流作用参数值，实现变参数对比仿真，增强仿真结果的精确性。

(2) 空间动态定位控制算法验证仿真结果分析表明该虚拟样机系统具备智能控制与动态控制交互仿真演示和功能验证的能力，为 AUV 图形仿真研究提供一种新的解决思路。

## 参 考 文 献

[1] 王猛. 水下自治机器人底层运动控制设计与仿真 [D]. 青岛：中国海洋大学, 2009.

[2] 王保刚. 基于虚拟样机技术的自治水下机器人仿真系统研究 [D]. 青岛：中国海洋大学, 2010.

[3] 赵加敏，秦再白，庞永杰，等. 一种水下机器人集成仿真系统的设计 [J]. 计算机仿真，2005, 22(10): 172-175.

[4] 谢海斌, 张代兵, 沈林成. 基于 MATLAB/SIMULINK 与 FLUENT 的协同仿真方法研究 [J]. 系统仿真学报, 2007, 19(8): 1824-1827, 1856.

[5] 熊光楞，李伯虎，柴旭东. 虚拟样机技术 [J]. 系统仿真学报，2001，13(1): 114-117.

[6] 陆林，李耀明. 虚拟样机技术及其在农业机械设计中的应用 [J]. 中国农机化, 2004, (4): 59-61.

[7] 张胜利. Pro/E、ADAMS 与 ANSYS 在机械系统设计中的联合运用 [J]. 机械设计与制造, 2005, (11): 143-145.

[8] 刘贵杰, 王猛, 何波. 基于 Adams 与 Matlab/Simulink 的水下自航行器协同仿真 [J]. 机械工程学报, 2009, (10): 22-29.

[9] Li M , Liu G J, Zhang Q L, et al. Design of the pressure control system on a device for simulating deep-sea environment[C]. International Conference on Mechanic Automation & Control Engineering. IEEE, 2010.

# 第9章　水下机器人轨迹跟踪控制器与路径规划

## 9.1　水下机器人空间运动方程的简化与分解

水下机器人的运动控制属于水下自治机器人的底层控制部分的主要内容，其主要控制参数是位置、深度 (从海面到水下机器人重心的垂直距离)、高度 (从海底到水下机器人重心的垂直距离)、航行速度、航向角 (水下机器人艏向相对于地理北的夹角)，水下机器人运动控制的主要研究内容包括空间动态点定位控制、空间姿态控制和轨迹跟踪控制等 [1]。

水下机器人通用的空间运动方程，具有非线性和时变的特点，方程中包含的流体动力学参数是相关运动参数的非线性函数，需要通过大量的模型实验才能获其线性表达式，因此必须对原方程进行简化以满足路径跟踪控制器设计。模型简化前做如下假设 [2]：

(1) 水下机器人为刚体，且外形关于垂直面 $OXZ$ 和水平面 $OXY$ 对称；

(2) 水下机器人完全浸没在流体介质中，处于全黏湿状态；

(3) 流体动力满足线性假设；

(4) 水下机器人的质量分布均匀对称，航行过程中质量不发生变化；

(5) 水下机器人在深广的水中航行，不计边界流的作用。

为便于分析计算，水下机器人路径跟踪控制可分解为垂直面运动和水平面运动；设计时可只考虑水平面的跟踪，垂直面采取分层定深控制即可。这种分解是以假设水平面的运动和垂直面的运动之间无交联为前提的，C-Ranger 在机械本体设计时已充分考虑运动解耦问题，故满足条件。水下机器人垂直面运动是指水下航行器在地面坐标系 $E\xi\zeta$ 内的运动，此时与载体坐标系的 $OXZ$ 面重合；运动可分解为质心的垂直面平移运动和绕轴 $OY$ 的转动。垂直面内 AUV 运动方程如下：

$$
\begin{gathered}
m_X \dot{v} = -R_X\left(a, v^2\right) + P\sin\chi + T_{X1}\cos\alpha - T_{Y1}\sin\alpha \\
m_Y v\dot{\chi} = -R_Y\left(\alpha, \dot{\theta}\right) + P\cos\chi + T_{Y1}\cos\alpha + T_{X1}\sin\alpha \\
I_{Z1}\dot{\theta} = M_0\sin\theta + M_{Z1}\left(\alpha, \dot{\theta}\right) + M_{Z1c} \\
\dot{X} = v\cos\chi, \quad \dot{Y} = v\sin\chi, \quad \theta = \alpha + \chi
\end{gathered}
\tag{9-1}
$$

水平面内 AUV 运动方程如下：

$$\begin{gathered}m_X\dot{v}=-R_X\left(\beta,v^2\right)+T_{X1}\cos\beta-T_{Y1}\sin\beta\\ m_Zv\dot{\gamma}=R_Z\left(\beta,\dot{\psi}\right)+T_{Z1}\cos\beta+T_{X1}\sin\beta\\ I_{Y1}\ddot{\psi}=M_{Y1}\left(\beta,\dot{\psi}\right)+M_{Y1\mathrm{c}}\\ \dot{X}=v\cos\gamma,\quad \dot{Z}=v\sin\gamma,\quad \psi=\beta+\gamma\end{gathered}\tag{9-2}$$

式中，$m_X,m_Y,m_Z$ 和 $I_{Y1},I_{Z1}$ 分别为附加惯性水阻质量在内的 AUV 的质量和惯性矩；$v$ 为 AUV 的行驶速度；$R_X\left(a,v^2\right)$, $R_Y\left(\alpha,\dot{\theta}\right)$, $R_Z\left(\beta,\dot{\psi}\right)$ 和 $M_{Y1}\left(\beta,\dot{\psi}\right)$ 分别为合阻力和力矩的分量投影；$P$ 为重力；$T_{X1},T_{Y1},T_{Z1}$ 和 $M_{Z1\mathrm{c}},M_{Y1\mathrm{c}}$ 分别为推力和控制力矩对应分量；$M_0=\gamma Vh_0$($\gamma$ 为水的相对密度，$V$ 为 AUV 排水体积，$h_0$ 为稳心高) 为扶正力矩。

本章主要关注水平面内的运动，可忽略浮力的影响，上述方程可以简化为

$$\begin{aligned}&m_X\dot{v}=-R_X\left(\beta\right)v^2+T_X\\ &m_Zv\dot{\gamma}=R_Z\left(\beta\right)+T_Z\\ &I_{Y1}\ddot{\psi}=M_{Y1}\left(\beta,\dot{\psi}\right)v^2+M_{Y\mathrm{c}}\\ &\dot{X}=v\cos\gamma+v_{TX},\quad \dot{Z}=v\sin\gamma+v_{TZ},\quad \psi=\beta+\gamma\end{aligned}\tag{9-3}$$

式中 $R_X(\beta),R_Z(\beta)$ 和 $M_{Y1}\left(\beta,\dot{\psi}\right)$ 分别为对应轴的分量阻力和阻力矩，它们与 $v^2$ 成正比，且在 $-\pi\leqslant\beta\leqslant\pi$ 内, 阻力为漂角 $\beta$ 的函数；$T_X,T_Z$ 为推力在动坐标系中对应轴上的投影；$M_{Y\mathrm{c}}$ 为相对于质心的控制力矩；$v_{TX},v_{TZ}$ 为海流在动坐标系中对应轴分量的投影。

### 9.1.1 非奇异终端滑模控制

终端滑模 (terminal sliding mode，TSM) 控制是一种采用非线性切换面使滑动模态在有限时间内达到平衡点的控制方法 [3]。与一般采用线性超曲面作为切换面的滑模控制相比，具有快速且在有限时间内收敛的优点，一般应用于高精度控制。研究表明，相对于采样间隔非零的线性滑模控制器，终端滑模控制器的增益可以显著降低。文献 [3] 重新设计 TSM 切换面，提出全局非奇异终端滑模 (NTSM) 控制，用于带参数不确定和外部扰动的二阶非线性动态系统。滑模控制是处理具有较大不确定性、非线性和有界外部扰动系统的重要方法之一。

考虑如下二阶不确定非线性动态系统：

$$\begin{cases}\dot{X}_1=X_2\\ \dot{X}_2=f\left(X\right)+g\left(X\right)+b\left(X\right)u\end{cases}\tag{9-4}$$

式中，$X=[X_1\ X_2]^{\mathrm{T}}$; $b(X)\neq 0$; $g(X)$ 代表不确定性及外部干扰，$g(X)<l$。

非奇异终端滑模函数设计为

$$s=X_1+\frac{1}{\beta}X_2^{p/q}\tag{9-5}$$

其中，$\beta > 0$，$p$ 和 $q(p > q)$ 为正奇数。

非奇异终端滑模控制器设计为

$$u = -b^{-1}(X)\left(f(X) + \beta\frac{q}{p}X_2^{2-p/q} + (l_g+\eta)\operatorname{sgn}(s)\right) \tag{9-6}$$

其中，$1 < p/q < 2, \eta > 0$。

稳定性分析：

$$\begin{aligned}\dot{s} &= \dot{X}_1 + \frac{1}{\beta}\frac{p}{q}X_2^{p/q-1}\dot{X}_2 = X_2 + \frac{1}{\beta}\frac{p}{q}X_2^{p/q-1}\left[f(X) + g(X) + b(X)u\right] \\ &= X_2 + \frac{1}{\beta}\frac{p}{q}X_2^{p/q-1}\left[f(X) + g(X) - f(X) - \beta\frac{q}{p}X_2^{2-p/q} - (l_g+\eta)\operatorname{sgn}(s)\right] \\ &= \frac{1}{\beta}\frac{p}{q}X_2^{p/q-1}\left[g(X) - (l_g+\eta)\operatorname{sgn}(s)\right]\end{aligned} \tag{9-7}$$

所以有

$$s\dot{s} = \frac{1}{\beta}\frac{p}{q}X_2^{p/q-1}\left[sg(X) - (l_g+\eta)|s|\right] \tag{9-8}$$

由于 $1 < p/q < 2$，则 $0 < p/q - 1 < 1$，又由于 $\beta > 0$，$p > q$，则有

$$X_2^{p/q-1} > 0 \quad (X_2 \neq 0)$$

$$s\dot{s} \leqslant \frac{1}{\beta}\frac{p}{q}X_2^{p/q-1}(-\eta|s|) = -\frac{1}{\beta}\frac{p}{q}X_2^{p/q-1}\eta|s| = \eta'|s| \tag{9-9}$$

式中，

$$\eta' = \frac{1}{\beta}\frac{p}{q}X_2^{p/q-1}\eta > 0 \quad (X_2 \neq 0)$$

可见，当 $X_2 \neq 0$ 时，控制器满足 Lyapunov 稳定条件。

将控制器式 (9-6) 代入式 (9-4)，可得

$$\begin{aligned}\dot{X}_2 &= f(X) + g(X) + b(X)\left(-b^{-1}(X)\right)\left(f(X) + \beta\frac{q}{p}X_2^{2-p/q} + (l_g+\eta)\operatorname{sgn}(s)\right) \\ &= -\beta\frac{q}{p}X_2^{2-p/q} + g(X) - (l_g+\eta)\operatorname{sgn}(s)\end{aligned} \tag{9-10}$$

当 $X_2 = 0$ 时，$\dot{X}_2 \leqslant -\eta$；当 $s < 0$ 时，$\dot{X}_2 \geqslant -\eta$。由系统的相轨迹分析可知，当 $X_2 = 0$ 时，在有限的时间内能实现 $s = 0$。

这里针对非奇异终端滑模控制算法编写通用验证程序，在后续应用时，只需将程序中的验证函数更改为后文中的速度跟踪、位置跟踪和航向跟踪的应用函数，并代入相关参数值即可。MATLAB 程序描述详见附录 F。

### 9.1.2 PF 问题描述

水平面内 PF 问题描述如图 9-1 所示。随动坐标系 $B$ 的原点取在 AUV 质心点 $G$ 处，全局坐标系水平面中的坐标与航向角可用矢量 $L_G=[\xi\ \eta\ \psi]^{\mathrm{T}}$ 综合表示。根据单刚体动力学原理以及 AUV 运动和动力学模型可得

$$m_u\dot{u}=m_v vr-d_u u+T_u \tag{9-11}$$

$$m_v\dot{v}=-m_u ur-d_v v$$

$$\dot{\xi}=\cos\psi\cdot u-\sin\psi\cdot v,\quad \dot{\eta}=\sin\psi\cdot u+\cos\psi\cdot v,\quad \dot{\psi}=r$$

$$m_u=m-X_u,\quad m_v=m-Y_v,\quad m_r=I_z-N_r,\quad m_{uv}=m_u-m_v$$

$$d_u=-X_u-X_{|u|u}\left|u\right|,\quad d_v=-Y_v-Y_{|v|v}\left|v\right|,\quad d_r=-N_r-N_{|r|r}\left|r\right| \tag{9-12}$$

式中，$m$ 为 AUV 的质量；$V=(u\ v\ r)^{\mathrm{T}}$ 为速度矢量；$X_u,Y_v$ 和 $N_r$ 为附加质量；$X_{|u|u}$, $Y_{|v|v}$, $N_{|r|r}$ 为黏性水动力系数；$F_u=[T_u\ 0\ M_r]^{\mathrm{T}}$ 为由纵向推进力和转艏力矩组成的系统输入。C-Ranger 没有装配横向推进器，因此系统的独立输入数目少于状态空间的自由度数，为欠驱动系统。在高层的路径规划中，AUV 的转弯半径规划设计有最小值，且在跟踪控制过程中，控制输入有界，因此可假设系统横向速度 $v$ 有界，即

$$|v|\ll|u| \tag{9-13}$$

从而可得 AUV 的合速 $v_{\mathrm{t}}=\sqrt{u^2+v^2}\approx|u|$。

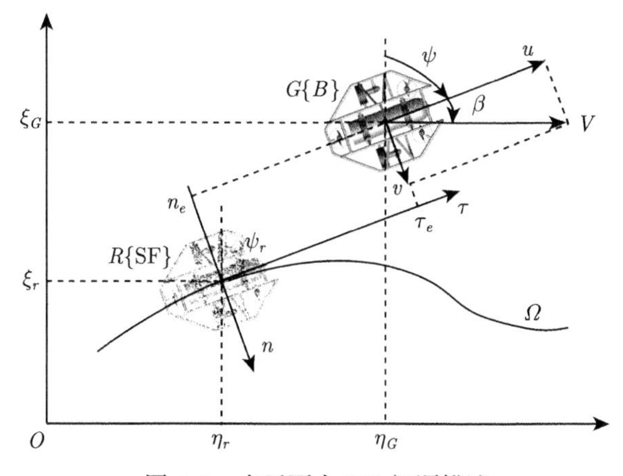


图 9-1 水平面内 PF 问题描述

如图 9-1 所示，设参考路径 $\Omega$ 是一条自由曲线，$R$ 点是 AUV 质心 $G$ 点在该路径上的投影，称为参考点；以 $R$ 点为原点，引入由曲线切矢 $\tau$ 与法矢 $n$ 所张成的 Serret-Frenet 坐标系 SF；坐标系 SF 以切向速度 $v_r$ 沿参考路径 $\Omega$ 运动；切矢 $\tau$ 与 $O\xi$ 轴的夹角定义为 $\psi_r$，可视为坐标系 SF 的姿态角，遵守右手定则；将点 $G$ 到参考点 $R$ 的距离矢量投影到坐标系 SF 中，则其坐标可表示为 $P_{\mathrm{SF}}=[\tau_e\ n_e]^{\mathrm{T}}$，为路径跟踪的位置误差；两端同时对时间求导可得

$$\dot{P}_{\mathrm{SF}}=C_W^{\mathrm{SF}}(\psi_r)\begin{bmatrix}\dot{\xi}\\ \dot{\eta}\end{bmatrix}-\left(\begin{bmatrix}v_r\\ 0\end{bmatrix}+\omega_{\mathrm{SF}}\times P_{\mathrm{SF}}\right) \tag{9-14}$$

式中，角速度 $\omega_{\mathrm{SF}}=k(s)$，坐标系 SF 与坐标系 $W$ 之间的坐标转换矩阵为

$$C_W^{\mathrm{SF}}(\psi_r)=\begin{bmatrix}\cos\psi_r & \sin\psi_r\\ -\sin\psi_r & \cos\psi_r\end{bmatrix} \tag{9-15}$$

在式 (9-13) 的前提下，同时考虑航向角跟踪误差 $\psi_e=\psi+\beta-\psi_r$，则坐标系 SF 内的位姿误差微分方程可统一为

$$\begin{aligned}\dot{\tau}_e&=-v_r\left(1-k(s)\,n_e\right)+u\cos\psi_e\\ \dot{n}_e&=-v_r k(s)\cdot\tau_e+u\sin\psi_e\\ \dot{\psi}_e&=\dot{\psi}+\dot{\beta}-\dot{\psi}_r=r+\dot{\beta}-k(s)\cdot v_r\end{aligned} \tag{9-16}$$

式中，$v_r$ 为 $R$ 点的切向速度；$k(s)$ 为曲率；侧滑角 $\beta=\arctan(v/u)$。

路径跟踪原理：从任意初始位置出发，在反馈信号驱动下，系统的路径跟踪位姿误差 $[\tau_e\ n_e\ \psi_e]^{\mathrm{T}}$ 有界，且满足 $\lim\limits_{t\to\infty}\left\|[\tau_e\ n_e\ \psi_e]^{\mathrm{T}}\right\|=0$。

实际上，参考点 $R$ 即为运动系统基准点 $G$ 在轨迹 $\Omega$ 上的像点，其关系为一种函数映射关系。关于参考点的选取，很多研究人员都提出了自己的方案：有人提出以 $G$ 点在轨迹 $\Omega$ 上的垂向投影点为参考点 $R$，即切向坐标 $\tau_e$ 为零的点，整个跟踪过程 $\tau_e$ 始终为零，在含有小半径圆的环路跟踪控制时会出现奇异性问题；还有人提出将参考点 $R$ 的线速度 $v_r$ 纳入控制输入，只要运动系统速度为正，就可以通过控制 $v_r$ 调节参考点 $R$ 的运动，最终保证 AUV 与参考点之间的距离趋于零，该法简单易行，本章拟采用这种参考点控制策略。

## 9.2 控制器设计

为描述跟踪阶段 AUV 艏向角 $\psi$ 的暂态运动，引入趋近角 $\delta$：

$$\delta(n_e,u)=-\arctan(n_e u) \tag{9-17}$$

对于任意 $n_e$ 和 $u$，则有 $n_e\sin(\delta(n_e,u))\leqslant 0$，当且仅当 $n_eu=0$ 时，等号成立。

分析式 (9-16) 可知，当 $\tau_e$ 收敛至零且艏向角 $\psi_e$ 也收敛至 $\delta$ 时，$n_e$ 自然收敛到零。若 $n_e$ 收敛至零，由 $\delta$ 定义可知，趋近角 $\delta$ 也收敛至零。因此整个路径跟踪系统可分解为三个子控系统：速度、位置与航向角，对三个子控系统分别设计控制器 [4]。速度控制器使得 AUV 纵向速度 $u$ 在整个跟踪过程中始终保持为某一大于零的常值 $u_{\mathrm{d}}$，且满足 $|v|\ll u_{\mathrm{d}}$ 的假设条件；AUV 纵向速度恒定时，通过对虚拟参考点 $R$ 切向速度 $v_r$ 设计控制律，使得位置偏差 $P_{\mathrm{SF}}$ 趋于零；与此同时，在艏向角控制律的作用下，艏向误差 $\psi_e$ 趋近于角 $\delta$，从而实现轨迹跟踪的目的。

### 9.2.1 巡航速度控制器的设计

依据式 (9-11) 中的第一式，设期望的定常巡航速度 $u_{\mathrm{d}}\geqslant 0$，则可以为 AUV 的纵轴推力 $T_u$ 设计出速度的控制律：

$$T_u=-m_u\left(K_1\Delta u+K_2\mathrm{sgn}\left(\Delta u\right)\right)-m_vvr+d_uu \tag{9-18}$$

式中，$K_1,K_2$ 均大于 0，为控制器的增益；控制误差 $\Delta u=u-u_{\mathrm{d}}$。

考察闭环子系统和式 (9-18) 的稳定性，选取 Lyapunov 正定函数 $V_1=0.5\Delta u^2$，则时间导数为

$$\dot{V}_1=\Delta u\left(\dot{u}-\dot{u}_{\mathrm{d}}\right)=\Delta u\frac{1}{m_u}\left(m_vvr-d_uu+T_u\right) \tag{9-19}$$

将式 (9-18) 代入上式可得

$$\dot{V}_1=-K_1\Delta u^2-K_2\left|\Delta u\right|\leqslant 0 \tag{9-20}$$

依据速度控制律的描述及函数关系，编写速度控制器子控程序。

### 9.2.2 位置控制器的设计

位置子系统由式 (9-16) 中的第一、二式组成，系统状态为 $(\tau_e,n_e)$，输入为虚拟参考点 $R$ 的切向速度 $v_r$，控制律设计为

$$v_r=u\cos\psi_e+K_3\tau_e+K_4\mathrm{sgn}\left(\tau_e\right) \tag{9-21}$$

式中，$K_3,K_4$ 均大于 0，为控制器的增益。

把式 (9-16) 中的第一、二式和式 (9-21) 代入综合分析式 (9-16) 和式 (9-21)，考虑在速度控制律式 (9-18) 的作用下 $u=u_{\mathrm{d}}$，且艏向误差 $u=u_{\mathrm{d}}$，则有

$$\begin{aligned}\dot{V}_2=&\tau_e\left(-\left(u\cos\psi_e+K_3\tau_e+K_4\mathrm{sgn}\left(\tau_e\right)\right)\left(1-k\left(s\right)n_e\right)+u\cos\psi_e\right)\\&+n_e\left(-\left(u\cos\psi_e+K_3\tau_e+K_4\mathrm{sgn}\left(\tau_e\right)\right)k\left(s\right)\cdot\tau_e+u\sin\psi_e\right)\end{aligned}$$

$$
\begin{aligned}
&+n_e\left(-\left(u\cos\psi_e+K_3\tau_e+K_4\mathrm{sgn}\left(\tau_e\right)\right)k\left(s\right)\cdot\tau_e+u\sin\psi_e\right)\\
=&-K_3\tau_e^2-K_4\tau_e\mathrm{sgn}\left(\tau_e\right)+n_eu_\mathrm{d}\sin\delta
\end{aligned}
\tag{9-22}
$$

即有

$$
\dot{V}_2=-K_3\tau_e^2-K_4\left|\tau_e\right|-\frac{\left(n_eu_\mathrm{d}\right)^2}{\sqrt{1+\left(n_eu_\mathrm{d}\right)^2}}\leqslant 0 \tag{9-23}
$$

当且仅当 $\tau_e=n_e=0$ 时，等号成立。因此，当轴向速度 $u$ 保持大于零的定值，且 $\psi_e$ 收敛至趋近角 $\delta$ 时，在反馈控制律式 (9-21) 作用下，跟踪位置误差 $P_\mathrm{SF}=[\tau_e\ n_e]^\mathrm{T}$ 总是趋近于零的。

依据位置控制律的描述及函数关系，编写速度控制器子控程序。

### 9.2.3 艏向角控制器的设计

艏向角控制子系统是关于艏向角的复杂的二阶非线性系统，控制输入为艏向力矩 $M_r$。根据 NTSM 的理论推导，采用指数趋近律为该自控系统设计的反馈控制律，直接求取艏向力矩 $M_r$，然后采用 Lyapunov 直接法讨论闭环系统的稳定性 [5]。

构造如式 (9-5) 所示的非线性 NTSM 型滑模：

$$
s=e+K_d\cdot\dot{e}^{p/q} \tag{9-24}
$$

式中，$e=\psi_e-\delta$；增益 $K_d>0$；$p>q>0$ 是奇数。

对于理想滑模运动，$s=0$，两边对时间求导可得

$$
\dot{s}=\dot{e}+K_d\cdot\frac{p}{q}\cdot\dot{e}^{p/q-1}\cdot\ddot{e}=0 \tag{9-25}
$$

采用指数趋近方法，得到如下滑模控制律：

$$
M_r=-m_r\left[\frac{1}{K_d}\cdot\frac{p}{q}\cdot e^{1-p/q}\cdot\left(\dot{e}+K_5s+K_6\mathrm{sgn}\left(s\right)\right)+\ddot{\beta}-\ddot{\psi}_r-\ddot{\delta}\right]-m_{uv}ur+d_rr \tag{9-26}
$$

式中，控制器增益 $K_5,K_6>0$。

取 Lyapunov 正定函数为 $V_3=0.5s^2$，对时间求导可得

$$
\begin{aligned}
\dot{V}_3=s\dot{s}&=s\left[\dot{e}+K_d\cdot\frac{p}{q}\cdot\dot{e}^{p/q-1}\cdot\ddot{e}\right]=s\left[\dot{e}+K_d\cdot\frac{p}{q}\cdot\dot{e}^{p/q-1}\cdot\left(\dot{r}+\ddot{\beta}-\ddot{\psi}_r-\ddot{\delta}\right)\right]\\
&=s\left\{\dot{e}+K_d\cdot\frac{p}{q}\cdot\dot{e}^{p/q-1}\cdot\left[\frac{1}{m_r}\left(m_{uv}uv-d_rr+M_r\right)+\ddot{\beta}-\ddot{\psi}_r-\ddot{\delta}\right]\right\}
\end{aligned}
\tag{9-27}
$$

将式 (9-26) 代入上式可得

$$
\dot{V}_3=-K_5s^2-K_6\left|s\right|\leqslant 0 \tag{9-28}
$$

由式 (9-27) 可得，艏向误差 $\psi_e$ 必然有界。

依据艏向角控制律的描述及函数关系，编写速度控制器子控程序。

式 (9-18)、式 (9-21) 和式 (9-26) 联合建立 AUV 控制系统的 PF 控制器。将前文的三个子控程序打包，转换成 Simulink 环境识别的子控模块，连接水下机器人动力学模型子控模块，设置相关参数，构成主控程序，如图 9-2 所示。

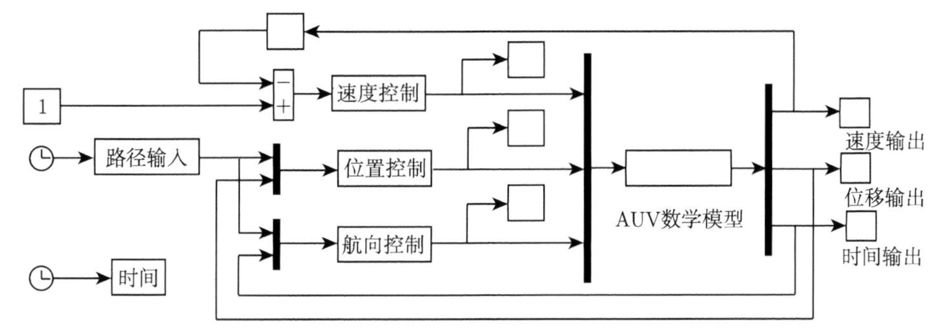


图 9-2 PF 主控程序图

符号函数不连续，系统在滑模切换面附近运动时，容易发生高频振荡，如何降低抖动是滑模控制器设计的难点之一。为降低抖动，本节采用将前文控制器中的不连续符号函数 sgn($s$) 替换为满足滑模条件 $s\cdot\dot{s}\leqslant 0$ 的 S 型饱和函数：

$$\mathrm{sigm}(x)=\frac{1-\mathrm{e}^{-bx}}{1+\mathrm{e}^{-bx}} \tag{9-29}$$

式中，$b$ 为待定的边界层厚度。

## 9.3 轨迹跟踪仿真分析

参考虚拟样机模型, 结合有效负载参数及前期实验数据，计算可得：

C-Ranger 正常挂负载工作时，系统相关参数取值如下：

$$m=201\mathrm{kg},\quad I_z=41.6\mathrm{kg{\cdot}m^2}$$

$$X_u=-30\mathrm{kg},\quad X'_u=-65\mathrm{kg/s},\quad X'_{|u|u}=-80\mathrm{kg/m}$$

$$Y_v=-75\mathrm{kg},\quad Y'_v=-90\mathrm{kg/s},\quad Y'_{|v|v}=-180\mathrm{kg/m}$$

$$N_r=-30\mathrm{kg},\quad N'_r=-55\mathrm{kg/s},\quad N'_{|r|r}=-55\mathrm{kg/s}$$

控制律式 (9-18)、式 (9-21) 和式 (9-26) 中的参数分别取

$$K_d=1.2,\quad p=11,\quad q=9$$

$$K_1=1.0,\quad K_2=1.0,\quad K_3=1.0,\quad K_4=20.0,\quad K_5=1.0,\quad K_6=2.0$$

取期望巡航速度 $u_{\mathrm{d}}=1.0\mathrm{m/s}$；为消除滑模控制器的高频振荡，将上述控制器中的不连续符号函数均替换成连续的 S 型饱和函数，取边界层厚度为 0.1。为测试检验控制器的控制效果，这里取一半径为 10m 的圆为参考路径。

直线路径的跟踪：AUV 初始状态 $[u_0\ v_0\ r_0\ \zeta_0\ \eta_0\ \psi_0]^{\mathrm{T}}=[0\ 0\ 0\ 4\ 0\ 0]^{\mathrm{T}}$，参考路直线的坐标为 $\eta=0.75\zeta$，代入参数进行路径跟踪控制仿真，仿真结果如图 9-3～图 9-5 所示。

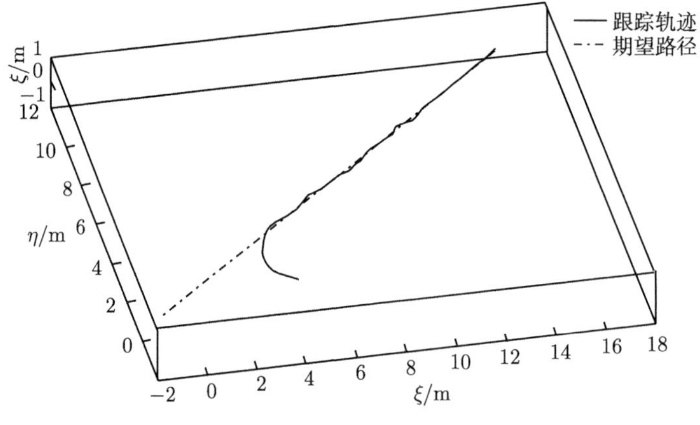


图 9-3　直线路径跟踪效果图

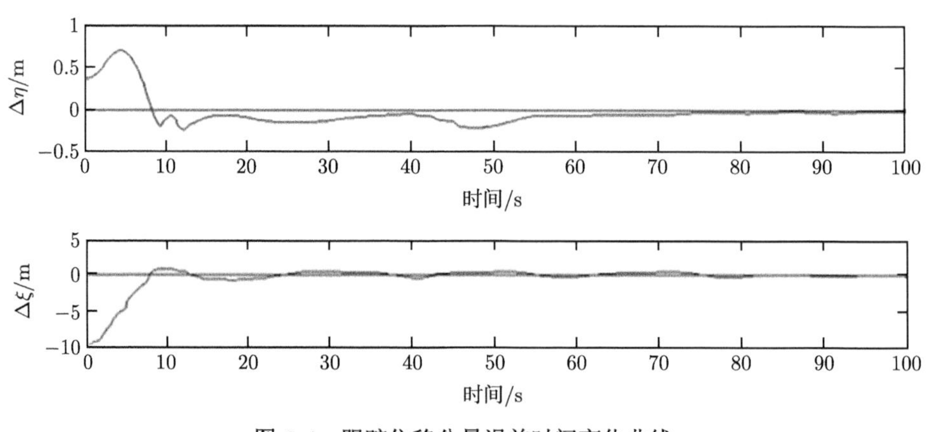


图 9-4　跟踪位移分量误差时间变化曲线

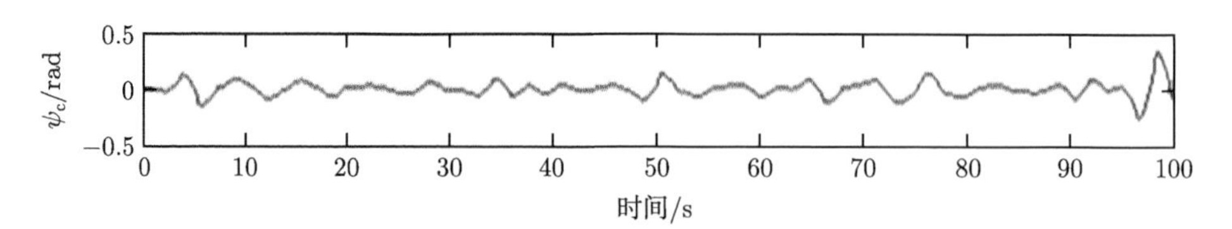


图 9-5　航向角误差时间变化曲线

图 9-3 为直线路径跟踪控制过程中 AUV 运动的轨迹，图 9-4 为跟踪的过程中 AUV 位移分量误差随时间变化的曲线，图 9-5 为跟踪时实际航向角与虚拟点期望航向角的误差随时间变化的曲线。从仿真结果可以看出，在前文设计的控制律作用下，水下机器人能克服较大的初始误差，快速地响应控制要求，运动到参考路径，如图 9-3“期望路径” 所示，本体在跟踪过程中摆动较小，运动平稳，且此后的运动沿参考路径，跟踪误差满足设计要求。仿真结果表明，控制律设计有效，具有良好的跟踪效果，并且对于初始误差有较好的鲁棒性。

曲线路径的跟踪：设轨迹路径为线速度为匀速运动、角速度为正弦运动的曲线轨迹，取期望巡航速度为 $u_{\rm d} = 1.2{\rm m/s}$。同样取初始状态 $[u_0\ v_0\ r_0\ \zeta_0\ \eta_0, \psi_0]^{\rm T} = [0\ 0\ 0\ 4\ 0\ 0]^{\rm T}$，位姿误差的初始值为 $[3\ 0\ 0]$。将轨迹及 AUV 初始状态代入主控程序，运行仿真可得仿真结果如图 9-6～ 图 9-8 所示。

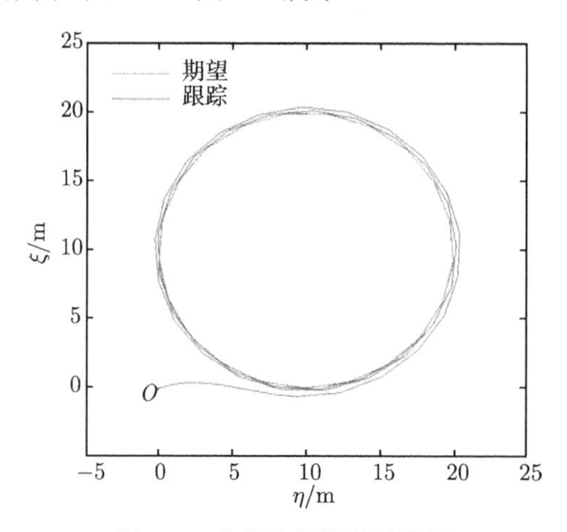


图 9-6 曲线路径跟踪效果图

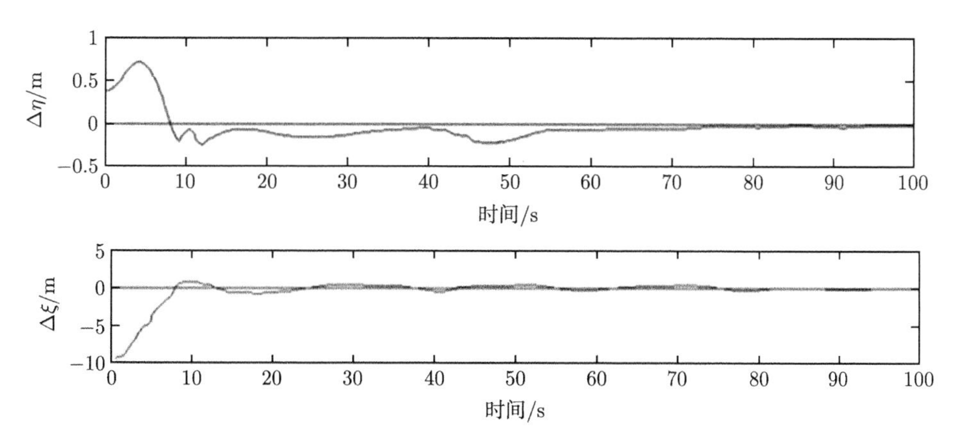


图 9-7 跟踪位移分量误差时间变化曲线

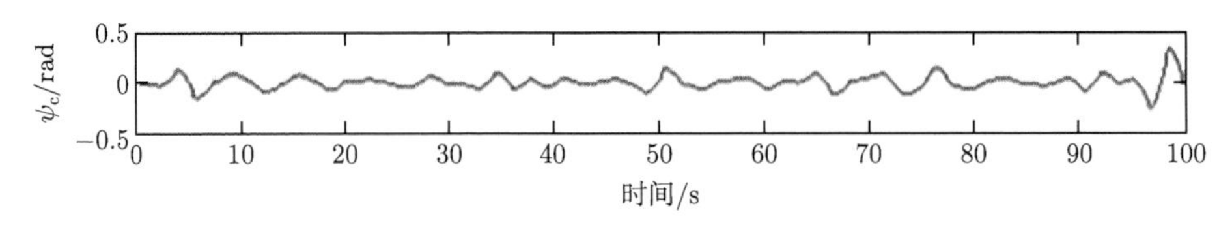


图 9-8　航向角误差时间变化

因为任意曲线路径函数描述比较复杂，而正弦为时间变化曲线且函数描述容易，故期望路径选择正弦曲线。

取路径的函数描述为

$$
\begin{aligned}
\dot{\xi}_r &= u_\mathrm{d}\cos\psi_r \\
\dot{\eta}_r &= u_\mathrm{d}\sin\psi_r \\
\dot{\psi}_r &= \omega_r = \sin(0.4t)
\end{aligned}
\tag{9-30}
$$

由仿真结果可知：图 9-6 为正弦轨迹路径跟踪控制过程中 AUV 运动的跟踪轨迹，图 9-7 为跟踪的过程中位移分量误差随时间变化的曲线，图 9-8 为跟踪时实际航向角与虚拟点期望航向角的误差随时间变化的曲线。从仿真结果可以看出，在前文设计的控制律作用下，水下机器人所在初始点如果与期望路径初始误差较小，则跟踪控制能快速地响应控制要求运动到参考路径，在跟踪过程中运动平稳、误差较小，几乎无差地沿参考路径运动。综合仿真结果分析可得，控制律设计有效，具有良好的跟踪效果。

## 9.4　虚拟样机系统全景综合仿真

将路径跟踪主控程序嵌入虚拟样机系统中的智能算法模块，取代原验证空间点动态定位算法控制程序，在虚拟样机系统中设置生成水下建筑群空间场景模型 (图 9-9)，生成样本地图；选取起点和终点，利用高层路径规划处理程序处理样本地图，得到期望路径 (图 9-10)；将期望路径导入虚拟样机系统，更新仿真程序 [6]。

图 9-10 为路径规划程序对地图样本处理后得到的最优路径效果图。需要说明的是，路径规划处理程序处理地图时为达到路径最优，会出现“擦边而过”的现象；实际中 AUV 是有尺寸的，因而可能会出现碰撞事件。为解决这个问题，地图处理时采用了定值膨胀的算法，即对障碍物占用空间进行定尺寸安全膨胀；C-Ranger 最外缘尺寸为：长 1630mm，宽 1270mm，高 1080mm，对称轴最大尺寸为 815mm，地图处理时，对所有障碍物边缘尺寸进行 1500mm 的空间膨胀，然后再进行路径最优规划，从而避免碰撞的发生。

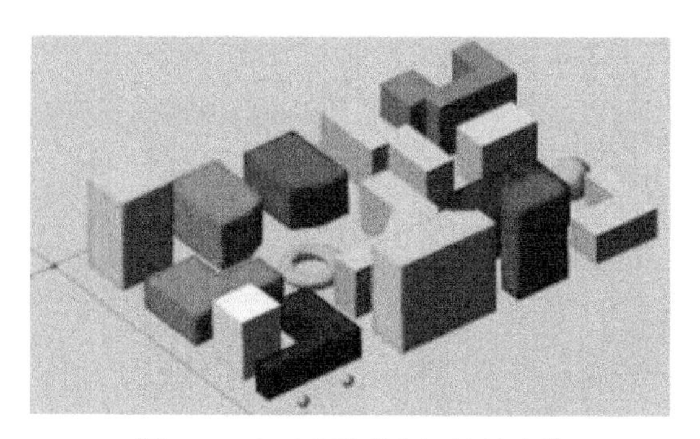

图 9-9 水下建筑群空间场景建模

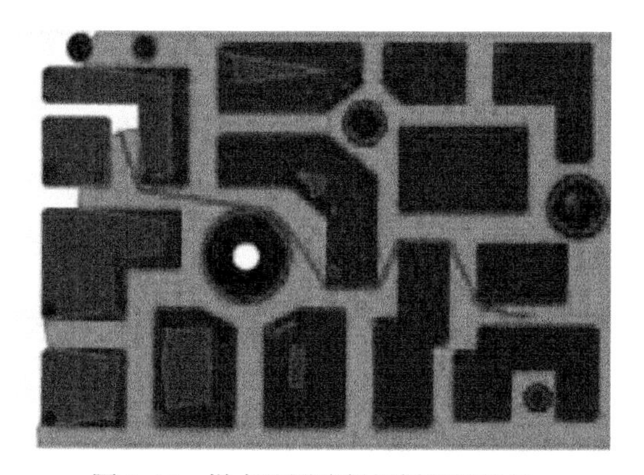

图 9-10 样本地图路径规划期望路径

不考虑海流的作用，假设机器人在深广的静水中运动；不考虑边界流及因 AUV 运动时改变流场被水下结构体反射回来的海流作用。取路径规划的起始点为 AUV 所在的初始位置，取 AUV 期望巡航速度 $u_{\mathrm{d}} = 1.2\mathrm{m/s}$；其他参数与前文验证仿真中设置相同。应用虚拟样机系统对路径跟踪算法进行验证仿真，仿真结果如图 9-11～图 9-14 所示。

图 9-11 虚拟样机系统全景仿真截图

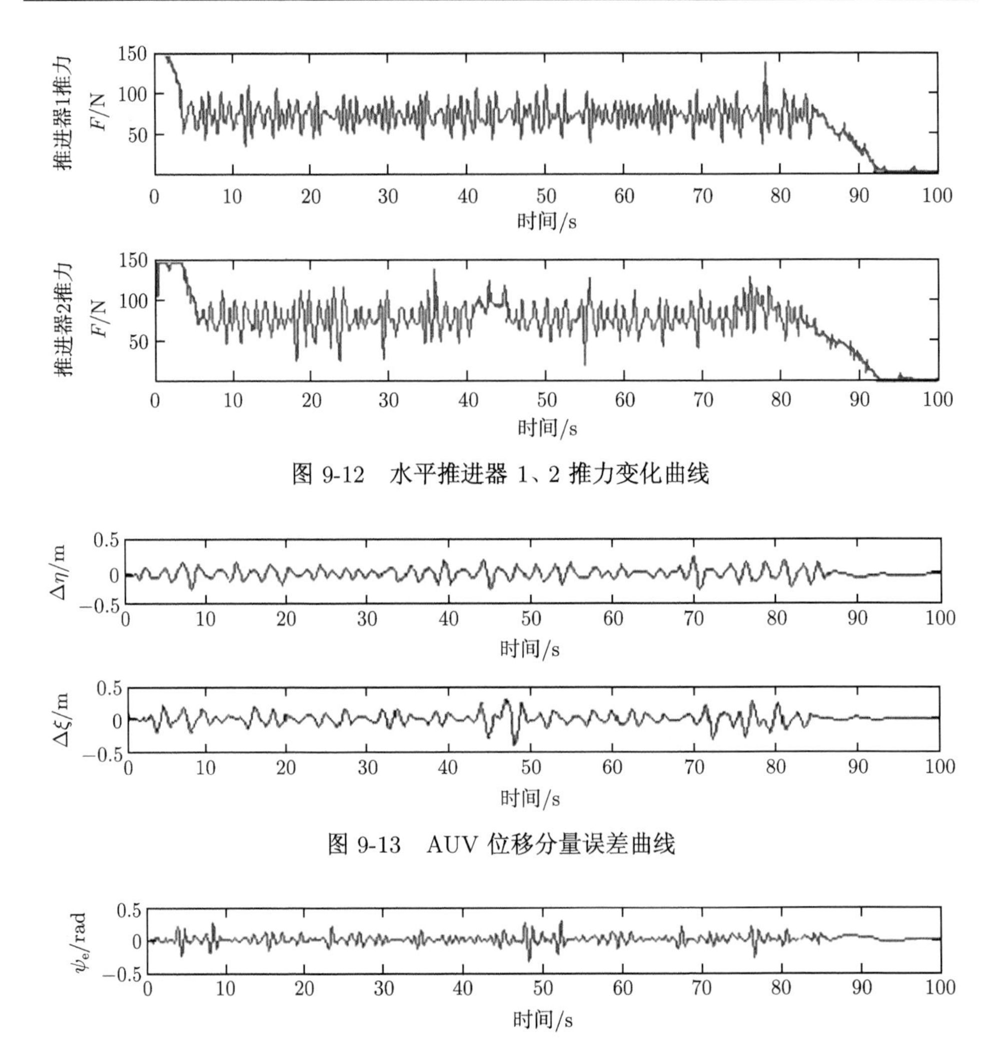


图 9-12　水平推进器 1、2 推力变化曲线

图 9-13　AUV 位移分量误差曲线

图 9-14　艏向角误差曲线

在系统仿真中对巡航速度期望 $u_{\mathrm{d}}$ 取值预先设置切换函数，当 AUV 未达到目标点时期望值保持 1.2m/s 不变，当位置误差模值进入 0.3m 范围内时，巡航速度期望值切换为 0m/s，实现 AUV 运动的减速停止。

图 9-11 为虚拟样机系统全景仿真时截屏所得的图，图中部局部放大图为正在运行中的 AUV。图 9-12 为水平推进器 1.2 推力随时间变化的曲线，可以看出，当直线运行或小幅转弯时，推力幅值变化较小，当遇到大角度转弯时，单推进器推力会出现大幅增减，但幅值尚在可接受的范围；当 AUV 初始启动时，推进器幅值达到峰值，以响应速度跟踪的请求；这种现象不理想，可能引起电机的过载而损坏电机，可以通过编写 AUV 启动子控程序改善启动响应性能。图 9-13、图 9-14 分别为

位移分量跟踪误差曲线和艏向角跟踪误差曲线；从图中可以得到，直行时位移分量误差和艏向角误差都比较小，在转弯时由于 AUV 自身的惯性及推进器推力脉动变化，位移误差和艏向角误差出现一定幅值的振荡，但在设计误差许可范围内。

对比以上小节的仿真误差曲线，发现虚拟样机综合仿真位移分量误差曲线和曲线跟踪误差曲线大体小于直线轨迹验证仿真对应的误差曲线，究其原因是 AUV 初始位置在期望路径上及差值小；差值小或者正好处于期望路径上，则会减小跟踪误差。

通过路径跟踪控制算法与虚拟样机系统的联合仿真，可以得出结论：

(1) 路径跟踪控制算法设计有效，具有良好的跟踪效果；但在 AUV 初始启动阶段需要改善设计，以提高其响应性能。

(2) 仿真过程再次证明，基于 ADAMS，MATLAB/Simulink 联合建立的 AUV 虚拟样机系统是可行的，可以实现 AUV 控制系统和控制算法基于水动力学基础的仿真分析；路径跟踪控制算法仿真结果分析表明，该虚拟样机系统具备智能控制与动态控制交互仿真演示和功能验证的能力。

## 9.5 水下机器人路径规划

AUV 具有高自动化和智能化的特点，可以独立自主地完成水下作业任务和水下巡航。路径规划是一种典型的优化问题，也是水下自治机器人领域的研究热点，按照某一性能指标 (最小工作代价、最短路径等) 得到一条最优的水下路径对水下自治机器人具有重要的意义 [7]。通常情况下，AUV 优化路径评价指标包括时间最优、距离最优、能耗最优，但是 AUV 的能源需要自身携带，从而限制了水下机器人的行动范围和工作时间，因此在 AUV 巡航过程中寻找一条能耗最低的优化路径具有重要的实用价值。

传统路径规划研究以距离为目标函数，选取距离最短的路径作为最优的路径。这种方法假设机器人移动过程中耗能与移动距离呈正比关系，不考虑机器人加减速、转弯等过程的影响，然而水下 AUV 移动时存在加减速、定速巡航和转弯等过程，因此，距离最短的路径不一定是能耗最低的路径。蚁群算法是一种群体智能随机优化算法，蚁群算法具有正反馈、分布式计算、较强的通用性和鲁棒性等特点，在路径优化方面具有独特的优势，本章提出一种改进蚁群算法求解 AUV 能耗最优路径的方法 [8-11]。

### 9.5.1 拐点速度和总能耗的计算方法

为了准确求解 AUV 路径的总能耗，首先需要建立 AUV 移动速度模型，然后根据水阻力、推进器推力和效率的计算公式，求得 AUV 移动时规划路径的总能耗。

1. 巡航速度模型

为了简化计算过程的复杂度，忽略 AUV 移动路径中的加减速过程，并做如下假设：① AUV 匀速开始直线航行，中间转弯采用低速航行，最终以匀速到达终点；② AUV 由直线航行状态进入转弯航行状态，以及由转弯航行状态重新进入长直线航行状态时忽略加减速过程。距离拐角顶点两侧各 5m 处为转弯航行阶段。

因此，AUV 巡航过程可划分为直线匀速航行和转弯匀速航行两种，如图 9-15 所示，通过前期仿真实验发现，AUV 运动速度越快，对迎流阻力越敏感，为放大算法的节能效果，令 AUV 长直线航行速度为 2.5m/s，比本书设计的半潜溢油检测 AUV 速度扩大了约两倍。

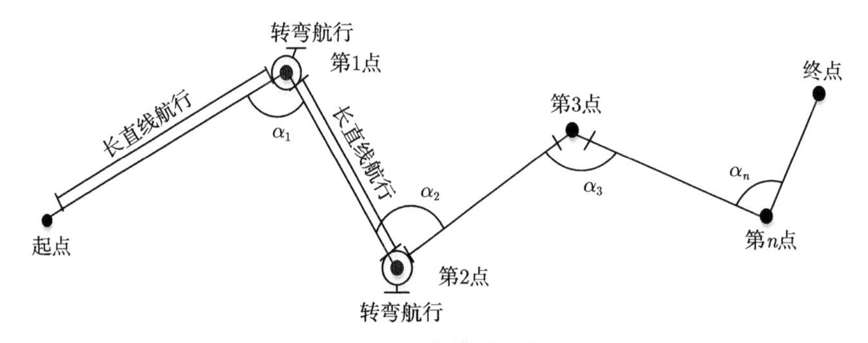


图 9-15 速度模型示意图

AUV 在转弯时必定要适当减速，因此 AUV 的转弯速度要低于其做长直线运动时的速度。本节假设不同的转弯角度对应不同的转弯速度，对应关系为

$$v_i = 0.01\alpha_i + 0.7 \tag{9-31}$$

上式中，$v_i$ 为转弯速度，单位为 m/s；$\alpha_i$ 为转弯角度，单位为 (°)，范围为 $0° < \alpha_i \leqslant 180°$。

AUV 在巡航过程中，巡航过的任意连续三个点可以构成一个三角形，以中间点为顶点的三角形内角小于等于 180°，因此 $\alpha_i$ 的取值范围为 $(0°, 180°]$。

2. 水阻力的计算

AUV 在水下航行时要受到水阻力。根据水动力学公式，得出机器人受到的水阻力为

$$F = \frac{1}{2}C\rho v^2 S \tag{9-32}$$

式中，$F$ 为 AUV 航行时受到的水阻力，单位为 N；$C$ 为水动力系数，其取值不仅与介质性质有关，还与机器人形状、迎流面积等一系列要素有关，根据经验一般取

0.7; $\rho$ 为水的密度，单位为 $g/cm^3$; $v$ 为 AUV 的航行速度，单位为 m/s; $S$ 为 AUV 的横截面积，单位为 $m^2$，实验样机的横截面积为 $0.035m^2$。

由式 (9-32) 得

$$v = \left(\frac{2F}{C\rho S}\right)^{1/2} \tag{9-33}$$

在 AUV 匀速移动时水阻力 $F$ 与推进器产生的推力 $F_T$ 相等，故由推进器的推力可求得匀速航行状态下 AUV 的航行速度。

AUV 在水下巡航时克服水阻力做功，如忽略 AUV 推进器之外的部件发热和耗能，AUV 能量的消耗为克服水阻力做功，故在计算能量消耗问题时所有能耗均用来克服水阻力做功。

3. 推进器的推力曲线

本节以半潜溢油检测 AUV 样机的巡航问题为例。该样机采用 Tecnadyne 公司的 Model 150 推进器，该推进器为无刷直流电机，通过改变供电的占空比达到调速的目的。

由牛顿第二定律可知，AUV 恒速航行时所受的合力为零，此时推进器产生的推力与水阻力相等。为了获得推进器的推力曲线，利用推进器测试平台，获得的推进器推力曲线如图 9-16 所示。

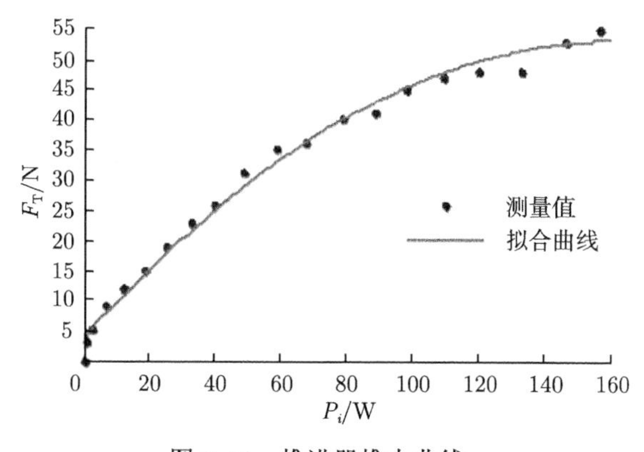


图 9-16 推进器推力曲线

4. 速度与效率的关系

Model 150 推进器采用无刷直流电机，由无刷直流电机特有的机械特性可知，在一定转速范围内，随着电机转速的提高，机械效率会逐渐提高。而无刷直流电机的转速又影响到 AUV 的航行速度。假设 AUV 的能量消耗全部转化为 AUV 推进器无刷直流电机的能量消耗，那么推进器无刷直流电机的效率直接决定了 AUV 的工作效率，因此 AUV 的航行速度与 AUV 的工作效率存在如下关系：

$$\eta_i = F_{\mathrm{T}i}v_i/P_i \tag{9-34}$$

式中，$\eta_i$ 为 AUV 的工作效率；$F_{\mathrm{T}i}$ 为推进器推力，单位为 N；$v_i$ 为 AUV 的航行速度，由式 (9-31) 求出，单位为 m/s；$P_i$ 为输出功率，单位为 W。

为预测任意速度下 AUV 的工作效率，用三次函数拟合 AUV 航行速度与 AUV 工作效率曲线，如图 9-17 所示，得 AUV 航行速度 $v_i$ 与 AUV 工作效率 $\eta_i$ 的关系式为

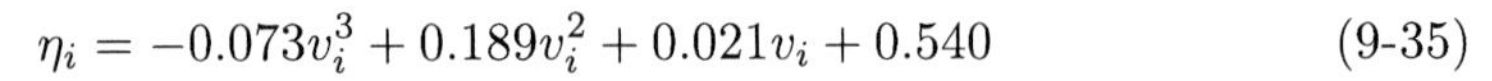

$$\eta_i = -0.073v_i^3 + 0.189v_i^2 + 0.021v_i + 0.540 \tag{9-35}$$

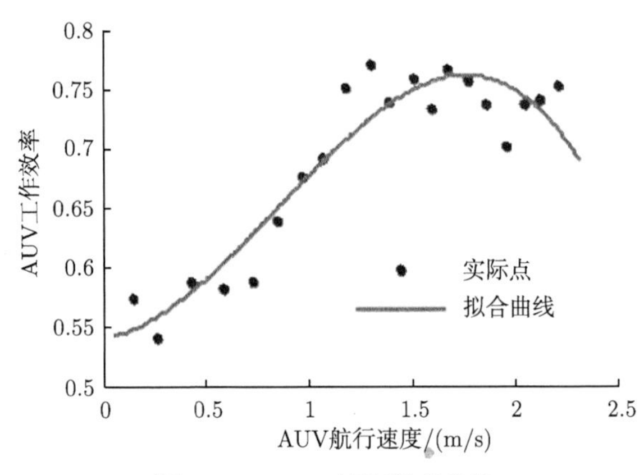


图 9-17　AUV 速度效率曲线

5. **耗能计算**

假设 AUV 在巡航过程中以 2.5m/s 的初速度从起点出发，经过中间各点之后以 2.5m/s 的速度到达终点。整个运动过程分解为 5 个长直线航行与转弯航行的组合，以及倒数第二个巡航点与终点的长直线航行，由此运动过程计算能量消耗。

AUV 在匀速航行过程中消耗的能量公式为

$$E = Pt/\eta = Fvt/\eta = FL/\eta \tag{9-36}$$

将式 (9-32) 代入上式中得

$$E = C\rho v^2 SL/(2\eta) \tag{9-37}$$

将式 (9-35) 代入上式中得运动过程中的总能耗为

$$\sum E = \sum 0.5C\rho SLv_i^2/\left(-0.073v_i^3 + 0.189v_i^2 + 0.021v_i + 0.540\right) \tag{9-38}$$

当 $v_i \neq 0$ 时，式 (9-38) 等价于

$$\sum E = \sum 0.5C\rho SL/\left(-0.073v_i + 0.189 + 0.021/v_i + 0.540/v_i^2\right) \tag{9-39}$$

令

$$f\left(v_i\right) = -0.073v_i + 0.189 + 0.021/v_i + 0.540/v_i^2 \tag{9-40}$$

由式 (9-36)、式 (9-39)、式 (9-40) 可得

$$\sum E \propto L/f\left(v_i\right) \tag{9-41}$$

作函数 $f(v_i)$ 趋势曲线，如图 9-18 所示。

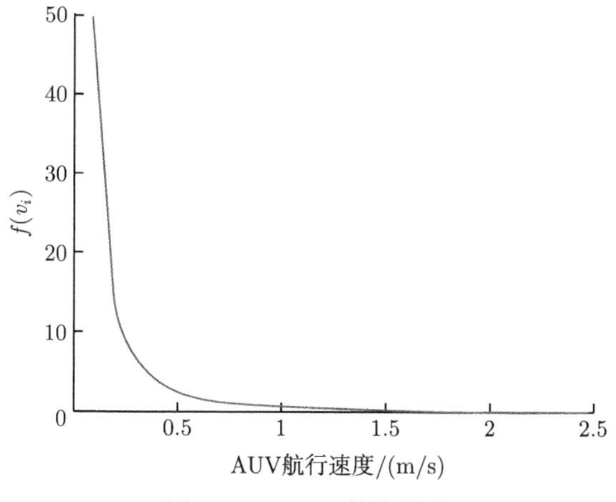


图 9-18 $f(v_i)$ 趋势曲线

由式 (9-41) 可知，AUV 的能耗只与 AUV 的航行速度和航行距离有关，因此在研究 AUV 能耗问题上将速度与距离作为直接研究对象。由图 9-18 分析可得，在 AUV 航行速度 0~2.5m/s 的范围内，速度越高，能耗越低。

### 9.5.2 基于耗能最优的改进蚁群算法

蚁群算法是模拟自然界中蚂蚁的觅食行为而形成的一种群体智能优化算法。蚂蚁在寻找食物的过程中会释放信息素，而且会根据信息素强度指导下一步的移动方向 [11]。一条路径上信息素浓度越高就表明该路径上通过的蚂蚁的数量越多，其他蚂蚁选择该路径的可能性越大。

1. 算法实现步骤

步骤 1 参数设置。本小节中为体现路径以能耗最优为主，设置信息启发式因子 $\alpha = 1.5$，期望启发式因子 $\beta = 1$，信息素挥发因子 $\varDelta = 0.1$。对每一代蚂蚁来说，

将允许搜索的点加入许可表中，将已巡航的点加入禁忌表 tabu 中，并在各因子的作用下指导蚂蚁寻找路径，最终获取每一代蚂蚁的最优路经。

步骤 2 种群初始化。一般地，种群中个体越多，求出的最优解的品质越好，但是计算量也越大。本书为了兼顾求解效率和求解品质，蚂蚁个体数 $m$ 取 20，种群进化代数取 50。

步骤 3 循环搜索。每个蚂蚁从起点出发，随机地选择第二点，从第三点开始以后点的选择由转移概率 $P_{jk}^{K}$ 决定，公式为

$$P_{jk}^{K}(t)=\begin{cases}\dfrac{\tau_{ijk}^{\alpha}(t)\delta_{jk}^{\beta}(t)}{\sum\limits_{\text{seallowed}}\tau_{ijk}^{\alpha}(t)\delta_{jk}^{\beta}(t)}, & k\in \text{许可表}\\ 0, & k\notin \text{许可表}\end{cases} \tag{9-42}$$

式中，$t$ 为蚂蚁编号；$i, j, k$ 表示蚂蚁当前处于 $j$ 点，$i$ 为 $j$ 之前经过的点，$k$ 为 $j$ 之后的搜索点，$k\in$ 许可表；$\tau_{ijk}(t)$ 为信息素因数，由能耗决定；$\delta_{jk}(t)$ 为能见度因数，由距离决定。直到该蚂蚁到达终点，一个蚂蚁个体完成一次路径搜索。

步骤 4 更新信息素。每个蚂蚁个体完成一次路径搜索后进行一次信息素更新，如下式：

$$\tau(t+1)=(1-\varDelta)\tau(t)+\Delta\tau(t) \tag{9-43}$$

步骤 5 终止条件。当 50 代蚂蚁全部完成搜索后，算法终止。在每一代的搜索过程中记录算法寻找的最优路径，最终对比 50 代蚁群寻找出最优路径进行输出，完成路径搜寻。

2. *算法关键要素*

本小节研究的是基于耗能最优的水下 AUV 路径优化的改进蚁群算法。蚁群算法的关键在于转移概率 $P_{jk}^{K}(t)$，它决定蚂蚁下一个目标点的选取，转移概率 $P_{jk}^{K}(t)$ 与 $\tau_{ijk}^{\alpha}(t)\delta_{jk}^{\beta}(t)$ 成正比，因此信息素因数 $\tau_{ijk}^{\alpha}(t)$ 和能见度因数 $\delta_{jk}^{\beta}(t)$ 成为整个算法的关键要素 [12-14]。

在每一代蚁群中第一个蚂蚁进行搜索时，各巡航点之间的信息素因数 $\tau_{ijk}^{\alpha}(t)$ 均为 1。当每只蚂蚁搜寻完所有路径点后进行信息素更新，信息素的更新由能量决定：

$$\Delta\tau\left(t\right)=1/\sum E=2\left(-0.073v_i+0.189+0.021v_i^{-1}+0.540v_i^{-2}\right)/(C\rho SL) \tag{9-44}$$

式 (9-44) 表明，路径的总能量影响到信息素的更新。将式 (9-44) 代入式 (9-40) 中去完成信息素更新。路径能耗越低，信息素的积累量越大，下一只蚂蚁选择低能耗路径的可能性就越大。

能见度因数 $\delta_{jk}(t)$ 由 $j,k$ 两点间的距离 $d_{jk}$ 决定：

$$\delta_{jk}(t)=1/d_{jk} \tag{9-45}$$

两点之间的距离越小，能见度因数就越大，蚂蚁的选择概率越高。

因此，转移概率 $P_{jk}^{K}(t)$ 受到能耗和距离的双重影响。由此可见，蚁群在路径搜索过程中总是趋向选择能耗低、距离短的优化路径。AUV 的能耗才是最关键的要素，为使控制能耗成为主要因素，设置信息启发式因子 $\alpha=1.5$，期望启发式因子 $\beta=1$，突出能耗的主导地位，实现了能耗最优路径规划算法。

### 9.5.3　仿真实验及分析

1. 巡航点地图

选取如图 9-19 所示的海域地图为测试对象，地图中包含 11 个巡航点，巡航点坐标如表 9-1 所示。要求 AUV 从起点出发遍历所有目标点并最终到达终点。

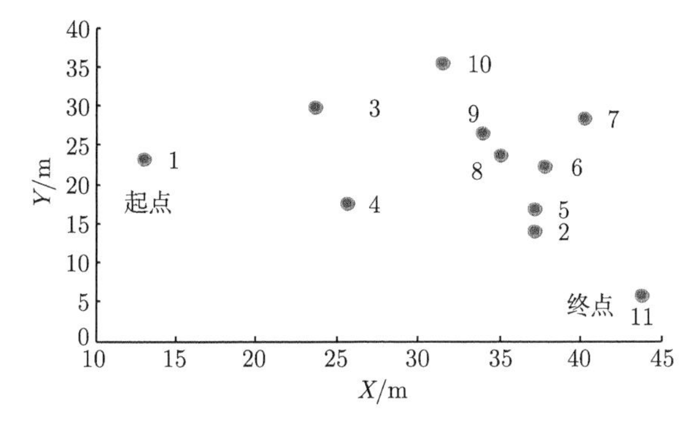


图 9-19　海域巡航点地图

**表 9-1　巡航点坐标**

| 巡航点 | $X$/m | $Y$/m |
|---|---|---|
| 1 | 13.04 | 23.12 |
| 2 | 37.12 | 13.99 |
| 3 | 23.70 | 29.75 |
| 4 | 25.62 | 17.56 |
| 5 | 37.15 | 16.78 |
| 6 | 37.80 | 22.12 |
| 7 | 40.29 | 28.38 |
| 8 | 35.07 | 23.67 |
| 9 | 33.94 | 26.43 |
| 10 | 31.40 | 35.50 |
| 11 | 43.86 | 5.70 |

2. 实验结果及分析

将以上参数输入改进蚁群算法中，经过 50 代蚂蚁的搜寻，得到耗能最小的遍历所有巡航点的路径，如图 9-20 所示。在此路径下，AUV 航行距离为 433.51m，耗能为 12235.17J。

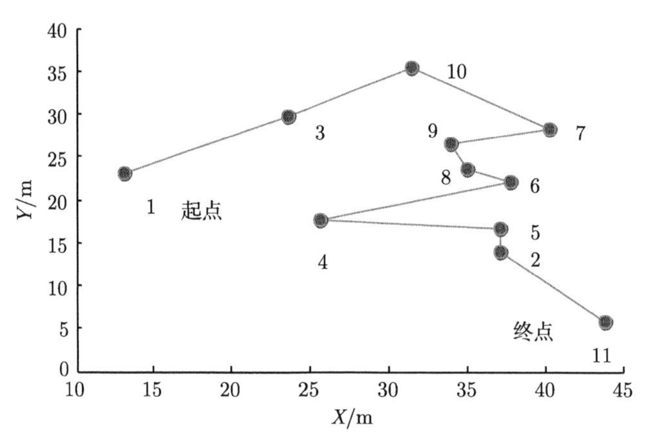


图 9-20　能耗最优蚁群算法规划路线

为了验证本小节算法的优越性，针对同一巡航地图，采用同样的蚁群参数进行了路径优化，得到了基于传统距离最优算法的最优路径，如图 9-21 所示。在此路径下，AUV 航行距离为 393.56m，耗能 12864.99J。

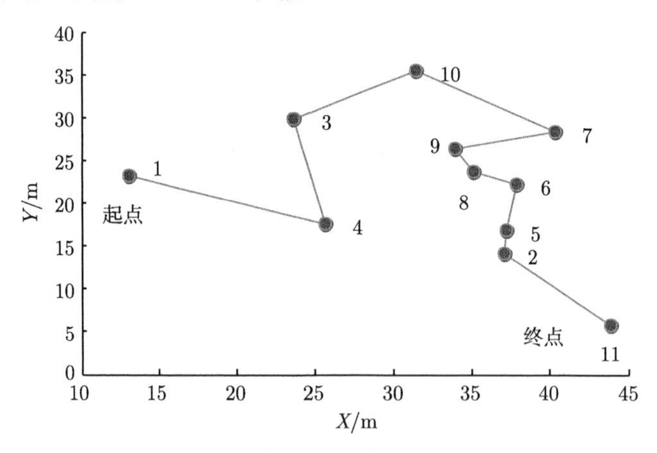


图 9-21　距离最优蚁群算法规划路线

算法求解过程记录每次迭代寻优路径的最小能耗和平均能耗值，通过算法最优迭代次数比较本小节提出的基于能耗最优改进蚁群算法和传统的基于距离最优蚁群算法的收敛速度。图 9-22 所示为能耗最优改进蚁群算法的寻优过程，图 9-23

为传统距离最优蚁群算法的寻优过程。

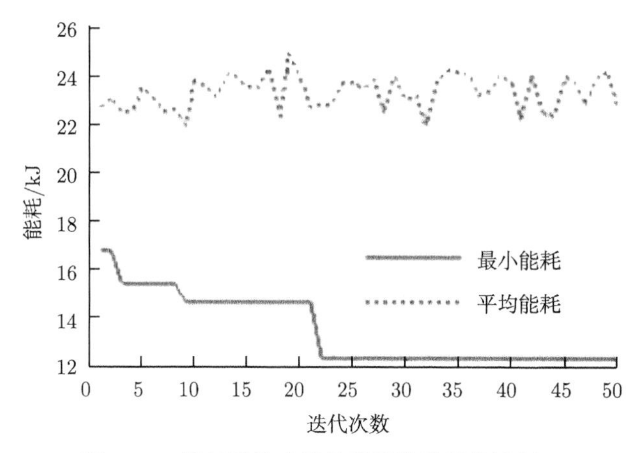


图 9-22 能耗最优改进蚁群算法的寻优过程

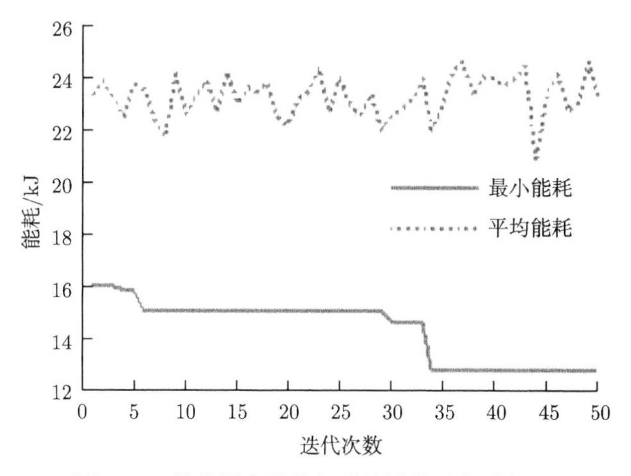


图 9-23 传统距离最优蚁群算法的寻优过程

算法质量的好坏会影响程序执行效率。时间复杂度和空间复杂度是评价算法性能的重要指标 [10]，在蚁群优化算法中其评价指标公式可做如下简化。时间复杂度是巡航点的四阶函数，记为 $O(n^4)$：

$$O\left(n^4\right)=\frac{n\left(n-1\right)mT}{2} \tag{9-46}$$

空间复杂度是巡航点二阶函数，记为 $O(n^2)$：

$$O\left(n^2\right)=3n^2+nm \tag{9-47}$$

式中，$n$ 为巡航点数目；$m$ 为蚂蚁数量；$T$ 为迭代次数。

表 9-2 为能耗、距离最优蚁群算法对比。

**表 9-2　能耗、距离最优蚁群算法对比**

| 算法 | 距离/m | 能耗/J | 迭代次数 | 时间复杂度 | 空间复杂度 |
|---|---|---|---|---|---|
| 能耗最优蚁群算法 | 433.51 | 12235.17 | 22 | 60500 | 913 |
| 距离最优蚁群算法 | 393.56 | 12864.99 | 33 | 90750 | 913 |

从表 9-2 仿真结果来看，基于能耗最优改进蚁群算法得到的路线航行距离为 433.51m，比基于传统距离最优算法得到的路线航行距离 393.56m 长约 10%，然而，基于耗能最优改进蚁群算法的路线耗能为 12235.17J 比传统算法路线耗能 12864.99J 低约 5%，从收敛速度来看，本小节提出的改进算法在寻优迭代 22 次开始收敛，而传统算法迭代 33 次才开始收敛，两种算法的空间复杂度评价值相同，但是本小节改进算法的时间复杂度评价值要远小于传统算法的时间复杂度评价值。

AUV 路径规划问题中实现低能耗才是最终目的，本小节提出了一种基于耗能最优改进蚁群算法的水下 AUV 路径优化算法，该方法将 AUV 的工作效率作为切入点，从能耗因素来考虑 AUV 的路径规划问题，从仿真实验结果可以看出本小节提出的规划算法比传统的基于距离最优规划算法得到的路线虽然距离长一些，但是耗能却更低，从而有利于提高 AUV 的续航能力。提出的改进算法以能耗最小为主，距离较短为辅，使寻优路径趋向于能耗最低、距离较短的优化路径，由于优化参量的增加，蚁群搜索空间缩小了，从算法的复杂度分析，本小节提出的优化算法的时间复杂度评价值比传统算法大幅度减小，有利于提高算法收敛速度。

## 参 考 文 献

[1] Skjetne R, Fossen T I. Nonlinear maneuvering and control of ships[C]. MTS/IEEE Conference and Exhibition. IEEE, 2001.

[2] 王猛. 水下自治机器人底层运动控制设计与仿真 [D]. 青岛：中国海洋大学, 2009.

[3] Do K D, Jiang Z P, Pan J. Robust adaptive path following of underactuated ships[J]. Automatica, 2004, 40(6): 929-944.

[4] Man Z H, Paplinski A P, Wu H R. A robust MIMO terminal sliding mode control scheme for rigid robotic manipulators [J]. IEEE Transact ions on Automatic Control, 1994, 39(12): 2464-2469.

[5] Feng Y, Yu X H, Man Z H. Non-singular terminal sliding mode control of rigid manipulators [J]. Automatica, 2002, 38: 2159-2167.

[6] 王敏, 杜克林, 黄心汉. 机器人滑模轨迹跟踪控制研究 [J]. 机器人, 2001, 23(3) : 217-221.

[7] Wang D J. Indoor mobile-robot path planning based on an improved A* algorithm [J]. Journal of Tsinghua University, 2012, 52(8): 1085-1089.

[8] 石铁峰. 改进遗传算法在移动机器人路径规划中的应用 [J]. 计算机仿真, 2011, 28(4): 193-195, 303.

[9] 张银玲, 牛小梅. 蚁群算法在移动机器人路径规划中的仿真研究 [J]. 计算机仿真, 2011, 28(6): 231-234.

[10] 周利坤, 刘宏昭. 自适应人工鱼群算法在清罐移动机器人路径规划中的应用 [J]. 机械科学与技术, 2012, 31(7): 1085-1089.

[11] 李擎, 徐银梅, 张德政, 等. 基于粒子群算法的移动机器人全局路径规划策略 [J]. 北京科技大学学报, 2010, 32(3): 397-402.

[12] Ye Z L, Yuan M X, Cheng S, et al. New fireworks explosive immune planning algorithm for mobile robots [J]. Computer Simulation, 2013, 30(3): 323-326, 375.

[13] 张宇山. 进化算法的收敛性与时间复杂度分析的若干研究 [D]. 广州: 华南理工大学, 2013.

[14] 傅鹏. 多目标广义蚁群算法的收敛性、收敛速度和算法复杂度研究及其应用 [D]. 南京: 南京邮电大学, 2014.

# 第 10 章　基于人工侧线系统的水下机器人感知研究

## 10.1　人工侧线系统基本理论及现状分析

目前，水下航行器主要依靠超声波和视觉图像感知周围水环境信息实现避障，利用多普勒流速剖面分析仪 (ADCP) 来感知水流信息和导航系统的漂移补偿，利用惯性导航实现姿态感知和自身定位。但是，多普勒流速剖面分析仪用于全局流场流速测量，不能探测局部流场流速，且存在价格昂贵、仪器笨重和耗能高等不足，无法满足小型水下航行器和局域水下环境感知的需求；由于水体的屏蔽作用，依赖 GPS 的陆上导航定位方法无法直接使用，基于惯性测量单元 (IMU) 的水下航行器姿态感知和定位方法，目标设定后不能中途改变，长距离导航定位存在严重的误差积累，无法实现末端局域导航定位，且只能感知载体的姿态。在水下复杂的环境中，水波噪声干扰严重，折射、黑暗等光现象对水下航行器的运动控制、定位和环境感知有着很强的干扰，依赖光学和超声波等感知定位方法也无法满足导航定位需求。如何克服这些因素，使水下航行器能够精确地感知周围环境和自身姿态信息，更加精准地完成复杂的任务，是一个迫切需要解决的难题。

近年来，生物学家对鱼类侧线的生理结构和功能研究表明，多数鱼类依赖侧线器官感知周边环境、猎食移动目标、避障和长距离迁徙，在定常流中，依赖侧线信息实现向流性，以减小静止、游动状态下的耗能。因此，基于仿生学原理，构造人工侧线感知系统并建立相应的感知、定位算法，使水下航行器在广阔的水域中快速获取自身的航行速度和运动状态信息，对局域流体环境信息进行感知，进行静止和移动目标的定位跟踪，实现局域环境下的精确导航，对提高水下航行器快速精确完成水中任务的能力具有重要的作用。

### 1. 鱼类侧线感知机理

生物学家经过多年的研究，不但揭示了鱼类侧线在移动目标定位、固定目标检测、捕食、避敌、向流性和同类之间交流中都扮演着重要角色 [1]，而且对侧线器官的结构、功能和神经支配方式也有了深入的了解。鱼类侧线有两种类型，一类是基于电场的侧线，另一类是基于流场的侧线。经研究，弱电鱼具有放电器官，通过放电在身体周围产生振荡偶极子场，在皮肤表面产生振荡电势差，当物体接近时，电场被扰乱，皮肤电势差产生局部振幅调制，以此感知障碍物 [2]。基于流场的侧线系统则主要由两种功能不同的感知神经丘构成，即位于体表的神经丘与置于侧线管内的神经丘，其中，体表神经丘主要用来感知水流方向和强度，对位移敏感，响应低频直流分量；侧线管神经丘位于表皮下的侧线管中，对加速度敏感，响应高频分量，能感受压力梯度，相当于压力梯度传感器，相邻小孔之间存在流速梯度时，会产生压力差 [3]。此外，侧线管神经丘对空间内的非均匀流有反应，在静止和流动的水中都能对振动产生感觉，使鱼类能够获取周围水环境中足够的信息 [4,5]。

2. 人工侧线系统现状分析

生物学家们获得的研究成果，激发了工程界研究人员对研制人工侧线系统的极大兴趣，基于鱼类侧线的生理结构及功能特点，学者们开始了人工侧线系统的研究。

人工侧线研究多集中在感知器研制方面，已形成了热传递法、压力分布法、力矩传递法和机械弯曲法等不同感知原理的人工侧线系统。伊利诺伊大学 Chen 等 [6] 研制了一种人造纤毛细胞感知器 (BN)，通过在稳态层流和振荡流中进行实验，验证了这种传感器感知流体流速的性能。密歇根州立大学 Abdulsadda 等 [7-9] 利用新型复合材料研制出感知器，并将感知器阵列固定在圆柱体上来模拟鱼类侧线系统，开展了水下振荡偶极子定位的实验研究。美国西北大学研究人员将人造纤毛细胞感知器组成阵列，覆盖在圆柱体表面模拟人造侧线系统，并进行水下定位能力的实验研究 [10]。爱沙尼亚塔林理工大学研究人员在机器鱼上安装压力传感器阵列，通过压强变化规律来评估流体速度，建立了流体速度与压强之间的关系模型，利用压力传感器阵列感知信息来控制机器鱼的姿态 [11]。Liu 等 [12] 根据鱼类体表神经丘感知水流运动的原理，设计制作了人造纤毛流速传感器，并利用该传感器进了流体环境感知研究。Qualtieri 等 [13] 基于纤毛细胞感知流体环境的原理，采用氮化铝 (AlN) 压缩电阻悬臂梁制作了一种人工侧线系统，并在氮流体条件下进行了实验测试，证明了该感知器对定向性和低值作用力的敏感性。Dagamseh 等 [14] 利用精密加工技术在多晶硅表面加工出纤毛传感器阵列，用来制造人工侧线系统，并研究了偶极子振源的距离、振动频率和振动方向对人工侧线系统感知能力的影响。Venturelli 等 [15] 基于 MS5407-AM 压力传感器制作了人造侧线系统，通过时域和频域分析，研究了均匀流和卡门涡街下的系统响应。Fernandez 等 [16] 将压力传感器排成阵列模拟鱼类侧线系统，开展了不同传感器阵列拓扑结构对匀速通过物体形状 (圆形、方形) 的辨识研究，以便获得最佳的拓扑结构模型。McConney 等 [17] 将高展弦比的水凝胶物质附加在纤毛传感器上进行实验，结果显示信号输出正比于流体中纤毛偏转，且输出随流速线性增加，表明附加水凝胶物质的纤毛感知器具有更高的灵敏度。Asadnia 等 [18] 利用 MEMS (micro-electro-mechanical system) 技术在 $PbO_3$ 上安装聚合物纤毛细胞，细胞下设置浮动电极，将其置于聚合物管道中来模仿鱼类侧线管神经丘，经偶极子激励振源定位实验证明，当偶极子振动频率为 35Hz 时，该传感器具有高灵敏度 (22mV·mm/s) 和低阈值极限 (8.2μm/s)，且这种柔性传感器阵列具有体积小、耗能低、自供电等特性，在水下航行器中应用具有显著的优越性。

文献显示，关于人工侧线系统的研究，目前主要集中在使用高灵敏度压强传感器作为感知单元来模拟鱼类侧线系统的功能，直接用于水下机器人感知和导航应用的研究较少。Chambers 等 [19] 仿照鱼类侧线的分布结构，在仿生机器鱼体头部开孔布放了 16 个 MS5401-AM 压力传感器，并通过软管将外部流体引入压力传感器，来制作仿生人工侧线系统，实验结果表明，该人工侧线系统可用来探测定常流场和非定常流场，并且可以通过卡门涡街脱落频率和尾涡大小来判断障碍物的大小和当前流速。Fuentes-Pérez 等 [20] 将 16 个 SM5420C-030-A-P-S 压力传感器和两个 ADXL325BCPZ 三轴加速度传感器安装在仿生机器鱼体两侧和腹部，构造仿生人工侧线系统，开展了流场流速感知研究，并与多普勒流速剖面分析仪获得的结果进行对比分析，验证了其流场流速感知的有效性。

## 10.2 基于人工侧线系统的水下航行器流场感知研究

### 10.2.1 静载体对流场参数的感知

为了更贴近实际应用，本节采用 AUV 形载体，考虑到载体模型为对称的且传感器为水平面分布，为简化分析，使用二维模型作为分析对象。

在载体头部，传感器以 15° 间隔角均匀分布，相邻传感器之间的弧长近似为 25mm，在载体两侧，传感器以间距 50mm 均匀分布。传感器的最终分布示意图如图 10-1 所示。

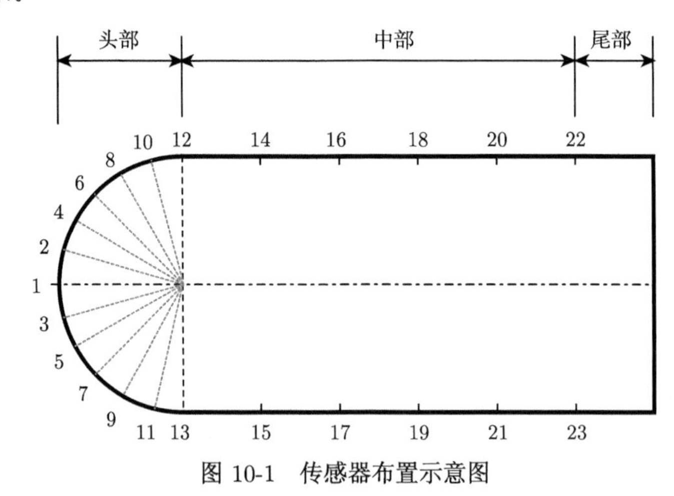


图 10-1 传感器布置示意图

鱼类的向流性表明鱼类可以感知到水流信息，包括水流速度和水流流向。为了获取不同流速、不同流向的水流环境下侧线系统的压强变化模式，本节进行了数值仿真和实验分析 [21]。

### 1. 静载体对流速的感知识别

首先开展数值模拟研究，以获取不同流速下侧线系统的压强变化模式。其中，流体速度的取值分别为 0.1m/s, 0.2m/s, 0.3m/s, 0.4m/s，对应四种流速工况下的压强云图和速度云图如图 10-2 所示。

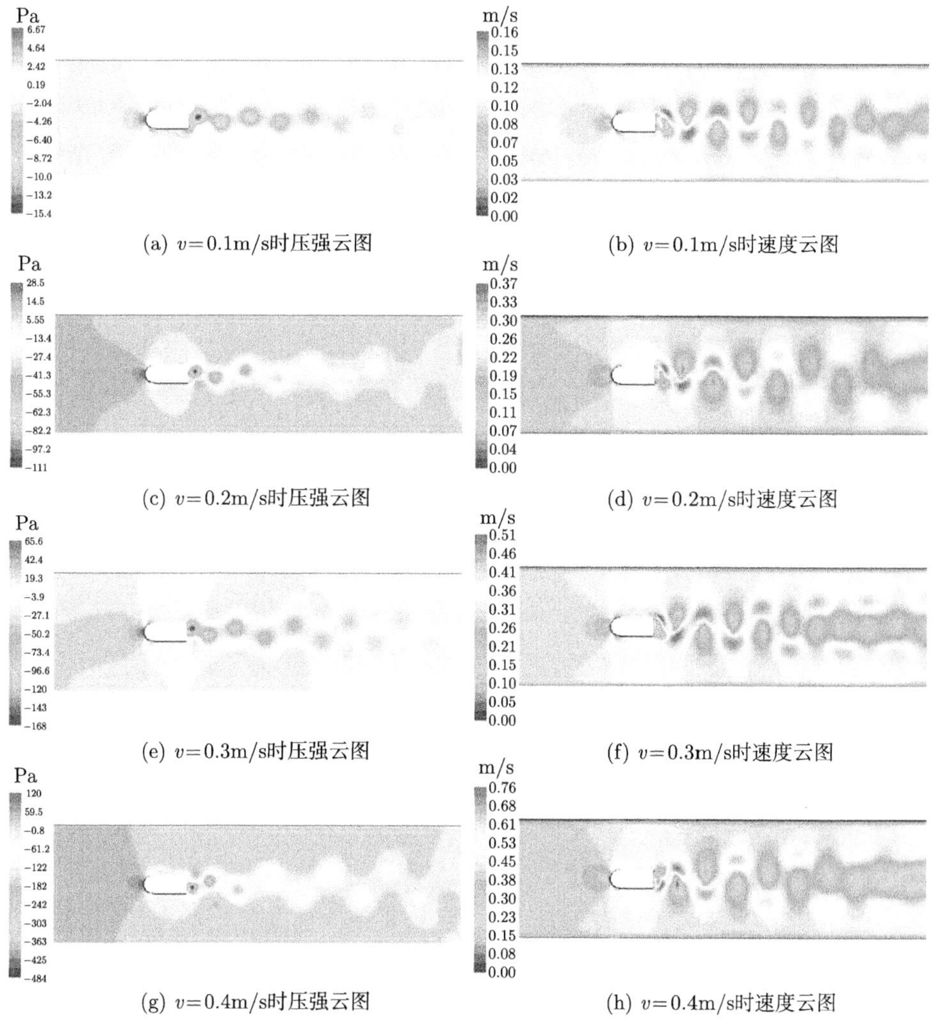


(a) $v=0.1$m/s时压强云图　(b) $v=0.1$m/s时速度云图

(c) $v=0.2$m/s时压强云图　(d) $v=0.2$m/s时速度云图

(e) $v=0.3$m/s时压强云图　(f) $v=0.3$m/s时速度云图

(g) $v=0.4$m/s时压强云图　(h) $v=0.4$m/s时速度云图

图 10-2　不同工况下的压强云图和速度云图 (后附彩图)

从图 10-2 中的压强云图可以看到，不管速度大小如何，两侧压强呈现类对称分布，头部对称性更为明显，而尾部由于受到周期性卡门涡街的影响，部分区域呈现出周期性交替的变化。另外，在头部停滞点处 (即 1) 压强值最大，沿着载体两侧，压强逐渐下降，在圆弧与直线的切点 (即 12，13) 附近区域，压强值达到最小值。随后，压强值又逐渐上升，但载体两侧的压强值变化并不明显。另外，从图中的速度云图可以看到，压强值的变化与速度值的变化相反，但也呈现出近似对称性，载体两侧速度值变化很小，压强值最大点对应速度值最小点 (停滞点)，压强值最小点对应速度值最大点。

通过分析不同速度下的监测点的压强数据，我们发现对于同一角度而言，尽管流体速度不同，但模型两侧呈现特定的压强分布，并且随着流速的变化，两侧压强分布模式不会改变，仅在数值大小上存在差异，结果如图 10-3 所示。

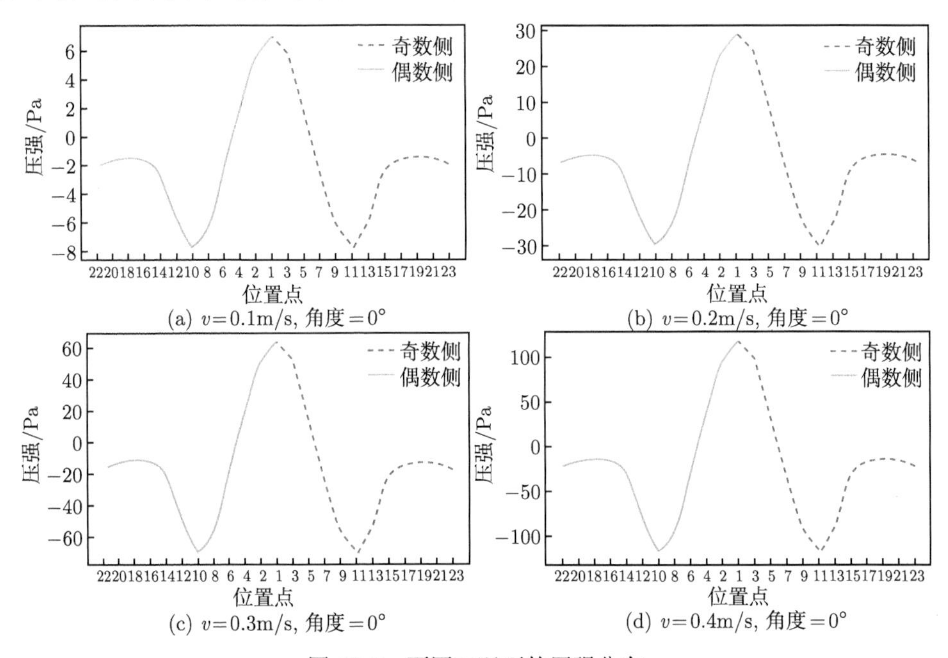

(a) $v=0.1\text{m/s}$, 角度 $=0°$　(b) $v=0.2\text{m/s}$, 角度 $=0°$

(c) $v=0.3\text{m/s}$, 角度 $=0°$　(d) $v=0.4\text{m/s}$, 角度 $=0°$

图 10-3　不同工况下的压强分布

2. *静载体对来流角度的感知识别*

为了获取不同来流角度的水流环境下侧线系统的压强变化模式，我们将模型相对流场的角度值分别设置为 0°, 15°, 30°, 45° (其中，角度的变化是通过将载体绕形心旋转实现的)。从图 10-4 中可以看出，角度为 0° 时，1 点是极大值点，随着角度增加，极大值点逐渐转移到 6, 8 和 12 点，同时，极小值点从 11 点逐渐转移到 5 点。这与我们通过云图的观察得到的结论一致。通过监测点最大值的曲线可以明显看出：极值点在沿着载体头部曲线移动；极大值点沿着载体偶数侧曲线向右移动，极小值点沿着载体奇数侧曲线向左移动。

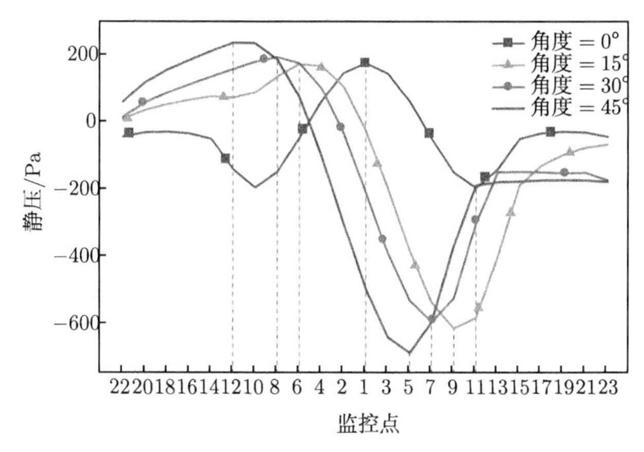


图 10-4 $v = 0.5\text{m/s}$ 时，不同角度下的静压数据

### 10.2.2 动载体对流场参数的感知

1. 动载体对流速的感知识别 [22]

在实际海洋环境中，水下航行器的航行环境是十分复杂的，流体速度、波浪等都是影响流场情况的因素，本节只针对流体速度进行研究。使载体以不同的速度航行在速度分别为 0.1m/s, 0.2m/s, 0.3m/s, 0.4m/s 的水流中，其中两种工况下的静压分布云图如图 10-5 所示。

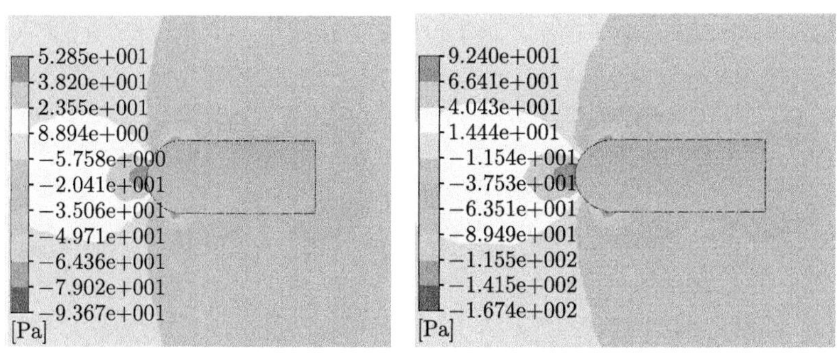


(a) 流速0.1m/s，载体航速0.2m/s (b) 流速0.2m/s，载体0.2m/s

图 10-5 载体在不同流速下航行的静压分布云图 (后附彩图)

由图 10-5 可知，载体在不同流速下以相同速度航行时的静压分布规律相似。但是每种工况下的静压幅值差距较大。这是由载体与水流的相对速度大小决定的，它们的相对速度越大，所形成的静压值越大。为了更直观地看出各种工况下静压值

的大小对比，下面绘制不同工况下的静压分布曲线，如图 10-6 所示。

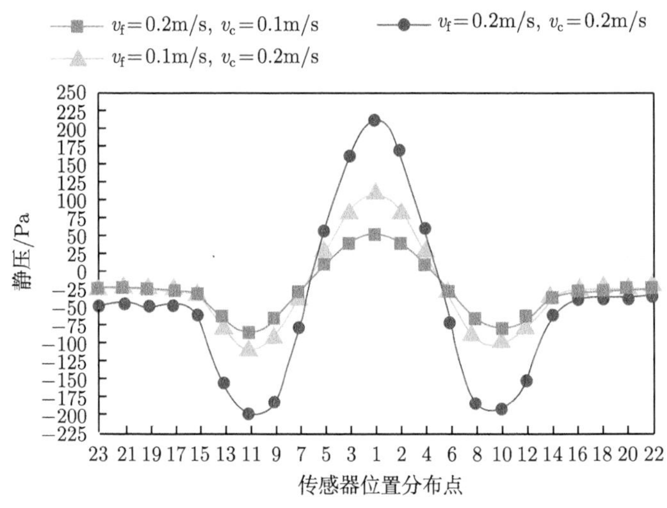


图 10-6　不同工况下的静压分布曲线图

$v_f$ 为水流的速度；$v_c$ 为载体航行的速度

从图 10-6 中可以看出，传感器的位置不同，静压值随流场变化的规律也不尽相同。为了分析具体位置处的静压随水流速度增加的变化情况，选取代表性位置点 1 和 6 绘制载体在不同航速 (0.1~0.4m/s) 下，各个位置的静压随水流速度变化的曲线图，如图 10-7 所示。

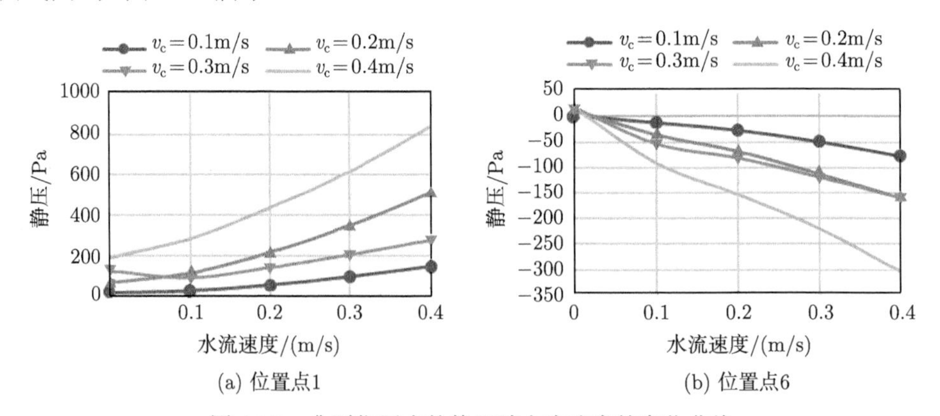


图 10-7　典型位置点的静压随水流速度的变化曲线

由图 10-7(a) 可知，头部顶端位置点 1 的静压值均随着水流速度的增大而增大，且载体航行的速度越快静压值越大；该处的静压值也最大，这点从压强云图中也可以看出来。图 10-7(b) 中头部曲面的位置点 6 的静压值随着水流速度的增大反而减小，随着载体航行速度的加快，静压值减小速率增大。

2. 动载体对来流角度的感知识别

本节对来流角度分别为 0°, 5°, 10°, 15°, 20°, 25°, 30° 时的流场压强分布情况进行研究。其中，来流角度是指水流速度方向与载体航行方向所成角度的大小。在水流速度为 0.2m/s、载体速度为 0.2m/s 的工况下，载体在不同来流角度下的流场压强如图 10-8 所示。从图中可以看出：随着来流角度的增大，载体表面压强集中的位置逐渐发生偏移。

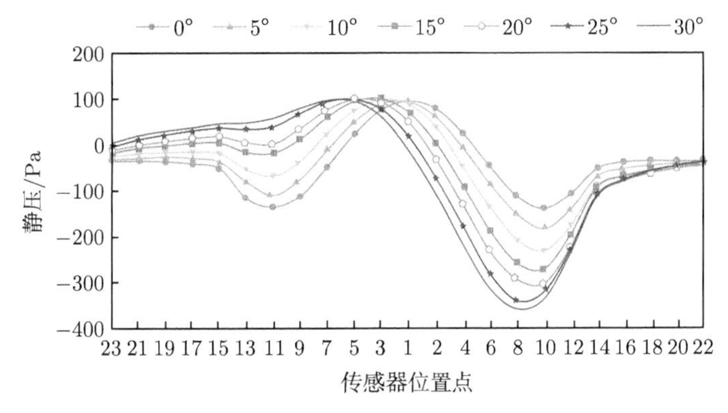


图 10-8 不同来流角度的流场压强变化曲线图

由图 10-8 可知，随着来流角度的变化，载体表面的静压分布规律不同。当来流角度为 0° 时，载体两侧的静压变化趋势呈对称分布，静压的最大值位于载体头部顶端，最小值位于头部与中部交接处的位置点 10 和 11，在中部的后半部分静压呈现稳定状态。随着角度的增大，静压最大值逐渐向载体的左侧移动，且数值不变，保持在 100Pa 左右；左侧最小值位置保持不变，但静压值在逐渐增大，直到最后最小值消失；右侧最小值的位置向左稍微移动，且静压值在逐渐减小。

### 10.2.3 静载体对障碍物参数的识别

1. 障碍物尺寸参数的识别

对于障碍物尺寸的研究，我们以圆柱形障碍物为例。图 10-9 展示了有障碍物存在的流场中的卡门涡街现象。圆形障碍物随着直径增加，尾部分离区的尺寸增大，产生的涡旋尺寸增大，涡街脱落频率减小。脱落的涡旋遇到载体，其两侧交替形成低压区域。

等流场的状态稳定之后，取载体表面传感器阵列的压强数据，通过 MATLAB 处理得到如图 10-10 所示的载体表面的静压值。

从图 10-10 中可以看出：障碍物尺寸对于动压峰值影响不大，但是随着直径增加，尾部动压的极值与直线区均值增大，而静压的极值减小，直线区均值增大。尾部变化由涡旋在侧线载体上运动、脱落导致，而相同流速下涡街性质由绕流物尺寸决定，障碍物直径越大，涡旋尺寸越大，压强绝对值越大。

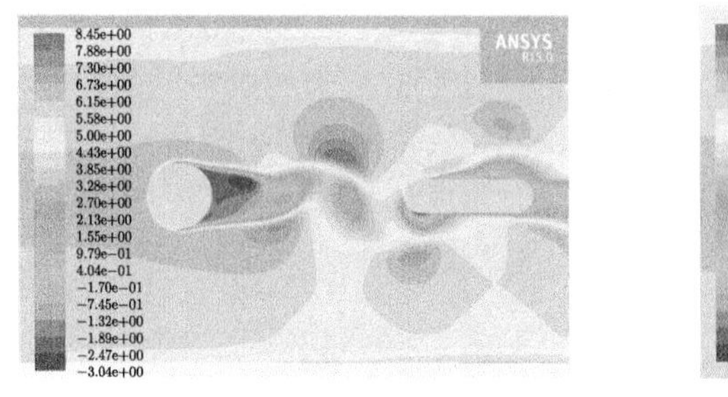


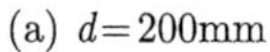
(a) $d$=200mm

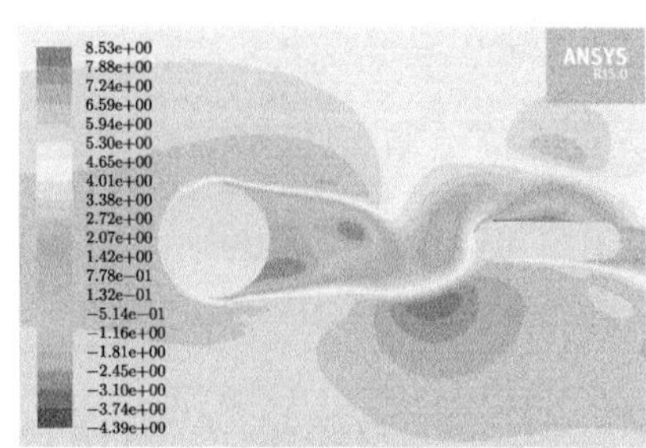


(b) $d$=300mm

图 10-9　总压云图 (单位：Pa) (后附彩图)

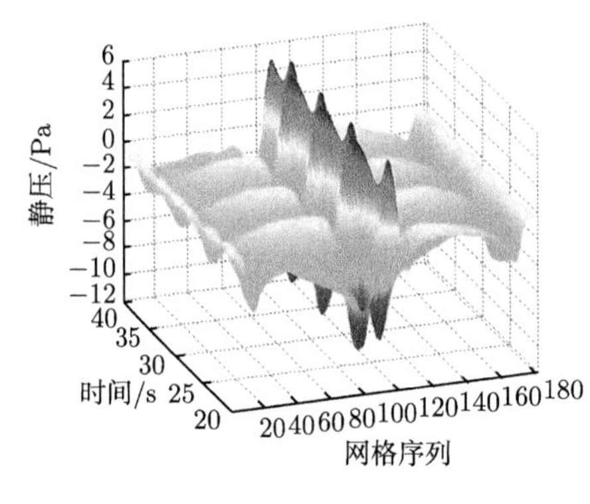


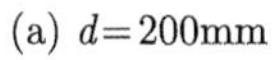
(a) $d$=200mm

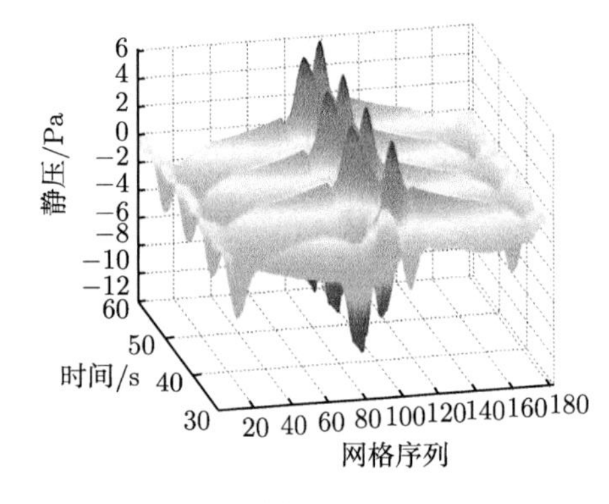


(b) $d$=300mm

图 10-10　圆形障碍物的静压变化特征 (后附彩图)

2. 障碍物形状参数的识别

对于障碍物形状识别部分，我们将圆形障碍物与方形障碍物进行对比分析。图 10-11 展示了尺寸均为 200mm 的不同形状障碍物下的流场变化特征。与圆形障碍

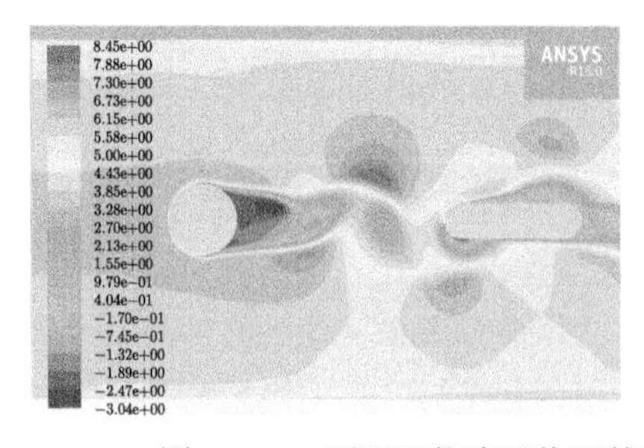


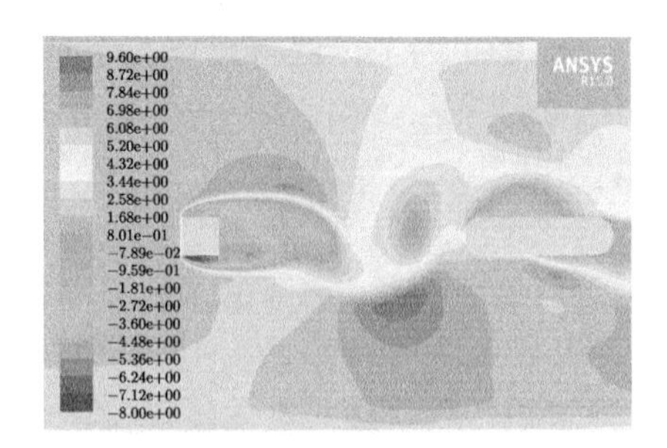


图 10-11　不同形状障碍物下的流场变化特征 (单位：Pa) (后附彩图)

物相比，方形障碍物的尾部分离区较大，脱落的涡旋作用在载体两侧形成的低压区尺寸也较大，在方形边长为 200mm 时，由于载体进入障碍物涡旋分离区，阻碍涡街脱落，形成稳定流场。

3. 障碍物偏移距离的识别

障碍物的距离参数主要包含两部分，即障碍物与载体正前方的距离和障碍物与载体左右偏移的距离。不同形状障碍物下的流场变化特征实验测试装置如图 10-12 所示。

(a) 正前方

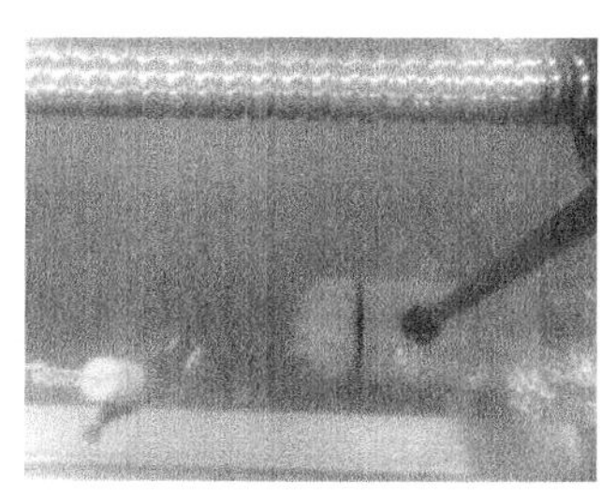
(b) 偏移

图 10-12　不同形状障碍物下的流场变化特征实验测试装置

通过改变距离的不同参数，收集载体在不同工况下的压强值以及载体周围的流场变化特征，总结不同工况下的规律。本节展示了不同偏移距离下的静压变化特征，如图 10-13 所示。从图 10-13 中可以看出：在有障碍物的情况下，静压波动明显放大。在偏移距离分别为 50mm 和 100mm 时，明显可以看到两侧的对称性被打

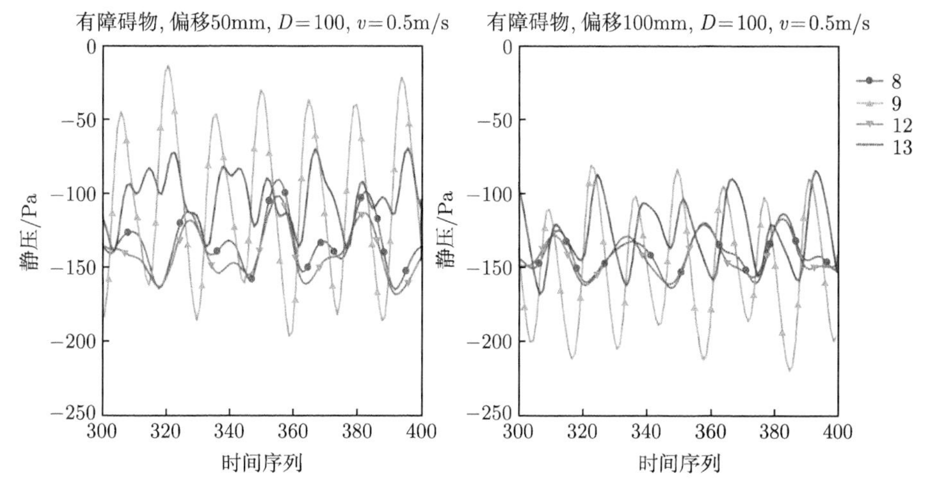


图 10-13　不同偏移距离下的静压变化特征

$D$ 为障碍物的直径

破，不同侧的静压值存在明显的差异。另外在数值上，随着障碍物的有无以及障碍物的位置变化，静压值呈现明显的差异。

### 10.2.4　基于机器学习算法的流场参数感知

1. 神经网络算法

BP 神经网络是一种按误差逆传播算法训练的多层前馈网络，其学习规则是最速下降法，即通过反向传播调整网络的权值与阈值，使网络误差平方和最小。BP 神经网络适合应用于侧线压强数据与流速、障碍物特征参数的识别算法建模。

以障碍物形状识别为例，取 $k_1 = 15$，$k_2 = 5$，$k_3 = 1$ 三层之间的传递函数进行拉普拉斯变换得到 S 型传递函数，训练函数基于 train-Berger-Marquardt 反向传播方法，学习函数采用 BP 学习规则，性能分析函数采用均方差性能分析，网络拓扑结构如图 10-14 所示。

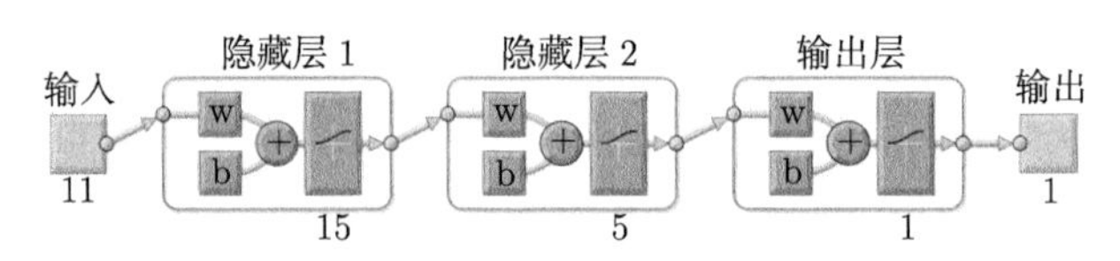


图 10-14　神经网络结构图

输入样本数据进行训练，目标值设置为 0，即迫使训练终止于其他训练条件。训练结果标准差在 223 次迭代时达到 0.16758，误差曲面的梯度、mu 值及确认检查值如图 10-15 所示。样本训练的过程中，确认样本的误差曲线连续 6 次迭代不再下降，为了防止过度拟合，训练终止。

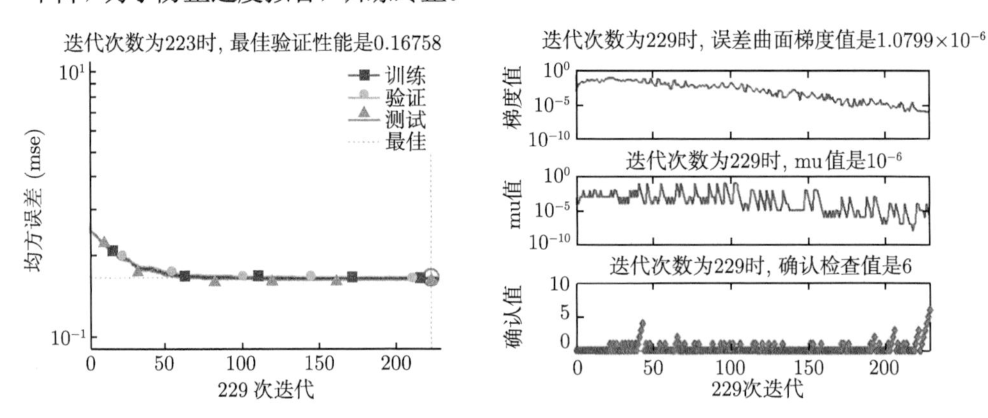


图 10-15　神经网络训练结果

为了提高障碍物参数的识别率，将之前训练的数据作为样本数据再次进行训练。优化训练后的模型对方形障碍物的识别率提升为 95.3%，对圆形障碍物的识别率为 98.9%，识别的最终结果如图 10-16 所示，其中方形模式对应 1，圆形模式对应 0。

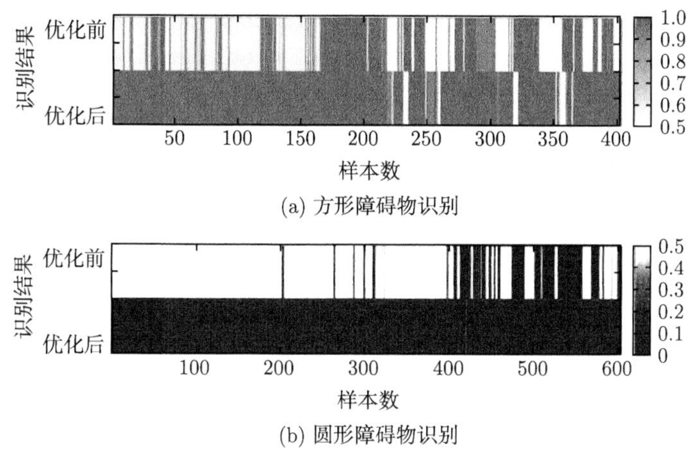


(a) 方形障碍物识别



(b) 圆形障碍物识别

图 10-16 神经网络输出结果 (后附彩图)

对于流场参数和障碍物的其他参数均可采用 BP 神经网络算法进行预测，通过改变神经网络的拓扑结构以及相关的计算参数即可满足要求。

2. 压强差矩阵法 [23]

本节提出利用可视化的压强差矩阵来区分不同的流场状态。压强差矩阵的横轴表示同一时刻的压强分布，矩阵的宽度表示流场持续的时间。通过对不同压强差图像的分析，可以同时得到流速、流向等信息，这样将识别不同流场信息的过程集中到 “压强差图像” 这个工具中，压强可视化为识别流场信息提供了一个新的途径。

对于由水平分布的传感器组成的侧线来说，如果将头部的二维曲线展开成一维直线，那么水平面的二维流场可以用一维的色带来表示，通过色带中不同颜色的位置便可以清晰地表达出载体的角度，通过色带中颜色的深度便可以表达出该位置的压强大小。色带中间部分表示载体头部区域，左侧部分表示载体的奇数侧，右侧部分表示载体的偶数侧。对于角度为 $0^\circ$ 来说，色带中间位置为红色最深处，即说明压强最大值在头部中心位置，两侧为蓝色最深处，即压强最小值。不同色带的深度不同，表示压强值不同，即速度不同，如图 10-17(a) 和 (b) 所示。对于不同的角度来说，红色最深处区域和蓝色最深处区域的位置可以用来表达角度的不同。红色最深处区域位于右侧，表示角度为正值；红色最深处区域位于左侧，表示角度为负值。红色最深处区域在右侧坐标轴的位置反映了角度的大小，位置越靠右，表明角度越大，位置越靠左，表明角度越小，位置在中间，表示角度为 $0^\circ$，如图 10-17(c) 和 (d) 所示。

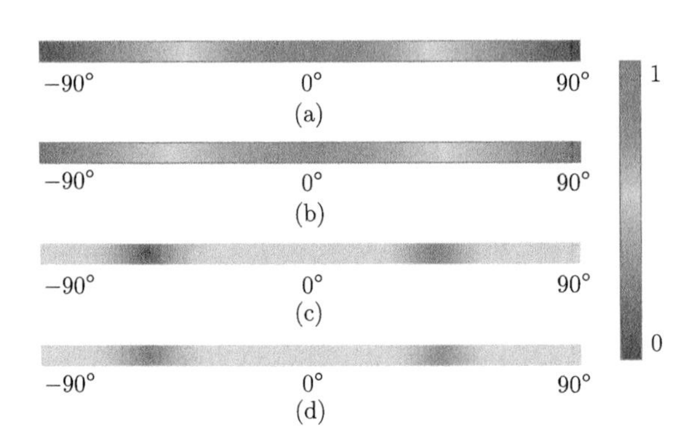


图 10-17　一维色带表示二维水平流场 (颜色为示意，不代表实际值)(后附彩图)

同样，对于三维情况，如果将载体头部的球面展开成一个圆 (忽略重力因素)，即将空间三维转为平面二维图像，那么红色最深处区域和蓝色最深处区域的不同位置便能表示载体与水流的夹角。如果载体在水平面内，则载体的红色最大值点和蓝色最小值点总是位于 $0^\circ \sim 180^\circ$ 水平线上，水平线的不同位置表示载体在水平面内与水流方向的夹角。在二维图形中的每一条直径线均对应于一条一维色带。而如果载体位于别的面内，则红色最深处和蓝色最深处连成的直线会与水平面形成一定的夹角 $\gamma$，通过这个夹角便能表达载体的空间角度。如果从二维空间中能确定这个角度，那么恢复到三维空间中，我们便可以表示出载体和水流的空间位置。

综上所述，从对于流场参数和障碍物参数的感知中，初步总结了 AUV 载体在不同工况下的压强变化特征，总结流场和流速云图的变化规律，然后借助机器学习算法实现对具体参数的识别。

## 10.3　基于人工侧线系统的水下航行器姿态感知研究

本节将现有高精度小型压力传感器搭载在仿生机器鱼上作为仿生侧线系统，通过仿真及实验结果验证其在自身姿态感知方面的应用价值，深入推进仿生侧线系统感知方面的理论研究，通过研究进一步完善仿生侧线系统应用在水下航行器上的姿态感知算法，使得搭载仿生侧线系统的水下航行器更好地完成水下任务，推动其实际工程应用，具有重要的科学研究意义和价值 [24]。

### 10.3.1　人工侧线系统载体的仿真建模

根据对粒突箱鲀鱼的研究发现，其主要依靠胸鳍和尾鳍推进，完成各种游动姿态的变换，且其内部空间较大，有利于布放传感器及其他零部件，其类似盒子的外形大大减小了加工的难度，非常适合做仿生系统的载体，所以本节研究的载体选定为粒突箱鲀鱼。因为该鱼类外形酷似盒子因此又称为盒子鱼，实物图如图 10-18(a)

所示。按照实际盒子鱼同等比例设计盒子鱼载体模型，如图 10-18(b) 所示。

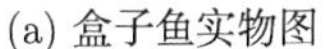

(a) 盒子鱼实物图

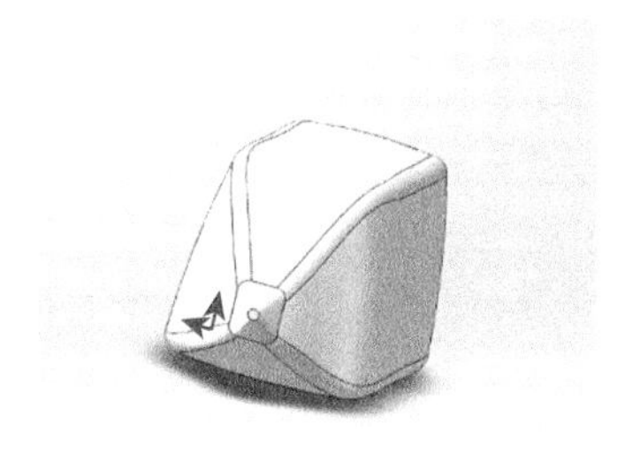

(b) 盒子鱼载体模型

图 10-18 盒子鱼模型

为了更好地搭建仿生侧线系统，需要把压强传感器布置在载体较为敏感的位置。通过在 ANSYS 软件中对盒子鱼载体进行网格划分和水动力学仿真，可以观察盒子鱼载体表面的压力变化，找出压力变化较大的位置，进行传感器的布置。其仿真的基本参数如表 10-1 所示，网格划分结果如图 10-19 所示。

**表 10-1 仿真参数设置**

| | 项目 | 参数 |
|---|---|---|
| 求解器 | 求解器种类 | 基于压强 |
| | 时间类型 | 非稳定流场 |
| 物理模型 | 湍流模型 | $k$-$\varepsilon$ 模型 |
| 边界条件 | 入口 | 压强入口：压强 0Pa |
| | 出口 | 压强出口：压强 0Pa |
| 求解算法 | 压强–速度耦合 | SIMPLEC |
| | 压强离散 | Second Order |
| | 动量 | Second Order Upwind |
| | 时变公式 | Second Order |
| 计算设置 | 步长 | 0.008s |
| | 最大迭代步数 | 300 |
| 模型尺寸 | 水域尺寸 | 1800mm×1300mm |
| | 载体尺寸 | 280mm×150mm×170mm |
| 网格划分 | 网格形式 | 面为三角形网格，体为四面体网格 |
| | 最大网格尺寸 | 4mm |

盒子鱼以 0.225m/s 的速度在静水中运动，仿真得到载体表面变化的静压和动压云图，如图 10-20 所示。

从图 10-20 的云图中可以看出，当盒子鱼在水中运动时，压力变化最明显的位置是鱼嘴到鱼鳃部分以及身体的过渡位置。从鱼嘴到鱼鳃，静压值逐渐减小，动压值逐渐增大，鱼头到鱼体之间的过渡位置，压力变化也非常明显，在这些位置布置压力传感器更容易捕捉压力信号特征。虽然鱼体的躯干部位压力变化很小，但是为了更好地观察侧线系统周围的压力变化，在躯干位置同样布置传感器。综合考虑加工工艺的复杂性和盒子鱼载体表面的压力变化规律，本节搭建了四条侧线系统，如图 10-21(a) 所示，同时以上下、左右两对侧线为轮廓线，分别创建纵截面和横截面，该两截面内用于观察的传感器布置图如图 10-21(b) 所示。

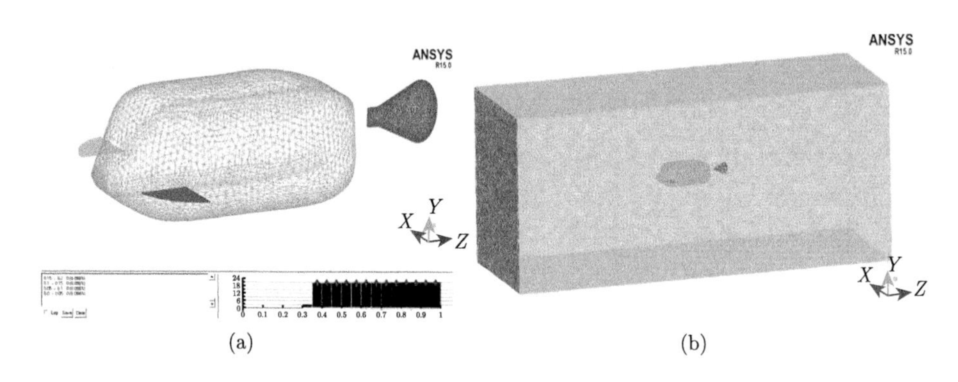

图 10-19　网格划分结果 (后附彩图)

(a) 盒子鱼载体网格划分结果图，橙色部分代表鱼体，蓝色和绿色部分代表胸鳍，紫色部分代表尾鳍；

(b) 水域网格划分示意图，图中的长方体表示载体的游动区域，对应实验的水槽部分

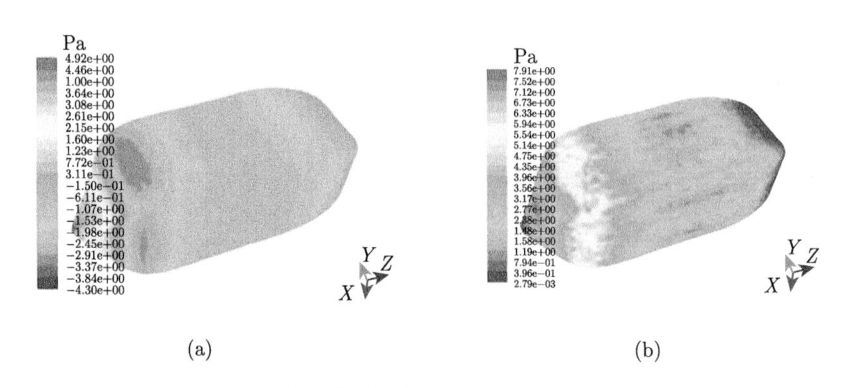

图 10-20　盒子鱼表面的压强分布云图 (后附彩图)

(a) 静压云图；(b) 动压云图

当盒子鱼以不同的姿态在水中游动时，鱼体表面的压力大小是不同，为了探索盒子鱼的运动姿态和压力的关系，借助 FLUENT 进行水动力学分析，然后通过 MATLAB 软件进行后处理操作，分别得出不同的运动姿态下鱼体表面的动压和静压的变化规律。

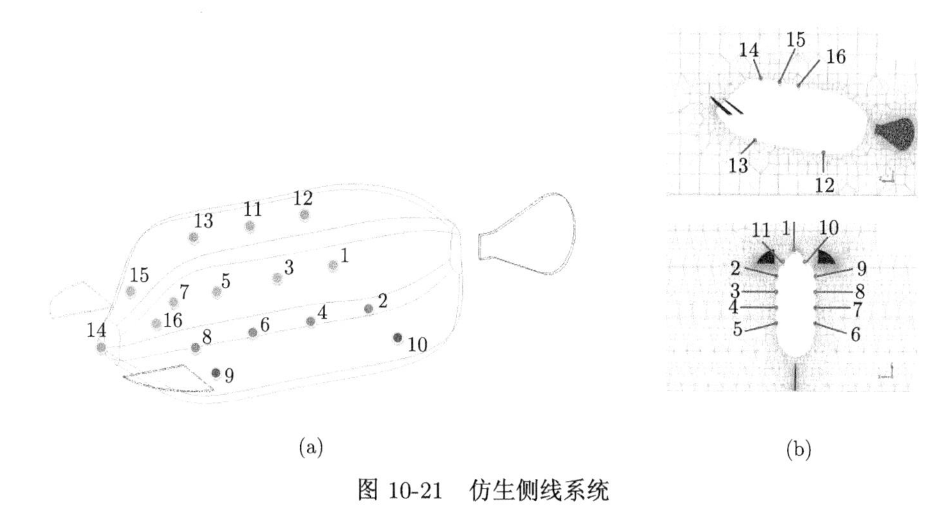


图 10-21 仿生侧线系统

(a) 载体三维模型传感器位置布置图；(b) 仿真过程中传感器布置示意图

1. 直行的仿真

通过 UDF 文件直接定义盒子鱼的直行速度为 0.225m/s。收集各个监控点的静压和动压数据并进行分析，结果如图 10-22 所示。

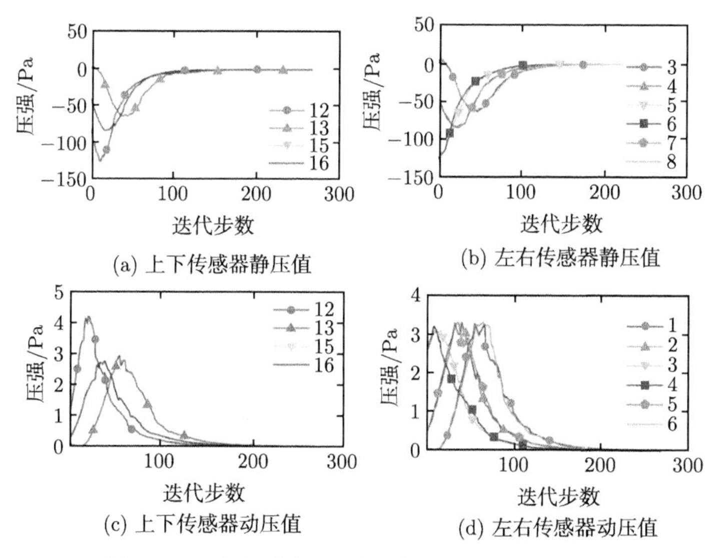


图 10-22 直行时上下、左右传感器压强值对比图

由图 10-22 可知，在仿生盒子鱼直行路径中，其上表面传感器压强值小于底面传感器的值，这符合压强与水深的理论关系，上下表面的压强值变化规律一致，如 12 和 16 号传感器除在 “响应时间” 上存在差异，其压强变化趋势是一致的，静压

都是先减小后增大，动压都是先增大后减小。左右传感器对应的压强变化情况与之相对应，3 和 8, 4 和 7, 5 和 6 变化趋势分别一致，由于其分布位置不同而感应时间依次不同。

2. 10°, 20°, 30° 仰角上浮的仿真

在上浮过程中，将上浮的角度分别设置为 10°, 20°, 30° 三种情况。直行速度为 0.225m/s，根据角度关系，可分别计算出 $X, Y, Z$ 三个方向的速度，计算结果如表 10-2 所示。

**表 10-2　上浮过程的速度设置值**

| 运动情况 | $V_X$/(m/s) | $V_Y$/(m/s) | $V_Z$/(m/s) |
|---|---|---|---|
| 10° 上浮 | 0 | 0.03907 | 0.22158 |
| 20° 上浮 | 0 | 0.07695 | 0.21143 |
| 30° 上浮 | 0 | 0.11250 | 0.19486 |

经过对三种不同上浮角度的仿真，发现对于不同的上浮角度，各个传感器的压强变化规律是一致的，只是对于不同的上浮角度，压强的取值和变化率不同，随着角度的增大，压强变化率变大。因此在本节中，仅展示 20° 仰角上浮时的压强值对比结果，如图 10-23 所示。

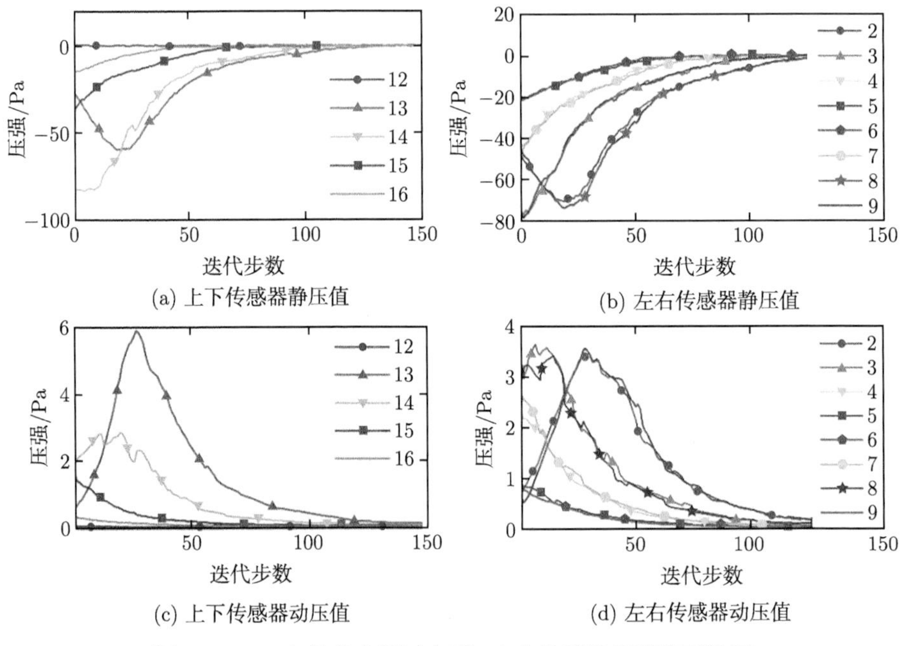


(a) 上下传感器静压值　(b) 左右传感器静压值

(c) 上下传感器动压值　(d) 左右传感器动压值

图 10-23　20° 仰角上浮时上下、左右传感器压强值对比图

由图 10-23 可知，随着仿生盒子鱼上浮运动，由于 13 和 14 号传感器位于迎流区，压强变化较为明显。所有传感器的静压均呈先减小后增大的趋势，动压均呈先增大后减小的趋势。左右对称分布的传感器压强值分别对应相等或呈一致变化，由于其分布位置的不同，其对压强的响应时间呈递推分布。

3. 10°, 20°, 30° 俯角下潜的仿真

在下潜过程的仿真中，下潜角度同时也设置为 10°, 20°, 30° 三种情况。直行速度为 0.225m/s，根据角度关系，可分别计算出 $X, Y, Z$ 三个方向的速度，计算结果如表 10-3 所示。

**表 10-3 下潜过程的速度设置值**

| 运动情况 | $V_X$/(m/s) | $V_Y$/(m/s) | $V_Z$/(m/s) |
| --- | --- | --- | --- |
| 10° 下潜 | 0 | −0.03907 | 0.22158 |
| 20° 下潜 | 0 | −0.07695 | 0.21143 |
| 30° 下潜 | 0 | −0.11250 | 0.19486 |

根据对仿真结果的分析，发现对于不同的下潜角度，各个传感器的压强数据变化规律依然是相同的，只是随着下潜角度的增加，压强的变化率增大了。对于某一个固定的下潜角度值，其压强变化规律相同。20° 俯角下潜的压强变化如图 10-24

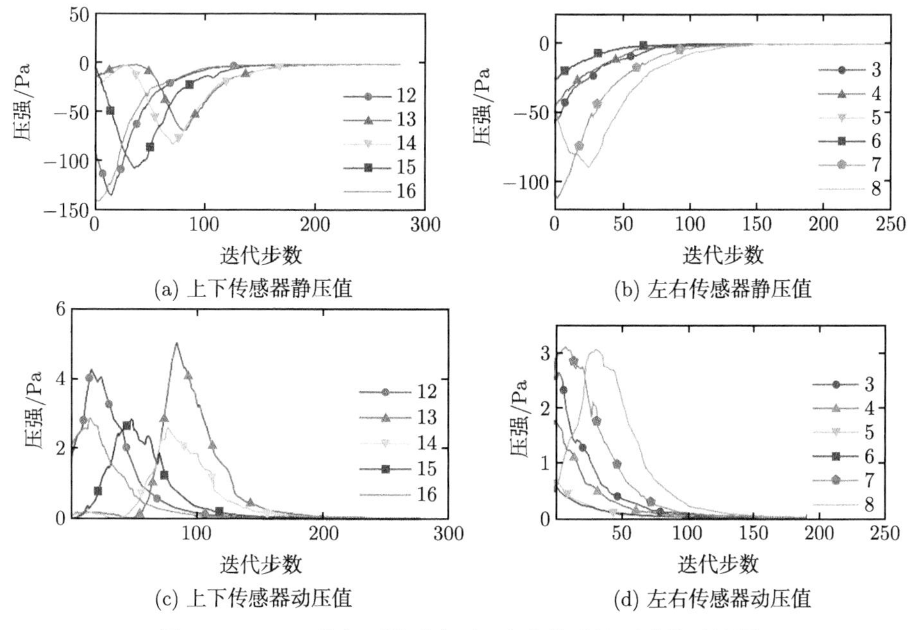


图 10-24 20° 俯角下潜时上下、左右传感器压强值对比图

所示。盒子鱼在下潜过程中，上下传感器的动压值不断增大，对应的静压值减小，随着深度的增加，其静压值越来越大，而动压值减小。12 号和 13 号传感器位于盒子鱼的下方，下潜时它们处于迎流区，压强变化比较明显。左右传感器的压强变化趋势和上下传感器变化规律大致相同。

4. *左转弯和右转弯的仿真*

仿生盒子鱼沿着半圆弧路径进行转弯，其转弯的速度设置如表 10-4 所示。通过不同的参数设置，实现盒子鱼左转弯和右转弯的运动。

**表 10-4 左转弯和右转弯的速度设置值**

| 运动情况 | 速度值 | | | |
|---|---|---|---|---|
| | $\omega$/(rad/s) | $V_X$/(m/s) | $V_Y$/(m/s) | $V_Z$/(m/s) |
| 左转弯 | 0.4 | $2.2\times0.225\times\sin(\omega t)$ | 0 | $2.2\times0.225\times\cos(\omega t)$ |
| 右转弯 | 0.6 | $-2.2\times0.225\times\sin(\omega t)$ | 0 | $2.2\times0.225\times\cos(\omega t)$ |

通过对仿真结果的分析，左转弯的压强对比结果如图 10-25 所示，右转弯的压强对比结果如图 10-26 所示。

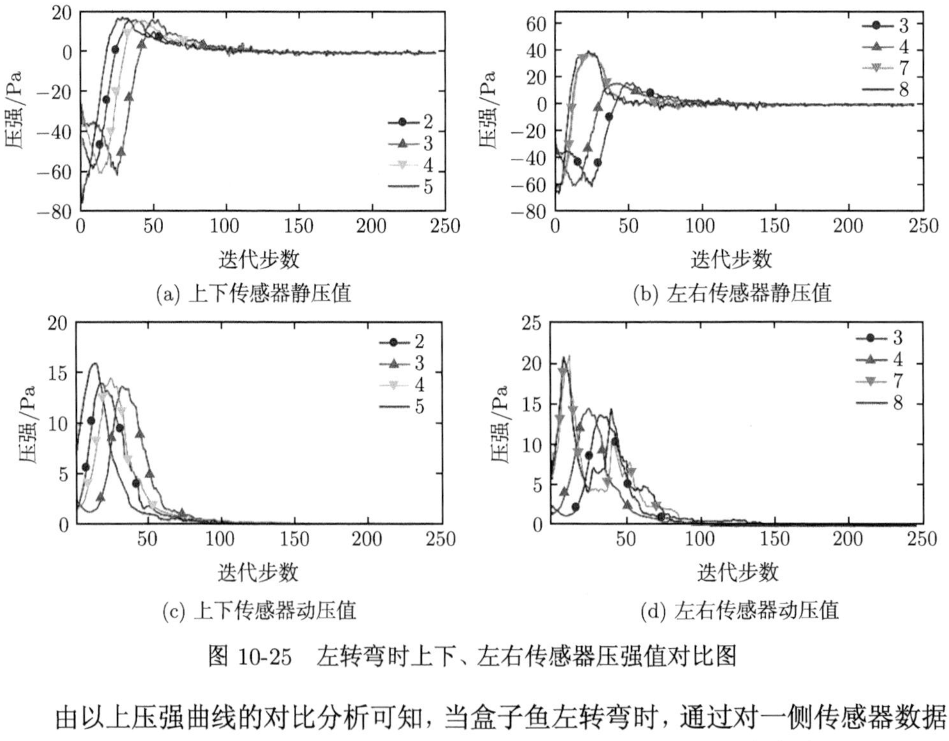

(a) 上下传感器静压值

(b) 左右传感器静压值

(c) 上下传感器动压值

(d) 左右传感器动压值

图 10-25 左转弯时上下、左右传感器压强值对比图

由以上压强曲线的对比分析可知，当盒子鱼左转弯时，通过对一侧传感器数据的分析，可以看出其左侧传感器的压强值变化一致，压强变化量也大致相同，并且

靠近鱼嘴处的传感器比远离鱼嘴处的传感器反应慢；通过对左右两侧的传感器数据对比发现，当盒子鱼左转弯时，左侧的压强值小于右侧的压强值，右转弯时正好与之相反。由上下传感器的数据曲线可以看出，其腹部的传感器压强值比背部的压强值大，这与实际情况相符。

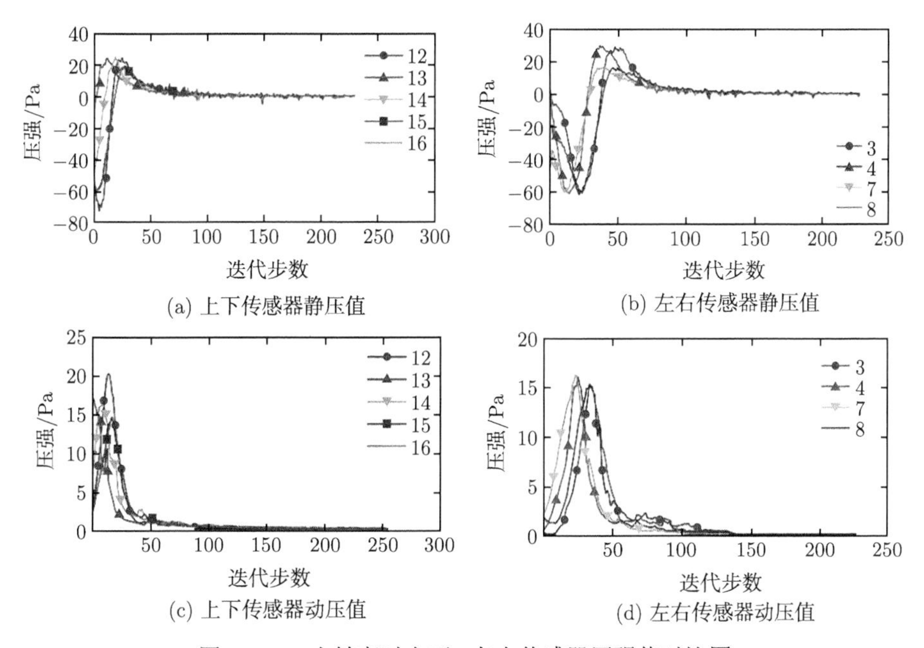


(a) 上下传感器静压值

(b) 左右传感器静压值

(c) 上下传感器动压值

(d) 左右传感器动压值

图 10-26 右转弯时上下、左右传感器压强值对比图

### 10.3.2 仿生盒子鱼载体的设计制作及水槽实验

本实验以仿生盒子鱼姿态感知为目标，完成仿生盒子鱼载体直行、上浮、下潜、左转弯、右转弯等运行过程，与仿真过程相对应。整个实验包括仿生侧线载体的设计、制作以及水槽实验三个过程。通过对实验数据和仿真数据的对比分析，从而验证了仿真的正确性。

1. 实验介绍

经过对盒子鱼载体的水动力分析，确定在载体上搭建四条侧线，共 12 个高精度的数字式传感器，其型号为 MS5803-07BA。为实现对盒子鱼各个姿态的精准控制，需要在载体内部安装电池、舵机、单片机、舵机控制板等硬件。各个硬件的实物连接如图 10-27 所示。

整个实验在方形水槽中进行。实验水槽的具体参数如表 10-5 所示，实验环境如图 10-28 所示。

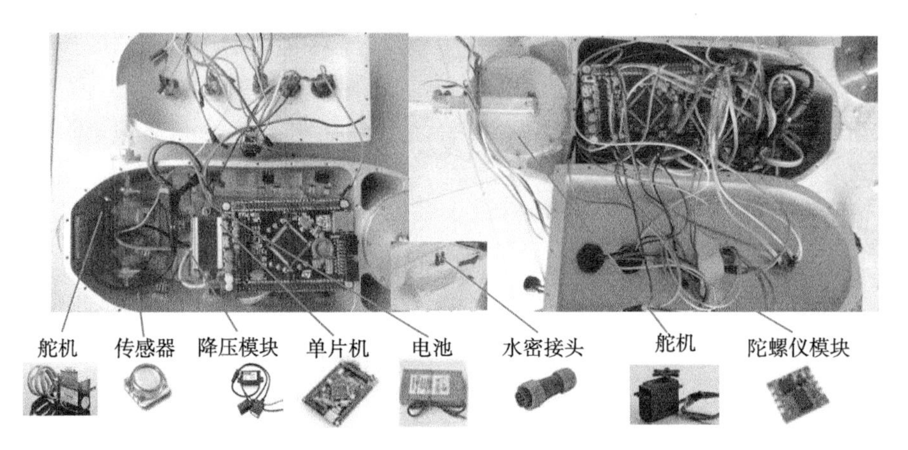


图 10-27　侧线载体实物连接图

**表 10-5　实验水槽参数**

| 主要参数 | 具体参数范围 |
|---|---|
| 水池尺寸 | $1.3\text{m}(W)\times 1.8\text{m}(L)$ |
| 池水密度 | $1.0\times 10^3\text{kg/m}^3$ |
| 实验水温 | 18℃ |

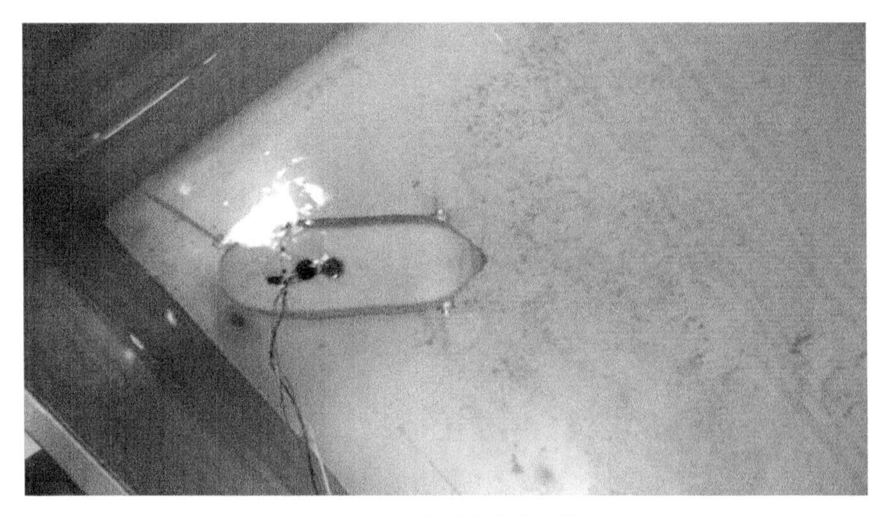

图 10-28　盒子鱼实验环境

实验首先将侧线载体放置在静水中，采集压强数据，记录静态特征，作为对照组。所测压强与当前水深以及温度等环境因素有关，实验测量数据需去除静态特性再进行数据处理。经过对盒子鱼多次的测试，发现当频率为 2.5Hz 时，仿生盒子鱼游动速度最快，且绕流作用最小，所以最终选取 2.5Hz 为尾鳍舵机的转动频率。

2. 水槽实验数据分析

1) 静水校正

图 10-29(a) 为 12 号传感器的静水压强的原始数据，通过快速傅里叶变换得到频域特征如图 10-29(b) 所示，在 0Hz 处具有较高的振幅，之后的频率信号幅值几乎为 0，所以原始信号静态特征较为明显，不具有高频分量，通过滤波只保留 0Hz 处的振幅，逆变换至时域得到图 10-29(c)，即为此条件下的静水压强。其余传感器的静水压强值都通过这种方法获得。

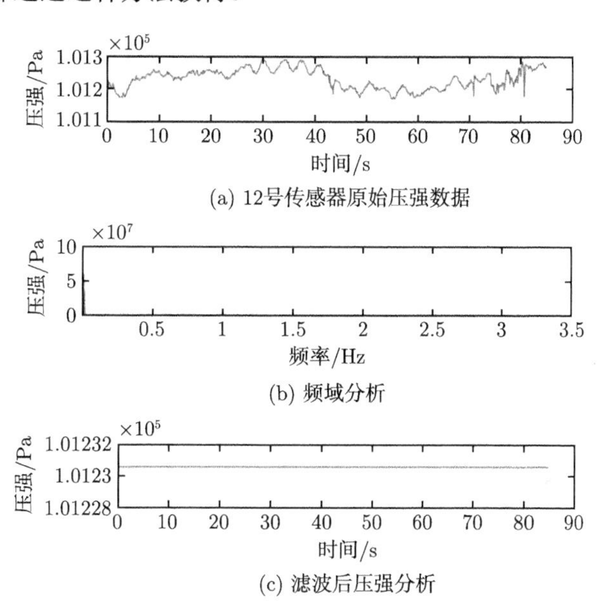


(a) 12号传感器原始压强数据

(b) 频域分析

(c) 滤波后压强分析

图 10-29　12 号传感器数据的滤波处理过程

2) 直行

当仿生盒子鱼在直线前进运动时，陀螺仪所测得的角度如图 10-30 所示。

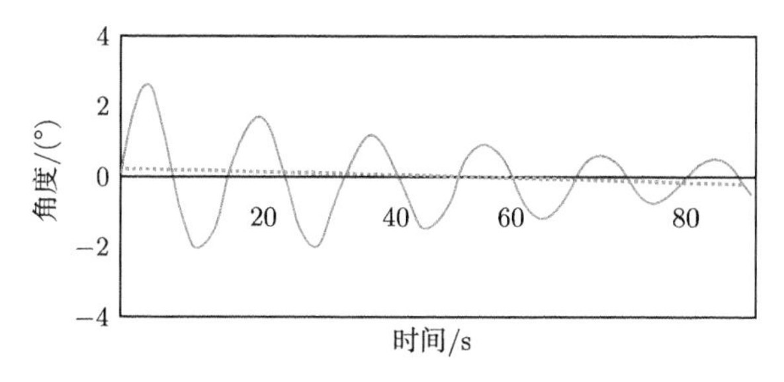


图 10-30　直行时陀螺仪测得角度值

从图 10-30 可以看出，仿生盒子鱼在直线前进过程中，虽然受到水流的反作用，但是运行状态相对平稳，而且随着运动时间的推进，其自身运行的稳定程度也越来越高。由此测量该状态下的传感器压强值如图 10-31 所示。

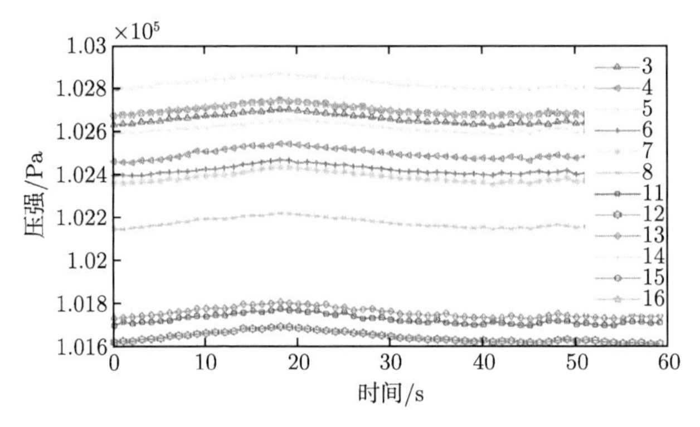


图 10-31　直行时传感器压强值

由图 10-31 可知，当仿生盒子鱼载体处于直行状态时，由静止到运动的加速过程中，随着运行速度的增大，其压强有较小的上浮，这与之前仿真中分析的动压增大而使整体压强数值增大相一致，随着速度趋于稳定，传感器的压强变化也较为平缓。

3) 上浮

分别采集对应上浮角度为 10°, 20°, 30° 时传感器的压强数据，如图 10-32 所示，并与仿真结果相对比，得到不同角度下传感器压强变化规律。

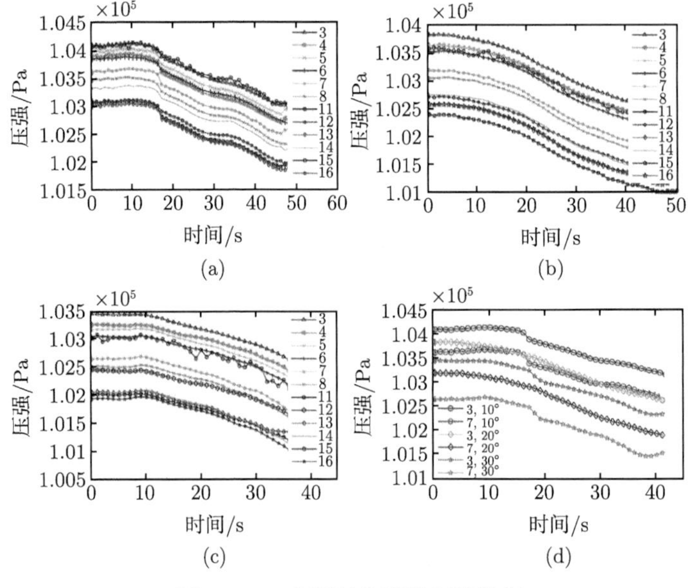


图 10-32　上浮时传感器压强数据

图 10-32(a)~(c) 分别表示仰角为 10°, 20°, 30° 时的压强数据，由图可得，当仿生盒子鱼在上浮运动时，其传感器的压强值不断减小。图 10-32(d) 中，对比不同仰角下，同一传感器压强值的变化情况，以 3 号、7 号传感器为例，可以看到三组不同仰角下压强值的变化规律：在同一仰角下，3 号传感器的压强值始终大于 7 号传感器，这与两个传感器的排布位置有关，在上浮姿态下，3 号传感器始终位于 7 号传感器的下方；在不同仰角下，同一传感器压强值变化快慢不一，随着仰角的增大，压强值变化率增大，与仿真结果相对应。

4) 下潜

分别采集下潜姿态为 10°, 20°, 30° 时的传感器压强数据，如图 10-33 所示。

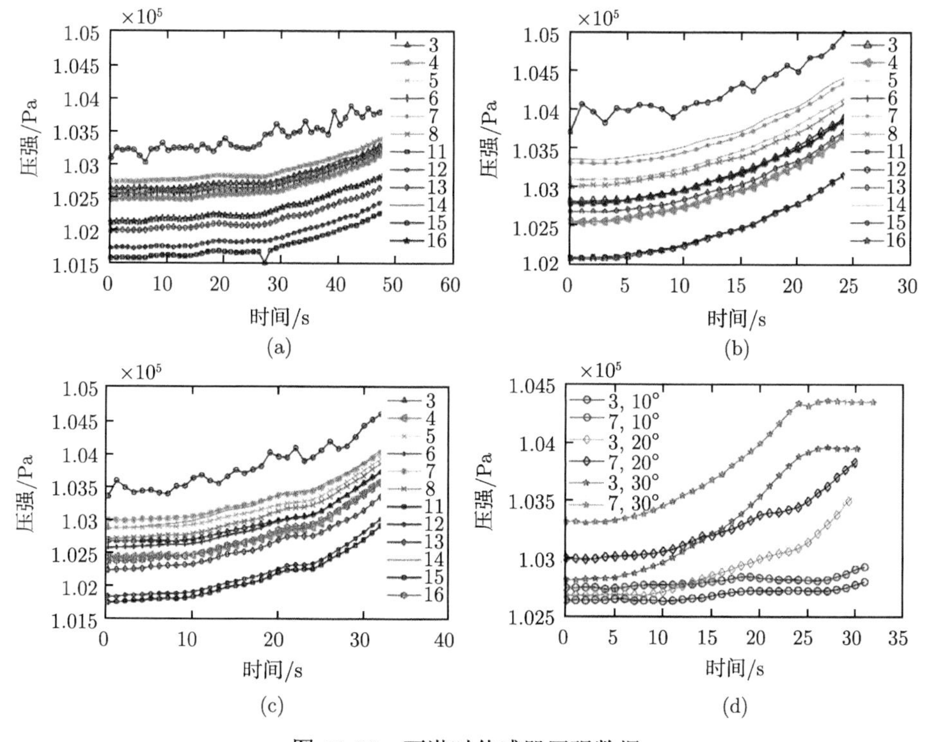


图 10-33 下潜时传感器压强数据

图 10-33(a)~(c) 分别表示俯角为 10°, 20°, 30° 时的传感器压强数据，由图可得，当仿生盒子鱼载体处于下潜运动时，其传感器的压强值呈现不断增大的趋势，这与仿真结果相一致。图 10-33(d) 中以 3 号、7 号传感器为例，进行对比分析，可以看出每一次下潜运动中，同一时间下，3 号传感器的压强值总是小于 7 号传感器，这与上浮状态时呈现的规律正好相反，在同一俯角下的下潜运动中，俯角越大，对应传感器的压强变化速率越大，与上浮姿态相一致。即随着角度的增大，同一时间

段以内，传感器的压强值变化量增大，验证了仿真结果的正确性。

5) 左转弯和右转弯

通过对仿生盒子鱼左转弯与右转弯时的实验数据的处理，得出图 10-34 所示结果。

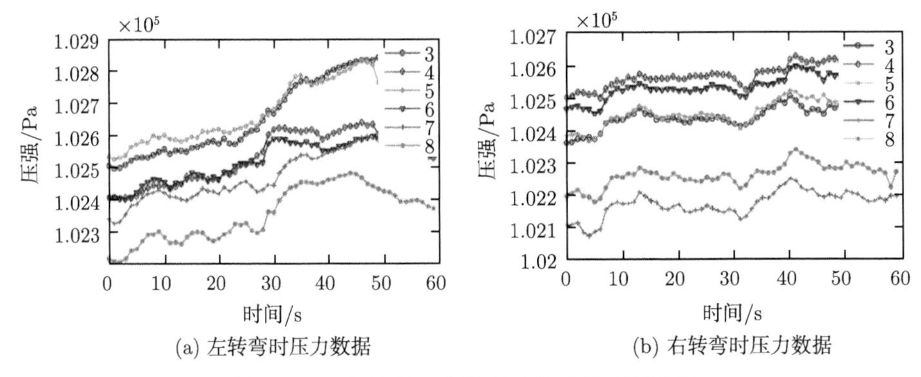


图 10-34　左转弯和右转弯时传感器压强数据

由图 10-35 可得，当仿生盒子鱼左转弯时，两侧传感器的压强值都有增大的趋势，并且在同一时间，其右侧传感器的压强值要比左侧传感器的压强值大，验证了左转弯仿真的结果。当仿生盒子鱼载体右转弯时，两侧传感器压强数值变化比左转弯时较缓，这种不同的压强变化情况是由两种不同距离的路径导致的，同时，其左侧传感器的压强值要比右侧传感器的压强值大，与左转弯实验结果相反，与右转弯仿真结果一致。

### 10.3.3　基于神经网络算法的数据处理

通过对实验数据和仿真数据的处理分析，得出每种运动姿态下的压强变化规律，从而对于盒子鱼的运动姿态做出初步的判断，但是依然无法识别盒子鱼上浮和下潜的角度。为了提高盒子鱼的姿态识别的正确率，采用 BP 神经网络算法进行识别。

1. *运动姿态的识别*

本节分别利用仿真和实验中压力传感器的数据进行训练，设置直行姿态输出值为 1，上浮姿态输出值为 2，下潜姿态输出值为 3，左转弯姿态输出值为 4，右转弯姿态输出值为 5，建立神经网络算法模型，识别仿生盒子鱼姿态。12 个传感器所测压强值为分析处理的数据样本，即输入层节点数为 12；输出层为代表姿态的一个数值，即输出节点数为 1。取 $k_1 = 15$，$k_2 = 5$ 三层之间的传递函数进行拉普拉斯变换得到 S 型传递函数，训练函数基于 train-Berger-Marquardt 反向传播方法，学习函数采用 BP 学习规则，性能分析函数采用均方差性能分析，神经网络拓扑结构如图 10-35 所示。

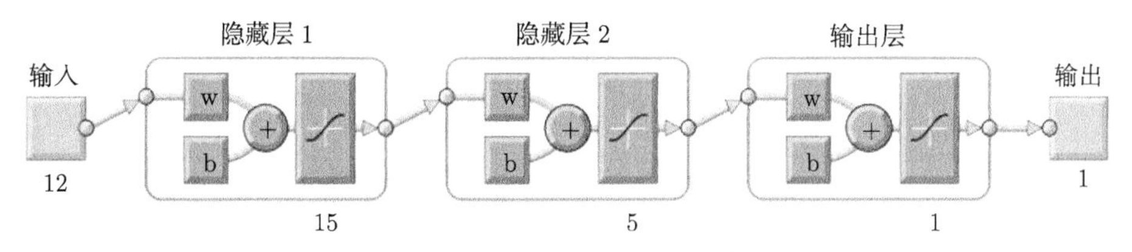


图 10-35 神经网络拓扑结构

输入实验数据进行训练，得到的训练结果如图 10-36 所示。

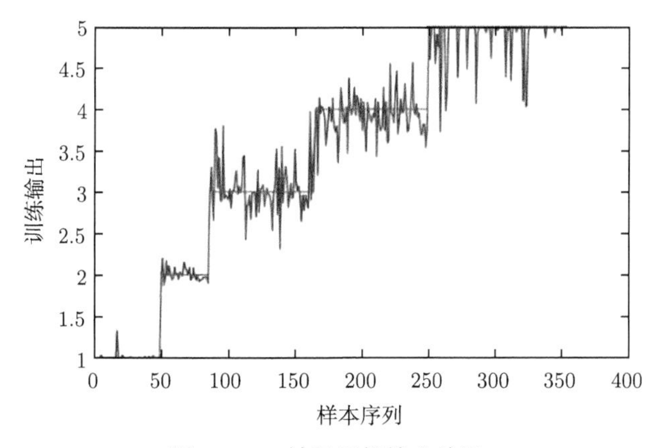


图 10-36 神经网络输出结果

由输出结果可知，神经网络模型对前 4 种姿态识别效果较好，对于右转弯识别效果较差。于是采用部分仿真数据作为训练样本进行训练，增大训练集。模型训练结果回归分析如图 10-37 所示，训练、验证、测试的拟合度均达到 0.96 以上，说明神经网络算法能对仿生盒子鱼的姿态进行有效的感知。

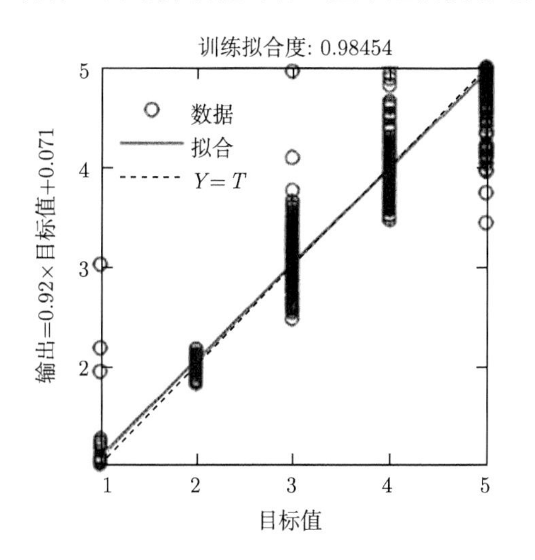


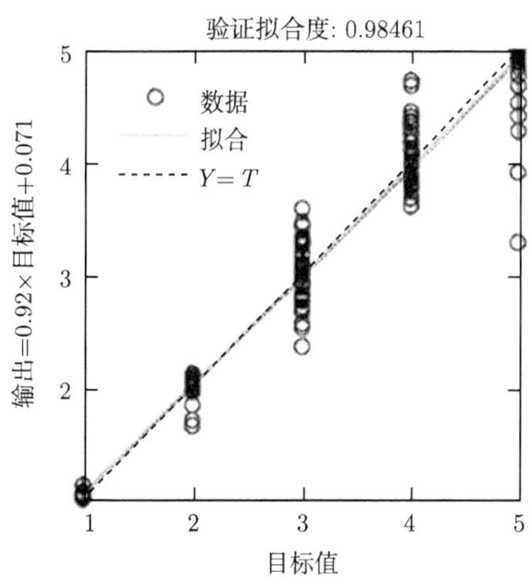

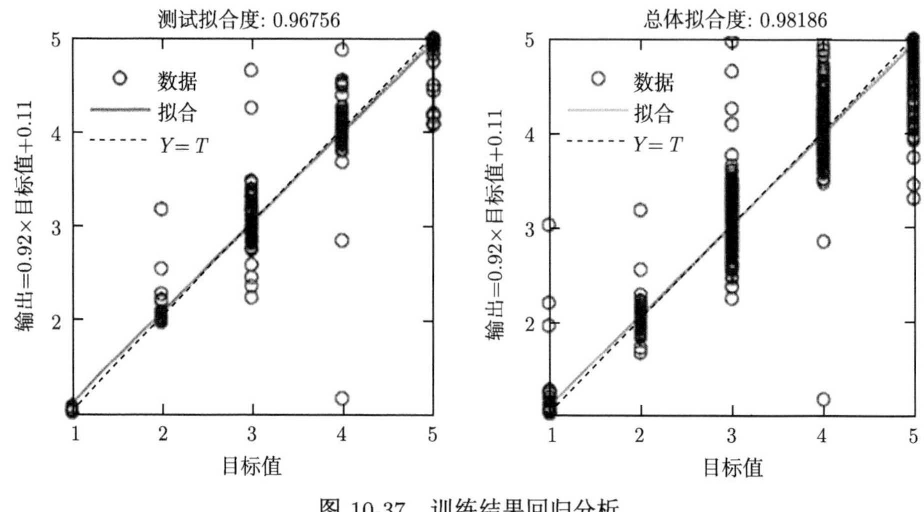


图 10-37　训练结果回归分析

### 2. 运动角度的识别

在识别姿态的基础上增加识别对应姿态的角度值。根据其角度分别将输出设置为 0°, +10°, +20°, +30°, −10°, −20°, −30°，其中 0° 代表直行、左转弯、右转弯三种姿态，+10°, +20°, +30° 代表上浮姿态，−10°, −20°, −30° 代表下潜姿态。输入部分实验和仿真数据进行训练，训练结果如图 10-38 所示。

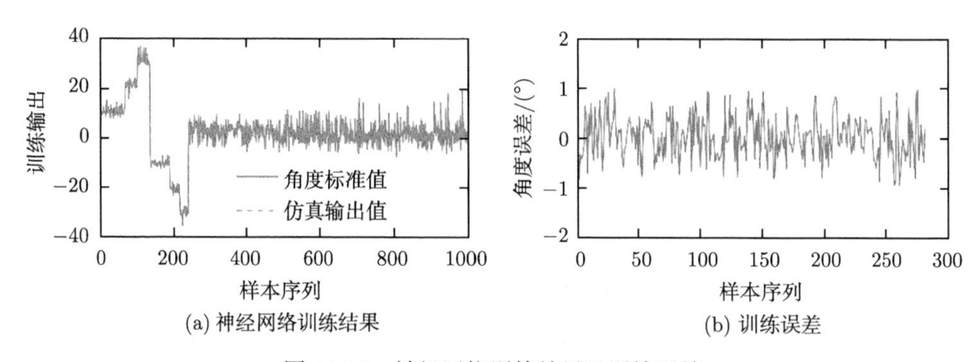


(a) 神经网络训练结果　(b) 训练误差

图 10-38　神经网络训练结果及训练误差

由图 10-38 可知，该神经网络算法对姿态角度的识别正确率较高，输出结果能够很好地跟随目标值，误差在 ±1° 左右。通过模型训练的回归分析结果图 10-39 可知，训练、验证和测试的拟合度均达到 0.95 以上，说明优化的神经网络模型能够准确识别仿生盒子鱼的姿态，且识别精度较高。

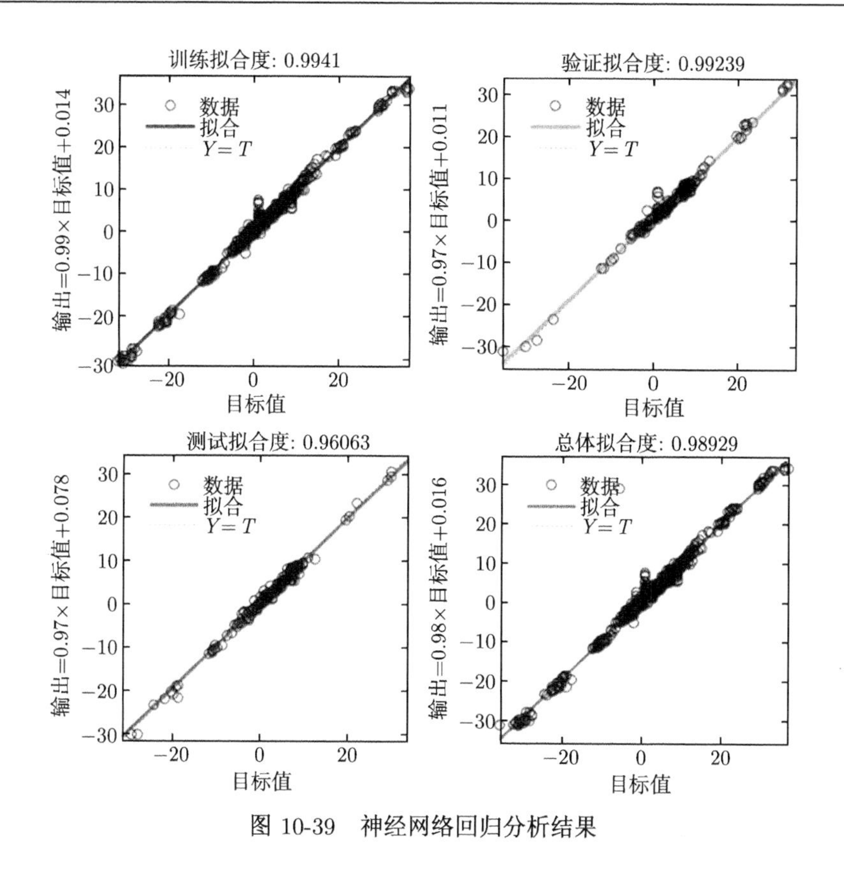


图 10-39 神经网络回归分析结果

## 10.4 基于人工侧线系统的水下航行器水下振源感知研究

在海洋资源开发和国防方面，振动源的感知可以用于对水下目标进行探测、分类、定位和跟踪，对水下通信和导航、保障舰艇、监测敌人潜艇的位置、反潜飞机和反潜直升机的战术机动与水中武器的使用具有重大的战略意义。目前，依靠超声波、视觉图像和电磁式设备感知水下振动源方式受到光线、信号干扰等限制，生物学家经过多年对鱼类侧线系统深入的研究，不仅对鱼类侧线在追踪猎物、避障、群游、相互交流及长距离迁徙中的作用进行了研究，还主要对侧线的感知器官的生理结构、表面神经丘受刺激后反射的数学模型有了深入的了解。人类仿造鱼类侧线实现水下偶极子源的定位、水动力尾迹检测等水环境辨识，来提高人类在水下环境中探测、导航和生存的能力。

### 10.4.1 偶极子振动源定位的数学模型

如图 10-40 所示，当一个球体在不可压缩理想流体中振动时，物体的振动会对周围的流体不断地做功，从而引起流体流动，而物体做功是有限的，所有流体运动主要集中在振动物体的附近水域，在离振动物体的无穷远处认为流体静止。假设流体速度在无穷远处为零，振幅大小为 $A$，角频率为 $\omega$，振动球往复振动的瞬时位移可以表示成

$$S = A \cdot \cos(\omega t) \tag{10-1}$$

则沿振动方向 $Y$ 轴的球的瞬时速度大小为

$$u = A \cdot \omega \cdot \sin(\omega t) \tag{10-2}$$

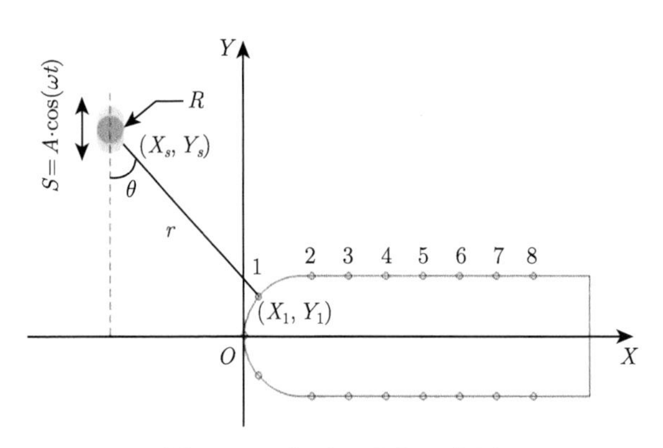


图 10-40　振动源定位示意图

考虑不可压缩理想流体绕任何一个固体的势流问题，该问题完全等价于该固体在流体中运动时出现的流体问题，为了使前者确定后者，只要转换坐标系，使无穷远处静止即可。首先确定远离运动物体的流体速度分布特性，不可压缩流体的势流满足拉普拉斯方程 $\Delta\varphi = 0$。此处考虑到流体在无穷远处静止，可以把远点取在运动物体内的任何一点，在此取 AUV 载体最前头的球点为原点建立坐标系 (该坐标系与物体一起运动，不过我们研究的是流体在某一时刻的速度分布)。

通过流体力学的相关理论，按照图 10-41 的思路，我们可以由此求出流场中压强的分布：

$$p = p_0 - \frac{\rho v^2}{2} + \rho \frac{\partial \varphi}{\partial t} \tag{10-3}$$

$p_0$ 为流场中无穷远处的压强，在此我们先不考虑重力场的影响 (处理数据时由静水压强校正)。流动有势，且液体不可压缩，而振动引起的水流速度很小 $\left(\frac{\partial \varphi}{\partial t} \gg v^2\right)$，可以忽略掉平方项 $\frac{\rho v^2}{2}$。可以得到距离载体 $r$ 处的振动源的特征参数 (坐标、振幅和频率) 与载体表面压强的数学关系公式：

$$p = \rho \frac{R^3 S \omega^2}{2} \cdot \frac{X_s - X_1}{[(X_s - X_1)^2 + (Y_s - Y_1)^2]^{\frac{3}{2}}} \tag{10-4}$$

压强值 $p$ 可以由安装在载体表面的传感器测得。假设传感器坐标 $(X_1, Y_1)$、振动源的振幅 $A$ 和频率 $\omega$ 已知，瞬时位移 $S$、振动源振动横坐标 $X_s$ 和纵坐标 $Y_s$ 未知(假设微小振动时振动源位置不变)。可以用三个压力传感器测得的压强值 $p$ 和已知坐标求出振动源坐标 $(X_s, Y_s)$[25]。

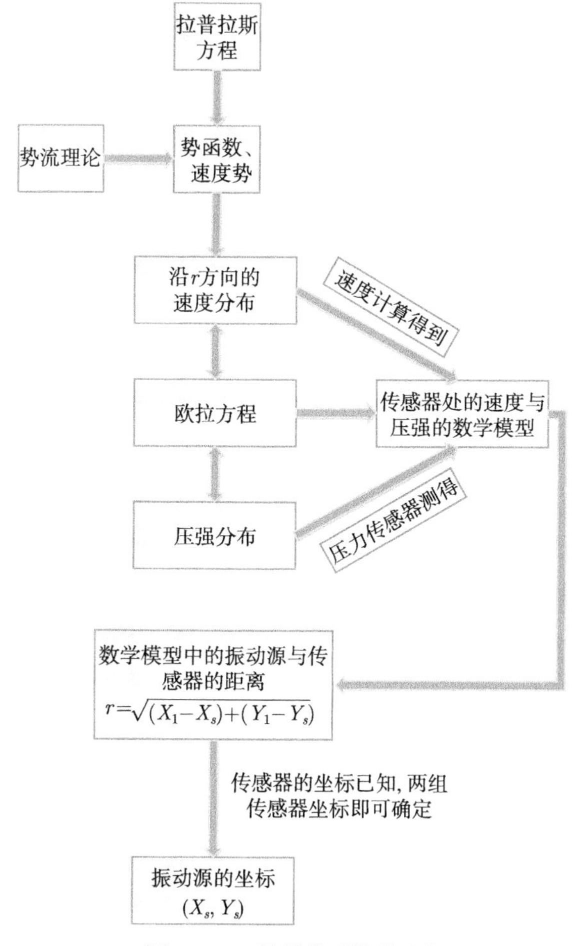


图 10-41　数学模型推导流程

### 10.4.2　偶极子振动源运动参数的感知

研究过程中采用的侧线载体仿照 AUV 的外形，前头半球状，中间往尾部呈圆柱状，载体总长 390mm，直径 160mm。传感器布置位置是根据仿真优化后得到的压强分布最优拓扑结构，如图 10-42 所示。20 个传感器布置在圆柱形四周，间距 50mm，其余 5 个传感器布置在半球，与前 20 个传感器线性对齐，呈 A、B、C、D 四条侧线，传感器具体布置位置与实物图如图 10-42 所示。

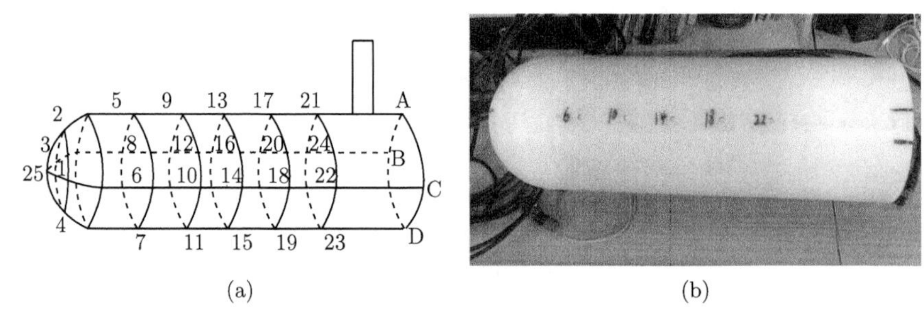


图 10-42　传感器布置示意图 (a) 和侧线载体实物图 (b)

本次实验地点为中国海洋大学工程学院海洋机电设备与仪器山东省高校重点实验室，实验水池长 × 宽 × 高为 2000mm×1500mm×1200mm。振动源安装在水池外的铝型材支架上，与水池无接触，减少振动对水环境的干扰，侧线载体位于水面下 50mm 处，如图 10-43 所示。

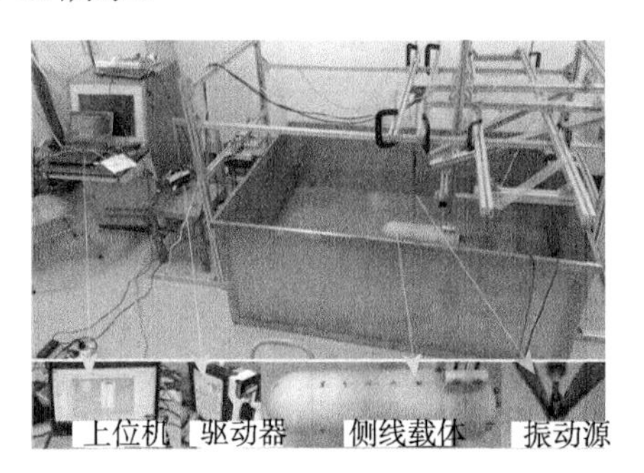


图 10-43　实验平台的搭建

当针对偶极子振动源进行研究时，偶极子的运动参数主要包含振幅、频率和位置三种参数。具体位置参数由数学模型确定，大体位置包含间隔距离与角度两个参数。针对振动源可能会出现在水下航行器的各个方位，方案设置为正前方位置、与载体成不同角度进行仿真和实验分析，分析不同距离、不同频率、不同振幅时，载体表面压强的变化。具体的方案设置如图 10-44 所示。

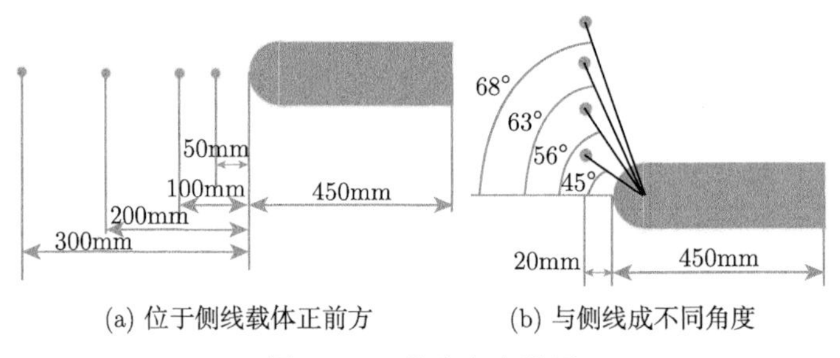


图 10-44　仿真方案设置

1. 振动源振幅和距离一定、频率不同时的数据分析

当振动源与侧线载体距离不变、振动频率变化时，侧线载体表面感知压强分布的变化，在 FLUENT 中导出压强数据，取变化比较稳定的时间段，使用 MATLAB 进行数据处理。$X$ 轴表示时间，$Y$ 轴表示沿载体表面一周的网格节点序列，载体周长 1280mm，2mm 为 1 个网格序列，总网格序列 640 个，其中第 320 个网格节点为载体最前端。$Z$ 轴表示压强变化值。

数据处理如图 10-45 所示，即位于侧线载体正前方 50mm 处，频率分别为 1Hz,

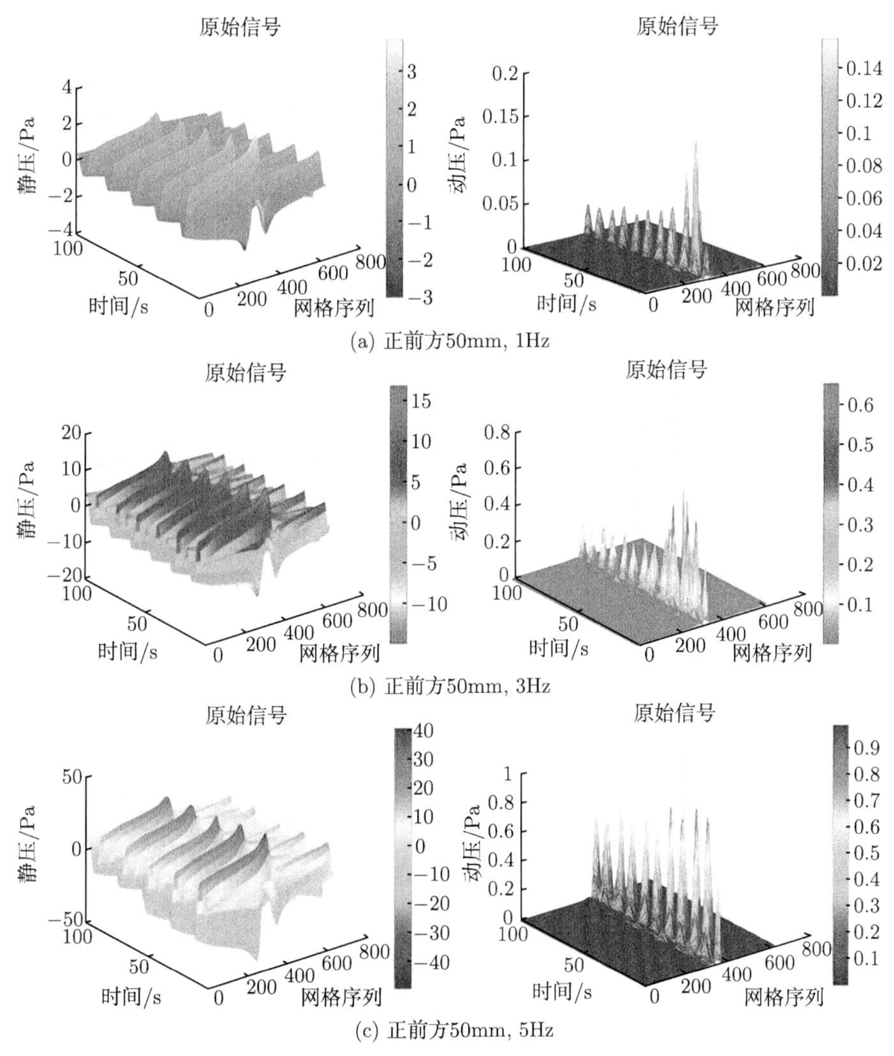


图 10-45 频率不同时的数据分析 (后附彩图)

3Hz, 5Hz 时，在不同时刻的静压和动压的对比。1Hz 时侧线载体表面的静压变化范围在 ±3Pa 以内，动压在 0.04Pa 以内，极大值点出现在载体的正前方的网格处，前头高于 0.08Pa 的属于流体未稳定时的仿真误差所致。3Hz 时载体表面静压变化在 ±15Pa 以内，动压在趋于稳定时在 0.2Pa 左右。5Hz 时侧线载体的表面静压变化在 ±40Pa 以内，动压在 0.5Pa 左右，动静压比在 1:80 左右，因此在通过理论公式计算振动源坐标 $(X,Y)$ 时可以忽略动压。

### 2. 振动源振幅和频率一定、距离不同时的仿真分析

当振动源振动频率不变，与侧线载体距离不同时，侧线表面感知压强的变化情况如图 10-46 所示。

三维空间分析：$X$ 轴表示时间，$Y$ 轴表示网格序列，$Z$ 轴表示压强变化。图 10-46 显示的振动频率为 3Hz，距离载体正前方 50mm, 100mm, 200mm 和 300mm 位置处时的压强变化，在载体最前端的网格序列节点 (第 320 个网格)，以此处为中点，左右两边压强变化具有对称性，在距离 50mm 处动压变化范围在 ±15Pa 以内，静压在 0.4Pa 以内，极大值点出现在载体最前端，但是随着距离的增大，左右

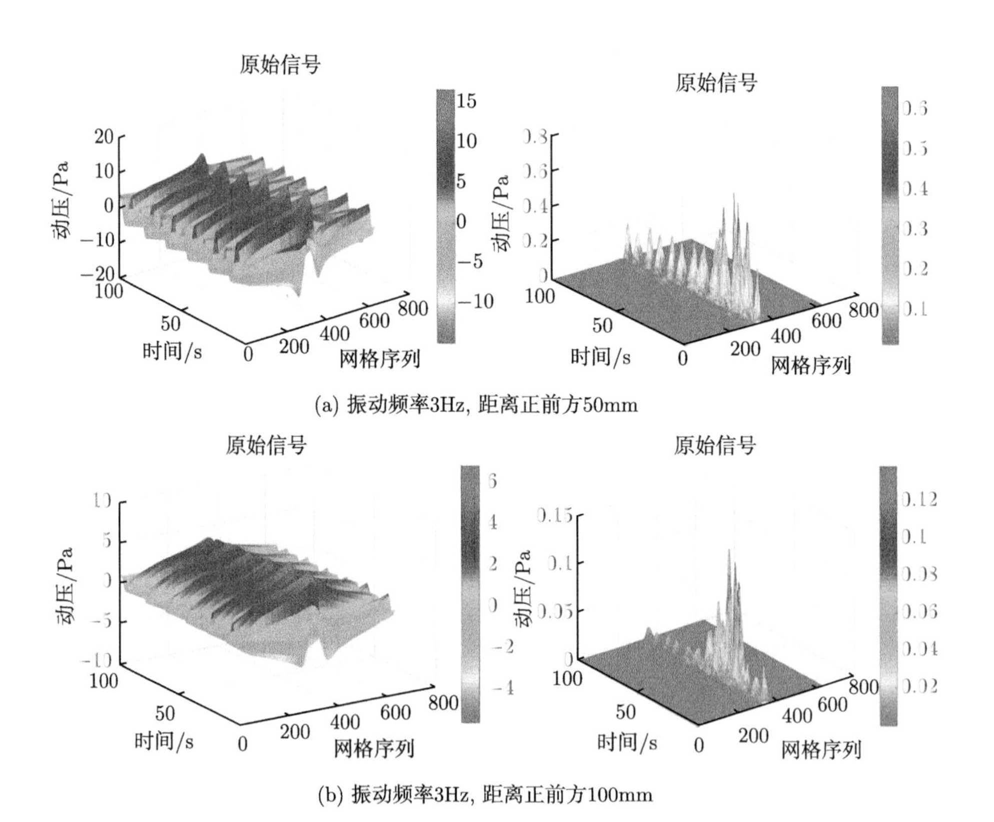


(a) 振动频率3Hz, 距离正前方50mm

(b) 振动频率3Hz, 距离正前方100mm

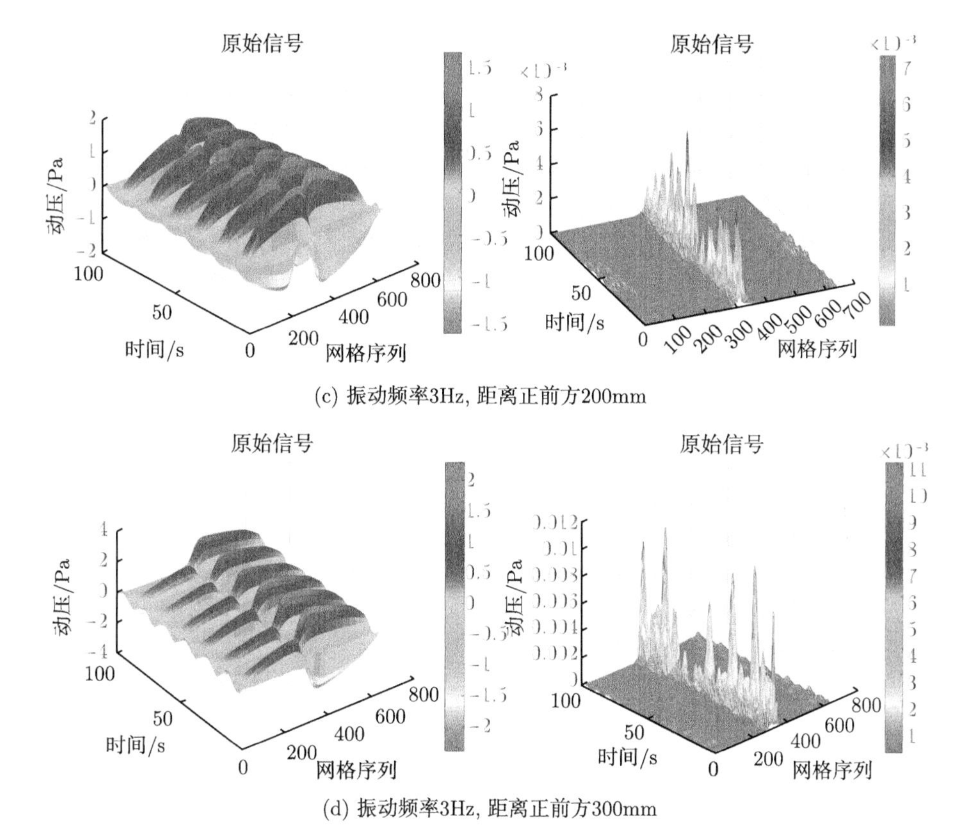


(c) 振动频率3Hz, 距离正前方200mm

(d) 振动频率3Hz, 距离正前方300mm

图 10-46 距离不同时的数据分析 (后附彩图)

两端的压强变化失去对称性，如图 10-46(d) 所示，且动压和静压逐渐减小，在距离 300mm 处压强变化在 ±2Pa 以内，动压和静压逐渐失去规律性。振动源距离侧线载体越远，侧线载体感知到由振动引起水流变化的压强就会越小，直至为零。

选取第 320 个节点，通过 MATLAB 处理数据得到图 10-47。距离 50mm 处压强最大，距离 300mm 处压强最小，结果表明距离侧线载体越近，侧线载体感知到的压强越大，反之，距离侧线载体越远，则感知到的压强越小，且趋于稳定时符合振动源引起水流的波动规律。在距离载体 300mm 处，可发现压强变化失去了对称性，压强变化最大值只有 4Pa，接近实验采用的传感器的精度，在振动源的最大直径 20mm，最大频率 5Hz，最大振幅 20mm 的前提下，超出了本次实验传感器的灵敏度范围，且失去了压强变化规律，故距离超过 300mm 的压强变化不做分析。侧线只能感知到距离侧线载体一定范围内的低频率、低振幅振动的小振动源，且随着振动源的大小、振动频率以及振幅的增大而增大感知距离，所感知距离的远近与振动引起的压强变化的大小有关。

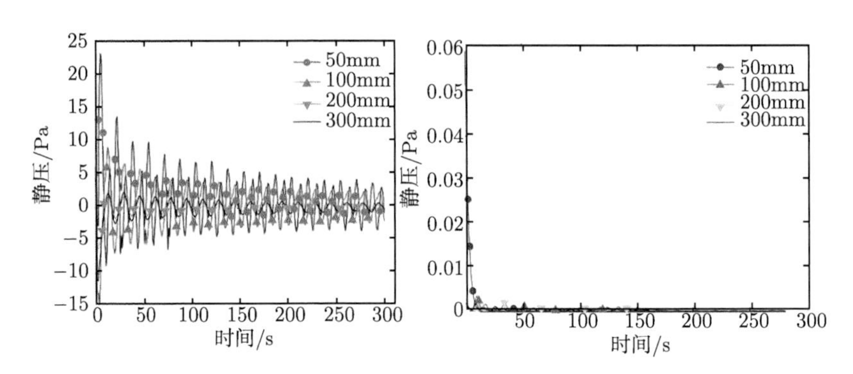


图 10-47　振动源不同距离时的静压对比

3. 振动源频率和距离一定、振幅不同时的数据分析

当振动源的距离一定、频率不变、振幅不同时，侧线载体表面感知的压强变化如图 10-48 所示。

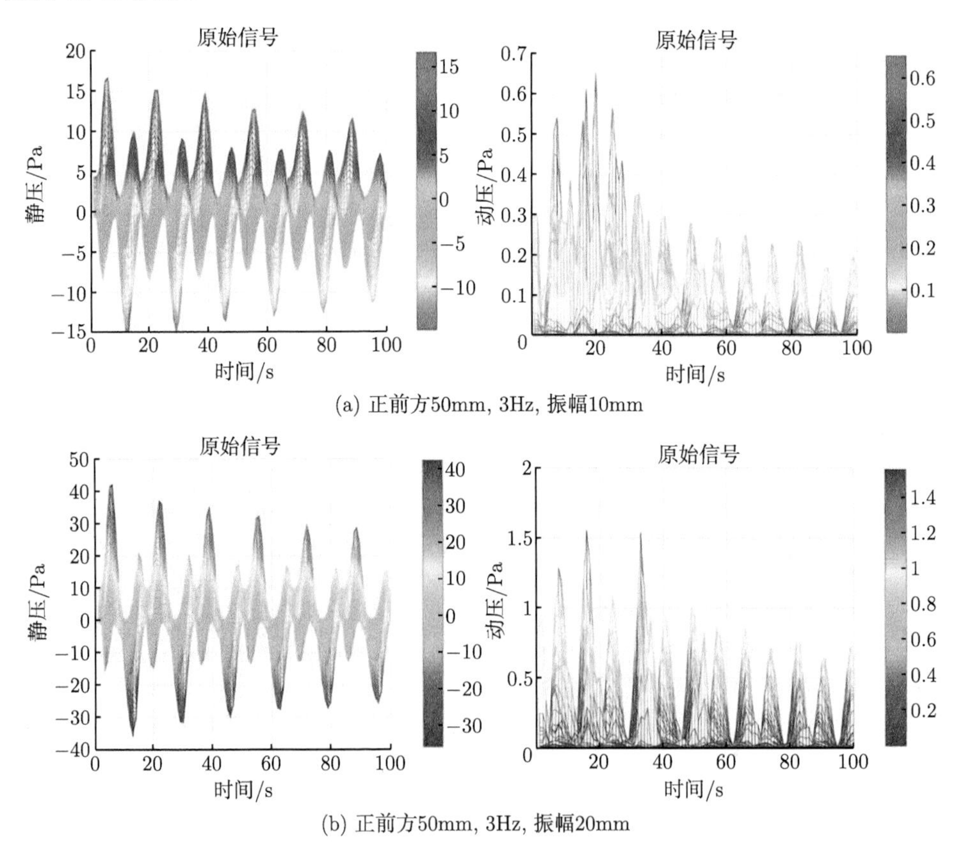


(a) 正前方50mm, 3Hz, 振幅10mm

(b) 正前方50mm, 3Hz, 振幅20mm

图 10-48　振幅不同时的数据分析 (后附彩图)

时域分析：振幅为 10mm 时的压强变化在 ±18Pa 以内，动压变化在稳定阶段在 0.4Pa 以内，而振幅为 20mm 时，压强变化在 ±45Pa 以内，动压在 0.8Pa 以内。极大值出现在载体最前端，从头到尾逐渐减小。

通过本小节的综合分析可知：侧线载体周围感知到的水流环境的压强变化受振动源振幅及频率、振动源距离的变化影响较大。其中，振动频率和振幅越大，感知到的压强变化越大，距离载体越近，感知到的压强变化越大，反之则很小。

4. 振动源角度参数的识别

当振幅为 10mm，振动频率为 3Hz 时，取稳定阶段载体的表面压强变化，如图 10-49、图 10-50 所示。其中，纵坐标表示压强值，横坐标表示网格序列。鉴于载体的动压变化程度较小，这里直接分析载体表面的总压强。

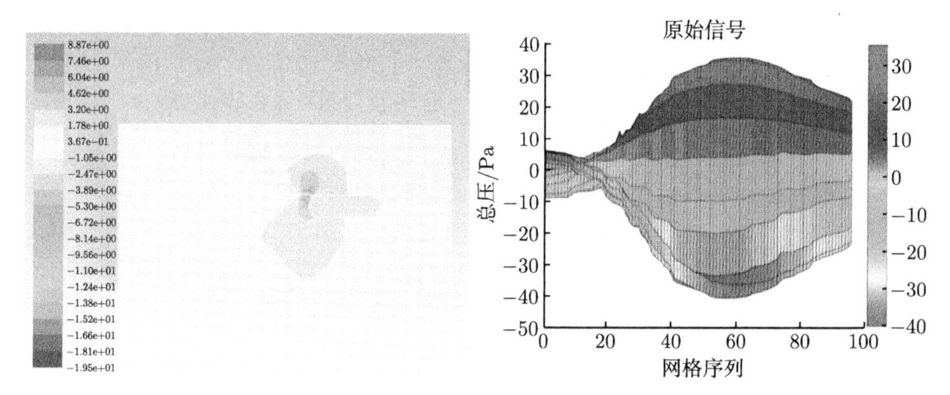


图 10-49 振动源与球头中心成 45° (后附彩图)

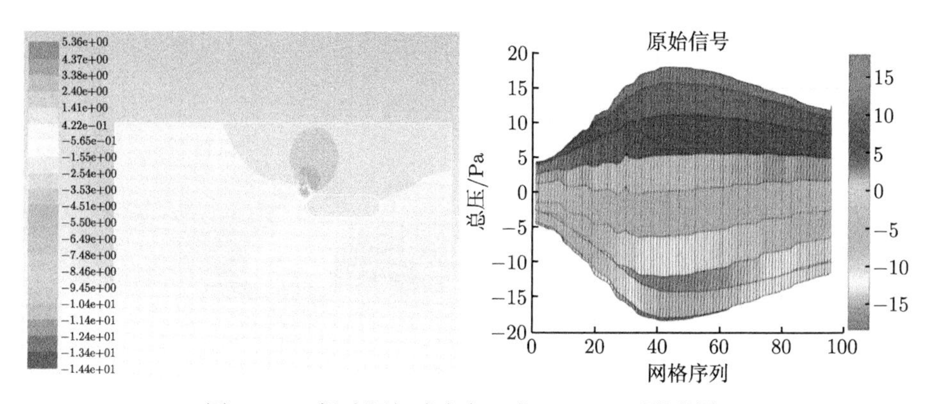


图 10-50 振动源与球头中心成 56.31° (后附彩图)

表面压强随着网格序列不断变化，当振动源与球头中心成 45° 时，压强极值点出现在第 58 个网格序列，网格划分为每 1mm 对应一个网格，58mm 对应弧度为 $\theta$，球头直径 $D = 160\text{mm}$，由公式计算角度为 $\theta = 41.56°$，则与 $X$ 轴夹角为 48.44°，误差率 7.64%。

$$\frac{\theta}{2\pi} \times \pi D = 58 \tag{10-5}$$

同理，当振动源与球头中心成 56.31° 时，压强极大值点对应网格序列 42，计算后得与 $X$ 轴夹角为 59.91°，误差率 6.39%。结果表明，当振动源与侧线载体成一定角度的时候，通过球头部分的压强极大值点分布点可以确定振源信号的大致方位。

5. 采用神经网络算法和拟合函数法对振动源运动参数的识别

对侧线载体的水池实验数据进行处理，本节分析在位置一定、振幅不变时，振动源的振动频率引起的压强变化情况，并进行数据拟合。当振动源位于侧线载体正前方 50mm 处，频率分别为 1Hz, 3Hz 和 5Hz 时，对位于侧线载体最前端的 25 号传感器值以及对应网格节点的仿真数据进行分析，处理数据发现，侧线载体表面压强的值随振动源的频率大小增大而变大，为正相关的关系，具体数据拟合如图 10-51 所示。

数据拟合函数：

$$p_{实验} = -2\omega^2 + 30.5\omega - 10.5 \tag{10-6}$$

$$p_{仿真} = -1.25\omega^2 + 28.5\omega - 1.25 \tag{10-7}$$

式中，$p_{实验}$ 为实验数据的压强；$p_{仿真}$ 为仿真数据的压强；$\omega$ 为振动频率。

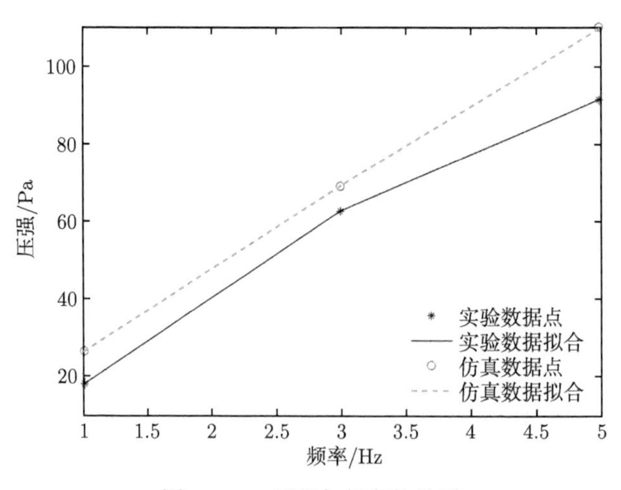


图 10-51　压强与频率的关系

由图 10-52 可知：仿真结果比实验结果数值偏大，最大误差接近 20Pa，这可能是由仿真在理想流体条件下完成而实际实验存在误差所致。此外，由于该实验和仿真均在低频激励下完成，因此如图所示的侧线载体表面压强值随频率的变化规律仅适用于低频载荷。

综上所述，压强与振动源的频率存在正相关关系，通过 MATLAB 拟合工具箱，可得到压强与频率的数学关系，由此可通过侧线载体极大值点处传感器测到的压强值，得到对应振动源的频率。

当偶极子振动源位于载体的一侧时，可发现随着振动源与载体的距离不断增大，侧线载体表面压强越来越小，即呈负相关关系。当振动源的频率和振幅取为常值时，改变其与载体的相对距离 (这里取载体与振动源的间距分别为 20mm, 30mm, 50mm, 80mm, 100mm)，以分析载体表面压强与振动源距离的关系。通过对实验及仿真结果 (图 10-52) 进行分析，可构造侧线载体表面的压强与距离的数学函数关系，如下式所示：

$$p_{实验} = -0.000205d^3 + 0.0389d^2 - 2.68d + 86.19 \tag{10-8}$$

$$p_{仿真} = -0.000126d^3 + 0.0247d^2 - 2.15d + 98.67 \tag{10-9}$$

式中，$p_{实验}$ 为实验数据的压强；$p_{仿真}$ 为仿真数据的压强。

当振动源与载体一侧的距离逐渐增加时，变化曲线如图 10-52 所示，从图中可以看出，在实验和仿真两种情况下，压强均随着距离的增大而减小，说明搭载侧线系统的水下航行器能够感知的范围是有限的，只能感知一定范围内的水流波动，超出此范围的波动感知精度很低，甚至感知不到，该结果只适用于微小振动源，大振动源的感知距离视具体情况而定。因此，在一定范围内，压强与振动源到载体一侧的距离呈负相关关系。通过 MATLAB 拟合工具箱，可得到压强与距离的具体数学关系，即式 (10-8) 和式 (10-9)。

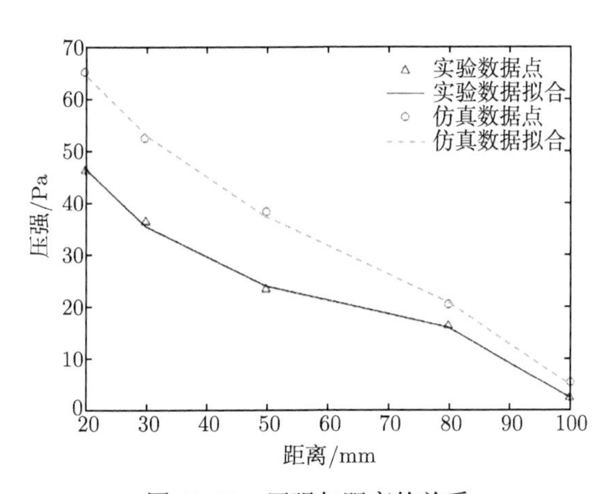


图 10-52　压强与距离的关系

为了更好地实现对振动源参数的识别，采用神经网络算法对其进行预测。搭建的神经网络模型如图 10-53 所示。神经网络模型选择 Feed-forward backprop，训练函数 (training function) 选 TRAINLM，自适应学习函数 (adaption learning function) 采用 LEARNGDM, 性能分析函数 (performance function) 采用 MSE，传递函数 (transfer function) 采用 TANSIG。

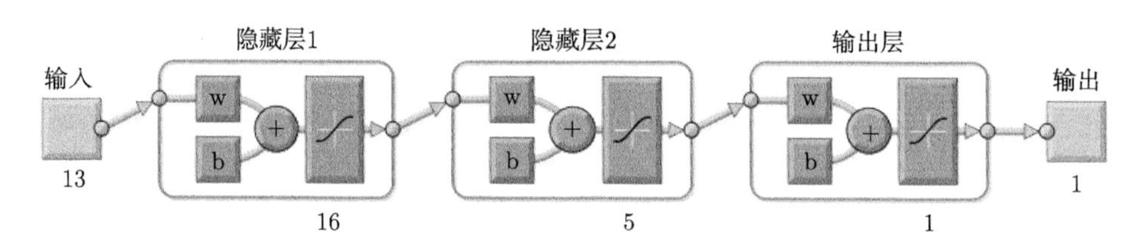


图 10-53　神经网络拓扑结构

以频率参数识别结果为例，由图 10-54 可知，实验数据的训练、验证、测试的拟合度均达到了 0.97 以上，表明实验数据的训练结果较为理想。

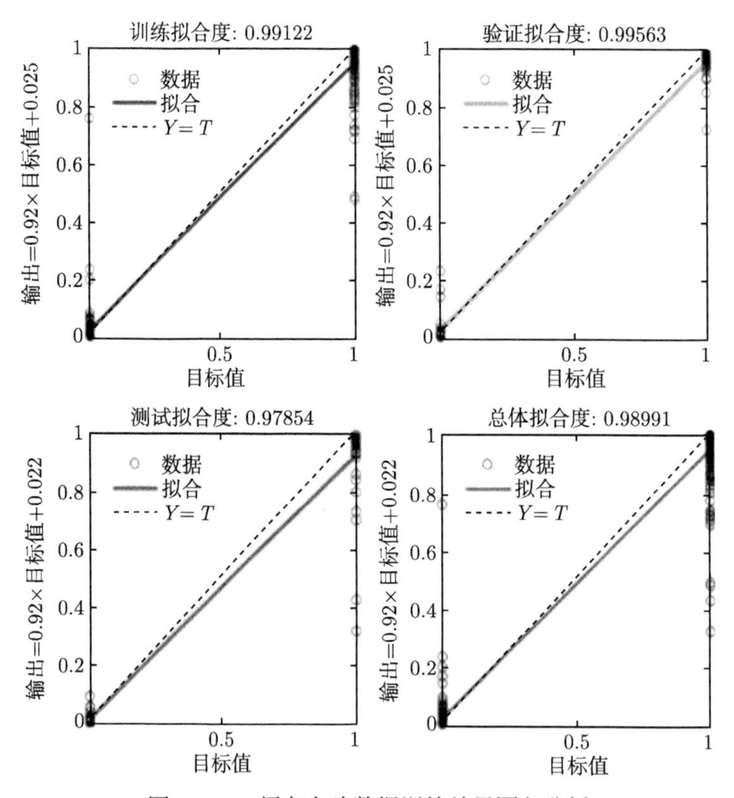


图 10-54　频率实验数据训练结果回归分析

### 10.4.3 移动振动源形态参数的感知

对于移动振动源形态参数的实验研究依然采用前面所制作的载体结构。振动源的运动方式为水平方向与垂直方向的叠加振动。通过改变振动源的形状和尺寸，记录载体在不同工况下的压强数据。采用滚珠丝杠给予振动源水平方向的运动速度，借助曲柄滑块机构的作用实现振动源的上下振动。搭建的实验平台如图 10-55 所示。

图 10-55 实验平台

1. 振动源尺寸参数的识别

以球体振动源为例，为保证研究过程中变量的单一性，在对尺寸识别的研究中，只改变振动源的尺寸，将直径分别设置为 30mm, 40mm, 50mm，使它们都以 0.4m/s 的速度从距离载体 10mm 的一侧经过，观察不同尺寸的球体所引起的静压变化。当球体振动源经过载体时，振动源周围的静压分布以及对载体的影响结果如图 10-56 所示。

由图 10-56 球体振动源的静压云图可以看出，随着振动源尺寸的增大，其影响范围逐渐增大。球体振动源在静水中以上下振动和前后移动的方式进行叠加运动，前后移动的影响占据主导地位，对振动源本身的影响也较大，因此从振动源表面的压强特征中可以看出，其迎流面的压强最大，从迎流面的位置往后，其表面的压强逐渐减小，由正压逐渐减小为负压。在整个流场中，球体的背面是压强最小的位置。以球体为中心向四周扩散分析，压强区域可以明显地分为两部分：一部分从迎流面往 $X$ 正方向，静压为正值且沿 $X$ 正方向逐渐递减；另一部分从球体背流面沿 $X$ 负方向，流场的压强显示为负压且沿着 $X$ 负方向逐渐减小，在球体的正后方存在一个低压区。从图中可以明显看出，随着振动源尺寸的增大，负压区域范围也逐渐增大。

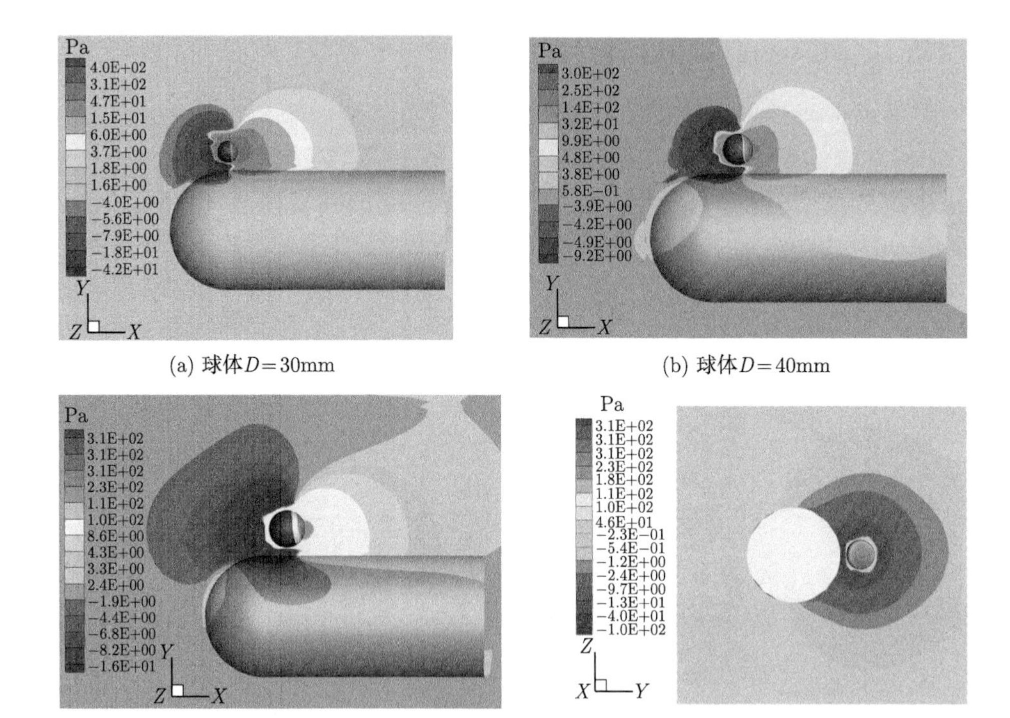


(a) 球体$D=30$mm　　(b) 球体$D=40$mm

(c) 球体$D=50$mm

图 10-56　球体振动源的静压云图 (后附彩图)

2. *振动源形态参数的识别*

将振动源的形态分别设置为球体和正方体两种。当不同形态的振动源以相同的运动参数从载体一侧经过时，记录载体在不同形态参数下的压强数据，以观察载体周围的压强变化，如图 10-57、图 10-58 所示。

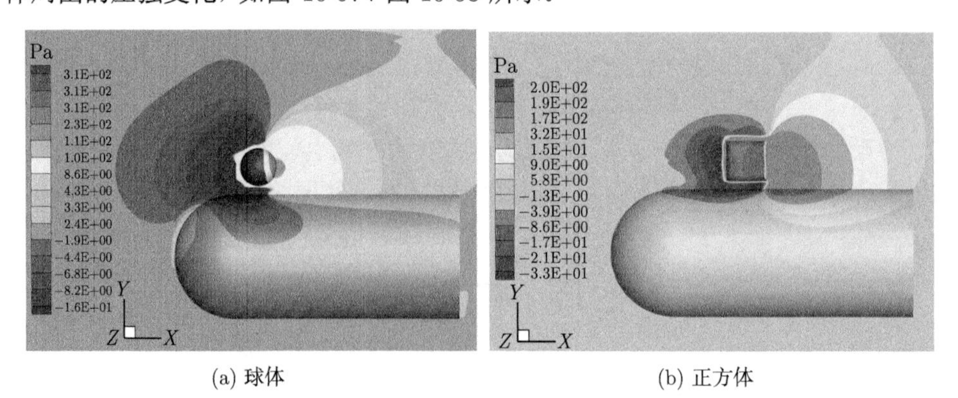


(a) 球体　　(b) 正方体

图 10-57　不同形状下静压云图 (后附彩图)

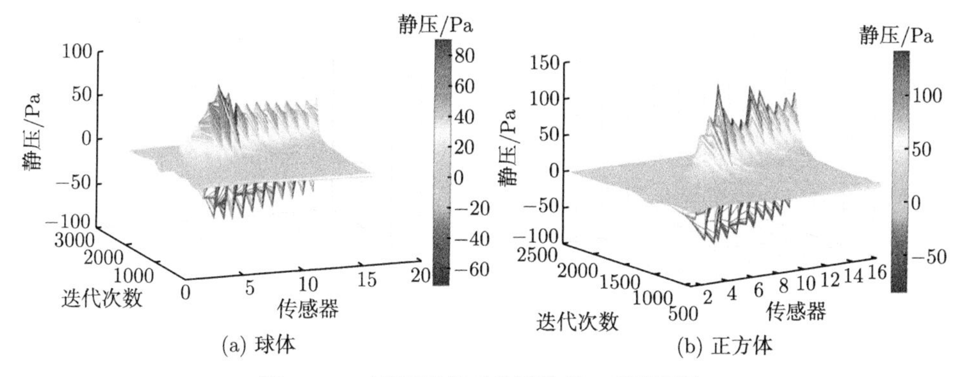


图 10-58 不同形状下静压数据 (后附彩图)

通过分析图 10-57 和图 10-58 所示的静压云图及数据变化特征，可总结振动源形态对载体表面压强的影响结果如下：

(1) 从监控点收集的静压数据分析可知，当球体振动源从载体表面经过时，压力传感器监控点的数据呈现先增大再依次递减的变化特征。但当振动源的形态改为正方体时，振动源的波动较大，所有监测传感器并未呈现统一的变化趋势。

(2) 从静压–迭代次数–传感器三维数据图可以看出，由球体振动源产生的载体表面正压值和负压值的绝对值较为接近，差值很小。当振动源为正方体时，振动源所产生的静压数据的变化特征大于球形振动源。因此，从正压值和负压值的绝对值之差角度来分析，正方体 > 球体。

(3) 球体的静压场分布以振动源本身为中心，向两侧以圆环的形式依次减小。但正方体振动源产生的静压场呈蝴蝶状，非圆环状静压场。由此可见，振动源形态的差异将导致载体表面压强场的分布状态不同。

(4) 从静压云图可以看出，正方体与球体振动源的高压区域与低压区域面积的比例不会随着振动源形状的变化发生变化。

## 10.5 本章小结

水下航行器是海洋探测和水下攻防体系的重要组成部分。流场感知、姿态感知、振动源感知和导航定位是水下航行器在水下执行任务的关键环节，然而现有的流场感知、姿态感知和振动源感知在实际应用中存在诸多缺陷。仿生人工侧线系统作为一种可行的新型感知和导航定位技术，对于弥补现有方法的缺陷，增强海洋装备的智能化感知水平等具有重要的应用价值。本章主要介绍了基于人工侧线系统的 AUV 水下航行器感知研究相关内容，通过模拟鱼类侧线的生物功能，采用制作载体对流场参数、偶极子振动源、移动振动源、水下航行器姿态等相关参数进行仿生感知。在不同类型的水下航行器中搭建人工侧线系统，通过传感器阵列所收集的数据，分析不同工况下的压强变化特征，并借助机器学习算法实现对各个参数的具体识别。对于侧线系统的研究，有助于进一步完善人工侧线系统在水下航行器姿态感知、流场感知、导航定位和运动目标辨识等算法的应用，推动人工侧线系统在水下航行器等水下装备中的应用，弥补现有传感技术在深远海应用中存在的不足，为局域导航奠定理论基础，具有重大的科学和国防意义。

## 参 考 文 献

[1] Hoekstra D, Janssen J. Non-visual feeding behavior of the mottled sculpin [J]. Environmental Biology of Fishes, 1985, 12(2): 111-117.

[2] Rudiger K, Leonard M. Neural maps in the electrosensory system of weakly electric fish [J]. Current Opinion in Neurobiology, 2014, 24: 13-21.

[3] Pohlmann K, Atema J, Breithaupt T. The importance of the lateral line in nocturnal predation of piscivorous catfish [J]. Journal of Experimental Biology, 2004, 207(17): 2971-2978.

[4] Curcic-Blake B, Netten S M. Source location encoding in the fish lateral line canal [J]. Journal of Experimental Biology, 2006, 209(8): 1548-1559.

[5] Gardiner J M, Atema J. Sharks need the lateral line to locate odor sources: Rheotaxis and eddy chemotaxis [J]. Journal of Experimental Biology, 2007, 210(11): 1925-1934.

[6] Chen N, Tucker C, Engel J M, et al. Design and characterization of artificial haircell sensor for flow sensing with ultrahigh velocity and angular sensitivity [J]. Journal of Microelectromechanical Systems, 2007, 16 (5): 999-1014.

[7] Abdulsadda A T, Tan X B. An artificial lateral line system using IPMC sensor arrays [J]. International Journal of Smart and Nano Materials, 2012, 3 (3): 226-242.

[8] Abdulsadda A T, Tan X B. Localization of a moving dipole source underwater using an artificial lateral line [C]. SPIE Smart Structures and Materials Nondestructive Evaluation and Health Monitoring, International Society for Optics and Photonics, 2012: 256-270.

[9] Abdulsadda A T, Tan X B. Nonlinear estimation-based dipole source localization for artificial lateral line systems [J]. Bioinspiration & Biomimetics, 2013, 8(2): 683-715.

[10] Yang Y, Nguyen N, Chen N, et al. Artificial lateral line with biomimetic neuromasts to emulate fish sensing [J]. Bioinspiration & Biomimetics, 2010, 5(1): 212-238.

[11] Salumäe T, Kruusmaa M. Flow-relative control of an underwater robot [J]. Proceedings of the Royal Society, 2013, 469(2153): 533-543.

[12] Liu P, Zhu R, Que R Y. A flexible flow sensor system and its characteristics for fluid mechanics measurements [J]. Sensors, 2009, 9(12): 9533-9543.

[13] Qualtieri A, Rizzi F, Todaro M T, et al. Stress-driven AlN cantilever-based flow sensor for fish lateral line system [J]. Microelectronic Engineering, 2011, 88(8): 2376-2378.

[14] Dagamseh A, Lammerink T, Kolster M, et al. Dipole-source localization using biomimetic flow-sensor arrays positioned as lateral-line system [J]. Sensors and Actuators A, 2010, (162): 355-360.

[15] Venturelli R, Akanyeti O, Visentin F, et al. Hydrodynamic pressure sensing with an artificial lateral line in steady and unsteady flows [J]. Bioinspiration & Biomimetic, 2012, 7(3): 36004-36015.

[16] Lateral-line-inspired sensor arrays for navigation and object identification[J]. Marine Technology Society Journal, 2011, 45(4): 130-146.

[17] McConney M E, Chen N N, Lu D, et al. Biologically inspired design of hydrogel-capped hair sensors for enhanced underwater flow detection [J]. Soft Matter, 2009, 5(2): 292-295.

[18] Asadnia M, Kottapalli A G P, Miao J M, et al. Artificial fish skin of self-powered micro-electromechanical systems hair cells for sensing hydrodynamic flow phenomena[J]. Journal of the Royal Society Interface, 2015, 12(111): 20150322.

[19] Chambers L D, Akanyeti O, Venturelli R, et al. A fish perspective: Detecting flow features while moving using an artificial lateral line in steady and unsteady flow [J]. Journal of the Royal Society Interface, 2014, 11(99): 20140467.

[20] Fuentes-Pérez J F, Tuhtan J A, Carbonell-Baez R, et al. Current velocity estimation using a lateral line probe [J]. Ecological Engineering, 2015, 85: 296-300.

[21] 王安忆. 基于人造侧线系统的流场感知研究 [D]. 青岛：中国海洋大学, 2017.

[22] 杨亭亭. 基于人工侧线系统的动载体流场感知研究 [D]. 青岛：中国海洋大学, 2019.

[23] 王世瑞. 基于人工侧线的流场感知和障碍物偏移距离识别研究 [D]. 青岛：中国海洋大学, 2019.

[24] 徐蕾. 基于人工侧线的流场感知和障碍物偏移距离识别研究 [D]. 青岛：中国海洋大学, 2018.

[25] 郜述显. 基于人工侧线的流场感知和障碍物偏移距离识别研究 [D]. 青岛：中国海洋大学, 2018.

# 附录 A　贝塞尔曲线算法

```
SUBROUTINE decasteljau(point,pvalue,△u,n)
       /参数u从0到1, 每次增量为△u, 控制顶点为n+1个/
        FOR u=0 TO 1 STEP  △u DO
/计算各个 U 值的曲线点/
BEGIN
    FOR i:=0 to n DO oldpoint[1]=point[i]
                j:=n
                WHILE j>0 DO
                    BEGIN
                        FOR i:=0 TO j-1 DO
                Newwpoint[j]:=oldpoint[j]+u*(oldpoint[j+1]-oldpoint[j])
                        j:=j-1
                        FOR   i:=0 TO j DO oldpoint[i]:=newpoint[i]
                     END
                  Pvalue[u]:=oldpoint[0]
                END
             END OF SUBROUTINE
```

# 附录B　B 样条曲线生成算法

生成 B 样条曲线的方法如下:

```
 {//generates points on B-spline curve. (one coordinate)
//       l:                      number of active intervals//
//        coeff:                 B-spline control points
//        knot:                 knot sequence
//        dense:                how many points per segment
//     Output: points:          output array with function values.
//       point_num:           how many points are generated.
               int i, ii, kk;
double u;
           point_num = 0;
                for  (i=degree-1;   i<l+degree-1;i++)
                      if (knot[i+1] > knot[i])
                         //skip zero length intervals
                           for (ii=0;ii<dense;ii++)
                          {
                                 u = knot[i] + ii*(knot[i+1]-knot[i])
                                     /dense;
                                 points[point_num] = deboor(degree,
                                     coeff,knot,u,i);
                                 point_num++;
                          }
                  }
          }
}
//Input:           u:       evaluation abscissa
//                i:       u's interval.
//Output:          coordinate value.
          int k,j;
```

```
        double t1,t2;
        double coeffa[30];
          for (j=i-degree+1;j<=i+1;j++)
        {
                coeffa[j] = coeff[j];
        }
        for (k=1;k<=degree;k++)
        {
                for (j=i+1;j>=i-degree+k+1;j--)
                {
                        t1 = (knot[j+degree-k]-u)/(knot[j+degree-k]
                             - knot[j-1]);
                        t2 = 1.0 - t1;
   coeffa[j] = t1 * coeffa[j-1] + t2 * coeffa[j];
                }
        }
        return coeffa[i+1];
}
```

# 附录C　求解 $X$ 方向运动时所用的 MATLAB 函数程序

```
syms a1 a2 a3 a4 b1 b2 b3 b4;
a1=2;
a2=3;
a3=2;
a4=3;
b1=3;
b2=2;
b3=1;
b4=1;
A=[-1,1,1,-1;-a1,-a2,a3,a4;b1,b2,b3,b4;-b1,-b2,b3,b4;b1,b2,-b3,-b4;
    a1-1,1-a2,a3-1;1-a4];
C=[1;0;0;0;0;0];
B=A\C

B=
   -0.1526
    0.2249
    0.3215
   -0.1562
```

# 附录 D 外环滑模控制器 MATLAB 函数程序

```
function [sys,x0,str,ts] = spacemodel(t,x,u,flag)
switch flag,
case 0, [sys,x0,str,ts]=mdlInitializeSizes;
case 3, sys=mdlOutputs(t,x,u);
case {2,4,9} sys=[];
otherwise error(['Unhandled flag = ',num2str(flag)]);
end
function [sys,x0,str,ts]=mdlInitializeSizes
sizes = simsizes;
sizes.NumOutputs     = 3;
sizes.NumInputs      = 12;
sizes.DirFeedthrough = 1;
sizes.NumSampleTimes = 0;
sys = simsizes(sizes);
x0  = []; str = []; ts  = [];
function sys=mdlOutputs(t,x,u)
for i=1:1:3
    if u(i)>0.1
        sat(i)=1;
    elseif u(i)<-0.1
        sat(i)=-1;
    else sat(i)=u(i)/0.1;
    end
end
Sat_sw=[sat(1) sat(2) sat(3)]';

gama=u(4); Fai=u(5);
R=[1 tan(Fai)*sin(gama) tan(Fai)*cos(gama);
   0 cos(gama)           -sin(gama);
```

```
   0 sin(gama)/cos(Fai) cos(gama)/cos(Fai)];
the=[u(7) u(8) u(9)]';
dthc=[u(10) u(11) u(12)]';

K1=0.3; rou1=5;
wc=inv(R)*(dthc+K1*the+rou1*Sat_sw);
sys(1)=wc(1); sys(2)=wc(2); sys(3)=wc(3);
```

# 附录 E　内环滑模控制器 MATLAB 函数程序

```
function [sys,x0,str,ts] = spacemodel(t,x,u,flag)
switch flag,
case 0, [sys,x0,str,ts]=mdlInitializeSizes;
case 3, sys=mdlOutputs(t,x,u);
case {2,4,9} sys=[];
otherwise error(['Unhandled flag = ',num2str(flag)]);
end

function [sys,x0,str,ts]=mdlInitializeSizes
sizes = simsizes;
sizes.NumOutputs      =3;
sizes.NumInputs       =12;
sizes.DirFeedthrough = 1;
sizes.NumSampleTimes = 0;
sys = simsizes(sizes);
x0  = []; str = []; ts  = [];
function sys=mdlOutputs(t,x,u)
J0=[31.0 0 0; 0 41.8 0; 0 0 41.6];
OM=[0 -u(6) -u(5); u(6) 0 -u(4); -u(5) u(4) 0];
K2=1; miu=10; rou2=1.5;
sn=[u(1) u(2) u(3)]';
w=[u(4) u(5) u(6)]';
we=[u(7) u(8) u(9)]';
dwc=[u(10) u(11) u(12)]';
M=J0*dwc+J0*K2*we+OM*J0*w+miu*sn+rou2*sign(sn);
sys(1)=M(1); sys(2)=M(2); sys(3)=M(3);
```

# 附录 F　非奇异终端滑模控制算法

MATLAB 程序 (ntsm_main.m) 描述如下:

```
function
[sys,x0,str,ts]=s_function(t,x,u,flag)

switch flag,
  case 0, [sys,x0,str,ts]=mdlInitializeSizes;
  case 3,  sys=mdlOutputs(t,x,u);
  case {2, 4, 9 } sys = [];
  otherwise  error(['Unhandled flag = ',num2str(flag)]);
end

function [sys,x0,str,ts]=mdlInitializeSizes
sizes = simsizes;
sizes.NumContStates = 0;   sizes.NumDiscStates = 0;
sizes.NumOutputs = 1;  sizes.NumInputs = 2;
sizes.DirFeedthrough = 1;   sizes.NumSampleTimes = 0;
sys=simsizes(sizes);
x0=[]; str=[]; ts=[];

function sys=mdlOutputs(t,x,u)
x=u;
bx=1.0;
fx=0.1*sin(20*t); gx=0.12*sin(t);
lg=0.015; beta=1.0; xite=0.20;
q=3;p=5;
 M=2;
if M==1       %普通Terminal滑模控制
   T1=abs(x(1))^(q/p)*sign(x(1));
   T2=abs(x(1))^(q/p-1)*sign(x(1));
```

```
    s=x(2)+beta*T1;
    ut=-inv(bx)*(fx+beta*q/p*T2*x(2)+(lg+xite)*sign(s));
elseif M==2    %非奇异Terminal滑模控制
    T1=abs(x(2))^(p/q)*sign(x(2));
    T2=abs(x(2))^(2-p/q)*sign(x(2));
    s=x(1)+1/beta*T1;
    ut=-inv(bx)*(fx+beta*q/p*T2+(lg+xite)*sign(s));
end

sys(1)=ut;
```